自动化生产线安装与调试

主　编　单侠芹

副主编　李　坤　孔喜梅

参　编　滕士雷　陈洪伟　梁广雨

主　审　邵泽强

北京理工大学出版社

BEIJING INSTITUTE OF TECHNOLOGY PRESS

内 容 简 介

本书采用项目化教学形式，对自动线设备组装与调试的知识、技能进行重新构建，突出学生的技能培养，力争学做一体，条理清晰、通俗易懂。本书共设置了 8 个实践操作项目，每个项目包含多个任务，引导学生掌握自动线设备的组装技术及工艺，传感器与气动元件的选用和调节方法，电路和气路的连接方法及规范要求，PLC 程序的编写与调试及故障分析与排查方法，人机界面的应用，PLC、变频器网络通信技术及系统整体调试技术，强化学生工艺训练和技能水平。本书中给出了详细的工作流程、标准和故障排除实例，帮助学生更好地掌握应用技能。

本书可供高等学校机电技术类、电气技术类、电工电子技术类相关专业的学生使用，也可作为高等院校学生以及工程技术人员提升技能水平的参考书。

图书在版编目（CIP）数据

自动化生产线安装与调试 / 单侠芹主编. —北京：北京理工大学出版社，2019.1
ISBN 978-7-5682-6617-8

Ⅰ. ①自…　Ⅱ. ①单…　Ⅲ. ①自动生产线–安装②自动生产线–调试方法　Ⅳ. ①TP278

中国版本图书馆 CIP 数据核字（2019）第 006237 号

出版发行 / 北京理工大学出版社有限责任公司
社　　址 / 北京市海淀区中关村南大街 5 号
邮　　编 / 100081
电　　话 /（010）68914775（总编室）
（010）82562903（教材售后服务热线）
（010）68948351（其他图书服务热线）
网　　址 / http://www.bitpress.com.cn
经　　销 / 全国各地新华书店
印　　刷 / 涿州市新华印刷有限公司
开　　本 / 787 毫米×1092 毫米　1/16
印　　张 / 18.5
字　　数 / 431 千字
版　　次 / 2019 年 1 月第 1 版　2019 年 1 月第 1 次印刷
定　　价 / 69.00 元

责任编辑 / 赵　岩
文案编辑 / 赵　岩
责任校对 / 周瑞红
责任印制 / 李　洋

图书出现印装质量问题，请拨打售后服务热线，本社负责调换

前　　言

本书将机械设备安装与维护技术、传感检测技术、气动控制技术、电工电子技术、触摸屏应用技术、PLC 应用技术、电气传动技术、网络通信技术等课程进行有机融合，以“工学结合、项目引导、教学做一体化”为原则，以培养人才为目标，以技能培养和工程应用能力的培养为出发点编写而成的。

本书以典型的自动线设备为载体，按照“行动导向”的原则，将机械安装、电路与气路的安装与调试、程序编写及元器件的参数设置、运行与调试作为自动线安装与调试的典型工作任务。在这些工作任务中融入自动线及其各装置的结构、工作原理和工作过程，气动和电气控制系统工作原理，程序编写思路和方法，元器件的作用、工作原理和参数设置等必需的专业知识。从生产实际出发，对常见的设备故障进行分析，以培养学生分析、解决实际问题的能力和进行机电系统设计的能力。

本书共分为 8 个项目，主要内容包括：认识自动化生产线，自动供料系统的安装与调试，物料分拣系统的安装与调试，网络控制技术和人机界面的应用等，每个项目都由不同的任务组成。

本书由单侠芹担任主编，由李坤、孔喜梅担任副主编，参与编写的有滕士雷、陈洪伟、梁广雨。具体编写分工为：单侠芹编写项目一～项目三；李坤编写项目六；孔喜梅编写项目七；滕士雷编写项目八；陈洪伟编写项目四；梁广雨编写项目五。本书由单侠芹负责全书统稿，邵泽强主审。在编写过程中得到了上述作者单位的大力支持，在此向所有支持、帮助本书编写工作的单位和人员表示衷心的感谢！

本书虽经多次修改，但由于编者水平有限，难免有不足与疏漏之处，敬请广大读者和专家批评指正。

编　者

目　录

项目一　走进自动化生产线

任务一　认识自动化生产线

自动化生产线是由工件传送系统和控制系统，将一组自动机床和辅助设备按照工艺顺序连接起来，自动完成产品全部或部分制造过程的生产系统，简称自动线。自动线是由电机、电磁阀、气动、液压等各种执行装置驱动，再经过像传感器、仪器仪表等检测装置进行进程、状态的判别，通过 PLC 等工控处理器的逻辑运算处理后输出。

从自动化生产线的概念可以获悉，自动生产线要求能够自动地完成预定的各道工序及其工艺工程，使产品成为合格的制品，包括装卸工件、定位夹紧、工件输送、工件分拣、工件包装等都能按照一定的顺序自动地进行。

一、自动化生产线的应用

采用自动线进行生产的产品应有足够大的产量；产品设计和工艺应先进、稳定、可靠，并在较长时间内保持基本不变。在大批、大量生产中采用自动线能提高劳动生产率，稳定和提高产品质量，改善劳动条件，缩减生产占地面积，降低生产成本，缩短生产周期，保证生产均衡性，有显著的经济效益。

自动生产线在无人干预的情况下按规定的程序或指令自动进行操作或控制的过程，其目标是“稳，准，快”。自动化技术广泛用于工业、农业、军事、科学研究、交通运输、商业、医疗、服务和家庭等方面。采用自动化生产线不仅可以把人从繁重的体力劳动、部分脑力劳动以及恶劣、危险的工作环境中解放出来，还极大地提高了劳动生产率。图 1－1 所示为一些常见的自动化生产线。

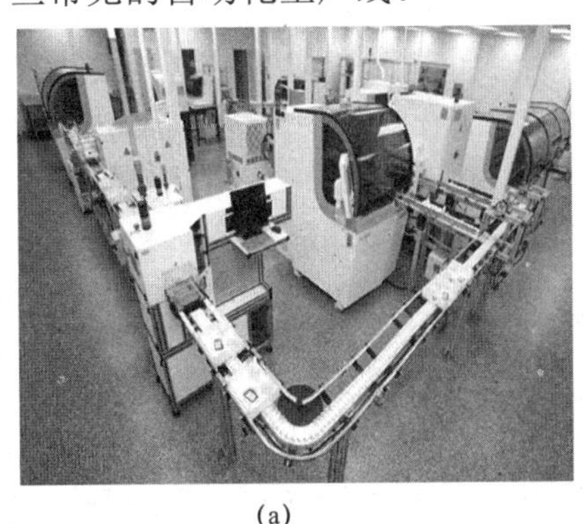

(a)

(b)

图 1－1　常见的自动化生产线

（a）眼镜片的全自动化生产线；（b）手机组装自动化生产线

二、自动化生产线的发展概况

自动线涉及的技术领域很广，所以它的发展和完善与各种相关技术的进步是相互渗透、紧密相连的。人们要了解自动线的发展，就必须了解与之相关技术的发展，这些技术的不断更新推动了自动化生产线的进步。自动化相关技术见表 1－1。

表 1－1　自动线相关技术

相关技术	技术说明
可编程控制器（PLC）	它是一种以顺序控制为主、回路调节为辅的工业控制机，不仅能完成逻辑判断、定时、计数、记忆和算术运算等功能，而且能大规模地控制开关量和模拟量，克服了工业控制计算机用于开关控制系统所存在的编程复杂、非标准外部接口的配套复杂及其资源未能充分利用而导致功能过剩、造价昂贵、对工程现场环境适应性差等缺点。 由于可编程控制器具有一系列优点，因而代替了许多传统的顺序控制器，如继电器控制逻辑等，并广泛应用于自动线的控制
机器人技术	机械手在自动线中的装卸工件、定位夹紧、工件在工序间的输送、加工余料的排除、加工操作、包装等部分得到广泛使用。智能机器人不但具有运动操作技能，而且还有视觉、听觉、触觉等感觉的辨别能力，具有判断、决策能力，还能使用自然语言
传感技术	随着材料科学的发展，传感器技术形成并建立了一个完整的独立科学体系，尤其是带处理器的“智能传感器”在自动生产线的生产中监视着各种复杂控制程序，起着尤为重要的作用
气动技术	由于使用的是取之不尽的空气作为介质，具有传动反应快、动作迅速、气动元件制作容易、成本小、便于集中供应和长距离输送等优点，而引起人们的普遍重视。气动技术已经发展成为了一个独立的技术领域。在各行业中，特别是自动线中得到迅速发展和广泛应用
网络技术	网络技术的飞跃发展，无论是现场总线还是工业以太网，使自动线中的各个控制单元构成一个谐调运转的整体

总之，所有这些支持自动线的机电一体化技术的进一步发展，使得自动线功能更加齐全、完善、先进，从而能完成技术性更加复杂的操作和生产线装配工艺要求更高的产品。

三、传感检测技术在自动生产线中的应用

传感器是能感受被测量并按照一定的规律转换成可用输出信号的器件或装置，通常由敏感元件、转换电路和调理电路组成。在生产线的自动化过程中，传感器起着重要的作用，它向控制器提供系统的实时信号。

传感器的敏感元件是用来直接感受被测量，并输出与被测量成某一关系的物理量的元件，其转换元件则把敏感元件的输出信号转换为电信号，如电流、电压。传感器的组成如图 1－2 所示。

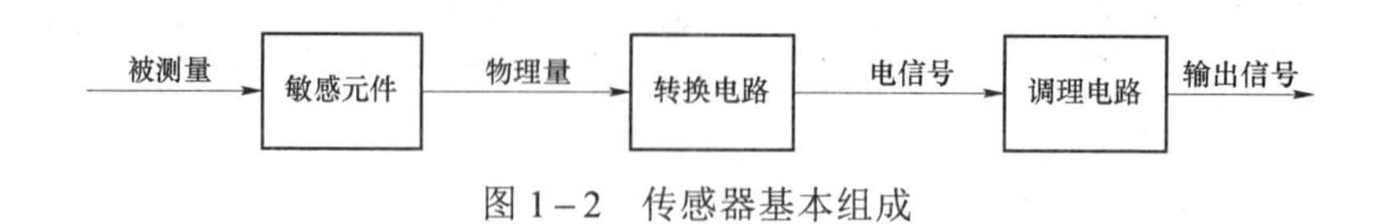

图 1－2　传感器基本组成

传感器常用的分类方法主要有如下几种：

① 按被测量性质分类，可分为位移、力、速度、温度等传感器。

② 按工作原理分类，可分为电阻式、电容式、电感式、霍尔式、光电式、热电偶式等传感器。

③ 按传感器输出信号的性质分类，可分为数字量（包括开关量输出）传感器和模拟量传感器。

在各类传感器中，有一种对接近它的物件有“感知”能力的元件，即接近传感器。接近传感器是代替限位开关等接触式检测方式，以无须接触检测对象进行检测为目的的传感器的总称，其可将检测对象的移动信息和存在信息转换为电气信号。接近传感器的种类很多，常用的有光电式接近传感器、电感式接近传感器、电容式接近传感器和霍尔式接近传感器等，通常不同的接近传感器所能识别的物体材质也是不同的。

1. 电感式接近传感器

电感式接近传感器利用金属导体靠近磁场时产生的涡流效应来工作的，所以这种接近传感器所检测的物体必须是金属导体。电涡流效应是指，当金属物体处于一个交变的磁场中，在金属内部会产生交变的电涡流，该涡流又会反作用于产生它的磁场。如果这个交变的磁场是由一个电感线圈产生的，则这个电感线圈中的电流就会发生变化，用于平衡涡流产生的磁场。

利用这一原理，以高频振荡器（LC 振荡器）中的电感线圈作为检测元件，当被测金属物体接近电感线圈时产生了涡流效应，引起振荡器振幅或频率的变化，由传感器的信号调理电路（包括检波、放大、整形、输出等电路）将该变化转换成开关量输出，从而达到检测目的。电感式接近传感器工作原理如图 1－3 所示。

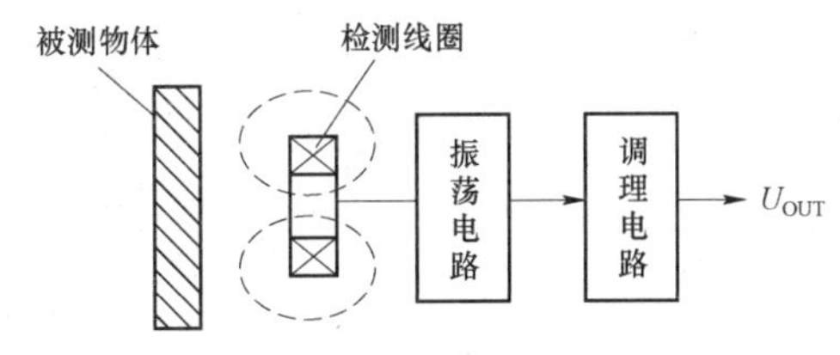

图 1－3　电感式接近传感器原理图

2. 电容式接近传感器

将被测物理量或机械量转换成为电容量变化的一种转换装置，实际上就是一个具有可变参数的电容器。电容式接近传感器广泛用于位移、角度、振动、速度、压力、成分分析、介质特性等方面的测量，最常用的是平行板型电容器或圆筒型电容器。电容式接近传感器的测量头是构成电容器的一个极板，而另一个极板是开关的外壳。这个外壳在测量中通常是接地或与设备相连。当物体移向接近传感器时，由于它的接近总会使电容的介电常数发生变化，从而使电容量发生变化，使得和测量头相连的电路状态也发生变化，由此可控制开关的接通或断开。

3. 霍尔式接近传感器

霍尔式接近传感器是利用霍尔效应工作的一种磁性接近传感器，具有无触点、功耗低、寿命长、响应频率高等特点，属于磁电转换元件，故只能用于磁性物质的检测，可用于压力、位置、位移、速度等的测量。

4. 光电式接近传感器

光电式接近传感器是利用光电效应工作的传感器，可以检测物体的有无和表面状态的变化，因此可用于任何材质物体的检测。但对于同种材料、不同颜色的物体来说，光电式接近传感器对它们的敏感程度是不一样的。例如，漫射型光电式接近传感器对红色物体就比对表面吸收光的黑色物体敏感得多。

光电式接近传感器主要由光发射器和光接收器构成。如果光发射器发射的光线因检测物体不同而被遮掩或反射，到达光接收器的量将会发生变化。光接收器的敏感元件将检测出这种变化，并转换为电气信号，进行输出。

按照接收器接收光的方式的不同，有反射式、对射式和漫射式 3 种，其工作原理如图 1－4 所示。

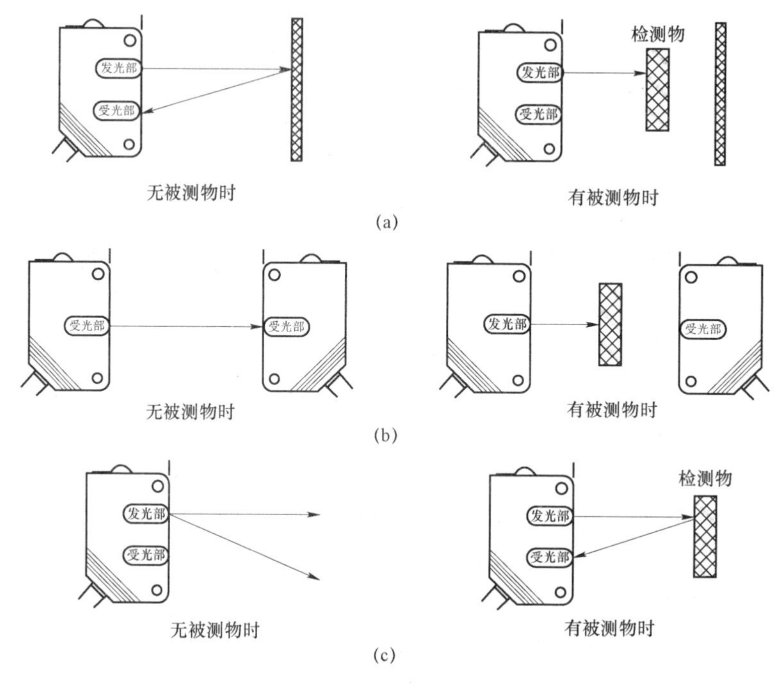

图 1－4　光电式接近传感器的工作原理

（a）反射式光电传感器工作原理；（b）对射式光电传感器工作原理；（c）漫射式光电传感器工作原理

例如，漫射式光电传感器是利用光照射到被测物体上后反射回来的光线而工作的，由于物体反射的光线为漫射光，故称为漫射式光电式接近传感器。它的光发射器与光接收器处于同一侧，且为一体化结构。在工作时，光发射器始终发射检测光，若传感器前方一定距离内没有物体，则没有光被反射到接收器，开关处于常态而不动作；反之，若传感器的前方一定距离内出现物体，只要反射回来的光强度足够，则接收器接收到足够的漫射光就会使开关动作而改变输出的状态。

在自动线中，在选用传感器时应当综合考虑各项指标的内在要求。首先检测要求要在该传感器的应用范围内，然后再综合考虑传感器的一些参数，包括传感器的检测距离、工作电压、负载电流、负载形式（直流、交流、电阻）、输出类型等，负载和传感器的输出类型要匹配，如 NPN 型输出的传感器，PLC 的输入端为漏型接法，否则很容易损坏接近传感器，其他的一些辅助参数，如工作频率、环境温度等，在选用时也应综合考虑在内。

四、气动技术在自动化生产线中的应用

气动技术是以压缩空气作为动力源，进行能量传递或信号传递的工程技术，是实现各

种生产控制、自动控制的重要手段之一，气动技术在工业生产中应用非常广泛，一般自动化生产线上都安装许多气动器件，可归为气源及其处理装置、控制元件、执行元件等，气源处理装置用于向设备提供气源，控制元件用于控制气动执行元件的动作，执行元件用于完成机械动作。气动技术在 YL－335B 自动化生产线上的应用详见各章节。

1. 认识气动执行元件

气动执行元件是将气体能转换成机械能以实现往复运动或回转运动的执行元件，在自动化生产线中有着广泛应用，是实现机械运动的执行机构，有气缸、气动马达等。人们从每个气动执行元件的型号和铭牌参数可以查到其空间尺寸、动力特性、控制特性、安装方式和配件信息等相关设计要素。因此，在使用时，应考虑整体设备的机械结构、控制信号特性、功能特性等各方面内容。如图 1－5 所示的气缸型号，其包含了如下信息：带内置磁环，基本型安装，行程为 30 mm，缸径为 16 mm。表 1－2 为气缸选型的要素说明。

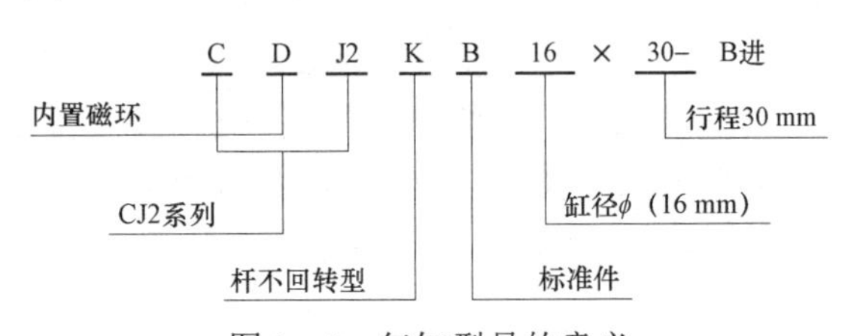

图 1－5　气缸型号的意义

表 1－2　气缸选型要素说明

要素名称	基本原则	选择方法
类型的选择	根据工作要求和条件进行选择	① 要求气缸到达行程终端无冲击现象和撞击噪声，应选择缓冲气缸； ② 要求重量轻，应选轻型缸；要求安装空间窄且行程短，可选薄型缸； ③ 有横向负载，可选带导杆气缸；要求制动精度高，应选锁紧气缸； ④ 不允许活塞杆旋转，可选具有杆不回转功能气缸；高温环境下需选用耐热缸； ⑤ 在有腐蚀环境下，需选用耐腐蚀气缸； ⑥ 在有灰尘等恶劣环境下，需要活塞杆伸出端安装防尘罩
安装形式	根据安装位置、使用目的等因素决定	① 在一般情况下，采用固定式气缸； ② 在需要随工作机构连续回转时，应选用回转气缸； ③ 在要求活塞杆除直线运动外，还需做圆弧摆动时，则选用轴销式气缸； ④ 有特殊要求时，应选择相应的特殊气缸
作用力的大小（即缸径的选择）	根据负载力的大小来确定。一般均按外载荷理论平衡条件所需气缸作用力，使气缸输出力稍有余量	① 选择缸径适中：缸径过小，输出力不够；但缸径过大，使设备笨重，成本提高，又增加耗气量，浪费能源； ② 在夹具设计时，应尽量采用扩力机构，以减小气缸的外形尺寸
活塞行程	与使用的场合和机构的行程有关，但一般不选满行程，以防止活塞和缸盖相碰	按计算所需的行程留有一定余量，如用于夹紧机构等，应按计算所需的行程增加 10～20 mm 的余量

续表

要素名称	基本原则	选择方法
活塞的运动速度	主要取决于气缸输入压缩空气流量、气缸进排气口大小及导管内径的大小。气缸运动速度一般为 50～800 mm/s，要求高速运动时应取大值	① 对高速运动气缸，应选择大内径的进气管道； ② 对于负载有变化的情况，为了得到缓慢而平稳的运动速度，可选用带节流装置的阻尼缸，则较易实现速度控制； ③ 选用节流阀控制气缸速度时需注意：水平安装的气缸推动负载时，推荐用排气节流调速；垂直安装的气缸举升负载时，推荐用进气节流调速； ④ 要求行程末端运动平稳避免冲击时，应选用带缓冲装置的气缸

在实际设计或学习中使用气缸时，可参考如下步骤进行选择。

1）根据操作形式选定气缸类型

气缸操作方式有双动、单动弹簧压入及单动弹簧压出等三种方式对输出力和运动速度要求不高的场合（价格低、耗能少），可考虑用单作用气缸，其他的情况一般采用双作用气缸，相同体积下，采用单作用气缸所获得的行程会偏小（内部有弹簧），因此更适合小行程，见表 1－3。

表 1－3　单、双作用气缸的原理及特点

气缸操作方式	单动弹簧压入	双动
标准单作用和双作用气缸剖面图		
工作原理	压缩空气只能在一个方向上控制气缸活塞的运动，活塞的反向动作则靠一个复位弹簧或施加外力来实现	通过无杆腔和有杆腔交替进气和排气，活塞杆伸出和缩回，气缸实现往复直线运动
特点	① 结构简单，耗气量小； ② 气缸行程相对双作用小，其行程长度一般在 100 mm 以内； ③ 行程随弹簧的变形而变化； ④ 活塞杆的输出力比双作用缸小	① 结构简单，输出力稳定； ② 行程可根据需要选择； ③ 回缩时压缩空气的有效作用面积较小，产生的力要小于伸出时产生的推力

因此，单作用气缸多用于行程较短以及对活塞杆输出力和运动速度要求不高的场合。

2）根据用途选定气缸类别

基于对气缸在动力特性或空间布局方面的应用特长，人们在选用气缸时，首先从空间要求、输出力的要求和精度要求等方面确定基本类别，常用的气缸类别及其特性见表 1－4。

表 1-4　常用的气缸类别及特性

笔形气缸	薄型气缸	摆动气缸	气动手指	无杆气缸
重量轻、体积小、输出力小、精度不高	结构紧凑、重量轻、占用空间小、输出力较大	适用于在需要摆动或转动的场合	在需要夹取工件时，一般用气动夹爪气缸	安装空间小，一般需要和导引机构配套，定位精度也比较高

一般在高精度要求时还可以采用滑台气缸（将滑台与气缸紧凑组合的一体化的气动组件），工件可安装在滑台上，通过气缸推动滑台运动，适用于精密组装和定位、传送工件等；既要求精度高又要求承接负载力大时，还可以选用导杆气缸。

3）根据使用环境与工作要求确定缸径和行程

供应到气缸的压缩空气的压力是由空压机经过气源处理装置后供给，气源处理装置可以是三联件或二联件，可以根据实际情况进行选择，在 YL-335B 自动化生产线上使用的是二联件，由气源处理组件气动二联件调节后的空气压力为 0.0～1.0 MPa，实际选用时，为保障设备气压足够，可以调整到 0.3～0.8 MPa。双作用气缸伸出力和缩回力理论值计算公式如下，其中，D 气缸缸径和 d 气缸杆径参见图 1-6 双作用气缸结构示意图。

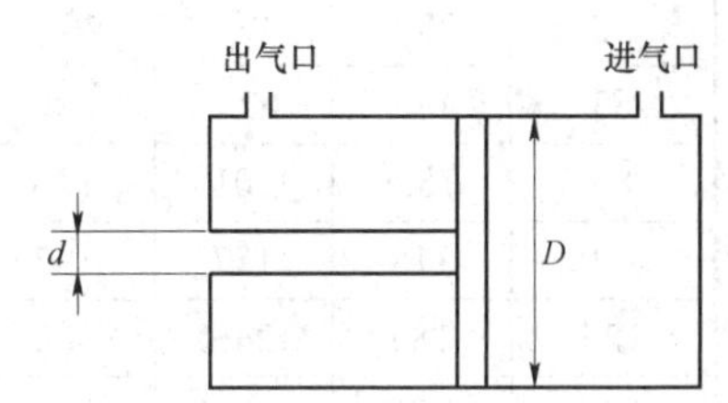

图 1-6　双作用气缸结构示意图

气缸伸出力理论值：

$$F(\text{伸出})=\frac{\pi\times D^2\times p}{4}(\text{N})$$

气缸缩回力理论值：

$$F(\text{缩回})=\frac{\pi\times(D^2-d^2)\times p}{4}(\text{N})$$

式中　π——圆周率（取 3.14）；

D——气缸缸径（单位：mm）；

d——气缸杆径（单位：mm）；

p——工作压强（单位：MPa），根据气源供气条件，应小于减压阀进口压强的 85%。

气缸在实际的工作中，会受到阻力的作用，气缸实际输出力 $N=A\cdot F$，其中 A 是安全系数，也称负载率。气缸实际负载是由工况决定的，在不同的速度要求和负载情况下，负载率也会发生变化，对于静负载（顶料、夹料等），负载率较大，负载实际接收到的力相对就较大，当气缸运行速度不断增大时，负载率也会不断减小，如速度为 50～500 mm/s 范围内的水平或垂直动作时，负载率 $A\leqslant0.5$；当速度大于 500 mm/s 时，阻力加大，负载率 $A\leqslant0.3$。由此可见，负载率与负载、气缸缸径、运行速度和气压等很多因素有关。因此，通常不会定量地去衡量气缸的实际输出力，在选择输出力时，可根据经验所需的输出力粗略判断。表 1－5 为双动气缸的输出力表。

表 1－5　双动气缸输出力

缸径/mm	工作速度=50～500 mm/s 时的实际输出力/kg					根据公式算出来的理论输出力/kg				
	使用空气压力/MPa					使用空气压力/MPa				
	0.3	0.4	0.5	0.6	0.7	0.3	0.4	0.5	0.6	0.7
	3.1	4.1	5.1	6.1	7.1	3.1	4.1	5.1	6.1	7.1
6	0.43	0.57	0.71	0.85	0.99	0.85	1.13	1.41	1.7	1.98
10	1.18	1.57	1.97	2.36	2.75	2.36	3.14	3.93	4.71	5.5
12	1.7	2.26	2.83	3.39	4	3.39	4.52	5.65	6.78	7.91
16	3.02	4.02	5.05	6.05	7.05	6.03	8.04	10.1	12.1	14.1
20	4.71	6.3	7.85	9.4	11	9.42	12.6	15.07	18.8	22
25	7.35	9.8	12.3	14.7	17.2	14.7	19.6	24.5	29.4	34.4
32	12.1	16.1	20.1	24.2	28.2	24.1	32.2	40.2	48.3	56.3
40	18.9	25.2	31.4	37.7	44	37.7	50.3	62.8	75.4	88
50	29.5	39.3	49.1	58.5	68.5	58.9	78.5	98.2	117	137
63	46.8	62.5	78	92.5	109	93.5	125	156	187	218
80	75.5	101	126	151	176	151	201	251	302	352
100	118	157	197	236	275	236	314	393	471	550
125	184	246	308	368	430	368	491	615	736	859
140	231	308	385	462	539	462	616	770	924	1 078
160	302	402	503	603	704	603	804	1 005	1 206	1 407
180	382	509	636	764	891	763	1 018	1 272	1 527	1 781
200	471	629	764	943	1 100	942	1 527	1 571	1 885	2 199
250	737	982	1 227	1 473	1 718	1 473	1 963	2 454	2 945	3 436
300	1 061	1 414	1 767	2 121	2 474	2 121	2 827	3 534	4 241	4 948

在确定气缸行程时，气缸行程可略小于实际行程，剩余行程可以用相关接头或缓冲装置来补充。在连接有附件的气缸上，还需要考虑附件本身的长度，必要时可以选择行程可调的气缸。

其他特殊情况，则需根据生产的实际要求选用是否带有特殊配置的气缸，如缸的安装方式、缓冲装置、活塞的检测装置、相关接头等。

气缸在使用中应定期检查各部位有无异常现象、各连接部位有无松动等，导杆式气缸的活动部位应定期加润滑油。

2. 认识方向控制阀

气缸动作方向的改变是通过方向控制阀来实现的。如气缸的伸出和缩回，其活塞的运动是依靠向气缸一端进气，并从另一端排气，再反过来，从另一端进气，一端排气来实现的。气体流动方向的改变则由方向控制阀加以控制。能改变气体流向或通断的控制阀称为方向控制阀，方向控制阀有电磁控制、气压控制、机械控制等。

（1）方向控制的通位

方向控制阀与系统相连的通口包括供气口、进气口和排气口。按通口的数目可分为三通阀、四通阀、五通阀等。例如，控制一个单作用气缸，只需要实现进（排）气口气流方向的改变即可，因此，可以用三通阀实现。

方向控制阀的切换状态称为位置，有几个切换状态就称为几位阀，阀的静止位置（即未加控制信号时的状态）称为零位，根据工作位置数目不同可分为一位阀、两位阀、三位阀等。

图 1－7 分别给出二位三通、二位四通和二位五通单控电磁换向阀的图形符号，图形中有几个方格就是几位，方格中的“┬”和“┴”符号表示各接口互不相通。

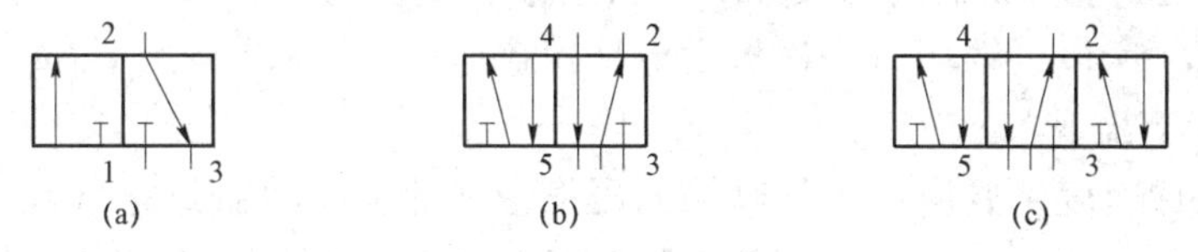

图 1－7　部分换向阀的图形符号

（a）二位三通；（b）二位五通；（c）三位五通

当使用的方向阀为电磁控制方式时，则为电磁换向阀，电磁换向阀有单电控和双电控两种，其符号见表 1－6。

表 1－6　电磁换向阀图形符号

单电控二位五通电磁换向阀	双电控二位五通电磁换向阀
4　2 5　3	4　2 5　3

（2）方向控制阀的选用

一般选用阀时，要考虑使用现场的条件，包括提供的气源压力大小、电源（直流、交流及其大小）和环境条件等，了解常用阀的性能及其使用范围，然后根据所配套的不同执行元件选择不同功能系列的阀，尽量选用标准化产品，大型控制系统设计时，要考虑尽可能使用集成阀和信号的总线控制形式。在价格方面，在保证系统先进、可靠、使用方便的前提下，力求价格合理，不能不顾质量而追求低成本。方向控制阀的选用方法见表 1－7。

表 1-7　方向控制阀的选用方法

项目	要求
功能和控制方式	符合系统工作要求即应根据气动系统对元件的位置数、通路数、记忆性、静置时通断状态和控制方式等的要求。一般单作用气缸配二位三通的电磁换向阀，双作用气缸配二位五通的电磁换向阀
流通能力	阀的流通能力应满足气动系统对元件的瞬时最大流量的要求
电压标准	阀的电压标准要符合系统所提供的电源电压，包括交流、直流及其等级
安装方式	应根据阀的质量水平、占用空间以及便于维修等综合考虑

目前，我国广泛应用的换向阀为板式安装方式，它的优点是便于装拆和维修，ISO 标准也采用了板式安装方式，并发展了集装板式安装方式。因此，推荐优先采用板式安装方式。但由于元件质量和可靠性不断提高，管式安装方式的阀占用空间小，也可以集装安装，故也得到了应用。所以，选用时应根据实际情况确定。

3. 认识单向节流阀

气缸工作运行速度主要取决于气缸输入压缩空气流量、气缸进排气口大小及导管内径的大小，一般为 50～500 mm/s。为保障气缸的运行均匀和平稳，气缸的运行速度常应用单向节流阀进行控制，其图形符号见表 1-8。其通常安装在气缸和换向阀之间，即气缸的快速接头连接处。

表 1-8　单向节流阀

单向节流阀实物图	图形符号	单向节流阀原理
		由单向阀和节流阀并联而成，通过改变节流截面或节流长度来控制流体流量

单向节流阀的连接方法有两种：一种是排气节流型；一种是进气节流型，分别如图 1-8 所示。两种连接方式的主要区别在于内部单向阀的方向不同，自然两种连接方式控制气缸运行速度的特性和效果是不同的。

排气节流型即在气缸排气的时单向阀截止，气流通过节流阀流出，通过阀上的限流螺母控制气流排出的大小，达到调速目的。这种连接方式，对排出气流有所限制，不会造成活塞杆急速伸出或缩回，这种方式一般比较保险，广泛应用在气路设计之中。

五、网络通信技术

随着工厂自动化技术的飞速发展，如工业控制计算机、PLC、变频器、人机界面、机器人等，将这些不同设备连接在一个网络上，相互之间进行数据通信，再集中管理，已经是企业实现自动化、数字化、网络化必须考虑的问题，因此，学习有关 PLC、变频器等通信显得尤为重要。

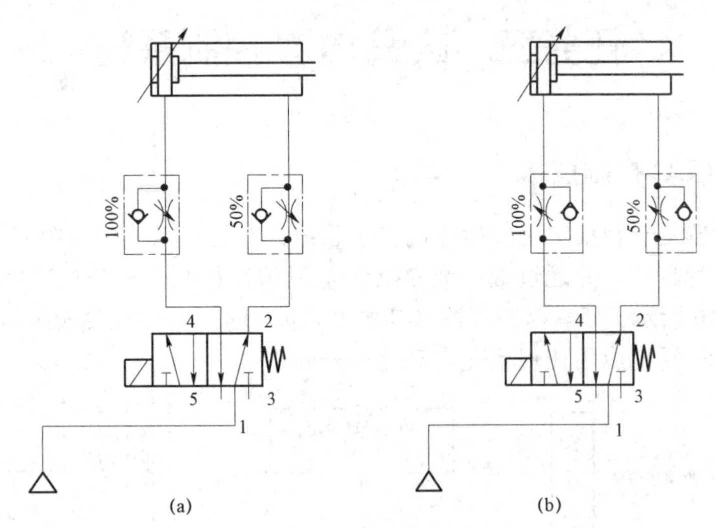

图 1－8　单向节流阀连接方式

（a）排气节流型；（b）进气节流型

工业数据通信系统就是将不同地址位置的计算机、PLC、变频器、触摸屏以及其他数字设备连接起来，高效地进行信息交换和通信处理任务。工业通信网络系统总线如图 1－9 所示。在 PLC 控制系统中，根据通信对象的不同，PLC 通信可分为 PLC 与外部设备、PLC 与 PLC 之间、PLC 与 PLC 及外部设备之间的通信等基本类型。

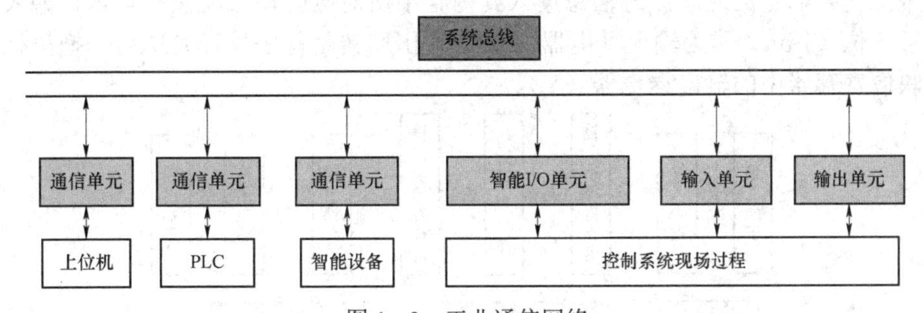

图 1－9　工业通信网络

（1）PLC 与外部设备之间的通信，包括 PLC 与计算机、PLC 与通用外部设备。PLC 与计算机就相当于计算机与计算机，带有编程、调试和监视功能的计算机、编程器、触摸屏等与 PLC 的通信都属于此类；通用外部设备具有通用的通信接口（RS－232、RS－422、RS－485 等）。

（2）PLC 与系统内部设备之间的通信，包括 PLC 与远程 I/O 口之间的通信、PLC 与其他外部控制装置之间的通信、PLC 与 PLC 之间的通信。PLC 与远程 I/O 口之间的通信实际上是通过通信的方式扩展 I/O 口；PLC 与外部控制装置之间的通信，是指 PLC 通过通信接口（RS－232、RS－422、RS－485 等）与系统内部的但不属于 PLC 范畴的其他控制装置之间的通信，如变频器、伺服驱动器等；PLC 与 PLC 之间通信主要用于 PLC 网络组建，通过通信连接，使独立的 PLC 有机地连接在一起，组成工业自动化的 PLC 网络。由于 PLC 控制系统中设备众多，通常情况下，需要通过 PLC 现场总线，将各个装置连接成网，以便于集中统一管理。

任务二　认识PLC控制系统

一、了解PLC控制技术

可编程控制器是一种数字运算操作的电子系统，专为在工业环境中应用而设计。它可以存储程序、执行程序，并通过数字或模拟式输入/输出控制各种类型的机械或生产过程，其结构如图1－10所示。可编程控制器以其抗干扰能力强、可靠性高及控制系统结构简单、功能强等优点，广泛地应用在现代化自动化生产线中。

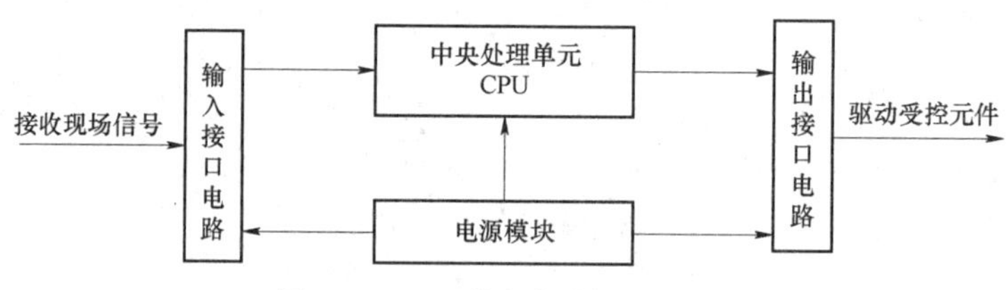

图1－10　可编程控制器的结构

可编程控制器主要是通过执行存储在其内部的程序，实现输入信息到输出信息的转换，在自动化生产线中担负着大脑的作用，是系统的核心。图1－11所示为可编程控制器的工作过程，其工作方式是循环扫描，分三个过程：输入采样、程序执行、输出刷新，输入采样阶段是把输入端子的通断状态信息读入到内存中所对应的输入映像寄存器，输入映像寄存器的每一位（1 bit）称为输入继电器（X）。输出刷新是程序执行完毕后，把执行结果送到输出映像寄存器中的输出继电器（Y）。

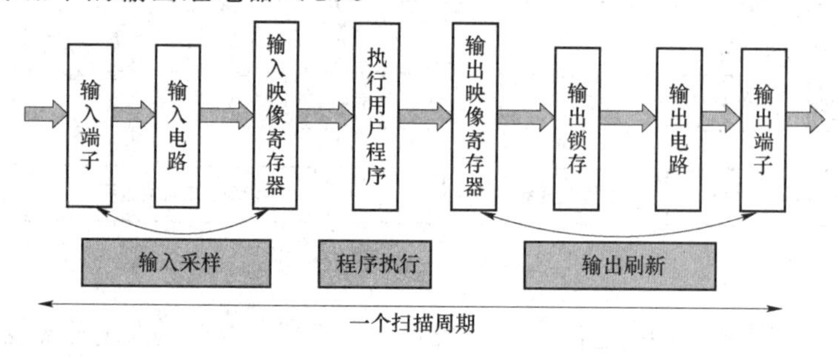

图1－11　可编程控制器的工作过程

二、认识三菱FX系列PLC

1. 三菱FX3U系列PLC实物图和型号介绍

三菱FX3U系列PLC是三菱公司开发的第三代小型PLC系列产品，它是目前该公司小型PLC中CPU性能最高、可以适用于网络控制的小型PLC系列产品。FX3U系列PLC产品为整体式结构，编程功能增强。FX3U的编程元件数量比FX2N大大增加，内部继电器达到7 680点，状态继电器达到4 096点，定时器达到512点，同时还增加了部分应用指令。图1－12和图1－13所示分别为FX3U的实物图和型号含义介绍。

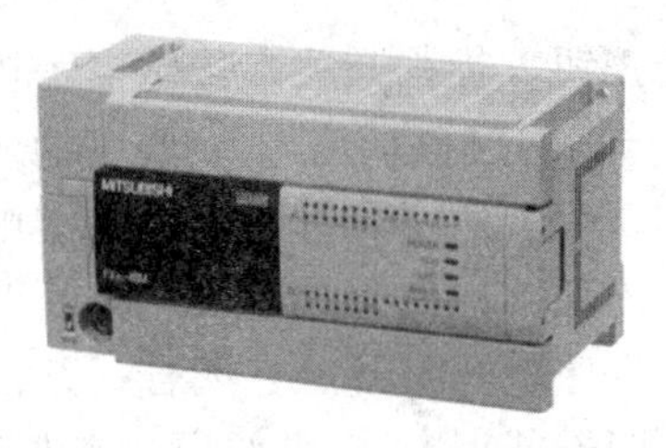

图 1-12 三菱 FX3U 实物图

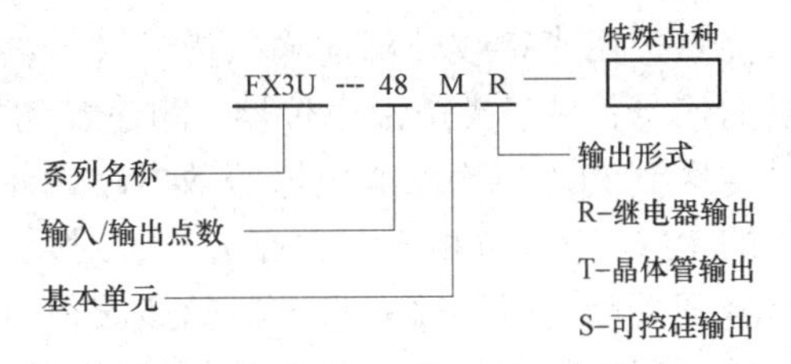

图 1-13 三菱 FX 系列 PLC 的型号含义

（1）系列名称：表示各子系列的名称，如 1N、2N、3U 等。

（2）输入/输出点数：表示 PLC 输入和输出的总点数，如 16、32、48、64、128 等，FX3U 的输入/输出继电器采用八进制编排方式，如 FX3U-32MR 的输入为 X000～X007、X010～X017，输出为 Y000～Y007、Y010～Y017。但是软元件采用十进制编号，如 M0～M999、D0～D199、T0～T199。

（3）单元类别：包括 M 基本单元、E 输入输出混合扩展单元及扩展模块、EX 输入专用扩展模块、EY 输出专用扩展模块等。

（4）特殊品种：表示电源输入和输出的类型，有以下几种：

① D：DC 电源，DC 输入；

② A1：AC 电源，AC 输入（AC100～120 V）或 AC 输入模块；

③ 无记号：AC 电源，DC 输入，横式端子排。

（5）输出形式：包括 R 继电器型输出 T 晶体管型输出和 S 可控硅型输出。

例如，FX3U-48MR 表示 PLC 为 FX3U 系列，I/O 总点数为 48 点，基本单元，继电器输出方式。继电器输出型可以用于控制交流和直流负载，供料、加工、装配和分拣四个单元使用的是继电器输出型的 PLC。晶体管型只能控制直流负载，可以实现快速通断，一般需要高速脉冲输出时选用晶体管输出型的 PLC，例如 YL-335 的输送单元的步进、伺服电动机驱动。

2. 三菱 PLC 的软元件

PLC 可编程控制器是以微处理器为核心，以运行程序的方式完成控制功能。其内部有各种软元件，如输入/输出继电器、定时器、计数器、状态寄存器、数据寄存器等。用户利用这些软元件，通过编程来表达各软元件间的逻辑关系，实现各种逻辑控制功能。在 PLC 内，每个软元件都分配了一个地址号，也称软元件编号。软元件的表达方式为："表示元件类型的英文字母+编号（地址）"，如 M10、Y1、X14 等。PLC 的软元件，包括位软元件、字软元件和标号等，三菱 FX 系列 PLC 内部软元件如图 1-14 所示，软元件的动合和动断触点可以无限次使用。

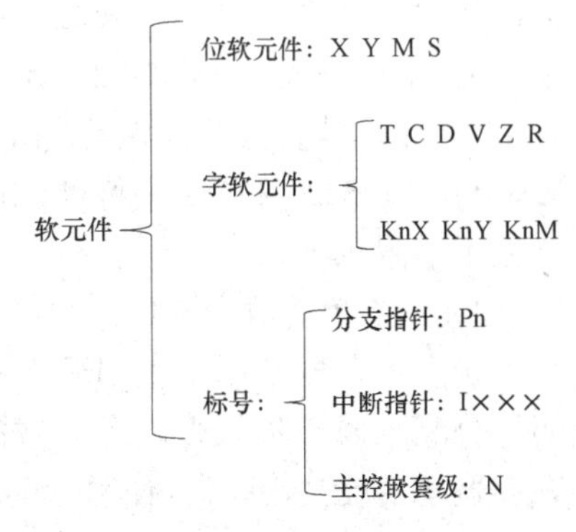

图 1-14 软元件分类

1）输入继电器（X）和输出继电器（Y）

PLC 主机上有许多标有 X 和 Y 及其地址号的接线端子，分别叫作输入端子和输出端子。输入端子是可编程控制器从外部开关接收信号的窗口，输出端子是可编程控制器向外部负载发送信号的窗口。

输入继电器也称输入映像寄存器，它的每一位对应一个输入接点，用来接收外部的输入信号（一类是由按钮、行程开关、传感器等控制的开关量提供的信号；另一类是由电位器、测速发动机等传来的模拟量信号），通过输入端子把这些信号传送到PLC，输入继电器等效电路如图1-15（a）所示。每一个输入继电器线圈都与相应的PLC输入端相连，并有无数多对供PLC内部编程使用的动合、动断触点。当外部的信号开关闭合时，输入继电器的线圈得电，在程序中其常开触点闭合，常闭触点断开。输入继电器的线圈只能由外部输入信号来驱动，而不能用PLC内部程序来驱动。

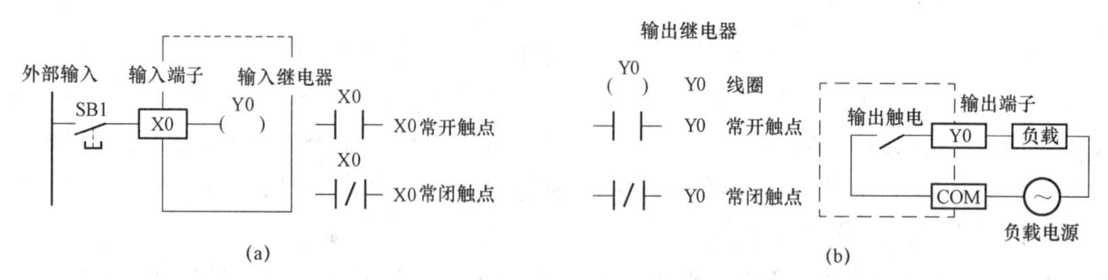

图1-15　输入继电器等效电路图

（a）输入继电器等效电路图；（b）输出继电器等效电路图

输出继电器又称输出映像寄存器，是将PLC运算的结果（输出信号）通过输出端子送给外部负载（如接触器、电磁阀、指示灯等），其等效电路如图1-15（b）所示。输出继电器的线圈只能由内部程序驱动，不能由外部信号直接驱动，它通过与开关量输出模块对应的输出开关来驱动负载。输出继电器有无数多对供编程使用的动合、动断触点。

输入/输出继电器的地址编号是以八进制数表示，如FX3U-32MR可编程控制器提供了16点输入继电器：X0～X7，X10～X17；16点输出继电器：Y0～Y7，Y10～Y17。

2）辅助继电器（M）

辅助继电器也称中间继电器，用于存储中间操作数或其他控制信息，PLC内部拥有许多辅助继电器（M），辅助继电器与输出继电器一样，由PLC内部各软元件的触点驱动，这些继电器在PLC内部只起传递信号的作用，不与PLC外部发生联系，不能用来驱动外部负载，外部负载必须由输出继电器驱动。

辅助继电器（M）的地址编号是按十进制数分配的，其编址范围是默认设定状态：非保持型，该继电器的元件编号为M0～M499共500点，编程时每个通用辅助继电器的线圈仍由OUT指令驱动，而其触点的状态取决于线圈的通、断。停电保持辅助继电器的元件编号为M500～M1023共524点，用于保存停电瞬间的状态，并在来电后继续运行。M0～M1023可通过参数更改保持/非保持的属性。M1024～M7679固定为保持型辅助继电器。M8000～M8511共512个特殊辅助继电器，完成特定功能，常用的特殊辅助继电器及其功能见本书附录一。

3）状态寄存器（S）

状态寄存器是用于编制顺序控制程序的一种编程元件，与辅助继电器一样，按十进制编号分配，属于位元件，有无数的动合触点和动断触点，在顺控程序内可任意使用。状态寄存器与STL指令组合使用，运用顺序功能图编制高效易懂的程序。当状态寄存器不用于步进控制指令时，可当作辅助继电器（M）使用，功能与辅助继电器（M）一样。

4）定时器（T）

定时器属于字元件，定时器的地址编号用十进制表示。定时器的作用相当于一个时间继电器，有设定值和当前值，有无数的常开/常闭触点供编程使用。定时器可用常数K作为设定值，也可用数据寄存器（D）的内容作为设定值。定时器分为通用定时器和带断电保持的积分定时器。FX系列PLC的定时器特性见本书附录一。

当定时条件为ON时，定时器的线圈被驱动，定时器以加计数的方式对PLC的内部时钟（1 ms、10 ms、100 ms）进行累积，当累积时间到达设定值时，其触点动作。则定时器的常开触点接通，常闭触点断开。当定时条件变为OFF，通用定时器被复位，常开触点断开，常闭触点接通，当前值恢复为零。积分定时器带断电保持功能，PLC停电或定时器的条件断开，当前值数据会被保持，再上电后定时器从当前值开始计时直到设定值。积分定时器的复位采用RST复位指令。积分定时器的使用示例如图1-16所示。当X1为ON时，T256定时器开始计数，到达设定值后Y1输出为ON，直到X2为ON时，复位定时器T250，Y1为OFF。

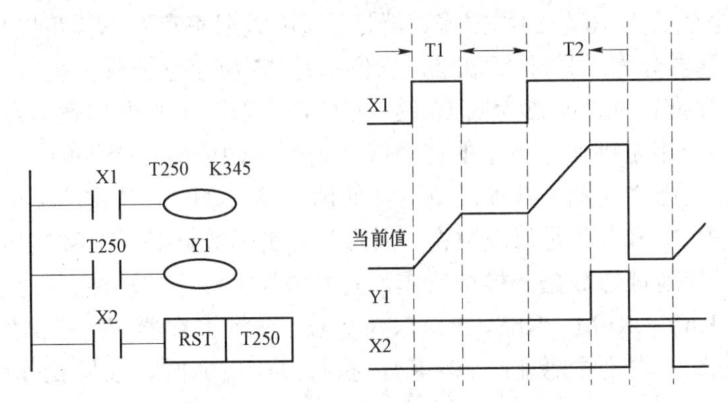

图1-16　积分定时器的使用示例

5）计数器（C）

PLC的计数器按十进制编号分配，属于字元件，计数器可用常数K作为设定值，也可以用数据寄存器（D）的内容作为设定值，计数器按信号频率分为内部计数器和高速计数器，详见本书附录一。计数器的使用示例如图1-17所示。当定时条件为ON时，计数器线圈被驱动，指定的计数器按加1或减1的方式进行计数；当计数值达到设定值时，计数器的触点动作，定时器的常开触点接通，常闭触点断开；当定时条件变为OFF时，定时器保持当前值，若用RST复位指令进行复位，则当前值变为0。

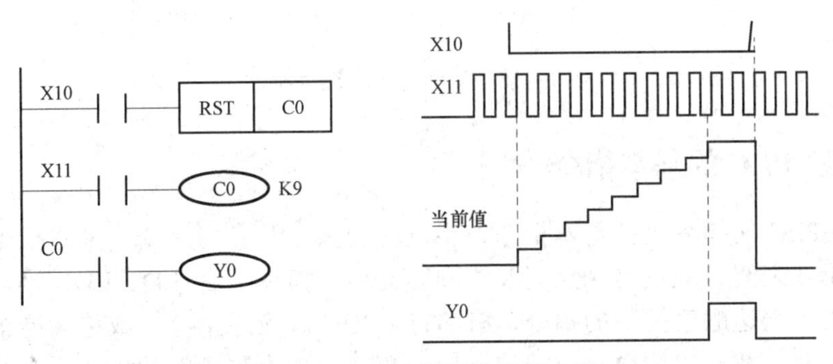

图1-17　加计数器的使用示例

（6）数据寄存器（D）

PLC 用于模拟量控制、位置控制、数据 I/O 时，需要许多数据寄存器存储参数及工作数据。数据寄存器就是 PLC 中用来存储数据的字软元件，地址按十进制编号，供数据传送、比较和运算等使用。每个数据寄存器的字长为 16 位，最高位为符号位（1 为负，0 为正），16 位数据寄存器存储的数值范围为－32 768～+32 767。可以用两个数据寄存器合并起来存放 32 位数据（最高位仍为符号位），通常指定低位，高位自动占有，例如，指定了 D0 为低 16 位，则高位 16 位自动分配为 D1。考虑到编程习惯和外部设备的监控功能，建议在构成 32 位数据时低位用偶数地址编号。数据寄存器的数量随着机型不同而不同，FX3U 的数据寄存器分配见本书附录一。

程序运行时，只要不对数据寄存器写入新数据，数据寄存器中的内容就不会变化，通常可通过程序的方式或外部设备对数据寄存器的内容进行读/写。

（7）变址寄存器（V、Z）

变址寄存器是字长为 16 位的数据寄存器，与通用数据寄存器一样可以进行数据的读写。三菱 PLC 变址寄存器分为二种即 V 和 Z，它们都是 16 位字软元件，把 V 和 Z 组合使用，可用于处理 32 位数据，并规定 Z 为低 16 位。变址寄存器除了与通用数据寄存器有相同的存储数据功能外，主要用于操作数地址的修改或数据内容的修改。变址的方法是将 V 或 Z 放在操作数的后面，充当修改操作数地址或内容的偏移量，修改后其实际地址等于操作数的原地址加上偏移量的代数和。若是修改数据，则修改后实际数据等于原数据加上偏移量的代数和。变址功能可以使地址像数据一样被操作，大大增强了程序的功能。可充当变址操作数的有 K、H、KnX、KnY、KnM、KnS、P、T、C、D。变址寄存器应用举例如图 1－18 所示。

例如：① 修改字软元件地址：V0=K4，执行 D10V0 时，实际操作的软元件是 D14（10+4）。

② 修改位软元件地址：V1=K8，执行 X0V1，对象软元件编号被指定为 X10，请注意此时不是 X8（八进制编号）。

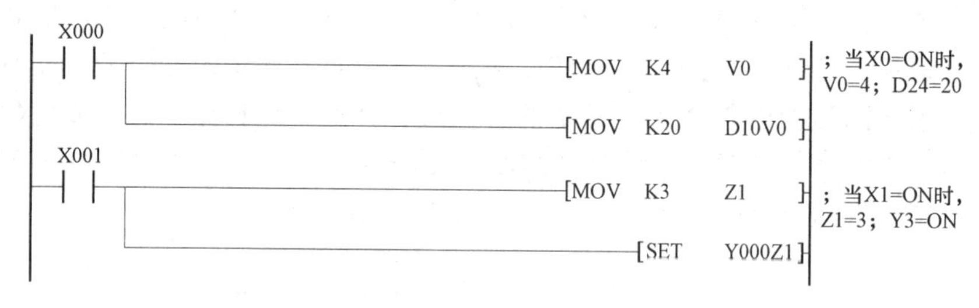

图 1－18 变址寄存器应用举例

三、三菱 PLC 的基本指令

FX 系列 PLC 的指令包括基本指令、步进控制指令及应用指令。基本指令用于表达软元件触点与母线之间、触点与触点间及线圈等的连接指令，有 LD、LDI、AND 等。步进控制指令专用于表达顺序控制的指令，有 STL、RET。应用指令（或称功能指令）则用于表达数据的运算、数据的传送、数据的比较、数制的转换等操作的指令，有 MOV、SUB、

ADD 等。各种指令及其用法详见本书附录二。

1. 基本指令

FX3U 系列 PLC 的基本指令包括触点指令、结合指令、线圈指令、主控指令和程序结束指令。

1）逻辑操作开始指令

LD、LD/是逻辑操作开始指令，也称逻辑取指令。每一个网络块逻辑运算开始都要使用 LD 或 LD/指令。

LD：取指令，用于网络块逻辑运算开始的动合触点与左母线连接。

LD/：取反指令，用于网络块逻辑运算开始的动断触点与左母线连接。

2）线圈输出指令 =（OUT）

=（OUT）是线圈输出指令，输出逻辑运算结果，驱动除输入继电器外的所有继电器线圈（梯形图中不允许出现输入继电器的线圈）。其指令格式如图 1－19 所示。

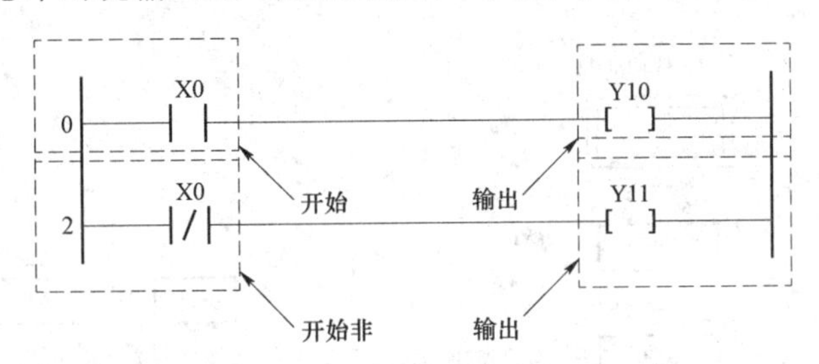

图 1－19　ST、ST/、OT 指令应用示例

在同一个程序中不能使用双线圈输出，即同一个继电器线圈在同一个程序中只能使用一次 =（OUT）指令。

3）置位与复位指令 SET、RST

SET（Set）：置位指令，使操作保持的指令，操作对象可以是：Y，M，S。

RST（Reset）：复位指令，使操作保持复位的指令，操作对象可以是：Y，M，S，T，C，D，V，Z。

ZRST 区间复位指令：ZRST 是将［D1］、［D2］指定的元件号范围内的同类元件成批复位。目标操作数可取 T、C、D（字元件）或 Y、M、S（位元件）。［D1］、［D2］指定的应为同一类元件，［D1］的元件号应小于［D2］的元件号。图 1－20 所示为将 M0～M100 的 101 位辅助继电器全部清 0。

4）END 程序结束指令

在调试程时可用分段调试，如图 1－21 所示。

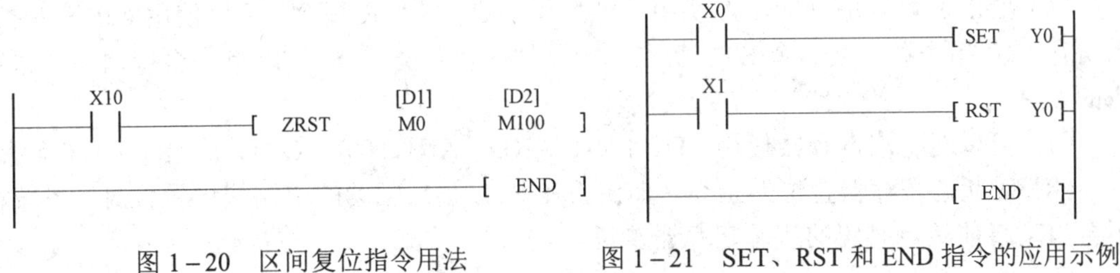

图 1－20　区间复位指令用法

图 1－21　SET、RST 和 END 指令的应用示例

2. 步进顺控指令

能够把复杂的控制转化为按顺序逐步（状态）完成。在基本指令的基础上，增加了两条步进顺控指令，即 STL（步进开始指令）和 RET（步进结束指令），配合使用的是状态元件 S。控制过程分为不同的状态，在一个状态下，要完成一个或几个操作，当满足状态转移条件时，就跳转到下一个工作状态，执行下面的不同操作。

运用步进指令编写顺序控制程序时，首先应确定整个控制系统的流程，然后将复杂的任务或过程分解成若干个工序（状态），最后弄清各工序成立的条件、工序转移的条件和转移的方向，这样就可画出顺序功能图。利用 M8002 特殊辅助继电器，产生初始脉冲，进入初始步 S0。STL 指令的用法：例如 STL S20 和 STL S21 开始 S20 步和开始 S21 步，直至出现下一条 SET 指令或出现 RET 指令。STL 指令使新状态继电器置位，而前一状态继电器自动复位，其触点断开。步进结束指令 RET 也称为步进返回指令，在一系列 STL 指令之后必须使用 RET 指令，以表示步进指令功能结束。步进功能示例如图 1－22 所示。

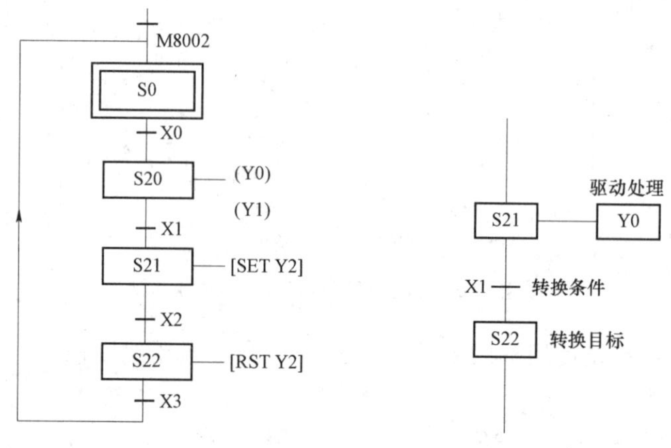

图 1－22　步进功能图示例

STL 指令特点：

（1）与 STL 触点相连的触点应使用 LD/LDI 指令。

（2）STL 触点可以直接驱动或通过别的触点驱动 Y、M、S、T 等元件的线圈，STL 触点也可以使 Y、M、S 等元件置位或复位。

（3）CPU 只执行活动步对应的程序。

（4）使用 STL 指令时允许双线圈输出。

（5）STL 指令只能用于状态寄存器，在没有并行序列时，一个状态寄存器的 STL 触点在梯形图中只能出现一次。

（6）在 STL 触点驱动的电路块中不能使用 MC 和 MCR 指令，可以使用 CJP/EJP 指令，当执行 CJP 指令跳入某一个 STL 触点的电路块时，不管该 STL 触点是否接通，均执行对应的 EJP 指令之后的电路。

（7）可以对状态寄存器使用 LD、LDI、AND、ANI、OR、ORI、S、R、OUT 等指令。

（8）对状态寄存器置位的指令，如果不在 STL 触点驱动的电路块内置位时，系统程序不会自动将前级步对应的状态寄存器复位。

四、三菱 PLC 的通信接口

为了适应 PLC 网络化要求，扩大联网功能，几乎所有的可编程控制器厂家都为可编程控制器开发了与上位机、变频器、打印机等其他设备的通信接口或专用通信模块。例如 RS422、RS232C、RS485，这些通信接口一般都带有通信处理器。可编程控制器与 PLC、计算机、变频器等的通信正是通过可编程控制器上通信接口进行的，通过这些接口将计算机中软件编写的程序下载到 PLC 中，并进行监控，非常方便、简单和快捷。

1. RS－232C 通信接口

1）RS－232C 串行通信标准

目前，PLC 与通信工业中应用最广泛的一种串行接口标准，采用负逻辑电平，规定了 DC－3～－15 V 为逻辑 1，DC+3～+15 V 为逻辑 0，在实际应用中，常采用±12 V 或±15 V。RS－232C 以非平衡数据传输方式，全双工传输模式。目前在 PC 机上的 COM1、COM2 接口就是 RS－232C。

RS－232C 总线标准采用 DB25 连接器，设有 25 条信号线，包括一个主通道和一个辅助通道，在多数情况下主要使用主通道。串行接口广泛用于工业自动化控制中，常被称为异步通信适配器接口，串行接口插座也可以采用简化的 DB9 连接器，如图 1－23 所示。

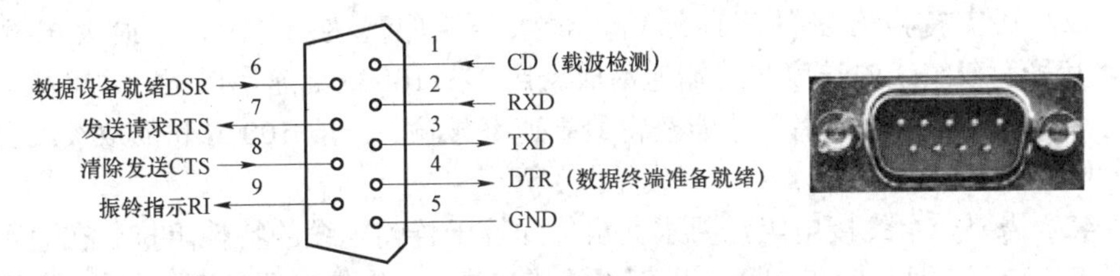

图 1－23　RS－232C 简化 DB9 接口的引脚排列和实物图

PLC 可以使用 RS－232 串口与计算机连接，进行程序的下载与调试，还可以与 PLC 连接，组成 PLC 网络，计算机与 PLC 之间一般采用 RS－232 的 9 针连接器。

RS－232 在通信距离较近、波特率要求不高的场合可以直接采用，既简单又方便。但是，由于该接口采用单端发送、单端接收，所以数据通信速率低、通信距离短、抗共模干扰能力差等。

2）FX－232BD 通信接口模块

FX3U－232BD 通信接口模块用于 RS－232C 的通信板，FX3U－232BD 可连接到 FX3U 系列 PLC 的主单元，并可作为下述应用的端口。

（1）在 RS－232C 设备之间进行数据传输，如个人计算机、条码阅读机和打印机。

（2）在 RS－232C 设备之间使用专用协议进行数据传输。

（3）连接带有 RS－232 编程器、触摸屏等标准外部设备；当 RS－232BD 用于上述（1）、（2）时，通信格式包括波特率、奇偶性和数据长度，由参数或 FX 系列 PLC 的 D8120 特殊数据寄存器进行设置。

（4）一个基本单元只可连接一个 RS－232BD。相应地，RS－232BD 不能和 FX－485BD 或 FX－422BD 一起使用。如图 1－24 所示。

图 1－24　FX3U－232BD 通信板

2. RS－422 通信接口

RS－422 与 RS－232C 不一样，数据信号采用差分传输方式，也称作平衡传输，它使用一对双绞线，将其中一线定义为 A，另一线定义为 B，通常情况下，发送驱动器 A、B 之间正电平在 +2～+6 V，负电平为－2～－6 V，另外还有一个信号地 C 和“使能”端，“使能”端对 RS－422 而言可用可不用，而对 RS－485 是必需的。

在接收器与发送器中，收、发端通过平衡双绞线将 AA 与 BB 对应相连，当在接收端 AB 之间有大于 +200 mV 的电平时，输出正逻辑电平；小于－200 mV 时，输出负逻辑电平。接收器接收平衡线上的电平范围通常为 200 mV～6 V，如图 1－25 所示。

RS－422 还支持点对多的双向通信，最大传输距离为 1 219 m，最大传输速率为 10 Mb/s。其平衡双绞线的长度与传输速率成反比，在 100 kb/s 速率以下，才可能达到最大传输距离，只有在很短的距离下才能获得最高速率传输。一般 100 m 长的双绞线上所能获得的最大传输速率仅为 1 Mb/s。

RS－422 需要一个终接电阻，要求其阻值约等于传输电缆的特性阻抗。在短距离传输时可不需终接电阻，即一般在 300 m 以下不需终接电阻。终接电阻接在传输电缆的最远端。

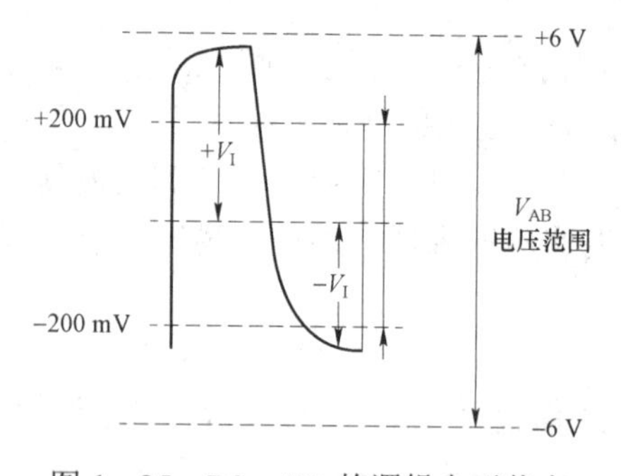

图 1－25　RS－422 的逻辑电平状态

图 1－26　FX3U－422BD 通信接口模块

3. RS－485 串行接口标准

RS－485 实际上是 RS－422A 的简化变形，许多电气规定与 RS－422 相仿，如两者都采用平衡传输方式、都需要在传输线上接终端电阻等。RS－485 采用差分信号负逻辑，+2～+6 V 表示“0”，－6～－2 V 表示“1”。RS－485 有两线制和四线制两种接线，四线制是全双工通信方式，两线制是半双工通信方式。

RS－485 接口组成的半双工网络，一般是两线制（以前有四线制接法，只能实现点对点的通信方式，现很少采用），多采用屏蔽双绞线传输。这种接线方式为总线式拓扑结构，在同一总线上最多可以挂接 32 个结点。在 RS－485 通信网络中一般采用的是主从通信方式，即一个主机带多个从机。在很多情况下，连接 RS－485 通信链路时只是简单地用一对双绞线将各个接口的“A”“B”端连接起来。RS－485 的四线制与两线制连接方式及其引脚号说明分别如图 1－27 和表 1－9 所示。

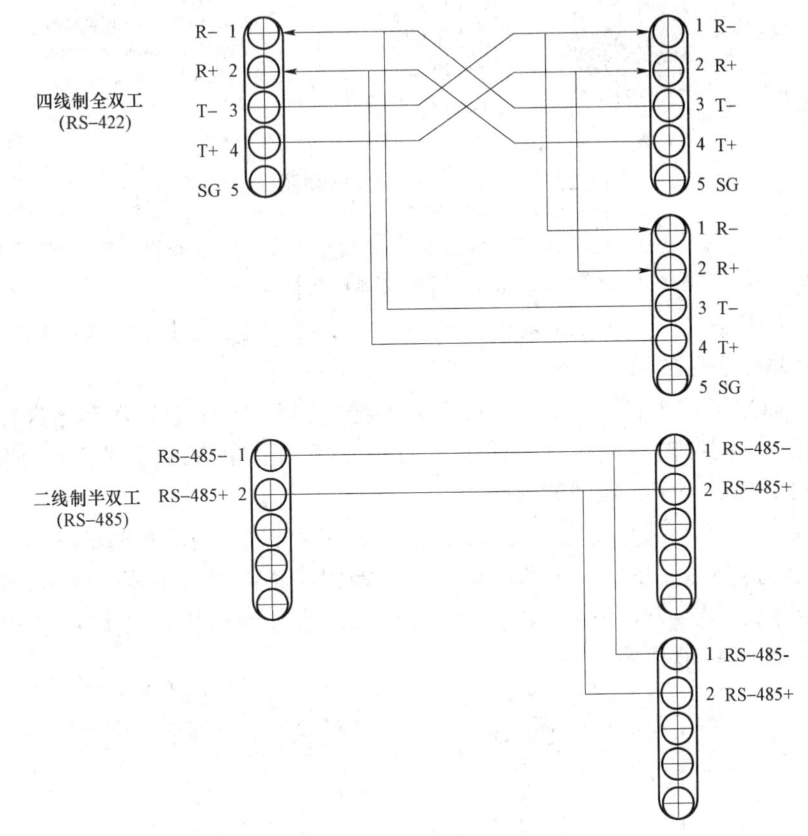

图 1－27 RS－485 的四线制与两线制连接方式

表 1－9 RS－485 引脚说明

RS－485 四线脚号			RS－485 两线脚号		
引脚号	引脚名	说明	引脚号	引脚名	说明
1	R－	数据接收信号线 A	1	RS－485－	数据接收或发送信号线 A
2	R+	数据接收信号 B	2	RS－485+	数据接收或发送信号线 B
3	T－	数据传输信号线 A	5	SG	接地信号线
4	T+	数据传输信号线 B			
5	SG	接地信号线			

RS－485 串行接口用于多站互连，非常方便，可以节省昂贵的信号线，还可以高速进行远距离传送数据，因此将它们连网构成分布式控制系统非常方便。

FX－485BD 通信模块如图 1－28 所示。可连接到 FX 系列 PLC 的基本单元，用于下述应用中：

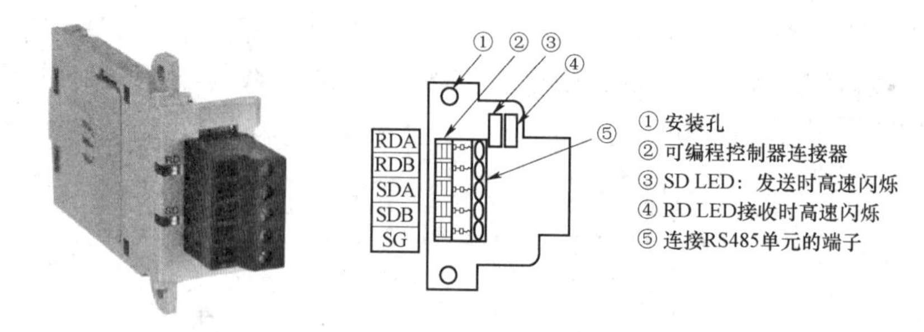

图 1－28　FX3U－485－BD 实物图及安装图

（1）使用无协议，通过 RS－485（422）转换器，可在各种带有 RS－232C 单元的设备之间进行数据通信，如个人计算机、条码阅读器和打印机。

（2）使用专用协议，可在 1:*N* 基础上通过 RS－485（422）进行数据传输。

（3）使用并行连接的数据传输。

通过 FX PLC，可在 1:1 基础上对 100 个辅助继电器和 10 个数据寄存器进行数据传输。

（4）使用 *N*:*N* 网络的数据传输：通过 FX PLC，可在 *N*:*N* 基础上进行数据传输。

4. FX 系列 PLC 与 PC 之间的通信

三菱 FX 系列 PLC 自带的编程口是 RS－422 接口，而 PC 机的串行通信口则是 RS－232C 接口，两者之间需要通过 SC－09 适配电缆才能通信。不同设备上相同类型的通信接口的引脚定义可能存在差异。PC 机与三菱 FX 系列 PLC 上的通信接口引脚定义和连接方式分别如图 1－29、图 1－30 所示。

RS-232引脚定义

引脚号	引脚定义
1	DCD
2	RXD
3	TXD
4	DTR
5	GND
6	DSR
7	RTS
8	CTS
9	RI

RS-422引脚定义

引脚号	引脚定义
1	RXD(−)
2	RXD(+)
3	GND
4	TXD(−)
5	VCC
6	NC
7	TXD(+)
8	NC

图 1－29　RS－232 和 RS－422 接口引脚定义

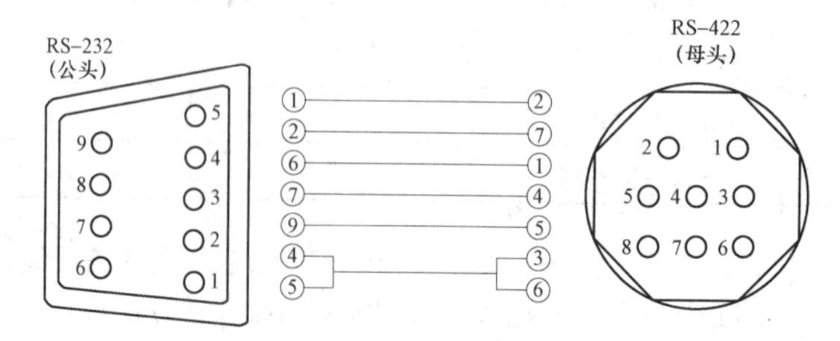

图 1－30　RS－232 和 RS－422 接线方式

RS－232C 和 RS－422 是两种不同标准的串行数据接口，两者的主要差别在于信号传输方式不同。RS－232C 标准利用信号线与公共地线之间的电压差进行信号传输，采用的是单向传输方式；RS－422 标准则是利用传输线之间信号的电压差进行传输，采用的是差动传输方式。SC－09 电缆实现了这两种不同的信号传输方式之间的转换，转换电路如图 1－31 所示。

另外，在实际应用中，计算机和工业控制设备往往都配有 RS－232 接口，有时为了把远距离的两台或多台带有 RS－232 接口的设备连接起来进行通信或组成分布式控制系统，这时虽不能直接用 RS－232C 串行接口直接连接，但可以采用 RS－232C/422A 转换电路进行连接，把 RS－232C 转换成 RS－422A，即在现有的 RS－232C 串行接口上附加转换电路。

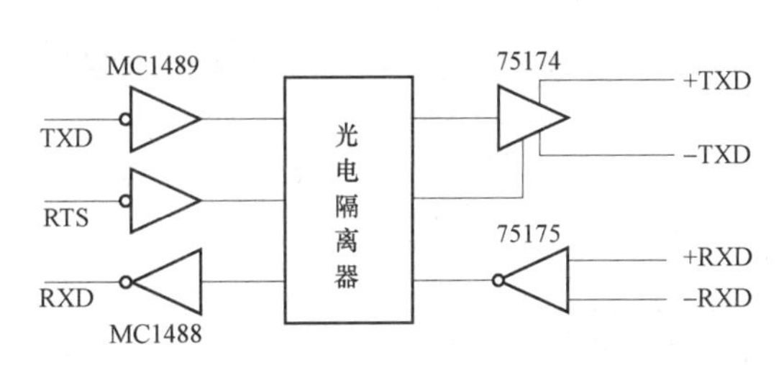

图 1－31　RS－232C/422A 转换电路

任务三　认识自动化生产线实训设备

亚龙 YL－335B 自动化生产线为全国职业院校技能大赛设备，由浙江亚龙教育装备公司开发，综合使用了 PLC 控制器、传感检测检测、电机驱动、人机组态监控等技术，采用可移动的模块化设计。通过操作体验自动化生产线教学设备，熟悉设备结构、操作方法和工作过程。

一、设备的基本组成及功能

YL－335B 型自动化生产线实训考核装置由安装在铝合金导轨实训台上的供料单元、加工单元、装配单元、输送单元和分拣单元 5 个单元组成，其外观如图 1－32 所示。

YL－335B 自动化生产线的工作目标是：将供料单元料仓内的工件送往加工单元的物料台，完成加工操作后，把加工好的工件送往装配单元的物料台，然后把装配单元料仓内不同颜色、不同材质的小圆柱工件嵌入到物料台上的工件中，完成装配后的成品送往分拣单元分拣输出，分拣单元根据工件的材质、颜色进行分拣。典型的工作过程如图 1－33 所示。

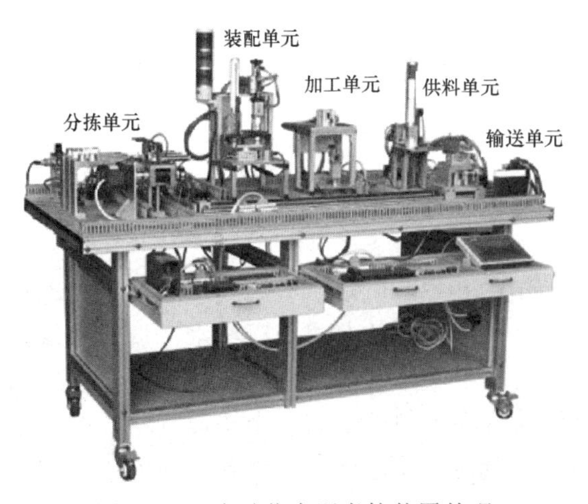

图 1－32　自动化实训考核装置外观

输送单元的基本功能：通过伺服装置驱动抓取机械手在直线导轨上运动，定位到指定单元的物料台处，并在该物料台上抓取工件，把抓取的工件输送到指定地点放下，以实现传送工件的功能。各单元功能介绍见表 1－10。

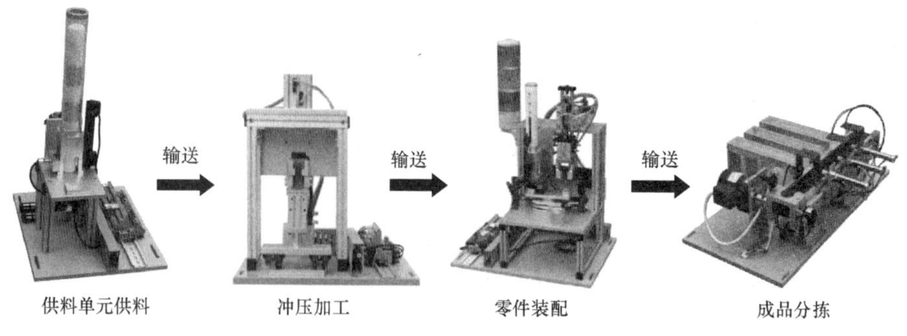

图 1－33　典型工作过程

表 1－10　各单元功能介绍

单元名称	供料单元	加单元工	装配单元	分拣单元
功能介绍	在整个系统中，起着向系统中的其他单元提供原料的作用。按照需要将放置在料仓中待加工工件（原料）推出到物料台上，以便输送单元的机械手将其抓取，输送到其他单元上	把该单元物料台上的工件送到冲压机构下面，完成一次冲压加工动作，然后再送回到物料台上，待输送单元的抓取机械手装置取出	完成将该单元料仓内的黑色或白色小圆柱工件嵌入到已加工的工件中的装配过程	完成将上一单元送来的已加工、装配的工件进行分拣，使不同材质、不同颜色的工件从不同的料槽分流

从控制过程来看，各个单元的执行机构基本上以气动执行机构为主，分拣单元的传送带驱动则采用了通用变频器驱动三相异步电动机的交流传动装置，输送单元的机械手装置整体运动则采用伺服电机驱动、精确定位的位置控制，该驱动系统具有长行程、多定位点的特点，是一个典型的一维位置控制系统。每个工作单元都可自成一个独立的系统，同时也都是一个机电一体化的系统，单机状态下的主令信号、状态监测都由连接到各站按钮/指示灯模块监控；联机状态下，系统各工作单元的 PLC 之间的信息交换，通过 RS485 网络实现，构成分布式的控制系统，系统运行的监控信号主要由连接到系统主站的嵌入式人机界面实现。

另外，设备上运用了多种类型的传感器，分别用于判断物体的运动位置、物体通过的状态、物体的颜色及材质等。

二、设备相关技术

1. 气源处理装置

YL－335B 的气源处理组件及其回路原理图如图 1－34 所示。气源处理组件是气动控制系统中的基本组成器件，它的作用是除去压缩空气中所含的杂质及凝结水，调节并保持恒定的工作压力。在使用时，应注意经常检查过滤器中凝结水的水位，在超过最高标线以前，必须排放，以免被重新吸入。气源处理组件的气路入口处安装一个快速气路开关，用于开/断气源，当把气路开关向内推入时，气路接通气源，反之当把气路开关向外拔出时气路关闭。

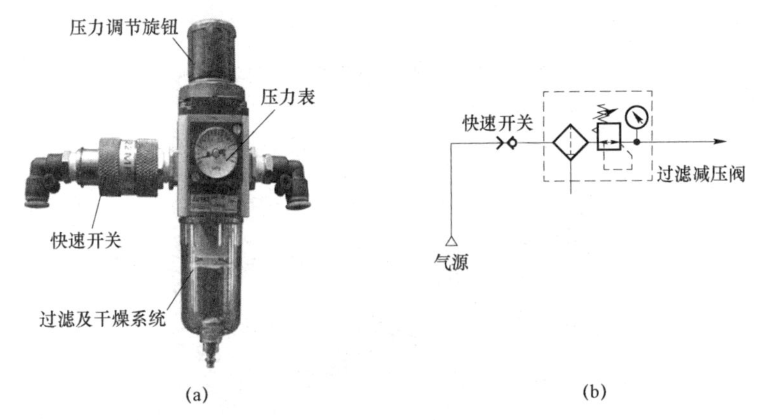

图 1－34　气源处理组件及其原理

（a）气源处理组件实物图；（b）气动原理图

气源处理组件输入气源来自空气压缩机，所提供的压力为 0.6～1.0 MPa，输出压力为 0～0.8 MPa，可调。输出的压缩空气通过快速三通接头和气管输送到各工作单元。

2. 电源处理

设备外部供电电源为三相五线制 AC 380 V/220 V。图 1－35 所示为供电电源模块一次回路原理图。图中，总电源开关选用 DZ47LE－32/C32 型三相四线漏电开关。系统各主要负载通过自动开关单独供电，如图 1－36 所示。其中，变频器电源通过 DZ47C16/3P 三相自动开关供电；各工作站 PLC 均采用 DZ47C5/2P 单相自动开关供电。另外，系统配置 4 台 DC24V、6A 开关稳压电源分别用作供料、加工和分拣单元，及输送单元的直流电源。

3. 工作单元的电气控制系统

各工作单元都可成为一个独立的系统，由一台可编程控制（PLC）控制，表 1－11 所示为三菱 PLC 的各单元选型。

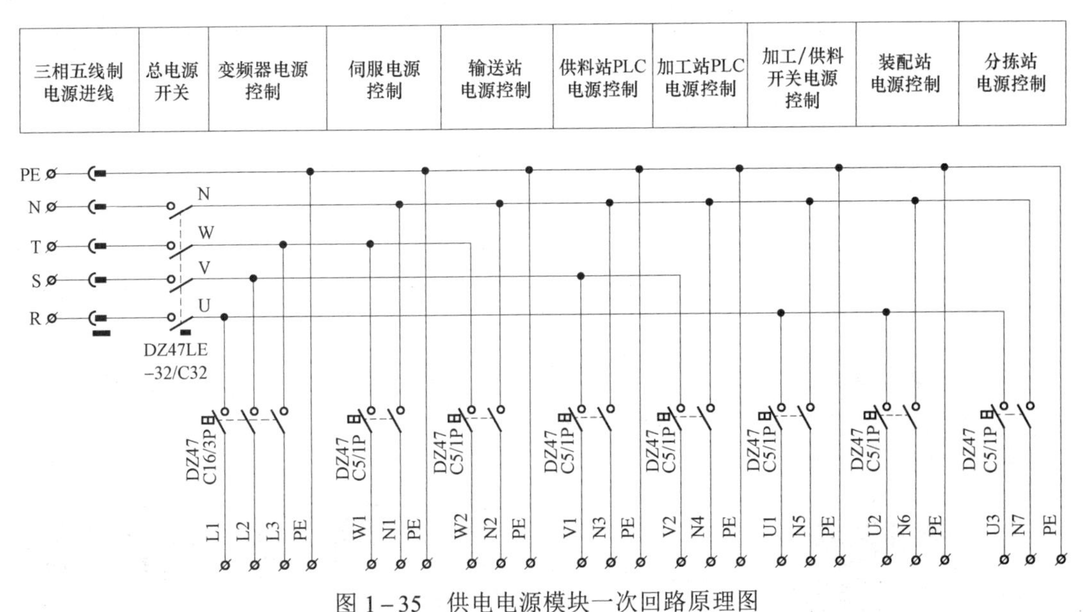

图 1－35　供电电源模块一次回路原理图

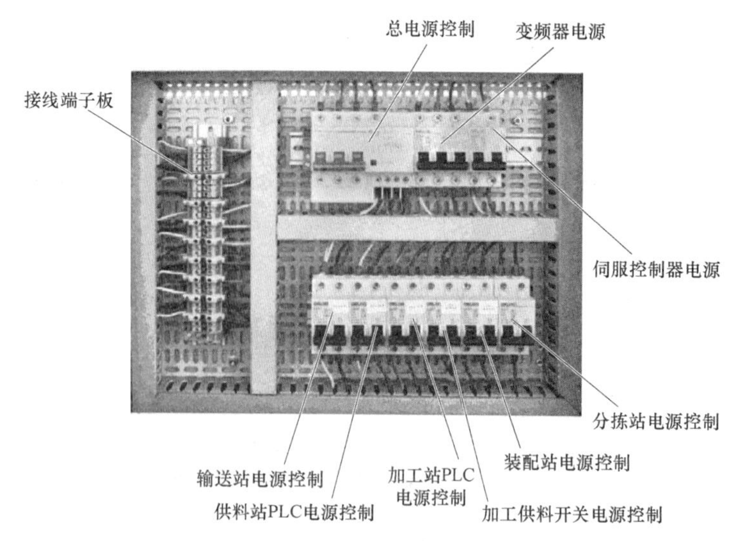

图 1-36　配电箱设备安装图和开关电源

表 1-11　各工作单元 PLC 配置

工作单元名称	PLC 类型
供料单元	FX3U-32MR 主单元，共 16 点输入、16 点继电器输出
加工单元	FX3U-32MR 主单元，共 16 点输入、16 点继电器输出
装配单元	FX3U-48MR 主单元，共 24 点输入、24 点继电器输出
分拣单元	FX3U-32MR 主单元，共 16 点输入、16 点继电器输出
输送单元	FX3U-48MT 主单元，共 24 点输入、24 点晶体管输出

1）各工作单元的机械装置和电气控制部分的连接

每一工作单元机械装置整体安装在底板上，而控制工作单元生产过程的 PLC 装置则安装在工作台两侧的抽屉板上。因此，工作单元机械装置与 PLC 装置之间的信息交换是一个关键的问题。YL-335B 的解决方案是：机械装置上的各电磁阀和传感器的引线均连接到装置侧的接线端口上。PLC 的 I/O 引出线则连接到 PLC 侧的接线端口上。两个接线端口间通过多芯信号电缆互连。接线端口见表 1-12。

表 1-12　接线端口

接线端口实物图	用途	接线说明
	装置侧接线端口	三层端子结构，上层端子用以连接 DC24 V 电源的 +24 V 端，底层端子用以连接 DC24 V 电源的 0 V 端，中间层端子用以连接各信号线
	PLC 侧接线端口	两层端子结构，上层端子用以连接各信号线，其端子号与装置侧的接线端口的接线端子相对应，底层端子用以连接 DC24 V 电源的 +24 V 端和 0 V 端

装置侧的接线端口和 PLC 侧的接线端口之间通过专用电缆连接，其中 25 针接头电缆连接 PLC 的输入信号，15 针接头电缆连接 PLC 的输出信号。

2）主令器件

设备运行的主令信号以及运行过程中的状态显示信号，来源于该工作单元按钮指示灯模块。按钮指示灯模块如图 1－37 所示。模块上的指示灯和按钮的端脚全部引到端子排上。

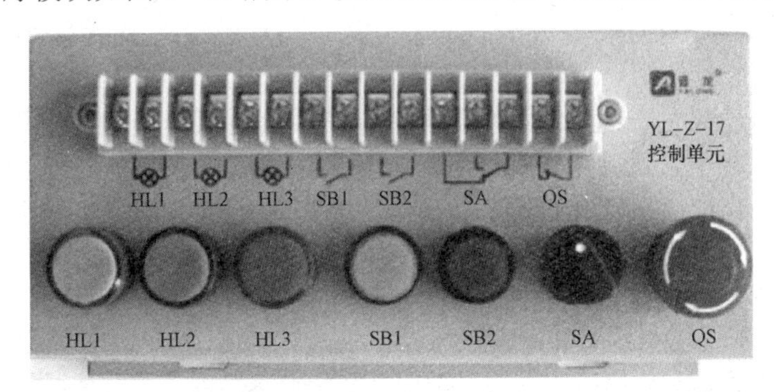

图 1－37 按钮指示灯模块

模块盒上器件包括：

（1）指示灯（DC24 V）：黄色（HL1）、绿色（HL2）、红色（HL3）各一只。

（2）主令器件：绿色常开按钮 SB1 一只，红色常开按钮 SB2 一只，选择开关 SA（一对转换触点），急停按钮 QS（一个常闭触点）。

3）人机界面

YL－335B 采用了昆仑通态（MCGS）TPC7062KS 触摸屏作为它的人机界面。TPC7062KS 是一款以嵌入式低功耗 CPU 为核心（主频 400 MHz）的高性能嵌入式一体化工控机。该产品设计采用了 7 英寸①高亮度 TFT 液晶显示屏（分辨率 800×480），四线电阻式触摸屏（分辨率 4 096×4 096），同时还预装了微软嵌入式实时多任务操作系统 WinCE.NET（中文版）和 MCGS 嵌入式组态软件（运行版）。TPC7062KS 触摸屏的使用、人机界面的组态方法，将在后面的项目中介绍。

① 1 英寸（in）=2.54 厘米（cm）

项目二　自动供料单元安装与调试

供料装置是自动化生产线的起始单元，为系统中其他工作单元提供原料，可实现将多种原料自动供给的功能，这其中还可能包括原料的干燥处理、配色处理以及按比例的回收料利用，能够实行高度的自动化控制、监测等，并能满足 24 h 不停机的生产需要，自动供料系统依据实际的需要做到不同形式。在无人化的自动化生产车间，自动供料装置与系统的配合使用可树立起现代化工厂管理的形象。常见的供料装置如图 2-1 所示。

(a)

(b)

图 2-1　常见的供料装置

(a) 称重式定量供料装置；(b) 中央供料系统

本项目通过 YL-335B 供料单元的学习，了解供料装置的基本构成和功能，通过完成工作单元机械的安装与调整，使学生掌握自动化生产基本安装工艺要求，了解气动和电气元件的使用方法，理解 PLC 控制系统设计与调试方法。

供料单元的技术要求：

(1) 能够自动检查料仓内的物料是否充足、执行机构是否处于初始状态，如果物料充足且处于初始状态，相应传感器亮，检测信号输入至 PLC，当 PLC 初始化检查成功后，则 PLC 输出控制信号，工作单元能够将物料供给到物料台上，在工作单元没有接收到停止信号时，完成一次供料后，如果物料无料，则继续向系统供料。

(2) 在系统运行过程，还应能够提供物料状态信号，如果物料不足检测传感器检测不到信号，说明物料不足，系统发出物料不足的报警信号；如果缺料传感器检测不到信号，说明物料已经没有，系统发出物料没有的报警信号。注意：物料不足和缺料的判断时间应根据供料执行速度和程序设计流程综合考虑，防止供料间隙发出的误判。

(3) 当工作单元的运行过程中接收到停止信号时，应该等当前供料结束后，工作单元再停止，以防止器件突然停止，执行器件卡在中途或物料中途掉落，发生不必要的故障。

任务一　供料单元机械结构的安装

一、任务要求

本任务主要是在熟悉供料单元结构和功能的基础上，用给定器材，使用合适配件和工具，按照《供料单元的装配效果图》（图 2－2）及其技术要求，组装供料单元。组装完成后进行机械部分的检查和调整，使其满足规定的技术要求。

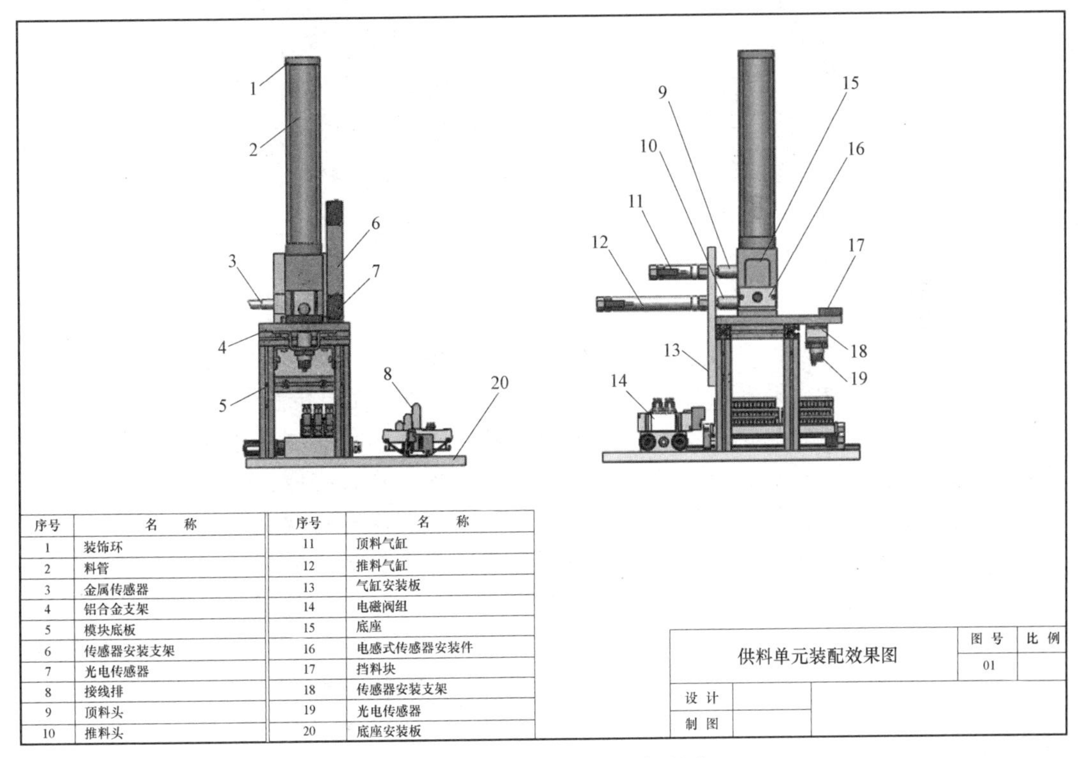

序号	名　称	序号	名　称
1	装饰环	11	顶料气缸
2	料管	12	推料气缸
3	金属传感器	13	气缸安装板
4	铝合金支架	14	电磁阀组
5	模块底板	15	底座
6	传感器安装支架	16	电感式传感器安装件
7	光电传感器	17	挡料块
8	接线排	18	传感器安装支架
9	顶料头	19	光电传感器
10	推料头	20	底座安装板

图 2－2　供料单元装配效果图

二、相关知识

1. 供料单元的结构及功能

供料单元的装置构成如图 2－3 所示。其主要包括料仓及其底座、铝合金支架、物料检测传感器及其支架、推料气缸和顶料气缸及其支架、电磁阀组、接线排、底板等。

主要部件的功能如下：

（1）料仓：包括工件装料管和料仓底座用来存储工件，工件属性根据系统控制要求进行选择，有金属、白色塑料和黑色塑料，料仓与料仓底座相连，工件垂直叠放在料仓中，直接安装在铝合金支架底座上，料仓内的最下层工件直接与铝合金底板接触，底座光滑，当推料时，形成的摩擦力较小。

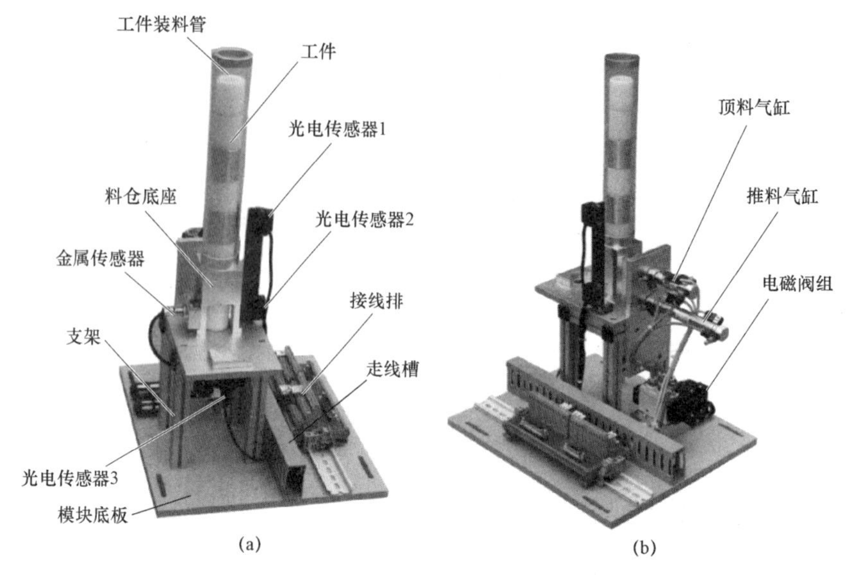

(a)　　(b)

图 2－3　供料单元的主要结构

（a）正视图；（b）俯视图

（2）物料检测传感器：主要包括电感传感器和三个光电传感器，电感传感器及其支架安装在料仓底座的一边，用来检测是否是金属材质的工件，光电传感器 1、2 及其支架安装在另外一边，用来检测料仓内的物料是否充足的状态，光电传感器 3 用来检测物料台是否有物料，判断物料是否被成功推出到物料台，以备机械手进行夹取。

（3）气缸及其支架：推料气缸和顶料气缸，顶料气缸用来将次上层的物料顶住而不下滑；推料气缸用来将最下层的物料推出到物料台上。推料缸处于料仓的底层并且其活塞杆可从料仓的底部通过。当活塞杆在退回位置时，它与最下层工件处于同一水平位置，而顶料气缸则与次下层工件处于同一水平位置。在需要将工件推出到物料台上时，首先使顶料气缸的活塞杆推出，压住次下层工件；然后使推料气缸活塞杆推出，从而把最下层工件推到物料台上。在推料气缸返回并从料仓底部抽出后，再使顶料气缸返回，松开次下层工件。这样，料仓中的工件在重力的作用下，就自动向下移动一个工件，为下一次推出工件做好准备。

（4）电磁阀组：一个汇流板和两个电磁阀，分别用来控制两个气缸的动作方向（伸出和缩回）。

（5）铝合金支架：主要用来作为推料机构支撑及各个部件的定位使用，上面的 U 型槽用来固定物料台工件位置。

（6）走线槽：用来整理和放置传感器的多余引出线，使设备整洁美观。

（7）接线排：包括输入和输出两部分（相对于 PLC 而言），输入部分用来连接设备上的所有传感器引出线，其中最上面一排接 24 V，最下面一排接 0 V，中间连接传感器的信号线；输出部分用来连接电磁阀控制线，最上面一排为 24 V，最下面一排为 0 V，根据 PLC 输出连接方式确定电磁阀的接线。

（8）模块底板：用来固定整个供料单元，使其安全可靠运行，不晃动；黄色底板安装在导轨式实训台上，可根据位置要求进行定位。

2. 供料单元的工艺要求

供料单元的安装效果图如图 2－2 所示，供料单元的每一个部件都需要螺钉进行固定，所有部件都有安装支架，安装前，将工具和器材清理和清洗干净，不得有毛刺、飞边、氧化皮、锈蚀、切屑、砂粒、灰尘和油污等。安装过程须按照设计、工艺要求和有关标准进行，环境必须清洁，注意安全，不得磕碰、划伤人和设备。先将铝合金支架安装好，然后组装各组件，最后将各组件安装到铝合金支架上，完成总装。安装好的设备应运行平稳顺畅、不卡阻。

安装应满足以下要求：

（1）装配铝合金型材支撑架时，注意调整好各条边的平行及垂直度，进行直角固定，防止支架变形和松动，锁紧螺栓。

（2）气缸安装板和铝合金型材支撑架的连接，是靠预先在特定位置的铝型材“T”型槽中放置预留与之相配的螺母，因此在对该部分的铝合金型材进行连接时，一定要在相应的位置放置相应的螺母。如果没有放置螺母或没有放置足够多的螺母，将导致无法安装或安装不牢靠。

（3）机械机构固定在底板上时，需要将底板移动到操作台的边缘，螺栓从底板的反面拧入，将底板和机械机构部分的支撑型材连接起来。

（4）物料台 U 型挡块安装位置合理，边沿与铝合金底板的边沿齐平。

（5）各零部件装配后相对位置应准确，安装固定牢靠，零件无松动且不要有错位。

（6）螺钉、螺栓和螺母拧紧后，其支撑面应与被紧固零件贴合，所有内六角螺丝与平面的接触处都要套上垫片后再拧紧。

（7）所有部件需用螺钉、螺栓连接。铝合金支架用专用连接件固定，支架平行、高度一致、无落差，与模块底板接触处无缝隙。

（8）螺钉、螺栓和螺母紧固时严禁打击或使用不合适的旋具与扳手，紧固后螺钉槽、螺母、螺钉及螺栓头部不得有损伤。

三、任务准备

1. 清理安装平台

安装前，先确认安装平台已放置平衡，安装台下的滚轮已锁紧，保障实训台平稳，四角无落差，不晃动。安装平台上安装槽内没有遗留的螺母、小配件或其他的杂物，然后用软毛刷将安装平台清扫干净，确保导轨内没有杂物和零部件等。

2. 准备器材和工具

熟读图 2－2 和技术要求，根据安装供料单元装置侧部分所需要的主要器材表清点器材，并检查各器材是否齐全，是否完好无损，如有损坏，应及时更换。在清点器材的同时，将器材放置到合适的位置。配齐所需的配件，将较小的配件放在一个固定的容器中，方便安装时快速找到，并保证在安装过程中不遗漏小的器件或配件。供料单元装置侧器材清单见表 2－1。

表 2-1　供料单元设备清单

序号	名称	数量	规格说明	用途
料仓组件	装饰环	1 个	专配	平滑料仓顶端
	料管	1 个	专配	存储物料
	料仓底座	1 个	专配	固定料仓
	落料板	1 块	专配	固定料仓底座、出料台、传感器
铝型材支架	铝合金支架（长约 143 mm）	4 根	专配	结构支撑
	铝合金支架（长约 130 mm）	2 根	专配	支撑安装板
	铝合金支架（长约 70 mm）	2 根	专配	
	铝型材封盖板	4 个	20 mm×20 mm	铝型材端面保护
	铝型材直角连接件	6 个	标准规格	直角固定支架
气缸组件	顶料头	1 个	专配	顶料缓冲，行程调节
	推料头	1 个	专配	推料缓冲，行程调节
	顶料气缸	1 个	CDJ2KB16X30－B 进	顶料
	推料气缸	1 个	CDJ2KB16X85－B 进	推料
	气缸安装板	1 个	专配	固定顶料和推料气缸
底板		1 块	专配	固定供料单元
挡料块		1 个	专配	固定出料位置
接线排		1 个	亚龙 H01688 和 H01651	传感器与电磁阀接线
螺栓、螺母		若干	自选	固定部件

机械部件的固定都是用内六角螺栓，所需的安装工具见表 2-2。请根据表 2-2 清点工具，并将工具整齐有序地摆放在工具盒或工具袋中。

表 2-2　安装工具清单

序号	名称	规格	数量	主要作用
1	内六角扳手	2～8	1 套	安装固定螺钉
2	十字螺丝刀	130 mm	1 把	安装用
3	呆扳	8	1 把	固定安装螺母
4	钢直尺	1 000 mm	1 把	测量安装尺寸
5	尺式水平仪	300 mm	1 把	测量实训台水平度
6	直角尺	300	1 把	调整水平度和垂直立面
7	软毛刷		1 把	清理安装台面
8	镊子		1 把	拾取掉落在狭窄处的小零件或小配件
9	铅笔	2B	1 支	标注

四、任务实施

1. 供料单元机械结构的安装

组装供料单元机械部分时，必须按照安装图纸的要求进行，使用专用的工具，安装过程中，工具最好放置在固定位置，以方便取用，提高安装效率。

安装时，可分步骤进行，首先是各组件的组装，包括支架和供料机构，然后再将各组件按顺序进行组装，具体安装步骤可参考表 2－3。

表 2－3　供料单元安装步骤详解

安装步骤	组装说明	图示说明	安装注意事项
铝合金支架组装	使用连接附件拼装型材支架，四个横柱组装时要放置后续工序的预留螺母；四个立柱平行，直角固定牢靠		直角连接件固定时，先不要拧紧，待调整四个立柱的高度，使其平行并与底板垂直后，再依次拧紧，防止发生支架扭曲
工件供料机构组装	用活扳手将气缸固定到支架上，固定好后再将塑料头紧钉螺母和塑料头安装到气缸活塞杆的顶端（推料气缸的塑料头要长于顶料气缸的塑料头）		安装塑料头之前一定要先将固定螺母旋入到气缸活塞杆的顶端，再安装塑料头，塑料头的长度不要弄反，否则会导致顶料行程过长而推料行程不足。塑料头还要根据气缸的推出行程（即工件的位置）调整调旋入的长度，保证顶料和推料的伸出距离都能满足要求，调节好后，用紧钉、螺母进行固定。在固定塑料头时，使塑料投的凹槽与工件的形状相互匹配，即都为横向
存储机构组装	把料斗和挡料块安装到落料板上		出料口的挡料块侧面要与落料板边沿平行对齐
落料板与支架组件组装	将安装有料斗和出料台挡块的落料板安装到支架上		支架上的四个横梁内应预先放置好四个螺母

续表

安装步骤	组装说明	图示说明	安装注意事项
安装推料组件	将推料机构组件安装到铝型材支架上		用于固定气缸支架的横梁和中间梁要预先放置四个螺母
支架固定	将装配好的模块部分固定到大底板上		固定支架到底板上，从底板反面进行固定，反面的螺栓应为沉孔螺栓，不能凸出底板表面，否则会造成底板放到实训台上后不平稳
装配料仓	将塑料料管安装到铝型材料斗上		塑料料仓应垂直安装，不晃动

在安装过程中要注意，在需要预留螺母的地方要预留螺母，支架要安装牢固，不要有松动，为保障安全，裸露的铝型材端面要安装塑料封，安装时不要有空隙，其他需要紧固的地方也不要有空隙。

注意：在表面裸露的位置固定时，多为沉孔螺栓，对于沉孔螺栓的安装要求，应不要凸出型材表面，导致后续工序无法进行，因此选用的螺栓长度要适中，不能过长也不能过短，在能够保障牢靠的同时，不凸出。

2. 安装检查与调整

（1）用手摇动支架、料仓等组件，检查是否有松动，如果有，则需要用内六角扳手拧紧固定螺栓。

（2）用手水平拉伸推料和顶料气缸，观察其动作是否顺畅，若不顺畅，则需要检查气缸与安装板的连接。

五、任务评价

任务评价表见表 2-4。

表 2-4　任务评价表

评分内容	配分	评分标准		分值	自评	他评
机械装配	80	装配未完成或装配错误导致传动机构不能运行		20		
		支架安装与固定	框架安装变形	5		
			铝型材端面有端面保护	5		
			支架平行，与底板垂直	5		
			未按要求使用专用连接件	5		
		料仓安装	料仓与落料板垂直	5		
			料仓底座固定牢靠	5		
			料仓顶端有装饰环	5		
		气缸及其支架安装	气缸安装正确	5		
			连接头使用正确，有固定	5		
			气缸支撑板安装垂直	5		
		螺栓螺母选用合理，固定牢靠，没有紧固件松动现象		10		
职业素养	20	材料、工件等不放在系统上		5		
		元件、模块没有损坏、丢失和松动现象		5		
		所有部件整齐摆放在桌上		5		
		工作区域内整洁干净、地面上没有垃圾		5		
综合				100		
完成用时						

任务二　供料单元气动回路连接与调试

一、任务要求

本任务主要是认识自动线中相关气动元件的使用方法，并将其正确安装到设备上；根据供料单元的气动控制回路图连接气路，并进行调整，使得设备能够满足初始状态的要求；调节节流阀、气源气压等，使得设备能够平稳运行，各气缸速度适中。

二、相关知识

1. 供料单元的气动元件

气动执行由气缸、电磁换向阀和调速阀共同完成，供料单元的气动执行元件有推料气缸和顶料气缸，其动作方向由两个电磁换向阀分别进行控制，气缸的速度调节则由安装在气管接口处的单向节流阀进行调节。所有器件在选用时，都要满足设备对动力和控制的要求。

1）推料和顶料气缸

类型：供料单元需要两个直线气缸来执行推料功能，一个是顶料气缸，一个是推料气缸，实际使用时，要求切断气源后，气缸不复位，以免工件中途卡住、弹出，发生危险，对行程要求较长、出力和精度要求不高，基于此使用标准双作用直线型气缸，其体积小、重量轻。

缸径：顶料气缸工作时要求输出的力能够在利用工件与铝合金料仓底座的摩擦力将工件固定、不下滑。

行程：供料单元推料气缸的行程不超过 100 mm。行程太长会使物料超出物料台，物料与挡料块的碰撞发生事故；行程太短，则需要较长连接头，导致气缸运行稳定性变差。顶料气缸的行程则更短，约小于 40 mm。

其他参数：使用杆不回转、安装方式为基本型、内置磁环的气缸。设备提供气源的压力大小为 0.3～0.8 MPa，标准缸径为 16 mm，行程分别为 30 mm 和 85 mm，见表 2－5。

表 2－5　供料单元的气缸

实物图	型号	相关参数
	顶料：CDJ2KB16×30	使用压力范围 0.06～0.7 MPa； 缓冲方式为橡胶缓冲或气缓冲； 接管口径为 M5×0.8
	推料：CDJ2KB16×85	

2）电磁换向阀

YL－335B 所有工作单元的执行气缸都是双作用气缸，工作压力为 0.1～0.8 MPa。双作用气缸通常用二位五通阀，本设备上所有换向阀的控制方式为电控方式，电源为 DC24 V 或 AC220 V。这里使用的是亚德客的 4 V100 系列电磁阀，电源为 DC24 V，使用压力范围为 0.15～0.8 MPa，耐压力在 1.5 MPa，动作方式为内部引导式或外部引导式，空载时的最高动作频率为 5 次/s。电磁阀型号说明如图 2－4 所示。

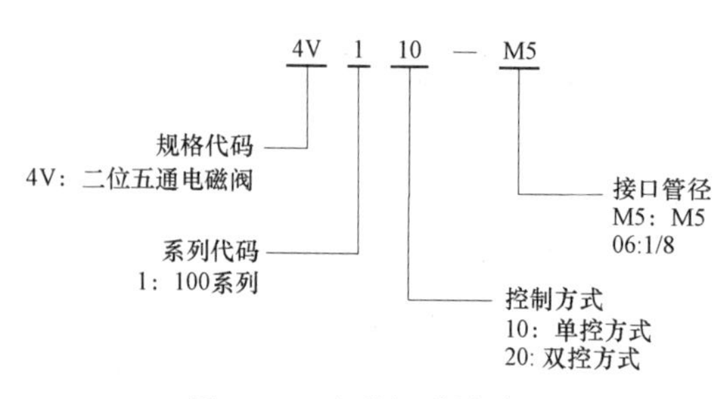

图 2－4　电磁阀型号说明

电磁阀的实物图如图 2－5 所示。图中电磁阀的 A、B 口接气管的快速接头，连接$\phi 4$气管，进气口 P 和两个排气口 R 在阀的底部，这种电磁阀需要集中安装到汇流板上，构成一个阀组，阀组上每个阀的功能是彼此独立的，它们都是通过汇流板集中供气和排气，汇流板中两个排气口末端均连接了消声器，消声器的作用是减少压缩空气在向大气排放时的噪声。阀组的结构如图 2－6 所示。

电磁阀有单控和双控两种可供选择，供料单元只需单控电磁阀即可，单控和双控电磁阀都带有手动按钮和加锁钮，有锁定（LOCK）和开启（PUSH）两个位置。用小螺丝刀把加锁钮旋到在 LOCK 位置时，手控开关向下凹进去，不能进行手控操作。只有在“PUSH”位置，才可用工具向下按，信号为“1”，等同于该侧的电磁信号为“1”；常态时，手控开关的信号为“0”。在进行设备调试时，可以使用手控开关对阀进行控制，从而实现对相应气路的控制，以改变推料缸等执行机构的动作，达到调试的目的。

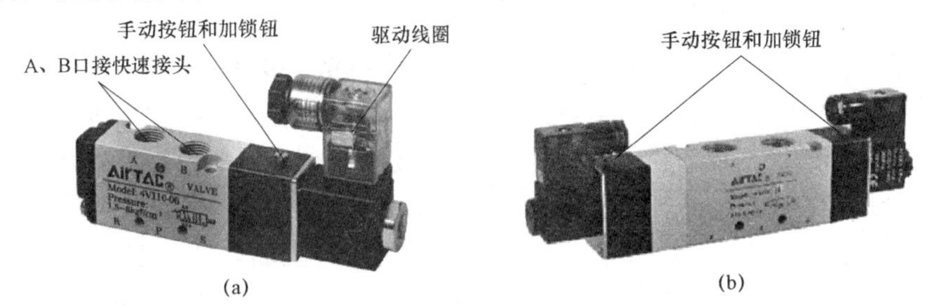

图 2－5　电磁阀实物

（a）单电控电磁阀；（b）双电控电磁阀

电磁阀安装到汇流板上时，在电磁阀与汇流板的接触处需要放置软垫片密封，防止漏气。

3）单向节流阀

单向节流阀选用排气节流型单向节流阀，L形单向节流阀可以任意方向旋转。单向节流阀安装时通过螺纹直接连接到气缸的进/排气口上，根据气缸的螺纹规格，使用相应螺纹的单向节流阀。单向节流阀气管接头处连接进/排气管，节流阀上带有气管的快速接头，只要将合适外径的气管插到快速接头上，接头中的弹性卡环将其自行咬合固定，并由内部的密封圈密封，这样就连接好了。拆气管时，只需将弹性卡环向下压，即可拔出气管。

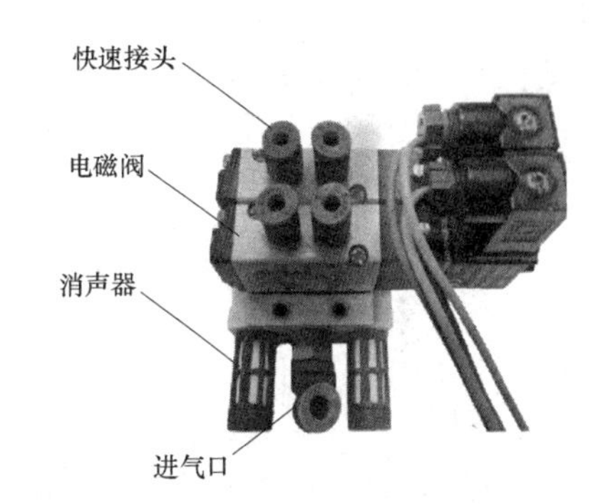

图 2－6　阀组结构

（电磁阀线圈的引出线接法：1 脚 +24 V，2 脚接 0 V）

图 2－7 给出了在双作用气缸装上两个单向节流阀的连接示意图，采用排气节流型。当压缩空气从 A 端进气、从 B 端排气时，单向节流阀 A 的单向阀开启，向气缸无杆腔快速充气；由于单向节流阀 B 的单向阀关闭，有杆腔的气体只能经节流阀排气，调节节流阀 B 的开度，便可改变气缸伸出时的运动速度。反之，调节节流阀 A 的开度则可改变气缸缩回时的运动速度。这种控制方式，活塞运行稳定，应用广泛。图 2－8 所示安装了带快速接头的限出型气缸节流阀后的气缸外观。

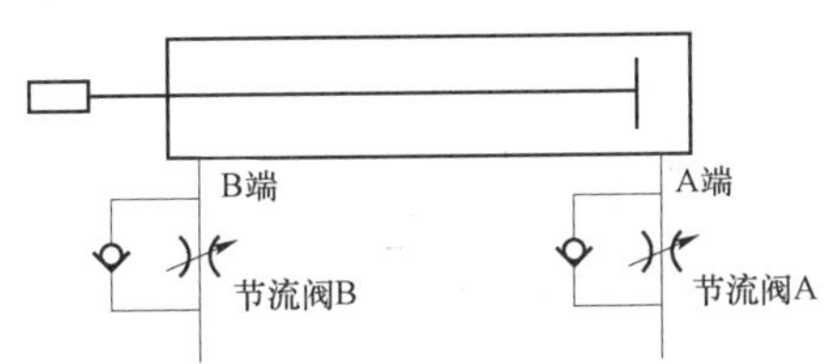

图 2－7　节流阀连接和调整原理示意图

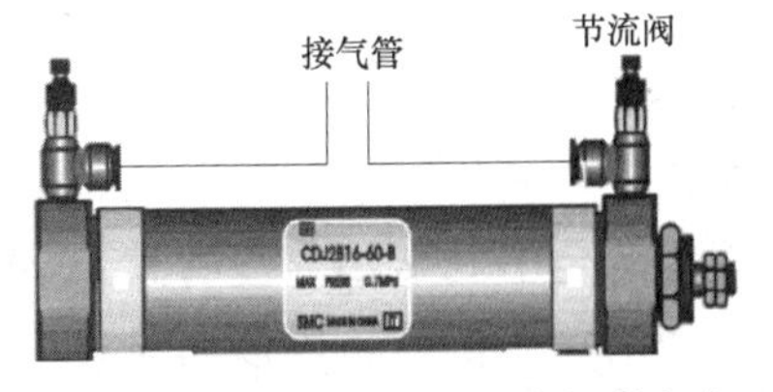

图 2－8　安装上气缸节流阀的气缸

2. 供料单元的气动控制回路及技术要求

气动控制回路是按照系统控制要求，用气动系统中各个元件的图形符号来表示，并连接构成一个可解决实际问题的回路图。正确地阅读气动回路图是进行气动系统安装与调试

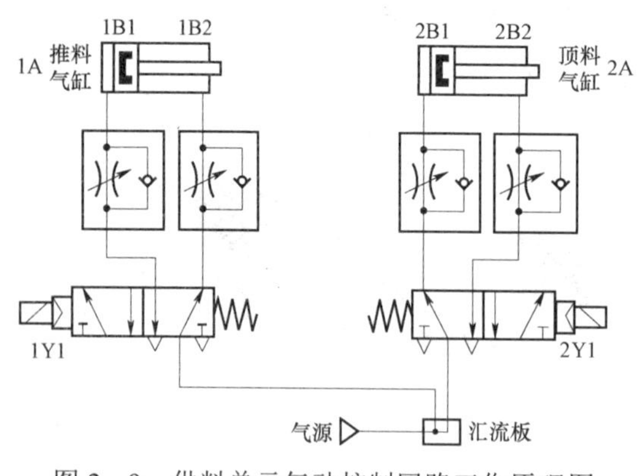

图 2－9　供料单元气动控制回路工作原理图

的基础。气动控制回路是工作单元的执行机构，该执行机构的逻辑控制功能是由 PLC 实现的。

供料单元的气动控制回路如图 2－9 所示。图中 1 A 和 2 A 分别为推料气缸和顶料气缸。1B1 和 1B2 为安装在推料缸的两个极限工作位置的磁感应接近开关，2B1 和 2B2 为安装在顶料缸的两个极限工作位置的磁感应接近开关。1Y1 和 2Y1 分别为控制推料缸和顶料缸电磁阀的电磁控制端，气缸和电磁阀中间是各个气缸上两个排气型单向节流阀。通常，这两个气缸的初始位置均设定在缩回状态。

按照气动回路图连接气路时，应满足以下要求：

（1）气缸安装和连接正确，速度调整合理，运行过程平稳，没有卡阻现象。

（2）气管切口平整，切面与气管轴线垂直，否则可能漏气。

（3）走线避开设备工作区域，防止对设备动作产生干扰。

（4）气缸与换向阀之间的连接气管走向一致，不交叉。

（5）气管避免过长和过短。过长，影响美观、浪费；过短，会造成气管弯折，阻碍气路通行。

（6）所有气管要用尼龙绑扎带绑扎，绑扎时不宜过紧，以免造成气路无法通行，绑扎的间距在 5～8 cm 为宜，间距要均匀、统一。绑扎带切口处要剪平，凸出长度不超过 1 mm。连接好气路后，要进行气路的调试，调试过程遵循一定的原则，首先要接通气源，将气源处理组件的压力调整至合理范围（0.4～0.5 MPa），接下来对气动执行元件进行单独调试，这个过程和气动控制元件是一起的，利用控制元件的手动控制功能来调试执行元件。调试方法是：先看电磁阀都没有得电时，两个气缸的初始状态对不对，两个气缸都应处于缩回的状态；然后手动控制每个气缸的动作，看每个电磁阀手动控制得电时，相应的气缸动作是否正确、合理。这里，推料气缸、顶料气缸都要单独控制，如果有错误，需要检查气路问题，逐个排查，直到调试好为止。

三、任务准备

1. 清理安装平台

确认安装平台已放置平衡，安装台下的滚轮已锁紧，保障实训台平稳，四角无落差，不晃动。安装平台上安装槽内没有遗留的螺母、小配件或其他的杂物，然后用软毛刷将安装平台清扫干净，确保导轨内没有杂物和零部件等。

2. 准备器材和工具

准备器材和工具，供料单元气动控制部分所需的元器件如表 2－6 所示，熟读相关器件的技术文件，理解其功能和使用方法，并检查其是否完好无损，如有损坏，应及时更换。在清点器材的同时，将器材放置到合适的位置。整理所需的螺栓和螺母，并将其放在一个固定的容器中，方便安装时快速找到。表 2－6 中给出了参考型号，也可根据控制要求和使用环境，自行选择其他品牌和型号的器件。表 2－7 所示为气动元件安装和连接过程中所需的工具。

表 2－6　元器件清单

名称	参考器件型号	数量	用途
顶料气缸	CDJ2KB16x30－B	1 个	顶料
推料气缸	CDJ2KB16x85－B	1 个	推料
电磁阀	4V110－M5	2 个	气缸动作方向控制
气动快速接头	亿日 EPC－M5	2 个	电磁阀
气动快速接头	亿日 EGPL6－01	1 个	汇流板
汇流板	亚德客 100M－2F	1 块	安装电磁阀
单向节流阀	亿日 ESL4－M5	4 个	气缸调速
气管	Ø4 和 Ø6	若干	气路连接
螺栓、螺母	自选	若干	固定阀组
生料带	自选	1 卷	螺纹连接密封

表 2－7　工具清单

序号	工具名称（规格、型号）	数量	主要用途
1	活扳手（规格 200）	1 把	安装和调整气缸及快速接头
2	8#呆扳手	1 把	安装节流阀
3	钢直尺（150 mm）	1 把	用于调整平衡度
4	尺式水平仪（300 mm）	1 台	实训台水平检测
5	剪刀	1 把	剪切气管
6	软毛刷（中号）	1 把	清洁工位和设备

四、任务实施

1. 元器件安装

在机械安装中已将顶料和推料气缸及其连接头安装好，可根据其铭牌参数进一步熟悉气缸的功能和其他特性参数。接下来在气缸的前后两端节流阀安装孔位置安装相应尺寸的单向节流阀。将阀组固定到供料单元的黄色底板上，如图 2－10 和图 2－11 所示。

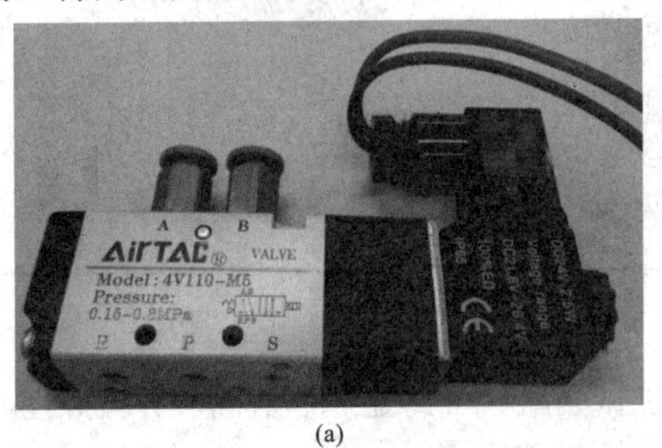

(a)

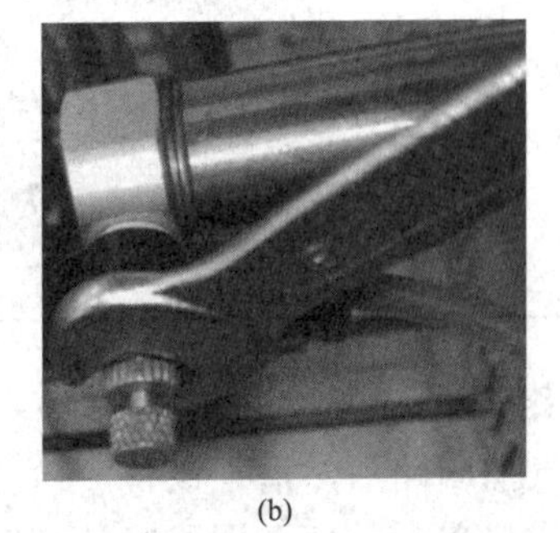

(b)

图 2－10　安装了快速接头的电磁阀和节流阀的安装

（a）安装了快速接头的电磁阀；（b）安装单向节流阀

步骤 1：如图 2－11（a）所示，将顶料和推料两个气缸的电磁阀安装到已装有消声器的汇流板上，安装时，注意塑料密封垫片不要放歪，以免电磁阀漏气，电磁阀与汇流板要垂直紧贴，然后用螺栓进行固定。

步骤 2：如图 2－11（b）所示，将组装好的电磁阀组固定到黄色底板上。

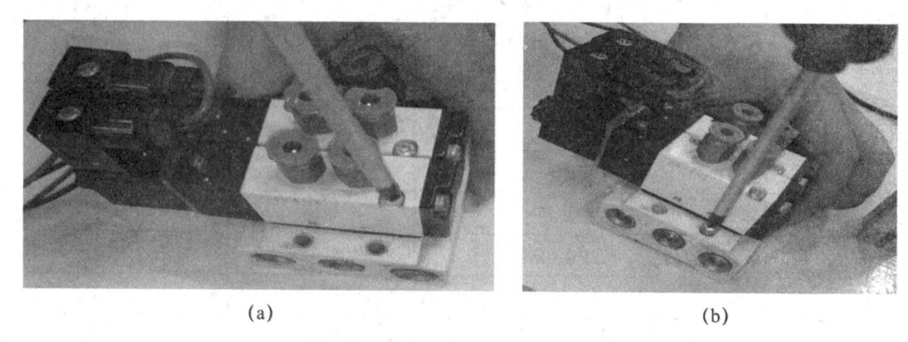

图 2－11　电磁阀组的组装与固定

2. 气路连接

在理解气动回路原理的基础上，按照图 2－9 供料单元气动控制回路工作原理图进行气路连接，使气缸在电磁阀的控制下能正确地顶料、推料。气源先经过气源处理组件到汇流板，然后是电磁阀和气缸。气管要在快速接头中插紧，不能够有漏气现象。气路连接要求见表 2－8。

表 2－8　气路连接要求

要求	正确示范	错误示范：长短不一，交叉凌乱
气管走向应按序排布，均匀美观，不能交叉、打折，气管长度不要太长或太短		
插拔气管时，按下接口处的蓝色卡坏，不能硬拔，以免损坏器件		

3. 气路调试

连接气动回路后，清理设备，检查机械装配、气路连接等情况，并按照图 2－12 所示手动调试供料单元的气动回路确认其安全性和正确性。

（1）接通气动二联件上的阀门给设备供气，将气源气压的压力调整到 0.4～0.5 MPa，设备的气路调试工作要在无气体泄漏的情况下进行，调试时应仔细观察系统气路有无漏气现象，若有，应立即解决，解决后，再继续调试。

（2）气路调试时用电磁阀上的手动按钮进行，如图 2－13 所示，调试前首先验证顶料气缸与推料气缸的初始位置和动作位置是否正确，初始位置是两个气缸都缩回。

（3）速度调试：如图 2－14 所示，调整节流阀的开度，使推料和顶料气缸的运动速度合理，避免速度过快而打飞物料，速度过慢而动作执行不到位。调节完成后，节流阀调节旋钮下方要锁紧。在调试气缸速度过程中，通过微调气缸上的塑料连接头进行行程的调节，保障顶料气缸能够顶住工件，推料气缸工件推出正好到位。

气路调整好后，需进行气管绑扎，绑扎时从距离气管接口处约 50 mm 开始绑扎，然后每隔 80 mm 左右绑扎一次，绑扎要均匀，绑扎带剪切时，剪切点凸出不大于 1 mm，使气路干净利落、捆扎有序，见表 2－9。

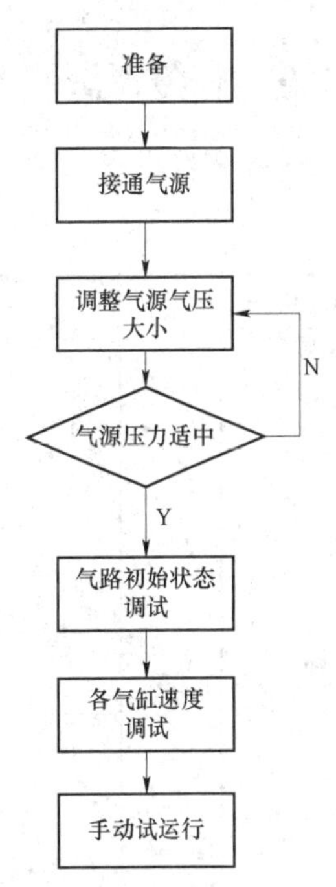

图 2－12　气路调试步骤

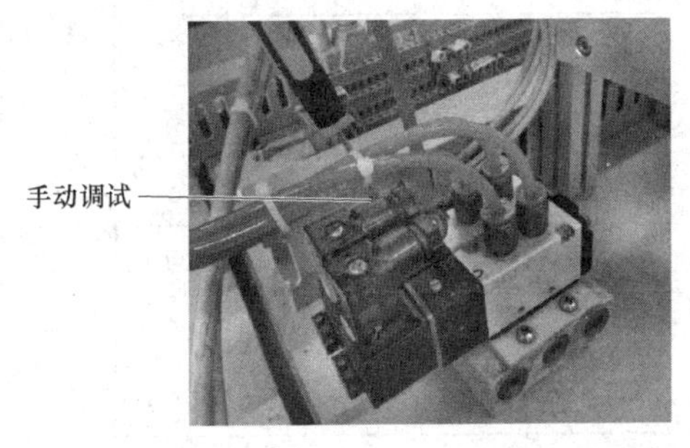

图 2－13　利用电磁阀的手动按钮进行气路调试

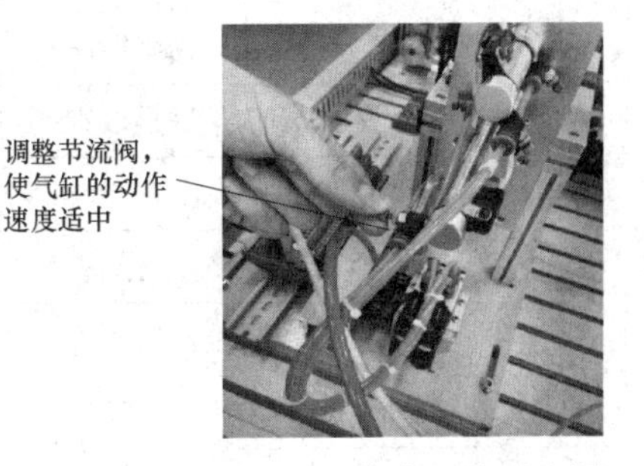

图 2－14　节流调节示意图

表 2－9　气管绑扎

要求	正确示范	错误示范
绑扎要均匀，绑扎间距合理，约 80 mm 左右；绑扎带不扭曲		
绑扎力度适中，无变形，绑扎带剪切口处凸出不超过 1 mm		

五、任务评价

任务评价表见表 2－10。

表 2－10 任务评价表

评分内容	配分	评分标准		分值	自评	他评
气动连接与调试	80	阀组安装	电磁阀安装	5		
			快速接头安装	5		
			是否有漏气	5		
		气路连接	气路连接不正确，不满足气缸初始状态要求	10		
			气管连接是否符合规范	10		
			气路连接是否漏气	10		
		气路调整	气缸速度调整适中	10		
			整体气压合理	5		
			调整方式是否规范	10		
			顶料到位	5		
			推料到位	5		
职业素养	20	材料、工件等不放在系统上		5		
		元件、模块没有损坏、丢失和松动现象		5		
		所有部件整齐摆放在桌上		5		
		工作区域内整洁干净、地面上没有垃圾		5		
综合				100		
完成用时						

任务三　供料单元电气控制线路连接与调试

一、任务要求

本任务主要是了解相关传感器在自动线中的实际使用和调节方法，完成供料单元传感器检测部件的安装和调整，分配系统输入输出信号，并进行传感器、电磁阀、按钮/指示灯等的电气连接与调试。

二、相关知识

YL－335B 设备上的所有工作单元的电气控制都是集成形式，其分布如图 2－15 所示，主要包括：PLC、开关电源、PLC 侧的接线端子排和按钮/指示灯控制模块。PLC 使用的是三菱公司的 FX3U 系列 PLC，继电器输出型。

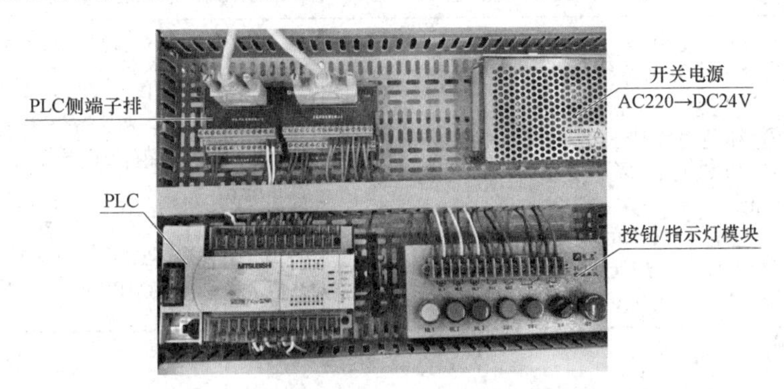

图 2－15 供料单元电气控制部分组成

PLC 作为各工作单元控制系统中的核心器件，输入信号包括：按钮指示灯模块上的按钮、开关和急停，还有设备上的传感器信号。输出控制信号包括按钮指示灯模块上黄绿红三色指示灯和设备上的电磁阀信号。

传感器检测元件的电源和信号都是通过连接到装置侧的接线排上，然后通过 25 针电缆连接到 PLC 侧的接线端子排上来实现与 PLC 的通信的，所用的传感器应该采用电缆连接方式，安装在相应的传感器支架上。

1. 供料单元的电气元件

各类传感器的使用场合在前面章节已经介绍过，这里不再详述，只介绍供料单元使用的传感元件。

1）工件检测方案

工件检测传感器主要包括料仓的物料状态检测传感器、料台有无物料的检测传感器和工件材质的检测传感器。这里使用的都是漫射式光电传感器。光电传感器有 NPN 和 PNP 型两种，都是利用三极管的导通和截止输出“1”和“0”两个信号，如果是 NPN 型，当有输出时，信号线与 0 V 接通；如果是 PNP 型，有输出时，信号线与 VCC 接通。光电传感器的电源这里提供的是 DC24 V 左右，也就是 VCC 为+24 V，选用的传感器的输出类型要与 PLC 一致，因此，若 PLC 的输入电路采用漏型接法，应选择 NPN 型传感器；若 PLC 的输入电路为源型接法，则使用 PNP 型传感器。这里以漏型输入电路接法为例。

（1）料仓工件检测。在供料单元中，料仓工件检测只需检测工件存在与否，考虑到检测距离的限制（被测工件距离传感器约 25 mm 左右），料仓为透明材质，因此可以使用灵敏度不是很高的可见光区的距离可调式漫射式光电传感器，其只可检测非透明物体。这里使用的传感器是细小光点放大器内置型光电传感器，如 SUNX 的 CX－441 和 OMRON 公司的 E3Z－LS61 型，这两种传感器的特性参数见表 2－11。

这两种传感器不光性能上相似，外形结构也很相似，都有稳定工作指示灯（绿色）、动作指示灯（橙色）、距离设定旋钮（5 回转）及遮光动作（D）和受光动作（L）的切换开关。其外形如图 2－16 所示。

表 2-11　CX-441 和 E3Z-LS61 传感器性能

型号	SUNX 的 CX-441 距离设定型传感器	OMRON 的 E3Z-LS 距离设定型传感器
功能特性	① 细小光点型； ② NPN 型晶体管集电极开路输出（适合 PLC 漏型输入接法）； ③ 红色可见光，光点直径为ϕ2 mm； ④ 可进行距离设定，检测范围：20～50 mm； ⑤ 黑色和白色间检测距离的差 1%以下； ⑥ 工作电压：DC（12～24 V）×（1±10%）； ⑦ 最大输出电流 100 mA	① 微细光束反射型； ② NPN 输出； ③ 红色可见光，光点直径为ϕ2.5 mm； ④ 可进行距离设定，检测范围：40～200 mm； ⑤ 黑白误差率：设定距离的 10%以下； ⑥ 工作电压：DC（12～24 V）×（1±10%）； ⑦ 负载电流 100 mA 以下

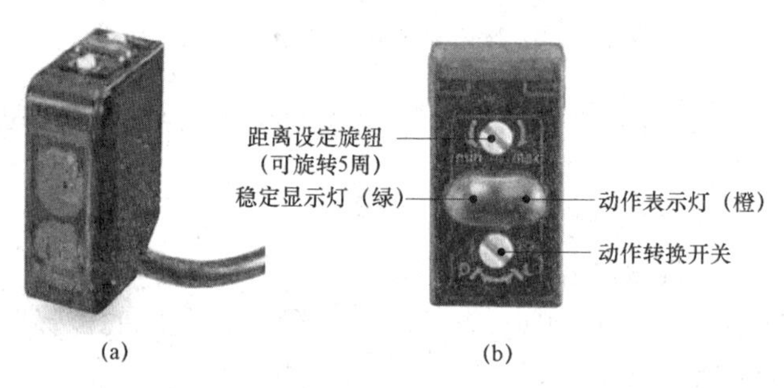

图 2-16　光电开关的外形和调节旋钮、显示灯
（a）E3Z-L 型光电开关外形；（b）调节旋钮和显示灯

（2）动作方式选择：在传感器的操作面板上可以选择受光动作（Light）或遮光动作（Drag）模式，即当此开关按顺时针方向充分旋转时（L 侧），则进入检测“-ON”模式；当此开关按逆时针方向充分旋转时（D 侧），则进入检测“-OFF”模式。

（3）距离设定方法：距离设定旋钮是 5 回转调节器，调整距离时注意逐步轻微旋转，否则若充分旋转距离调节器会空转。调整的方法是，首先按逆时针方向将距离调节器充分旋到最小检测距离（E3Z-L61 设定到 min，约 20 mm；CX-441 设定到 near，约 2 mm），然后根据要求距离放置检测物体，按顺时针方向逐步旋转距离调节器，找到传感器进入检测条件的点；拉开检测物体距离，按顺时针方向进一步旋转距离调节器，找到传感器再次进入检测状态，一旦进入，向后旋转距离调节器直到传感器回到非检测状态的点。两点之间的中点为稳定检测物体的最佳位置。如图 2-17 所示。

图 2-17　光电传感器检测距离调节示意

2）物料台工件检测

物料台通过挡块固定位置，物料台中间有一个空心圆，即用来感应物料台上是否有工

件，传感器安装在物料台的下面，工作时应向上发出光线。因此，用来检测物料台上有无工件的光电传感器使用一个圆柱形漫射式光电传感器，光线透过小孔检测是否有工件存在，如 SICK 公司产品 MHT15－N2317 型传感器，其外形和参数见表 2－12。

表 2－12　MHT15－N2317 型光电传感器外形及参数

SICK 公司的 MHT15－N2317 轴向圆柱形光电传感器	
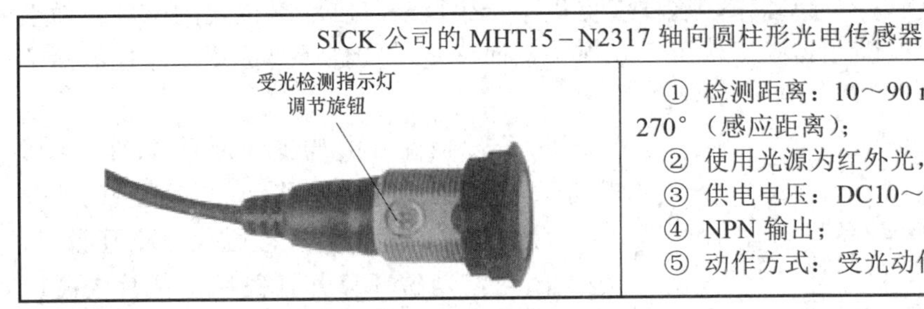 	① 检测距离：10～90 mm，设定方法：电位计，270°（感应距离）； ② 使用光源为红外光，光点尺寸为ϕ20 mm； ③ 供电电压：DC10～30 V； ④ NPN 输出； ⑤ 动作方式：受光动作

2. 金属工件检测方案

金属工件的材质判别一般使用电感传感器。电感传感器在选用和安装中，除了要考虑工作电源和输出类型以外，还要认真考虑检测距离、设定距离，保证其在生产线上可靠动作。如 TONGER　NSN4－12M60－E0 或 YALONG O OBM－D04NK 圆柱形电感传感器（检测距离 4 mm），其相关参数见表 2－13。

表 2－13　电感传感器性能

TONGER　NSN4－12M60－E0 圆柱形电感传感器	
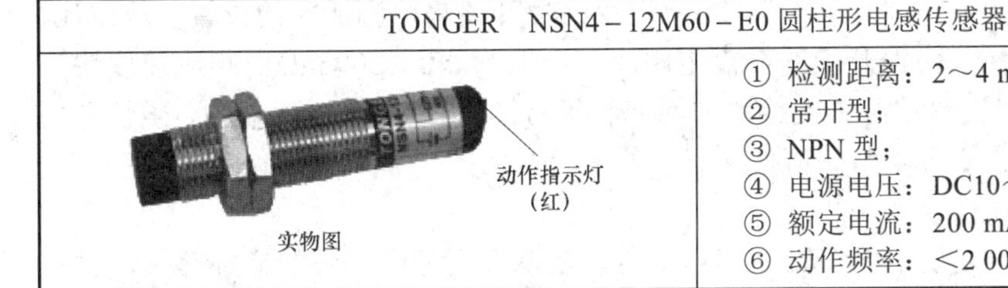 	① 检测距离：2～4 mm； ② 常开型； ③ NPN 型； ④ 电源电压：DC10～30 V； ⑤ 额定电流：200 mA； ⑥ 动作频率：<2 000 Hz

电感传感器的检测距离一般都很小，如上述两种型号的传感器的检测距离只有 4 mm，因此电感传感器在安装时一定要注意安装距离，其安装距离注意说明如图 2－18 所示。

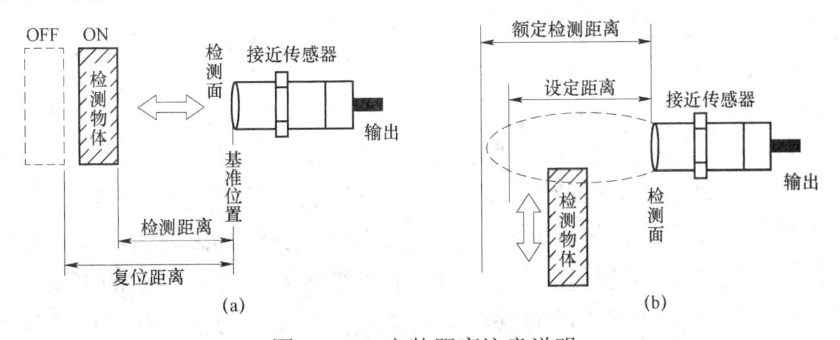

图 2－18　安装距离注意说明

（a）检测距离；（b）设定距离

3. 气缸状态检测

气缸状态的检测一般使用磁性开关，磁性开关有有触点式和无触点式之分，有触点式的磁性开关用舌簧开关作磁场检测元件，因此又叫干簧管磁性开关，在开关内部还集成了动作指示灯、过电压保护电路。内置磁环的气缸一般常选用有触点的磁性开关，即干簧管磁性开关。

1）磁性开关的工作原理

通常内置永久磁环的气缸的缸筒采用导磁性弱、隔磁性强的材料，如硬铝、不锈钢等。气缸运动时磁环跟随气缸杆一起动作，这样就提供了一个反映气缸活塞位置的磁场。而安装在气缸外侧的磁性开关则在该磁场作用下动作，从而确定了气缸活塞位置，即检测活塞的运动行程。

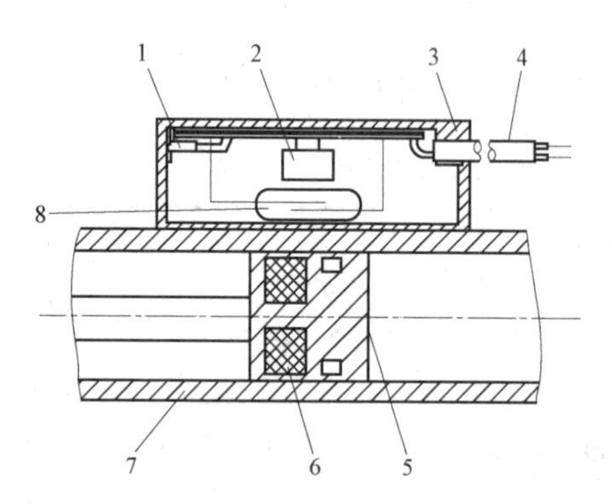

图 2－19　干簧管磁性开关的工作原理图

1—动作指示灯；2—保护电路；3—开关外壳；4—导线；5—活塞；6—磁环（永久磁铁）；7—缸筒；8—舌簧开关

干簧管磁性开关的工作原理如图 2－19 所示。当气缸中随活塞移动的磁环靠近开关时，舌簧开关的两根簧片被磁化而相互吸引，触点闭合；当磁环移开开关后，簧片失磁，触点断开。触点闭合或断开时发出电控信号，在 PLC 的自动控制中，可以利用该信号判断气缸的运动状态或活塞杆所处的位置。

磁性开关上的 LED 动作指示灯用于显示其信号状态，供调试时使用。磁性开关动作时，输出信号“1”，LED 亮；磁性开关不动作时，输出信号“0”，LED 不亮。

用磁性开关来检测活塞的位置，从设计、安装到调试等都比较方便，磁性开关的触点电阻小，一般为 50～200 mΩ，响应速度快，动作时间为 1.2 ms，通用型磁性开关能检测的活塞杆运行速度在 500 mm/s 以内，磁性开关的过载能力较差，只适合低压电路。

2）磁性开关的选择

磁性开关选择时，根据使用的气缸品牌和型号，通常选用相同品牌的磁性开关，供料单元的推料和顶料气缸是 SMC 公司的迷你型笔形气缸。SMC 的磁性开关有两种，一种是 D 系列通用型的两线制磁性开关，有无触点和有触点两种可供选择；另一种是 D－**K 系列带微调的磁性开关。这里使用通用型的即可，在选择磁性开关时，还应注意以下几点：

气缸的型号（如 CJ2，CA2 等）；

（1）负载电压（DC24 V，AC200 V 等）；

（2）线制（2 线制、3 线制）；

（3）适合负载（继电器，程序控制器 PLC、IC 电路）；

（4）安装形式（直接安装、轨道安装、环带安装、拉杆安装）。

根据需要先从有触点或无触点开始，可以省略很多步骤，因为有触点的磁性开关多为 2 线制。根据其他条件进行选择，例如，CJ2 系列的气缸要选择合适的磁性开关，首先找到适合 CJ2 气缸的环带安装方式的磁性开关的型号：D－C73，D－A73，D－A76H，D－C76，D－A72，D－A73C。这样的安装方式还要考虑到气缸的缸径，BM2－020，BM2－025，BM2－040，代表缸径分别为 20、25、40。还有就是线长，如果无记号，则表示 0.5 m；L：3 m，Z：5 m。其次是负载电压，要求为 DC24 V，可以确定为：D－C73，D－A73，D－A76H，D－A73C。第三，要求用 PLC，选择适合程序控制器的磁性开关，则为：D－C73，D－A73，

D－A76H，D－A73C。这里选用的是 D－C73 型号的磁性开关，其实物图和内部电路图如图 2－20 所示。

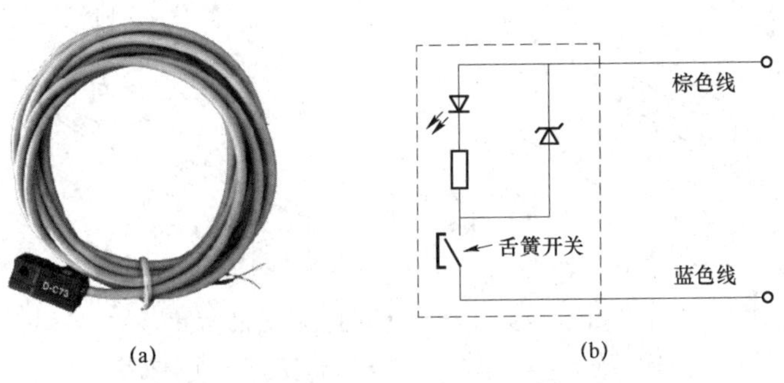

图 2－20 磁性开关实物图和内部电路

（a）实物图；（b）内部电路

3）磁性开关的安装与维护

磁性开关的安装方式常见有环带安装、导轨安装、直接安装和拉杆安装，磁性开关可以安装在行程末端，也可以安装在行程中间的任意位置上。当要将开关安装在行程末端时，为保证开关安装在最高灵敏度位置，对不同气缸，在样本上，都已经标出离侧端盖和无杆侧端盖的距离。在 YL－33B 设备上的磁性开关都是安装在行程末端。

不同安装方式的安装过程如下：

（1）环带安装。环带式磁性开关安装时，先将固定环带安装到气缸上，在环带内侧有一层胶抗滑层。然后再将磁性开关用螺钉固定到环带上，磁性开关的安装示意如图 2－21 所示。通过螺钉将磁性开关锁紧在外侧的正确位置上，此固定方法安全，但紧固力不能过大，以防止拉长环带反而不能固定，甚至拉断环带。环带安装时不要倾斜，否则受冲击返回至正常位置时便会松动。首次安装时，可先不要拧紧，待位置调整好后再固定。

（2）导轨安装。轨道安装方式，开关壳体上有一带孔的夹片，导轨中有一可滑动的安装螺母，将安装螺钉穿过夹片孔，对准螺母拧紧，则开关便紧固在导轨上。这种安装方法通常用于中小型气缸及带安装平面的气缸。安装示意如图 2－22 所示。

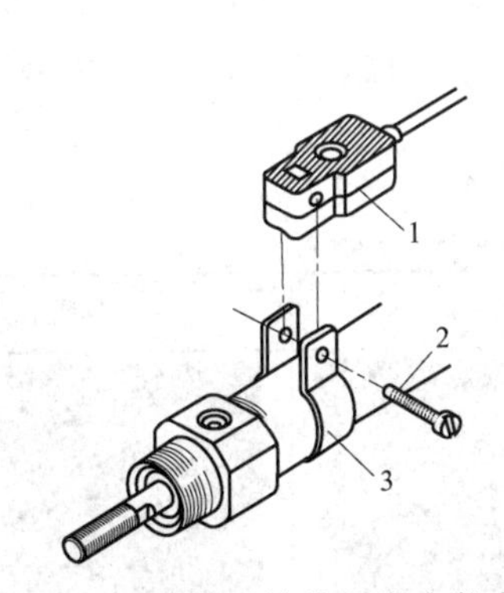

图 2－21 磁性开关的环带安装方式

1—磁性开关；2—固定螺丝；3—钢式环带

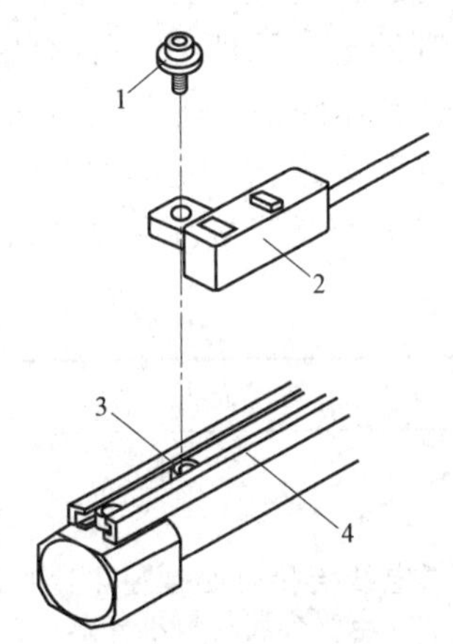

图 2－22 磁性开关的轨道安装方式

1—安装螺丝；2—磁性开关；3—安装螺母；4—导轨

（3）直接安装。将磁性开关插入导轨槽中，用止动螺钉固定，或通过安装件用止动螺钉固定。安装示意如图 2-23 所示。

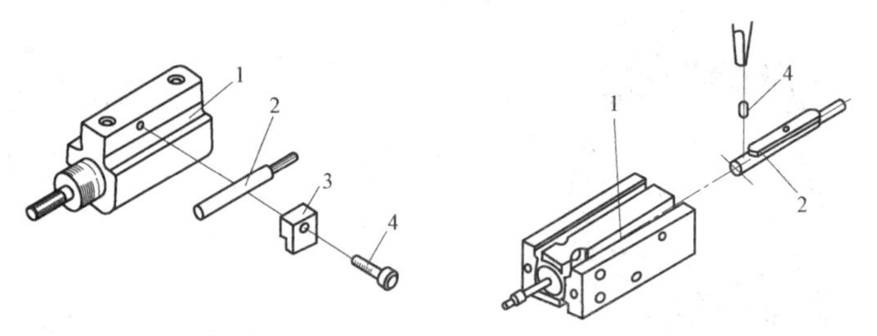

图 2-23　磁性开关的直接安装方式

1—导轨槽；2—磁性开关；3—安装件；4—止动螺钉

（4）拉杆安装。开关壳体上有带孔夹片或带孔凸缘。安装时先将安装件用止动螺钉固定在拉杆上，再将开关固定在安装件上。

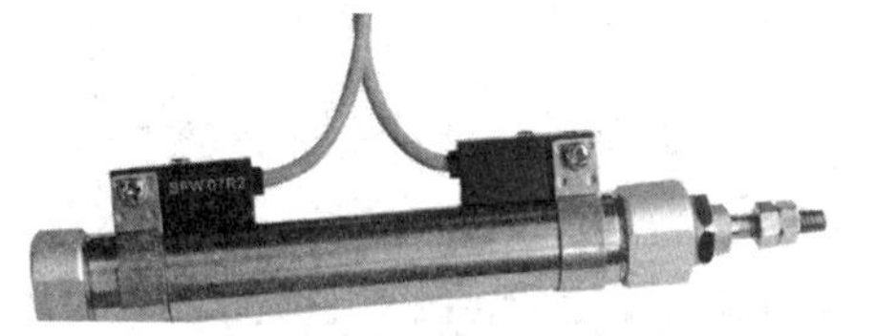

图 2-24　磁性开关在气缸上的安装示意图

供料单元气缸上的磁性开关多采用环带安装方式，安装了磁性开关的气缸如图 2-24 所示。磁性开关位置的调整办法是：松开它的紧定螺栓，让磁性开关顺着气缸滑动，到达指定位置后，再旋紧紧定螺栓。

4）磁性开关的使用与维护

磁性开关有蓝色和棕色（褐色）两根引出线，使用时蓝色引出线应连接到 PLC 输入公共端（COM），棕色引出线应连接到 PLC 输入端（X）。磁性开关不能直接接到电源上，必须串接负载，且负载绝不能短路，以免烧坏开关。对于带指示灯的磁性开关，当电流超过最大电流时，发光二极管将损坏，若电流在规定范围以下，发光二极管的光辉变暗或不亮。

磁性开关的在运行过程中，要定期检查导线有无损伤，导线损伤会造成绝缘不良或导线断路。如果发现导线破损，应更换开关或修复导线。

4. 供料单元的电气连接工艺要求

1）电气接线工艺规范

根据绘制的电气原理图进行接线，接线之前首先确保设备电源已经断开，放置好要用的工具，预先制作好长度适中的导线，所有导线的两端都要装上冷压端子，且要压接牢靠，不掉头。接线时要遵循一定的原则，应符合国家职业标准的规定，每一端子连接的导线不超过 2 根，不要交叉连接。具体要求见表 2-14。

表 2-14　电路连接工艺要求

项目	说明	正确示范	错误示范
导线与接线端子的连接	电线连接时必须使用冷压端子，电线金属材料不外露		

续表

项目	说明	正确示范	错误示范
导线与接线端子的连接	冷压端子金属部分不外露	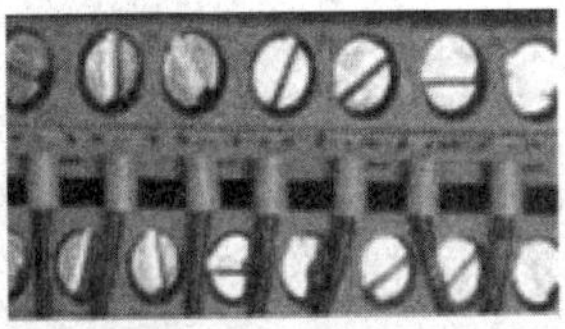	
	传感器护套线的护套层，应放在线槽内，只有线芯从线槽出线孔内穿出	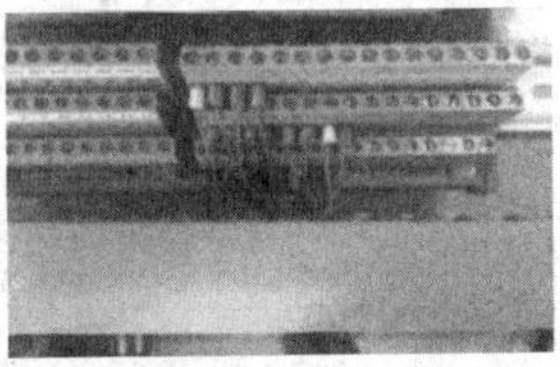	
	线槽与接线端子之间的导线不能交叉		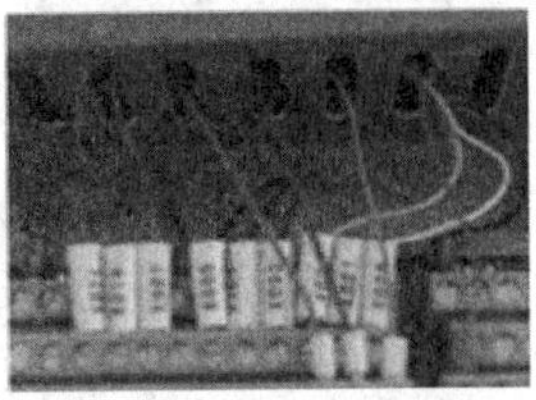
导线束处理	传感器中不用的芯线应剪掉，并用热塑管套住或用绝缘胶带包裹在护套绝缘层的根部，不可裸露	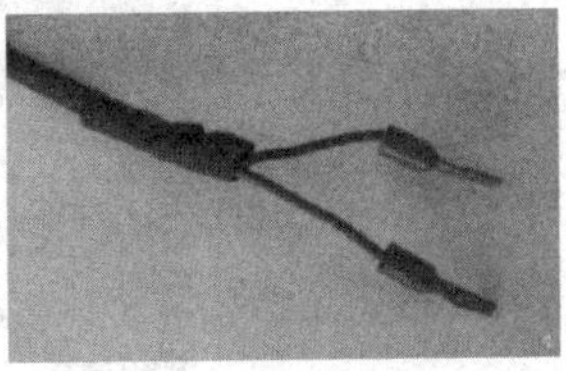	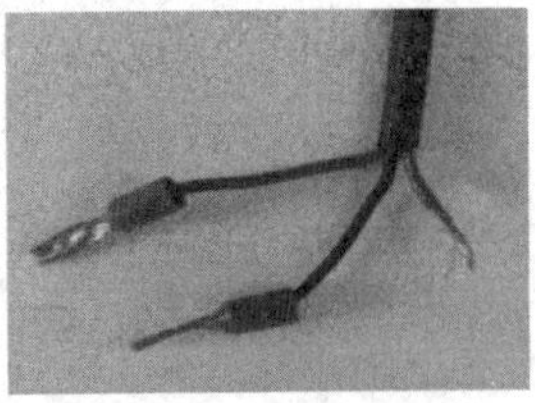
	不损伤电线的绝缘部分	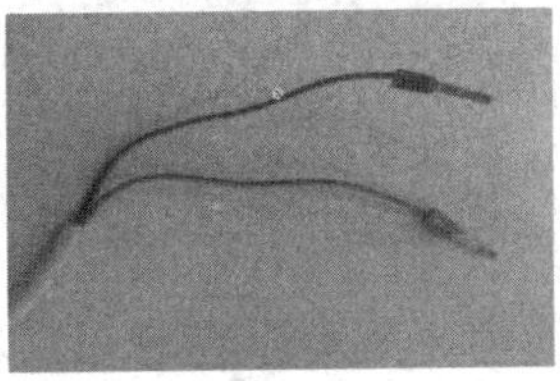	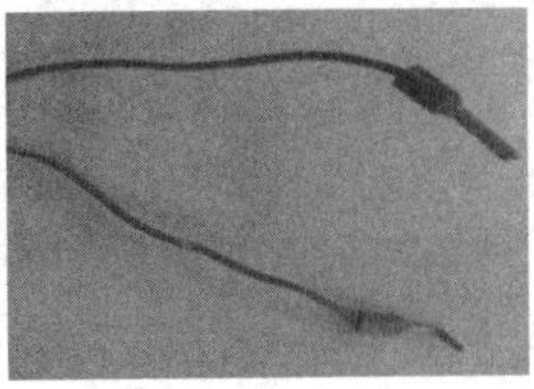
	电线及传感器芯线进入线槽应与线槽垂直，不能交叉	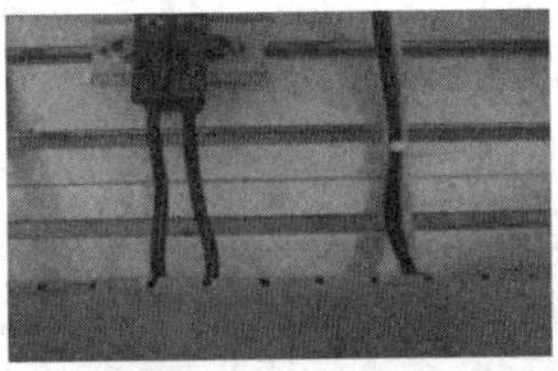	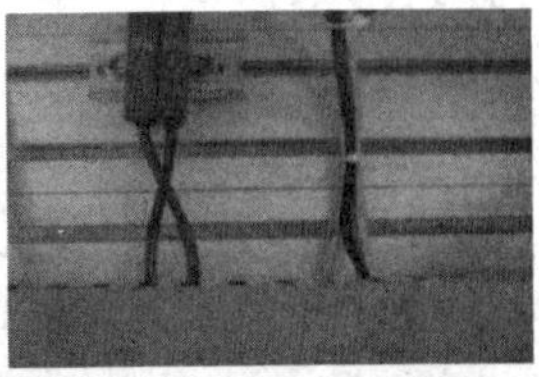
	电缆、电线不允许缠绕		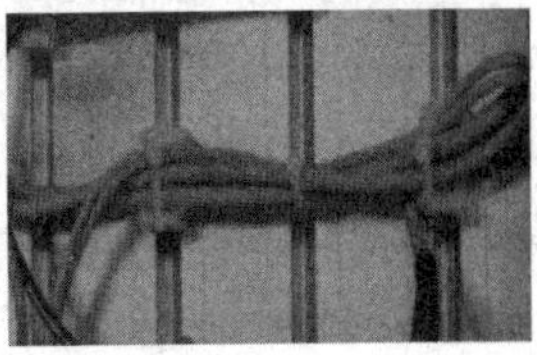

续表

项目	说明	正确示范	错误示范
导线束进线槽	未进入线槽而露在安装台台面的导线，应使用线夹子固定在台面或部件的支架上，不能直接塞入铝合金型材的安装槽内		
	电缆在走线槽里最少保留 10 cm，如果是一个短接线的话，在同一走线槽里不做要求		
	走线槽盖住，没有翘起和未完全盖住现象	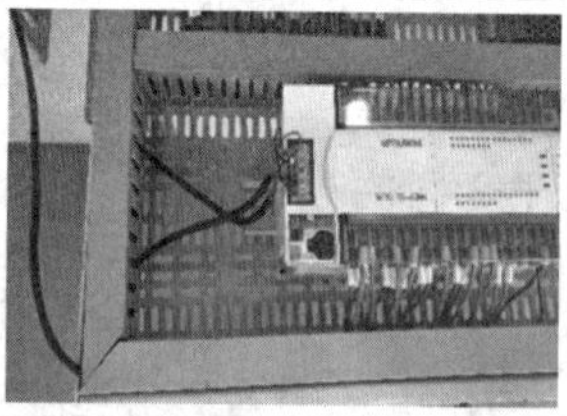	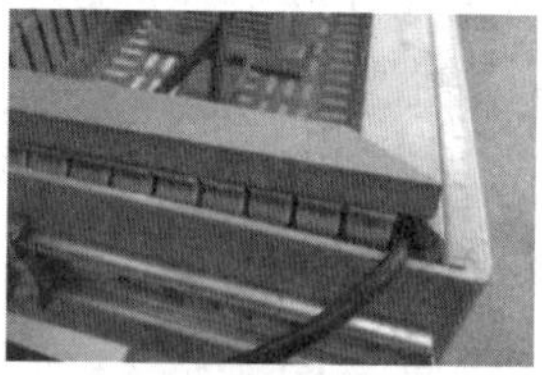
	没有多余走线孔		

一般传感器的引出线有 0.5 m，2 m，3 m，5 m 等，长度一般都足够，无须剪短，为了便于区分，把装上冷压端子的所有元器件的引出线整理好。

条件允许的话，接到端子排的所有导线应套上号码管，号码管长度和方向一致，号码管上标上编号，要求字迹清晰、规范，容易识别，如果字迹潦草，或不编、不套号码管，很容易出错。

2）电气元件与 PLC 的连接方式

各传感器、电磁阀与 PLC 的接线原理如图 2－25 所示，使用的传感器均为 NPN 型，PLC 采用漏型输入接法，如果传感器为 PNP 型，则采用源型输入接法。电感传感器的接线方式与光电开关一样。光电传感器和电感传感器有三根引出线，分别为褐色、黑色和蓝色，褐色接 +24 V，蓝色接 0 V 和 PLC 的公共端（COM），黑色接 PLC 的输入端（X）。磁性开关是二线制，有两根引出线，分别为褐色和蓝色，褐色接 PLC 的输入端（X），蓝色接 PLC 的公共端（COM）。电磁阀的 1 脚接 PLC 的输出端（Y），2 脚接 0 V，PLC 输出端的 COM0 接 +24 V。由于使用的是继电器输出型 PLC，输出电路的接线也可以是：电磁阀的 1 脚接 +24 V，2 脚接 PLC 的输出端（Y），而此时 PLC 输出公共端 COM0 则必须接 0 V。

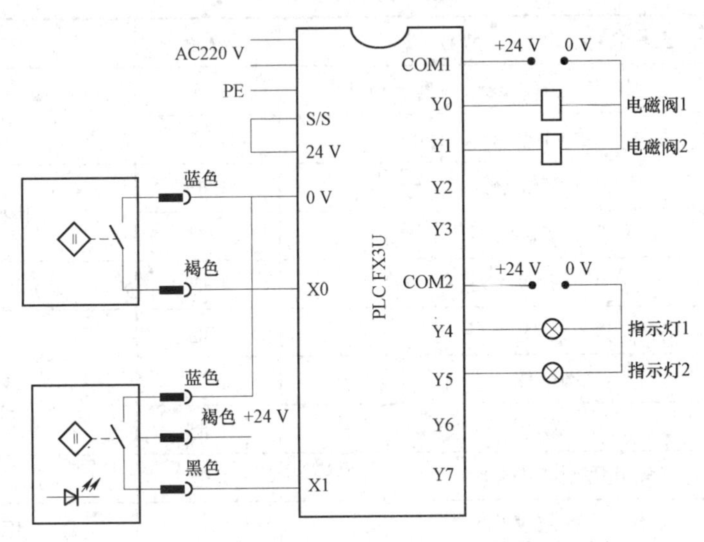

图 2－25　传感器、电磁阀与 PLC 的接线原理图

三、任务准备

1. 清理安装平台

安装前，先确认安装平台已放置平衡，安装台下的滚轮已锁紧，安装平台上安装槽内没有遗留的螺母、小配件或其他杂物，然后用软毛刷将安装平台清扫干净。

2. 准备器材和工具

整理并检测供料单元所需的传感器及其配件，见表 2－15。参考相关传感器的使用说明书，了解其功能和使用方法，并检查器件是否齐全，是否完好无损，如有损坏，应及时更换。清点好后，将其放置到合适的位置。供料单元电气连接所需的工具见表 2－16。

表 2－15　供料单元的传感器及其配件

名称	参考器件型号	数量	用途
料仓光电传感器支架	专配	1	固定传感器
物料台光电传感器支架	专配	1	
电感传感器支架	专配	1	
磁性开关环带	专配	4	
料仓工件检测光电传感器	SUNX CX－441 或 OMRON E3Z－LS61	2 个	工件有无及不足检测
物料台检测光电传感器	SICK MHT15－N2317	1 个	物料台工件检测
电感传感器	TONGER NSN4－12M60－E0 或 YALONG OBM－D04NK	1 个	气缸动作方向控制
磁性开关	SMC D－C73	4 个	气缸状态检测
螺栓、螺母	自选	若干	固定传感器及其支架

表 2-16　工具清单

序号	工具名称（规格、型号）	数量	主要用途
1	大小十字螺丝刀（100 mm、150 mm）	1 套	电气连接
2	大小一字螺丝刀（100 mm、150 mm）	1 套	
3	3.0 十字螺丝刀	1 把	传感器调节
4	2.0 十字螺丝刀	1 把	
5	3.0 一字螺丝刀	1 把	端子排接线
6	剪刀	1 把	线管制作
7	剥线钳	1 把	
8	压线钳	1 把	
9	软毛刷（中号）	1 把	清洁工位和设备
10	万用表	1 只	电路检测

四、任务实施

1. 供料单元传感器的安装

将传感器安装到需要检测的位置。传感器安装时，先将传感器安装到传感器支架上，然后将已安装有传感器的支架固定到设备的相应位置，见表 2-17。

表 2-17　传感器安装

项目	传感器安装到支架上	检测装置安装到设备上	安装说明
料台检测	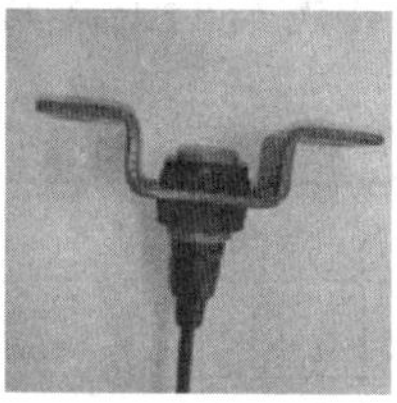		安装时，注意两端的塑料卡环要靠近且固定，并露出调节和指示灯旋钮
料仓工件检测	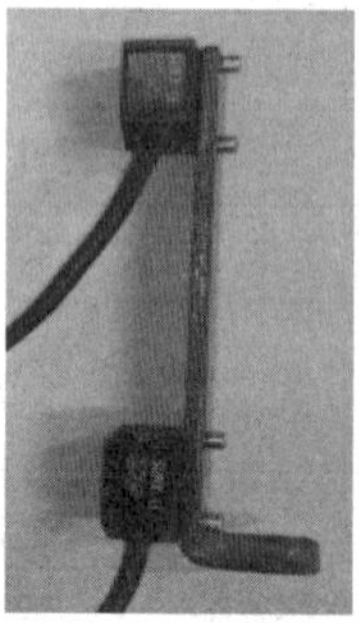	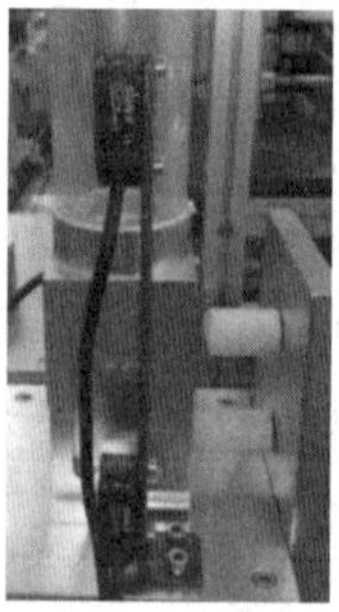	传感器安装在支架的外侧面，使得两个传感器的发射和接收器一侧正对着料斗和底座的检测孔，并使检测光能够照射到工件上。否则传感器发射光照射到料仓底座上，或斜射到其他地方，则将导致不能正确检测料仓的物料状态

续表

项目	传感器安装到支架上	检测装置安装到设备上	安装说明
金属工件检测			电感传感器安装时不能伸出太长或太短。太长，则挡住物料，无法下落；太短，则检测不到金属工件
磁性开关			先安装环带，然后再将开关装上去，注意引出线端的方向，应朝向气缸中间部分。固定磁性开关时，用力要适中，不要损坏塑料外壳

所有传感器安装好，待电气接线完成后，需上电调整传感器的灵敏度，保障检测信号正确，且能够传送到 PLC 上。

2. I/O 输入输出地址表分配

供料单元的装置侧信号主要有传感器和电磁阀，因此首先将元器件的引出线连接到装置侧边上的端子排上；PLC 侧的电气控制部分，围绕 PLC 为核心，有按钮与指示灯的信号和端子排上连接的装置侧设备信号。装置侧与 PLC 侧的端子排之间是通过 25 针和 15 针的缆线实现机电分离的，以便于调试。根据供料单元工作过程和信号分布，分配供料单元的输入/输出地址，见表 2-18。

表 2-18　PLC 输入/输出点信号分配

输入信号					输出信号				
序号	PLC 输入点	设备符号	信号名称	信号来源	序号	PLC 输出点	设备符号	信号名称	信号来源
1	X0	1B1	顶料气缸伸出到位	装置侧	1	Y0	1Y	顶料电磁阀	装置侧
2	X1	1B2	顶料气缸缩回到位		2	Y1	2Y	推料电磁阀	
3	X2	2B1	推料气缸伸出到位		3	Y4	HL1	黄色指示灯	按钮/指示灯模块
4	X3	2B2	推料气缸缩回到位		4	Y5	HL2	绿色指示灯	
5	X4	SC1	出料台物料检测		5	Y6	HL3	红色指示灯	
6	X5	SC2	供料不足检测						
7	X6	SC3	缺料检测						
8	X7	SC4	金属工件检测						
9	X12	SB1	启动按钮 SB1	按钮/指示灯模块					
10	X13	SB2	停止按钮 SB2						
11	X14	QS	急停按钮						
12	X15	SA	单机/联机选择开关						

3. 绘制电气控制原理图

根据 PLC 的输入/输出地址分配表，绘制 PLC 的电气控制原理图，绘制的电气原理图应遵循电气绘图规范，符合国标要求，所用的元器件符号采用标准符号，图中的元器件应有相应说明。供料单元电气原理图如图 2-26 所示。

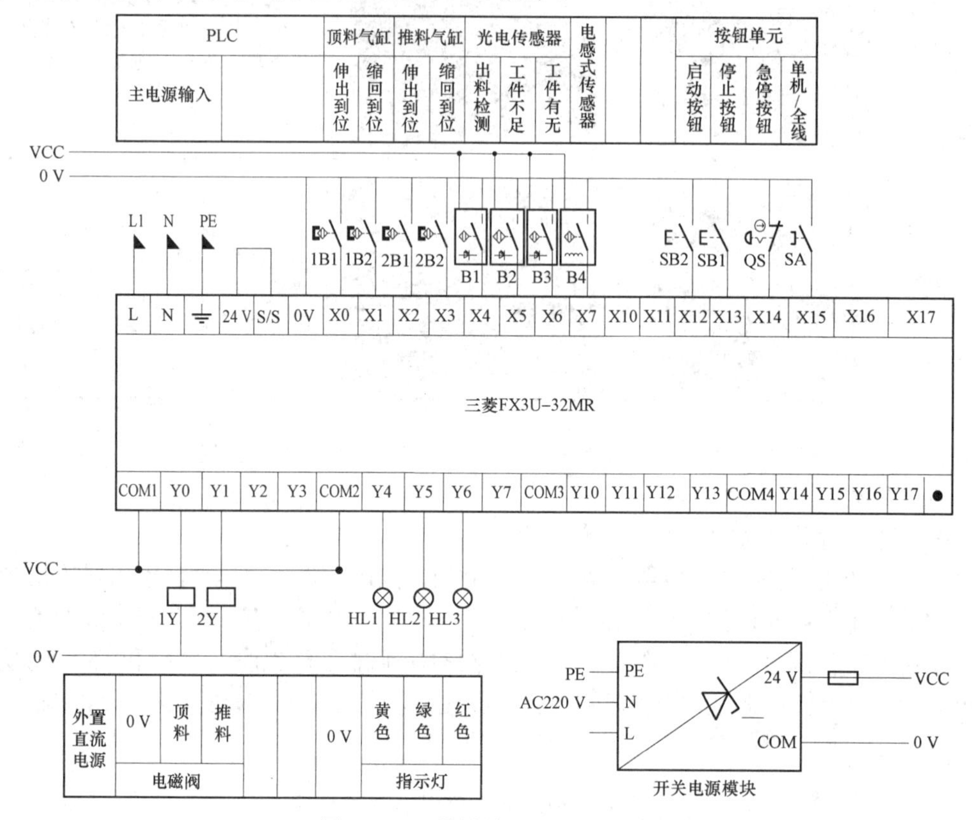

图 2-26　供料单元电气原理图

4. 电气接线

PLC 与传感器、电磁阀的信号传输是通过两边的端子排来实现的，上下端子排的对应关系如图 2-27 所示，设备侧端子排的第一排对应 PLC 侧端子排第二排的左半边；装置侧端子排的第二排与 PLC 侧端子排的第一排反向一一对应，装置侧端子排的第三排对应 PLC 侧端子排第二排的右半边。

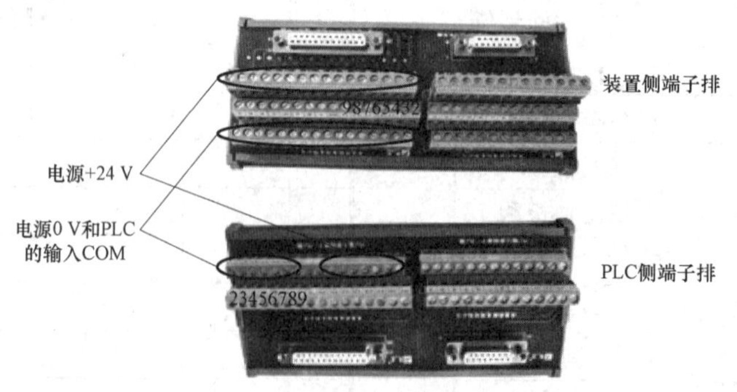

图 2-27　装置侧与 PLC 侧端子排的对应关系（以输入端为例）

（1）装置侧的传感器接线。将三线制的传感器褐色线接设备输入端子排的第一排，黑色线接端子排的第二排，蓝色线接端子排的第三排。两线制的磁性开关，则只需将棕色线连接端子排的中间，蓝色线连接第三排。所有传感器的接线要一一对应，不要交叉接线，接信号线时从左往右连接。

（2）装置侧的电磁阀接线。电磁阀的红色引出线（1 脚）连接到输出端子排的第一排，蓝色（2 脚）连接到中间信号排。

所有元器件连接时以元器件为单位，从端子排的一端开始顺序连接，不用跳格。PLC 侧的端子排接信号线时则需从右往左一一连接到 PLC 的输入端（X），这样才能和装置侧信号保持一一对应。端子排的电源接线，只需将开关电源的 DC24 V 经过熔断器后连接到 PLC 侧端子排的第二排，分别是左半边接 +24 V，右半边接 0 V 和 PLC 输入端的 COM，连接时，尽量从两侧开始使用，以免中间有空点，导致电源不能正常送到设备上。其他如按钮、指示灯，按照电路图连接即可。

5. 电路调试

电气线路连接好后，插上连接电缆，接通装置侧和 PLC 侧的信号，然后接通供料单元 PLC 和供料单元开关电源模块的电源，进行设备调试。调试时，遵循安全原则，不带电插拔修改线路，正确使用万用表。传感器的检测信号调整步骤与方法见表 2－19。

表 2－19 传感器调整步骤与方法

步骤	调整示意	调整方法
步骤 1：电感传感器调整		把金属工件放到料仓里，观察电感传感器的小红灯是否亮，亮表示能感应到，然后再观察 PLC 上对应的输入信号，即 X 点的灯是否亮，如果亮说明从传感器到 PLC 的连接，以及传感器检测是没有问题的。如果传感器上的灯不亮，则需要调整传感器，将传感器的紧定螺母旋松，调整到能感应工件后再拧紧。如果灯亮，而 PLC 的输入信号与地址表不对应，则需要检查线路。换上其他材质的工件，重复上述动作，传感器感应不到，PLC 上对应的输入点也应该不亮
步骤 2：物料台光电传感器调整		在物料台上放上一个金属工件，按照步骤 1 的方法查看传感器指示灯和 PLC 对应的输入点是否亮，都亮表示检测正常，然后换上白色工件和黑色工件重复上述动作，三种工件都能感应到，且 PLC 的输入信号与地址表对应，表示该传感器检测没有问题。如果传感器感应不到，则需要调整传感器的检测距离，将传感器的紧定螺母旋松，露出检测距离调节旋钮，调整到三种工件都能检测到后，再拧紧螺母

续表

步骤	调整示意	调整方法
步骤 3：料仓光电传感器的调整		传感器的动作切换开关应置于受光动作（L）位置，设备通电时，传感器上的绿色指示灯亮，如果不亮，则需要检查传感器的电源有没有接上来，并检查电源回路。如果传感器上的绿色指示灯正常，接下来在料仓内依次放上三种材质的工件，查看传感器的检测状态，能感应到工件，且传感器上的橙色指示灯亮，如果不亮，则需要调整传感器的灵敏度，直到三种工件都能感应到，且 PLC 的输入信号与地址表对应
步骤 4：磁性开关的调整		用电磁阀上的手动按钮控制对应的气缸动作，分别调整四个磁性开关的位置检测是否正确，以推料气缸的伸出到位磁性开关为例，在料仓内放上一个工件，按下推料气缸电磁阀的手动按钮并锁紧，气缸伸出，工件被推出到物料台，此时，观察气缸上伸出到位的磁性开关是否亮，亮表示能感应到，不亮则松开开关的紧定螺母，顺着气缸壳前后滑动传感器，找到开关的检测区域，然后将开关置于检测区域的中间位置并锁紧。其他磁性开关的调整方法相同

输入回路检测好后，利用 GX 软件的监控功能，输出 Y 控制信号，查看相应的器件是否动作，如果不动作，则需检查输出回路并核对地址表，直到输入输出回路全部检测正确、所有元器件功能全部合理后，将所有导线整理好塞入线槽，设备上的器件引出线需要进行绑扎，绑扎间距与绑扎带的剪切要求和气管绑扎时要求一致，设备上的走线要紧贴设备，且不影响设备的运行。整理好后，盖上线槽盖，线槽盖不要有翘起。具体要求如表 2－20 所示。

表 2－20　电气线路绑扎要求示范

注意事项	正确示范	错误示范
传感器引出线不能跨接在设备上，不影响设备运行，绑扎不扭曲，间距合理，绑扎带剪切口处凸出不超出 1 mm		

注意：一定要在指导教师检查无误后方可通电检查、调试，通电后，一旦发现任何问题，应立即切断电源。需要电路检查时，万用表的挡位要选择合适。

6. 设备调试过程的常见故障

设备调试时的常见故障及排除办法见表 2－21。

表 2－21 常见故障及排除方法

故障现象	排除过程	故障点
二线制传感器有信号，三线制无信号	二线制传感器不需要电源，三线制传感器需要电源，二线制有用，三线制不起作用，考虑是 DC24 V 有问题，万用表分别检测 PLC 侧输入回路的电源和装置侧输入回路的电源	1. DC24 V 回路的保险丝问题； 2. 装置侧和 PLC 输入回路的 25 针缆线松动； 3. DC24 V 电源未接入输入回路
电磁阀不动作，PLC 上有信号，电磁阀上灯不亮	测量 PLC 有输出时，PLC 上的信号线和 +24 V 之间的电压、端子排上的信号线和 +24 V 之间的电压、装置侧信号线和 +24 V 之间的电压，应都为 24 V	1. 电磁阀内部接线松动； 2. PLC 侧和装置侧输出回路的缆线连接松动； 3. 输出回路未接入 DC24 V 电源； 4. 上下端子排未正确对应
电磁阀不动作，PLC 上有信号，电磁阀上灯亮	测量 PLC 有输出时，装置侧信号线和 +24 V 之间的电压为 24 V	节流阀开度太小，气压不足

根据表 2－21，排除设备故障，并填写故障排除过程，如表 2－22 所示。

表 2－22 故障排除过程记录

故障现象	
排除过程	
结论	

五、任务评价

任务评价表见表 2－23。

表 2－23 任务评价表

评分内容	配分	评分标准		分值	自评	他评
电路连接	80	传感器安装	“工件有无”和“不足”传感器安装正确	5		
			物料台传感器安装正确	5		
			电感传感器安装正确	5		
			磁性开关安装正确	5		
		电气线路连接	线路连接正确、可靠、牢固	10		
			冷压端子压接牢靠，外露铜丝不能超过 2 mm	5		
			走线规范，不穿越设备，线均匀入线槽	5		

续表

<table>
<tr><th>评分内容</th><th>配分</th><th colspan="2">评分标准</th><th>分值</th><th>自评</th><th>他评</th></tr>
<tr><td rowspan="8">电路连接</td><td rowspan="8">80</td><td rowspan="3">电气线路连接</td><td>同一端子的连接导线不超过 2 根</td><td>5</td><td rowspan="3"></td><td rowspan="3"></td></tr>
<tr><td>号码管长度一致，编号正确、清晰、无遗漏</td><td>5</td></tr>
<tr><td>导线绑扎规范，每隔 6 cm 绑扎一次，绑扎带剪切口凸出不超过 1 mm</td><td>5</td></tr>
<tr><td rowspan="5">传感器调整</td><td>“工件不足”和“有无”检测正常</td><td>5</td><td rowspan="5"></td><td rowspan="5"></td></tr>
<tr><td>物料台工件检测正常</td><td>5</td></tr>
<tr><td>磁性开关检测正常</td><td>5</td></tr>
<tr><td>电感传感器检测正常</td><td>5</td></tr>
<tr><td>调整方式是否规范</td><td>5</td></tr>
<tr><td rowspan="4">职业素养</td><td rowspan="4">20</td><td colspan="2">材料、工件等不放在系统上</td><td>5</td><td rowspan="4"></td><td rowspan="4"></td></tr>
<tr><td colspan="2">元件、模块没有损坏、丢失和松动现象</td><td>5</td></tr>
<tr><td colspan="2">所有部件整齐摆放在桌上</td><td>5</td></tr>
<tr><td colspan="2">工作区域内整洁干净、地面上没有垃圾</td><td>5</td></tr>
<tr><td colspan="4">综合</td><td>100</td><td></td><td></td></tr>
<tr><td colspan="4">完成用时</td><td colspan="3"></td></tr>
</table>

任务四　供料单元程序设计与调试

一、任务要求

编程并调试实现下述功能：

（1）设备上电和气源接通后，若工作单元的两个气缸均处于缩回位置，且料仓内有足够的待加工工件，则“正常工作”指示灯 HL1 常亮，表示设备准备好。否则，该指示灯以 1 Hz 频率闪烁。

（2）若设备准备好，则按下启动按钮，工作单元启动，“设备运行”指示灯 HL2 常亮。启动后，若出料台上没有工件，则应把工件推到出料台上。出料台上的工件被人工取出后，若没有停止信号，则进行下一次推出工件操作。

（3）若在运行中按下停止按钮，则在完成本工作周期任务后，各工作单元停止工作，HL2 指示灯熄灭。

（4）若在运行中料仓内工件不足，则工作单元继续工作，但“正常工作”指示灯 HL1 以 1 Hz 的频率闪烁，“设备运行”指示灯 HL2 保持常亮；若料仓内没有工件，则 HL1 指示灯和 HL2 指示灯均以 2 Hz 频率闪烁。工作站在完成本周期任务后停止工作。除非向料仓补充足够的工件，否则工作站不能再启动。

二、相关知识

本任务只考虑供料单元作为独立设备运行时的情况，单元工作的主令信号和工作状态显示信号来自 PLC 侧的按钮/指示灯模块，并且按钮/指示灯模块上的工作方式选择开关 SA 应置于左侧“单站方式”位置。

1. 供料单元的 PLC 编程思路

供料单元的工作过程实现将料仓内的物料推到物料台上的操作，只要满足条件，就一直重复此操作，是典型的过程控制，可以用顺序功能图的方法来编程。把系统的工作过程分成若干个顺序相连的阶段，每个阶段称为步，每个步内具有不同的动作，步与步之间通过转移条件相连。步有活动步和非活动步，当前在工作的步为活动步，其他都为非活动步。因此，顺序功能图的构成要素包括步、转移条件和有向线段。三菱 PLC 特意为顺序功能图设计了步进指令，“步”在三菱 PLC 的步进指令中又称为状态，用状态寄存器 S 加上编号表示，绘制时从 S0 开始，工作状态步从 S20 开始，因此又叫状态转移图。按照下顺方式绘制顺序功能图，进入初始步的条件是初始化脉冲 M8002。

（1）初始步：用双线框表示，框内编号为 S0。

（2）其他工作步：用单线框表示，按照步的顺序依次编号，从 S20 开始。

（3）有向线段：带有箭头的线段，从当前步指向下一步。

（4）转移条件：步与步之间的有向线段上有短横线表示转移条件，短横线边上写上具体的转移条件。

图 2－28 给出的顺序功能图，很多动作步的执行动作较少，一般只有一个或是没有，而只有转移条件，在后面熟悉了此种编程方法后，可以将多个步合并。如果气缸连续动作之间的切换较快、不稳定，可以在气缸动作的同时加入延时时间，如 0.5 s 左右，时间到了且动作完成后转移到下一步，防止气缸动作还没有执行到位，传感器已经检测到信号，从而直接转移到下一步。顺序功能图绘制好后，直接按照顺序功能图来编程。另外，图 2－28 所示顺序功能图只绘制出了供料单元的供料动作部分，工作状态的显示、系统的启动和停止、原位信号的判断等程序编写在步进程序的外面。

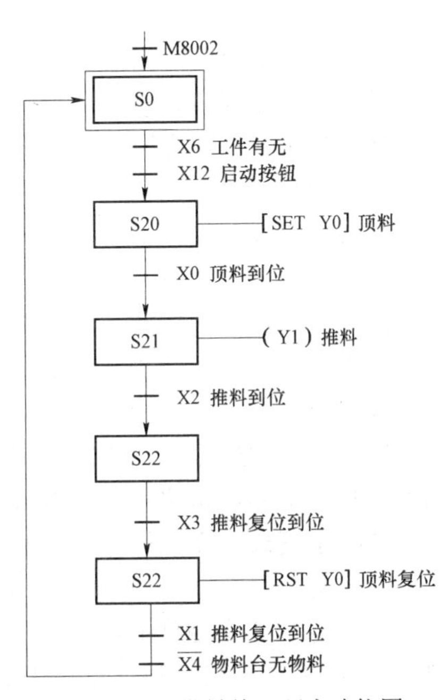

图 2－28　供料单元顺序功能图

2. PLC 程序调试及常见故障

编写好的程序要进行变换，然后才能下载到 PLC 中，如果程序下载后 PLC 的 PROM－E 指示灯亮，说明程序出错，需要排除故障以后再重新下载。在编写步进程序时，往往会遗漏 RET 步进返回指令，这也是出现最多的故障。如果程序没有错误，则下载后能够正常运行，然后根据动作要求监控程序的执行效果，一步一步检查，遇到哪一步出现问题，则哪一步需要进行修改，直到动作功能、显示效果与任务要求一致，说明调试成功，调试好的程序保存好，以便下次调用。

在调试的过程中，还可能发现其他的故障问题。YL－335B 自动化设备上有各类传感器和气缸，是个小型的机电一体化设备，可能发生的典型故障在这些元器件中都有可能产生，设备故障出现后，首先要观察故障现象，然后分析产生这种现象的可能原因。机电设备的典型故障包括机械故障、电路故障、元器件故障和气路故障，要分清楚故障属于哪一种，然后找到故障点，排除故障。

三、任务实施

1. 供料单元控制程序编制

根据供料单元的顺序功能图编写程序，注意只有物料台上没有工件时才能进行供料，然后再等待按下启动按钮，按下后若料仓还有工件，则继续推料。

在实际编写时，还要进行初始条件的判断，初始条件包括气缸、工件，添加启动和停止程序，若用 M60 代替图 2－28 中的 X12，这样就无须每按一次推一个工件可实现循环推料，供料单元的原位判断和启停参考程序如图 2－29 所示。

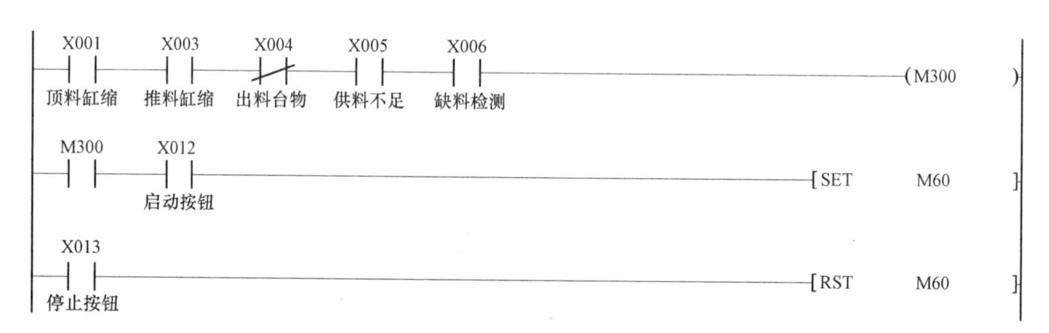

图 2－29　供料单元的原位判断和启停程序

“工件不足”与“有无”检测时，为避免落料间隙传感器误动作，工件的状态判别延迟一定的时间，这里以延迟 2 s 为例。供料单元物料状态判断程序如图 2－30 所示。指示灯的 1 Hz 闪烁用特殊辅助继电器 M8013 来控制；指示灯的 2 Hz 闪烁，即亮 0.25 s，灭 0.25 s，用两个单位为 10 Ms 的定时器定时 0.25 s、轮流接通的方式实现。M8013 可以产生 1 Hz 的脉冲信号，与 M8002 相同，都是特殊辅助继电器，属于触点利用型，在用户程序中直接使用其触点，不能对其进行输出。指示灯显示程序如图 2－31 所示。

另外，在循环推料时，只要料仓内有工件就可以推出，该功能以及待完善的功能，读者可试着自己加入，并进行调试。

2. 程序调试

（1）程序编好后，用【F4】键进行变换，如果程序有误，则不能变换，GX 软件会自动把光标移动到出错位置，检查改正后就可以了。

（2）用下载线连接计算机和 PLC，合上供料单元的断路器，给设备供电。

（3）写入编写好的程序。

（4）将 PLC 的 RUN/STOP 开关置“STOP”位置，运行程序，按照控制要求进行操作（见表 2－24），记录下调试过程中的问题。

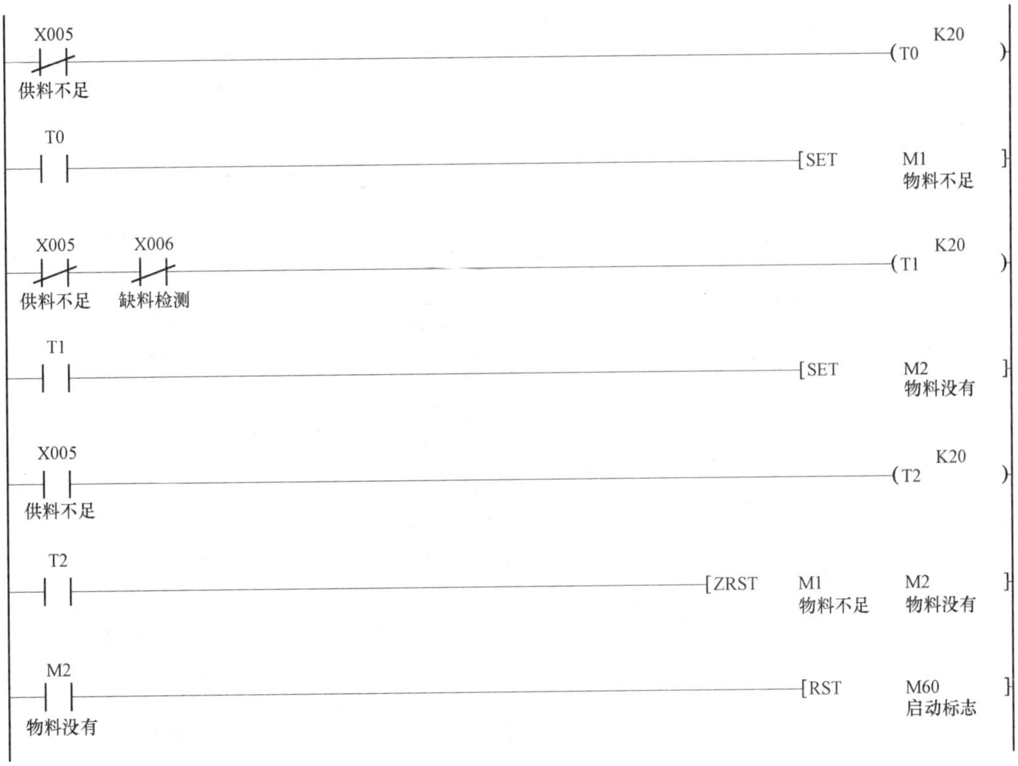

X005
供料不足
T0
K20
T0
SET
M1
物料不足
X005
X006
供料不足
缺料检测
T1
K20
T1
SET
M2
物料没有
X005
供料不足
T2
K20
T2
ZRST
M1
物料不足
M2
物料没有
M2
物料没有
RST
M60
启动标志

图 2-30 供料单元物料状态判断程序

*初始位置常亮
*不在初始位置闪烁
*运行过程中物料不足闪烁
*运行过程中物料没有2 Hz闪烁
92
M300
初始状态
M21
过程标志
Y004
黄色指示
M300
初始状态
M8013
M21
过程标志
M1
物料不足
M2
物料没有
M8013
M2
物料没有
T200
*运行过程中物料有常亮
*运行过程中物料没有2 Hz闪烁
107
M21
过程标志
M2
物料没有
Y005
绿色指示
M21
过程标志
M2
物料没有
T200

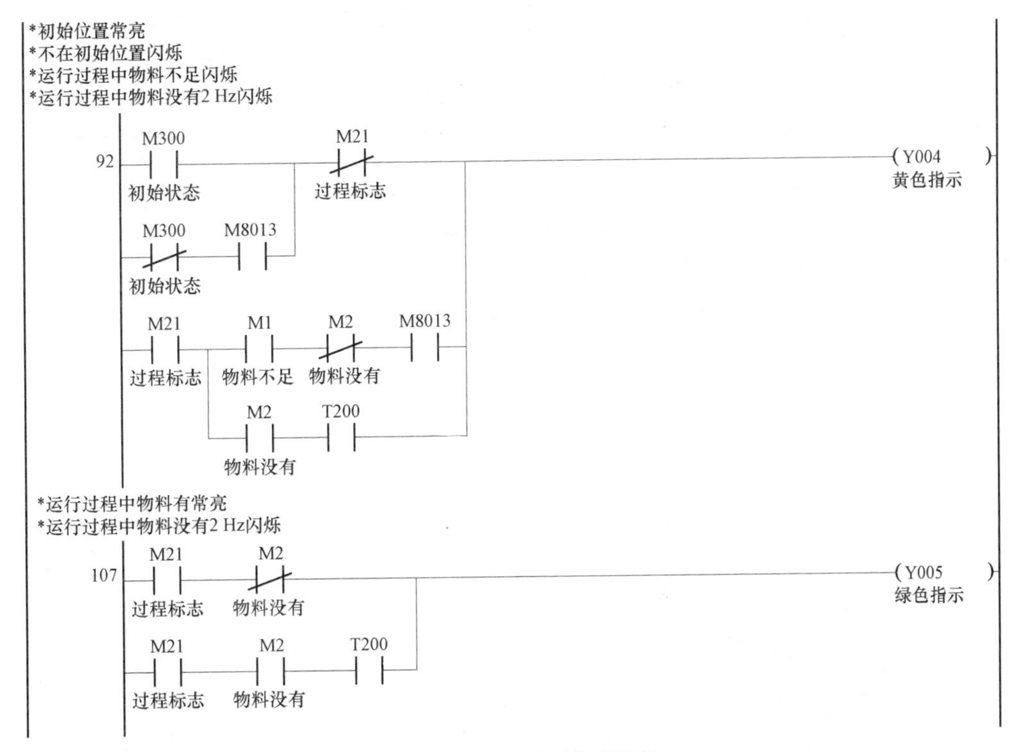

图 2-31 指示灯显示程序

表 2-24　供料单元程序调试步骤

步骤	操作任务	观察任务		备注
		正确结果	观察结果	
1	STOP→RUN，SA 拨到左侧	X15 亮，Y4 闪烁		单机模式，HL1 闪烁
2	向料仓内放上足够的工件（至少四个）	Y4 点亮		HL1 常亮
3	手动控制其中一个气缸动作	Y4 闪亮		HL1 闪烁
4	Y4 点亮时，按下启动按钮 SB1（X12）	Y5 点亮		HL2 常亮
5	顶料伸出	X0 亮，Y0 亮		顶料伸出
6	推料伸出	X2 亮，Y1 亮		推料伸出
7	推料缩回	X1 亮，Y1 灭		推料缩回
8	顶料缩回	X3 亮，Y0 灭		顶料缩回
9	物料台有物料	X4 点亮		推料完成
10	拿走物料台的物料	设备继续工作		返回初始步
11	物料不足	Y4 闪亮		HL1 闪烁
12	没有工件	Y4、Y5　闪亮		HL1、HL2 以 2 Hz 闪烁
13	按下停止按钮 SB2（X12）	上述供料过程完成后设备停止，Y5 灭		HL2 灭
14	再次放上足够的工件，按下启动按钮 SB1	设备可再次启动		HL2 亮

程序调试时，如果发现程序没有问题，但是设备执行的动作有误，应检查设备其他部分的问题，如电气接线、气动回路和传感器信号等，要连带着一起调试。

另外，调试时，要看设备的动作状态和 PLC 上的信号，若为程序编制错误，则重新修改后再次变换和下载，直到调试到没有问题为止。

四、任务评价

任务评价表见表 2-25。

表 2-25　任务评价表

评分内容	配分	评分标准	分值	自评	他评
功能	80	有初始状态检查	10		
		能按要求启动和停止	10		
		运行状态指示灯	10		
		按控制要求正确执行推出工件操作	25		

续表

评分内容	配分	评分标准	分值	自评	他评
功能	80	“工件不足”和“工件没有”的故障显示指示灯	20		
		工件没有时处理办法	5		
职业素养	20	材料、工件等不放在系统上	5		
		元件、模块没有损坏、丢失和松动现象	5		
		所有部件整齐摆放在桌上	5		
		工作区域内整洁干净、地面上没有垃圾	5		
综合			100		
完成用时					

项目三　加工冲压单元的安装与调试

在自动化生产线系统中，加工装置是最重要的装置之一，可对系统提供的物料进行加工处理，这也将决定自动线系统主要完成的功能、生产的产品类型和形状等。常见加工装置如图 3－1 所示。

图 3－1　常见的加工装置

（a）弹簧加工装置；（b）冲压加工装置

在 YL－335B 设备上，加工单元是一个可以实现工件冲压的加工装置，其功能是完成把待加工工件从物料台移送到加工区域冲压气缸的正下方；完成对工件的冲压加工，然后把加工好的工件重新送回物料台的过程。本项目通过加工单元的装调，让学生进一步掌握自动化装调工艺规范和调试方法，熟悉 PLC 的控制程序要求。

YL－335B 加工单元的工作过程及技术要求：PLC 首先检查冲压气缸提升状态设备是否处于初始位置，加工单元的初始状态为伸缩气缸伸出、加工台气动手指张开的状态，按下启动按钮后，在加工台上放上待加工工件，物料检测传感器检测到工件，PLC 控制程序驱动气动手指将工件夹紧→加工台缩回到加工区域冲压气缸下方→冲压气缸活塞杆向下伸出冲压工件→完成冲压动作后向上缩回→加工台重新伸出→到位后气动以手指松开的顺序完成工件加工工序，将大工件中心的小零件压进大工件中，并向系统发出加工完成信号，为下一次工件到来做准备。在加工过程中，按下停止按钮，要等一次加工操作结束以后，系统自动停止。

设计中应注意，加工单元执行前首先要检查设备是否处于初始位置，并设计初始位置指示灯进行显示，按下启动按钮，设备进入运行状态后，应设计运行指示灯进行显示。系统的动作设计要符合要求，电气和气动回路的设计要符合加工单元的应用需求，连接的电气线路及气路连接要符合安全与工艺规范。走线和布局干净、整洁，走线避开设备工作区域，防止对设备动作产生干扰。线管都用绑扎带绑扎，绑扎带切口处要剪平，凸出长度不超过 1 mm。气路和电路分开布线，分开绑扎，但来自同一模块的气管和线管可以绑扎在一起，气缸不要进线槽。

任务一　加工单元的机械安装

一、任务要求

本任务将进行加工单元的机械组装，同时将所需的传感器、气缸等器件安装到设备上，调整安装平行度，检查有无松动部分等，要求安装后能够满足加工单元的工艺要求。

二、相关知识

1. 加工单元的结构组成

加工单元装置侧主要包括：气缸（冲压气缸、伸缩气缸和气动手指）、传感器（磁性开关、光电传感器）、滑动底板、导轨、支架和气缸安装板、电磁阀组、连接器、接线端子排和底板，如图 3-2 所示。

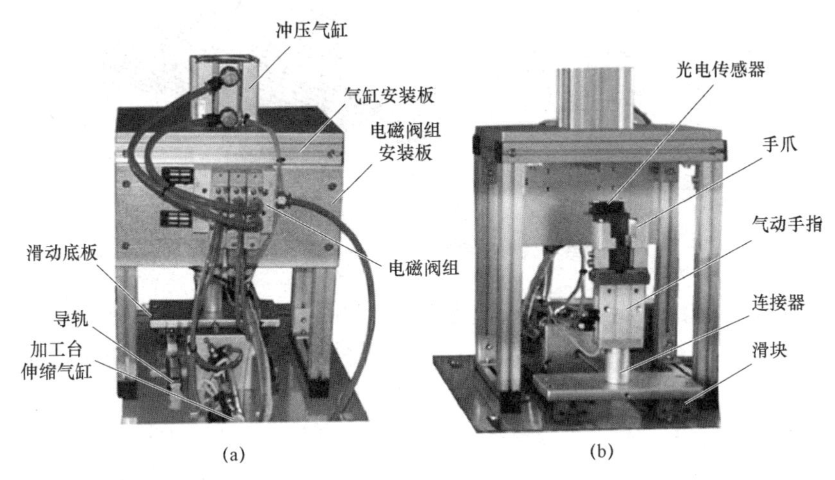

图 3-2　加工单元机械结构总成

（a）后视图；（b）前视图

1）物料台及滑动机构

加工台及滑动机构如图 3-3 所示。加工台用于固定被加工件，并把工件移到加工（冲压）机构正下方进行冲压加工。它主要由手爪、气动手指、加工台伸缩气缸及其支撑架、直线导轨及滑块、滑动底板、气缸连接器、磁感应接近开关、节流阀、漫射式光电传感器组成。

（1）直线导轨。直线导轨是一种滚动导引，它由钢珠在滑块与导轨之间做无限滚动循环，使得负载平台能沿着导轨做高精度线性运动，其摩擦系数可降至传统滑动导引的 1/50，使之能达到很高的定位精度。在直线传动领域中，直线导轨副一直是关键性的产品，目前

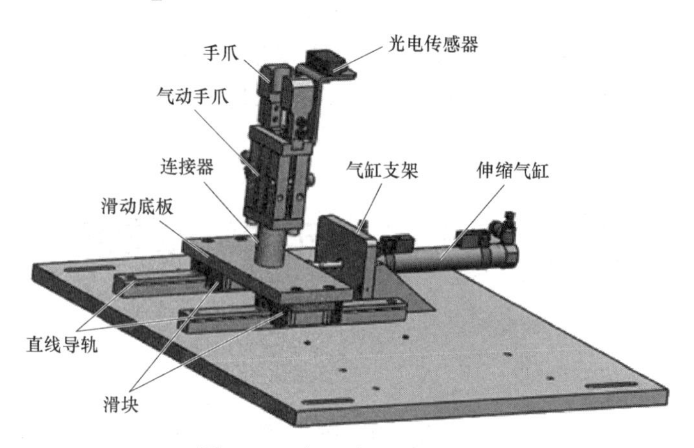

图 3-3 加工台及滑动机构

已成为各种机床、数控加工中心、精密电子机械中不可缺少的重要功能部件。

直线导轨副通常按照滚珠在导轨和滑块之间的接触牙型进行分类，主要有两列式和四列式两种。YL-335B 上均选用普通级精度的两列式直线导轨副，其接触角在运动中能保持不变，刚性也比较稳定。图 3-4 中（a）所示为直线导轨副的截面示意图，图 3-4（b）所示为装配好的直线导轨副。

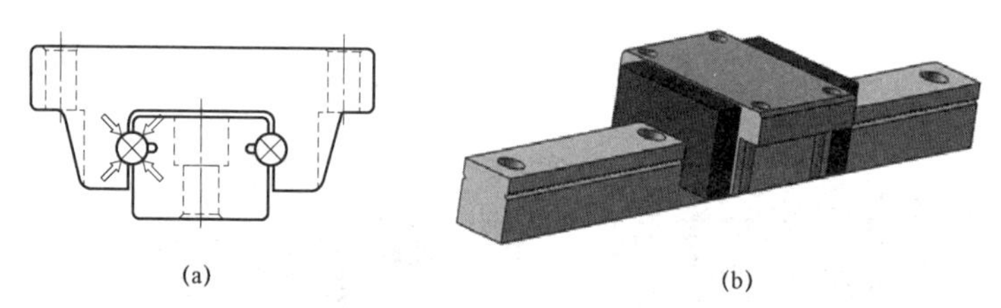

图 3-4 两列式直线导轨副

（a）直线导轨副截面图；（b）装配好的直线导轨副

加工单元移动料台滑动机构由两个直线导轨副和导轨安装构成，安装滑动机构时要注意调整两直线导轨的平行。安装导轨副时应注意：一是要轻拿轻放，避免磕碰影响导轨副的直线精度；二是不要将滑块拆离导轨或超过行程又推回去，以免滚珠脱落。

（2）气动手指及手爪：手爪安装在气动手指上，用于夹紧加工台上的工件。

（3）连接器：用于连接气动手指和滑动底板，将气动手指及其手爪固定在底板上，形成加工台组件。

（4）滑动底板：支撑加工台组件，平行安装在滑块上，当滑块移动时，底板跟着一起移动，从而将加工台带到冲压气缸的下方。

（5）伸缩气缸及其支撑架：驱动滑动底板及其加工台组件的前后移动，实现加工的伸出和缩回，缩回时正对着冲压气缸，伸出时，将加工台推出，送出已经加工好的工件。伸缩气缸支撑架用于固定伸缩气缸，使气缸能够水平平稳动作，不晃动。

（6）光电传感器：用于检测加工台上是否有工件。每个气缸都有两个单向节流阀及快速接头，单向节流阀用于调整气缸的运行速度，单向节流阀带有快速接头，用于连接气管。每个气缸上都安装了用于位置检测的磁性开关，伸缩气缸的磁性开关采用环带安装方式；冲压气缸的磁性开关采用螺栓螺母进行固定的导轨式安装方式；而气动手指上只有一个磁性开关，用于检测手指是松开还是夹紧的，采用直接安装方法。

2）加工（冲压）机构

加工（冲压）机构如图3-5所示。加工机构用于对工件进行冲压加工。它主要由冲压气缸、冲压头、安装板等组成。

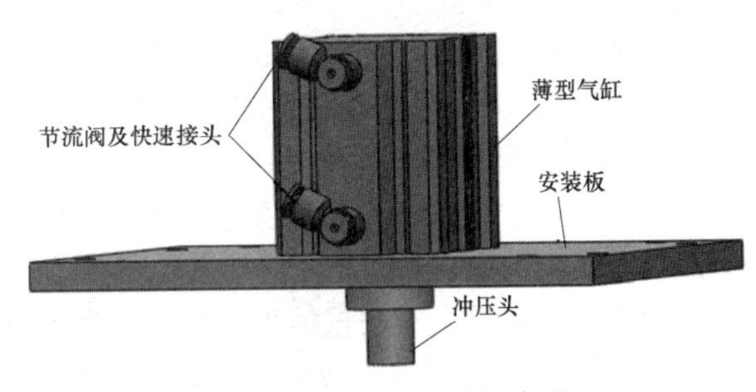

图3-5　加工（冲压）机构

冲压台的工作原理是：当工件到达冲压位置即伸缩气缸活塞杆缩回到位时，冲压缸伸出对工件进行加工，完成加工动作后冲压缸缩回，为下一次冲压做准备。

冲压头：冲压头根据工件的要求对工件进行冲压加工，冲压头安装在冲压缸头部。

安装板：用于安装冲压缸，对冲压缸进行固定。

冲压气缸：下降和提升一次，完成冲压动作，即对工件加工一次，气缸上安装有单向节流阀及快速接头。

其他的电磁阀组和端子排在前面章节中已经介绍过，这里不再详述。

2. 加工单元工艺要求

加工单元的安装效果图如图 3-6 所示。加工单元的每一个部件都需要用螺钉进行固定，所有部件都有安装支架，安装过程中，先将铝合金支架安装好，然后组装各组件，最后将各组件安装到底板或铝合金支架上，完成组装。项目一中已经熟悉了部分元器件的安装方法，在以后的设备整体安装过程中，为了方便，器件的安装应与设备的整体安装顺序相互融合，步骤可做适当调整，但要合理，如可先安装气缸的节流阀和传感器，以此看作一个整体安装到设备的指定位置。

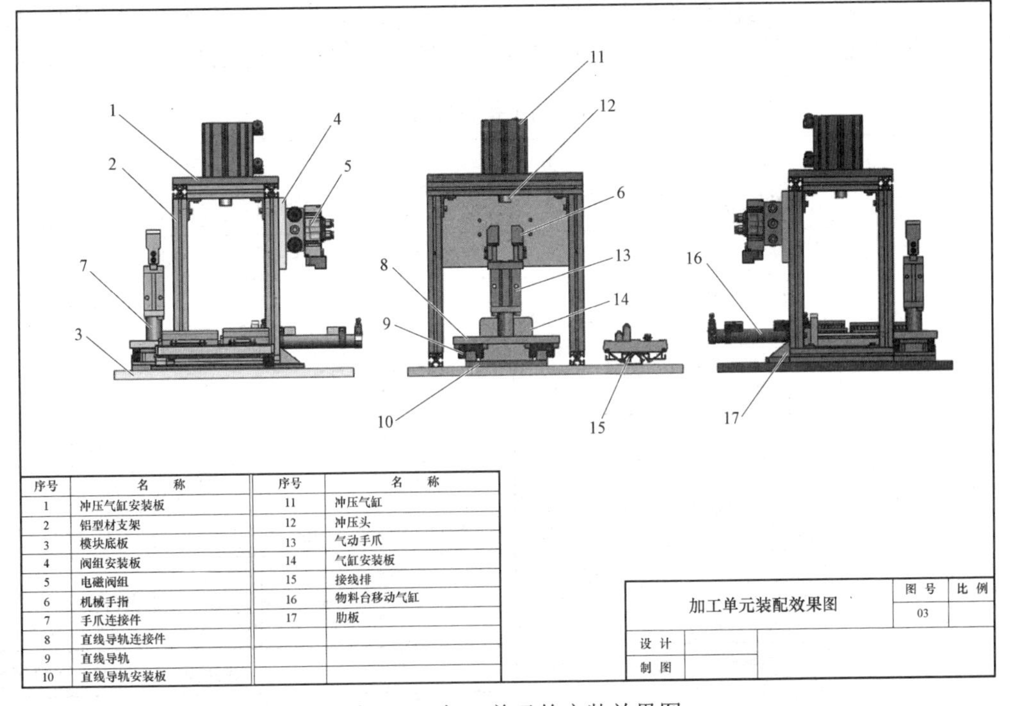

序号	名　称	序号	名　称
1	冲压气缸安装板	11	冲压气缸
2	铝型材支架	12	冲压头
3	模块底板	13	气动手爪
4	阀组安装板	14	气缸安装板
5	电磁阀组	15	接线排
6	机械手指	16	物料台移动气缸
7	手爪连接件	17	肋板
8	直线导轨连接件		
9	直线导轨		
10	直线导轨安装板		

图3-6　加工单元的安装效果图

安装过程应注意以下几点：

（1）装配铝合金型材支撑架时，注意调整好各条边的平行及垂直度，进行直角固定，防止支架变形和松动，锁紧螺栓。

（2）气缸安装板和铝合金型材支撑架的连接，是靠预先在特定位置的铝型材槽中放置预留与之相配的螺母，因此在对该部分的铝合金型材进行连接时，一定要在相应的位置放置相应的螺母。如果没有放置螺母或没有放置足够多的螺母，将导致无法安装或安装不牢靠。

（3）机械机构固定在底板上的时候，先固定加工台及滑动机构，最后再将整体固定到支架上。

（4）所有内六角螺栓与平面的接触处都要套上垫片后再拧紧。

（5）气缸安装和连接正确，速度调整合理，运行过程平稳，没有卡阻现象。

（6）物料检测传感器安装位置合理，固定牢靠，调整到位，能够正确检测所有材质的物料。

三、任务准备

1. 清理安装平台

安装前，先确认安装平台已放置平衡，安装台下的滚轮已锁紧，保障实训台平稳，四角无落差，不晃动。安装平台上安装槽内没有遗留的螺母、小配件或其他的杂物，然后用软毛刷将安装平台清扫干净，确保导轨内没有杂物和零部件等。

2. 准备器材和工具

熟读图 3－6 和技术要求，根据安装加工单元装置侧部分所需要的主要器材表清点器材，见表 3－1。表 3－1 中给出了参考型号，也可根据控制要求和使用环境，自行选择其他品牌和型号的器件，并检查各器材是否齐全、是否完好无损，如有损坏，应及时更换。将所有零部件按照类别统一归放整齐，配齐足量的螺栓和螺母，按规格摆放，以方便取用。

表 3－1　加工单元设备清单

序号	名称	数量	参考型号	用途
冲压组件	冲压气缸安装板	1 个	专配	固定冲压气缸
	冲压气缸	1 个	CDQ2B50X20－D	完成冲压动作
	冲压头	1 个	专配	冲压工件
阀组组件	电磁阀组	1 组	4V110－M5	气动动作控制
	阀组安装板	1 个	专配	安装阀组
移动料台组件	机械手爪	1 对	专配	夹紧工件
	手爪连接件	1 个	专配	固定和连接气动手指
	气动手指	1 个	SMC MHZ2－20D	控制手爪夹紧和松开
	滑块	2 个	专配	移动台滑动
	直线导轨	2 条	专配	
	直线导轨安装板	1 个	专配	固定导轨和伸缩气缸支架
	移动台底座	1 个	专配	安装手爪组件

续表

序号	名称	数量	参考型号	用途
移动料台组件	物料台移动气缸	1个	CDJ2B16X30－B	控制移动台的前后移动
	伸缩气缸固定板	1组	专配	固定伸缩气缸
	肋板	2个	专配	
铝型材支架		10根	端面 8－2020	结构支撑
铝型材封盖板		4个	20 mm×20 mm	铝型材端面保护
模块底板		1个	专配	固定加工单元
接线排		1个	亚龙 H01688 和 H01651	传感器与电磁阀接线
螺栓、螺母		若干	自选	固定部件

加工单元机械安装所需的工具参见项目二供料单元的机械安装所需工具，清点和整理工具，放置在方便取用的地方。

四、任务实施

组装加工单元机械部分时，必须按照安装图纸要求进行，使用专用的工具，安装过程中，工具不要乱放，最好放置在固定位置，以方便取用，提高安装效率。

安装时，可分步骤进行，首先是各组件的组装，加工单元分成两大组件安装，一个是加工机构组件，另一个是加工台组件，分别将这两部分组装好，然后再按顺序将其固定到黄色底板上。安装过程中，要求着重掌握机械设备的安装、调整方法与技巧。气缸上的单向节流阀和磁性开关预先安装上。

1. 加工机构的组装

加工机构组装时，先组装支撑架，然后组装气缸部分，最后将气缸部分安装到支架上。在支架组装时，一定要用专用连接件进行固定，四个支架平行、不扭曲，安装牢靠，气缸安装板固定面的支架内放置四个预留螺母，用于固定气缸的支架。加工机构组装的具体步骤如图 3－7 所示。

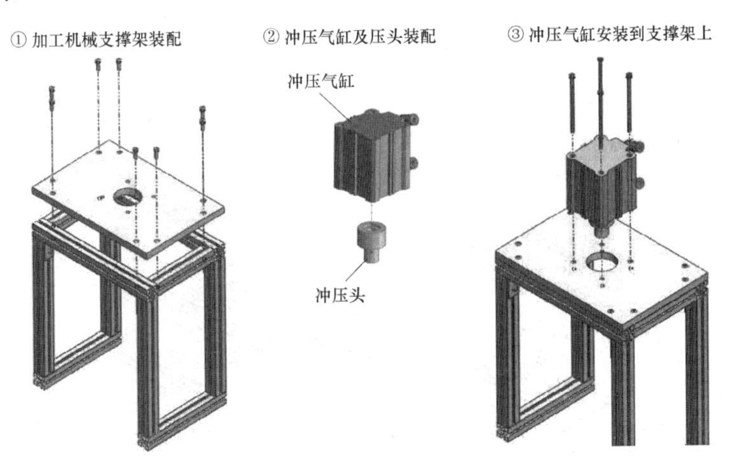

图 3－7　加工机构组件装配

2. 加工台的组装

加工台安装时，首先将两根直线导轨安装到底板上，要保证两直线导轨的平行，安装时要一边移动安装在两导轨上的安装板，一边拧紧固定导轨的螺栓。将安装了节流阀和磁性开关的伸缩气缸固定到支撑架上，然后再安装到底板上；将手指气缸安装到滑块上，同时注意其与伸缩气缸伸缩杆的连接。加工台机械装配过程如图 3-8 所示。

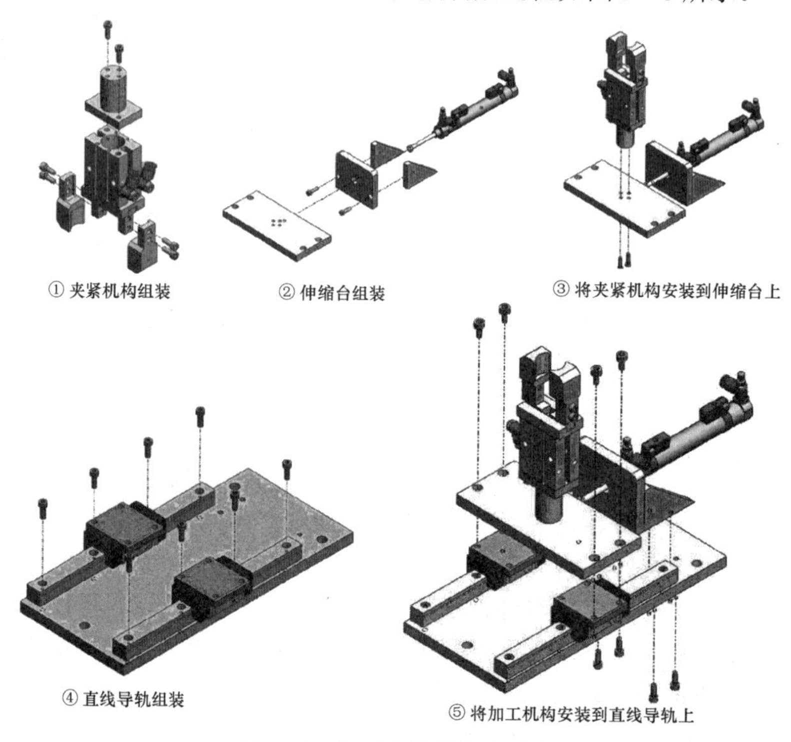

图 3-8　加工台机械装配过程

3. 整体装配

在完成以上各组件的装配后，首先将物料夹紧及运动送料部分和整个安装底板连接固定，再将铝合金支撑架安装在黄色底板上，最后将电磁阀组及其安装板固定在铝合金支撑架上，并将端子排、线槽等其他部分固定到黄色底板上，完成该单元的装配，如图 3-9 所示。

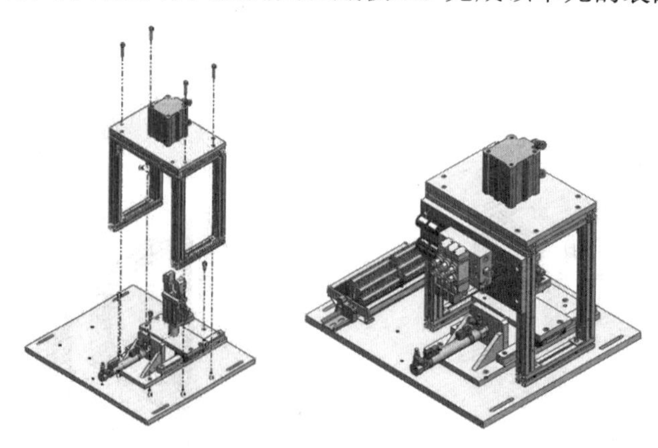

图 3-9　加工单元各组件总装示意

4. 机械调整

装配所有组件后，进行设备整体平衡度和稳定度的调试，所有连接处不要留有缝隙，在铝型材的端面装上封盖板，进行保护。加工台的光电传感器可以在安装加工台组件部分进行安装。所有磁性开关根据其安装方式和尺寸，都可以预先安装到气缸上。最后将所有元器件的引出线整理整齐，以备电气连接时方便。如果加工组件部分的冲压头和加工台上工件的中心没有对正，则可以通过调整伸缩气缸旋入两导轨连接板的深度来进行对正。调整直线导轨的运行平滑性，两个导轨要平行、高低一致、运行顺畅，且螺母不要凸出，以免造成卡阻。如果滑块不够平滑，阻力增大，长时间运行会对气缸造成很大负担，可能会导致气缸密封圈损坏。

五、任务评价

任务评价表见表 3-2。

表 3-2　任务评价表

<table>
<tr><th>评分内容</th><th>配分</th><th colspan="2">评分标准</th><th>分值</th><th>自评</th><th>他评</th></tr>
<tr><td rowspan="14">机械装配</td><td rowspan="14">80</td><td colspan="2">装配未完成或装配错误导致传动机构不能运行</td><td>10</td><td></td><td></td></tr>
<tr><td rowspan="5">加工机构的组装与固定</td><td>框架安装变形</td><td>5</td><td rowspan="5"></td><td rowspan="5"></td></tr>
<tr><td>铝型材端面有端面保护</td><td>5</td></tr>
<tr><td>支架平行，与底板垂直</td><td>5</td></tr>
<tr><td>未按要求使用专用连接件</td><td>5</td></tr>
<tr><td>冲压气缸安装与固定</td><td>5</td></tr>
<tr><td rowspan="4">移动料台的安装与固定</td><td>底板安装、固定牢靠</td><td>5</td><td rowspan="4"></td><td rowspan="4"></td></tr>
<tr><td>滑轨安装平行、运行平稳</td><td>5</td></tr>
<tr><td>夹紧机构安装与连接</td><td>5</td></tr>
<tr><td>伸缩台安装与固定；
伸缩台移动气缸组件的安装</td><td>5</td></tr>
<tr><td rowspan="3">其他组件的安装</td><td>电磁阀及其支架</td><td>5</td><td rowspan="3"></td><td rowspan="3"></td></tr>
<tr><td>端子排的固定</td><td>5</td></tr>
<tr><td>线槽的固定</td><td>5</td></tr>
<tr><td colspan="2">螺栓螺母选用合理、固定牢靠，没有紧固件松动现象</td><td>10</td><td></td><td></td></tr>
<tr><td rowspan="4">职业素养</td><td rowspan="4">20</td><td colspan="2">材料、工件等不放在系统上</td><td>5</td><td rowspan="4"></td><td rowspan="4"></td></tr>
<tr><td colspan="2">元件、模块没有损坏、丢失和松动现象</td><td>5</td></tr>
<tr><td colspan="2">所有部件整齐摆放在桌上</td><td>5</td></tr>
<tr><td colspan="2">工作区域内整洁干净、地面上没有垃圾</td><td>5</td></tr>
<tr><td colspan="4">综合</td><td colspan="3">100</td></tr>
<tr><td colspan="4">完成用时</td><td colspan="3"></td></tr>
</table>

任务二　加工单元的气动回路连接与调试

一、任务要求

本任务是将加工单元作为一个独立的控制系统，认识加工单元气动元件的功能和使用方法，学习加工单元的气动控制回路，根据回路图进行实际连接与调整，并调整相关气动元件，使各气缸的初始状态正确、运行平稳、位置检测正确。

二、相关知识

1. 加工单元的气动元件

在供料单元中使用了标准双作用气缸作为推料机构的执行元件，当双作用气缸和滑动机构在一起时，既可以省力，又可以提高精度，加工单元中的加工台和滑动机构就是这样的组成，通过双作用直线气缸推动固定在滑轨上的加工台前后移动。除了前面介绍过的单双作用气缸以外，还有一些特殊用途的气缸，加工单元的冲压气缸就是一个行程短、输出力较大、占用空间小的薄型气缸，而加工台则是用气动手指加上夹爪来固定工件的。气缸的速度和方向控制仍然使用单电控电磁换向阀来实现。

1）薄型气缸

薄型气缸属于省空间类气缸，即气缸的轴向或径向尺寸比标准气缸有较大减小的气缸。其具有结构紧凑、重量轻、输出力大、占用空间小等优点。因此适合于空间狭小的场合，于机械手和各种夹紧装置中应用广泛，通常用于固定夹具及搬运中固定工件等。图 3－10 所示为薄型气缸的一些实例图。

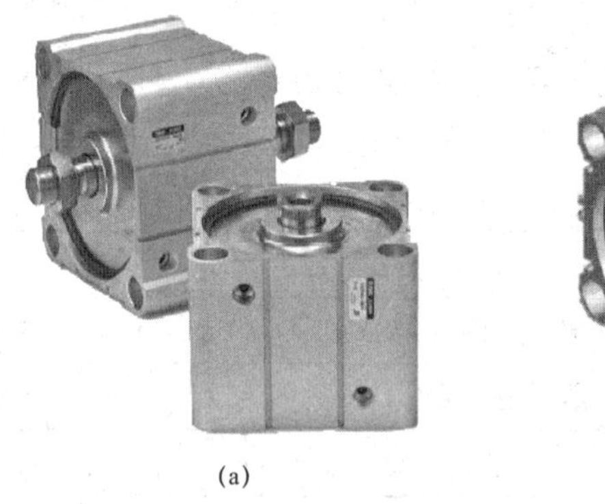

(a)

(b)

图 3－10　薄型气缸的实例图

（a）薄型气缸实物图；（b）薄型气缸剖面图

薄型气缸由缸筒、端盖、活塞、活塞杆和密封圈组成，其中缸筒的内径大小决定了气缸输出力的大小。薄型气缸的特点是：缸筒与无杆侧端盖压铸成一体，杆盖用弹性挡圈固定，缸体为方形。

在 YL－335B 的加工单元上利用薄型气缸行程短、输出力大的特点，用来进行工件的冲压加工。双作用缸，使用压力范围不能超出气源的压力范围（0.3～1.0 MPa），带内置磁环的结构，基本型安装方式，有专配的气缸安装板。这里使用的是 SMC 公司 CQ2 系列 CDQ2B50×20－D 的、带内置磁环的双作用薄型气缸，其工作速度为 50～750 mm/s，接口管径为 1/4，缸径为 50 mm，行程为 20 mm。

2）气动手指（气爪）

气动手指又称气动夹爪或气动夹指，是利用压缩空气作为动力，用来夹取或抓取工件的执行装置，在自动化生产中广泛使用。根据样式通常可分为开型、Y 型、开闭型、三爪、滑轨和平型夹指，如表 3－3 所示。气动手指的缸径分为 16 mm、20 mm、25 mm、32 mm 和 40 mm 五种，其主要作用是替代人的抓取工作，可有效地提高生产效率及工作的安全性。

表 3－3　气动手指样式分类

① 开闭型气动手指	② Y 型气动手指	③ 开闭型气动手指
④ 三爪气动手指	⑤ 滑轨气动手指	⑥ 平型气动手指

气动手指的工作方式通常有滑动导轨型、支点开闭型和回转驱动型。YL－335B 的加工单元所使用的是 SMC 的 MH 系列滑动导轨型气动手指，两气爪平行开关，双作用动作方式，如图 3－11（a）所示。其工作原理可从其中剖面图 3－11（b）和图 3－11（c）中看出。

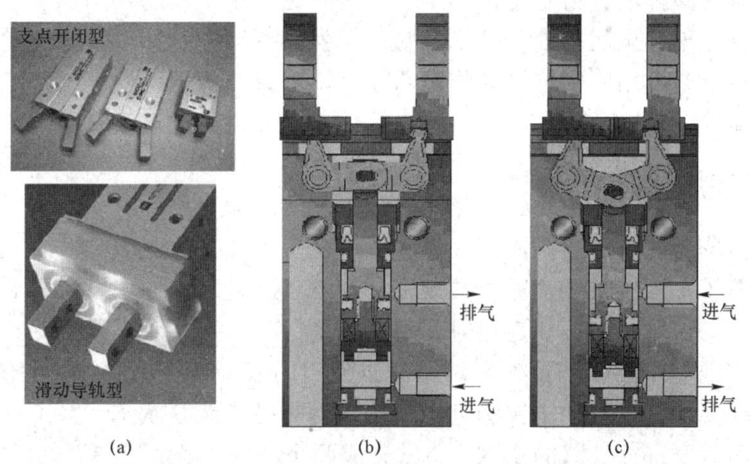

图 3－11　气动手指实物和工作原理

（a）气动手指实物；（b）气爪松开状态；（c）气爪夹紧状态

两气爪可同时移动且自动对中。气爪的内、外抓取摆角范围为40°，抓取力大。

2. 加工单元的气动控制回路

加工单元的气动控制元件均采用二位五通单电控电磁换向阀，各电磁阀均带有手动按钮和加锁钮，它们集中安装成阀组固定在冲压支撑架后面。具体使用方法同供料单元。

气动控制回路的工作原理如图3－12所示，整个气动回路主要由冲压气缸、加工台伸缩气缸、气动手指和相应的电磁换向阀构成。1B1和1B2为安装在冲压气缸两个极限工作位置的磁感应接近开关，2B1和2B2为安装在加工台伸缩气缸两个极限工作位置的磁感应接近开关，3B为安装在气动手指气缸工作位置的磁感应接近开关。1Y1、2Y1和3Y1分别为控制冲压气缸、加工台伸缩气缸和气动手指气缸电磁阀的电磁控制端，在电磁阀和气缸中间的是单向节流阀，采用排气节流方式调节气缸的速度。

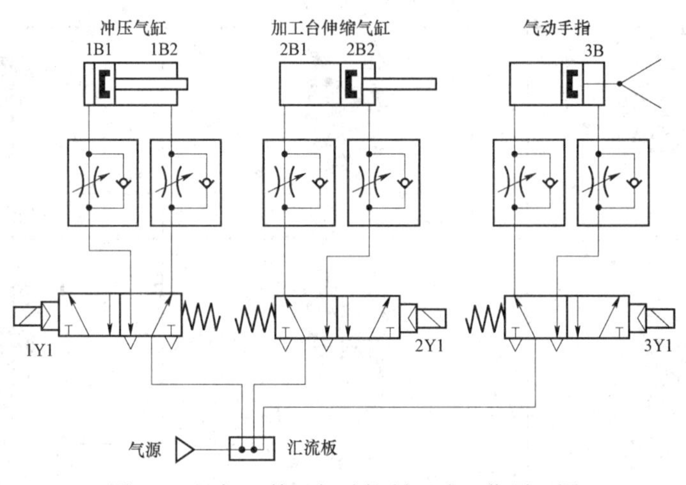

图3－12　加工单元气动控制回路工作原理图

3. 加工单元气动控制回路的调试方法

在调试气动回路的过程中，仍然要遵循前述的原则，将气动执行元件、控制元件一起调试，首先看电磁阀都没有得电时，三个气缸是不是处于下面的初始状态：冲压气缸处于上升状态、料台处于伸出状态、手爪松开状态。然后手动控制每个气缸的动作，看每个电磁阀手动控制得电时，相应的气缸动作是否正确，如果有问题，检查气路连接是否有误。最后用软元件监控，使电磁阀得电，进行电路的排查，直到调试没有问题为止。

三、任务实施

理解了加工单元的气动控制原理和气动元件的工作方式（见表3－4），就可以根据气动回路连接气路了，连接时要遵循相关规范，即从气源处理组件出发，再到电磁阀，最后到气缸的快接头，依顺序连接，连接时要符合一定的规范，气管不要交叉、长度适中、插接牢靠，气管口要剪平，以防漏气。冲压气缸使用的气管口径$\phi 6$，其他都是$\phi 4$。在进行动手操作之前还要检查设备的电源和气源，确保两者处于断开状态。

连接好气路后要进行气路的调试，调试分成两个部分，一是状态调试，二是速度调试。状态调试是指电磁阀没有得电时，查看各个气缸是不是在任务要求的初始位置，如果不在，则需要检查气路，并进行调整，然后通过电磁阀的手动控制按钮，控制气缸动作，观察动作状态是否正确。速度调试时，用电磁阀的手动按钮，控制气缸动作的同时，观察气缸的动作速度，然后调节气缸上的节流阀，使气缸的运行速度比较平稳，速度适中。

表 3-4　加工单元的气动元件

名称	参考器件型号	数量	用途
伸缩气缸	CDJ2B16×100-B 型	1 个	加工台移动
冲压气缸	CDQ2B50×20-D	1 个	冲压加工工件
气动手指	MHZ2-20D	1 个	夹紧工件
电磁阀	4V110-M5	3 个	气缸动作方向控制
气动快接头	亿日 EPC-M5	2 个	电磁阀
气动快接头	亿日 EGPL6-01	1 个	汇流板
单向节流阀	适用气缸 $\phi 4$	4 个	伸缩气缸和气动手指调速
单向节流阀	适用气管 $\phi 6$	2 个	冲压气缸调速

气路调整好，需进行气管绑扎，每隔 80 mm 左右绑扎一次，绑扎要均匀，绑扎带剪切时，剪切点凸出不大于 1 mm，使气路干净利落、绑扎有序。

四、任务评价

任务评价表见表 3-5。

表 3-5　任务评价表

评分内容	配分	评分标准		分值	自评	他评
气动连接与调试	80	气路连接	气路连接不正确，不满足气缸初始状态要求	10		
			气管连接是否符合规范，无交叉	10		
			气路连接是否漏气	10		
		气路调整	气缸速度调整适中	10		
			整体气压合理	5		
			调整方式是否规范	10		
			冲压到位	5		
			伸缩到位	5		
			夹紧牢靠	5		
		气管绑扎	绑扎符合规范，绑扎间距合理，绑扎带切口不凸出	10		
职业素养	20	材料、工件等不放在系统上		5		
		元件、模块没有损坏、丢失和松动现象		5		
		所有部件整齐摆放在桌上		5		
		工作区域内整洁干净、地面上没有垃圾		5		
综合				100		
完成用时						

任务三　加工单元的电路连接与调试

一、任务要求

本任务主要是进行加工单元电气控制回路设计和连接，进一步熟悉相关电气元件的原理和使用方法，完成电气线路的连接和调试。

二、相关知识

加工单元的物料检测包括物料台的物料检测和各气缸状态的检测。移动物料台上的物料检测使用 E3Z－L61 型放大器内置型光电开关（细小光束型），该光电开关的原理和结构以及调试方法在前面已经介绍过了，即在移动料台上安装一个漫射式光电开关，若加工台上没有工件，则漫射式光电开关均处于常态；若加工台上有工件，则光电接近开关动作，表明加工台上已有工件。该光电传感器的输出信号送到加工单元 PLC 的输入端，用以判别加工台上是否有工件需进行加工；当加工过程结束后，加工台伸出到初始位置，发出完成信号，联机控制状态下，PLC 还将通过通信网络，把加工完成信号回馈给系统，以协调控制。

移动料台伸出和返回到位的位置是通过调整伸缩气缸上两个磁性开关位置来定位的。要求缩回位置位于加工冲头正下方；伸出位置应与输送单元的抓取机械手装置配合，确保输送单元的抓取机械手能顺利地把待加工工件放到料台上。磁性开关的工作原理和调节方法如供料单元所述。

手爪夹紧检测是由安装在手指气缸上的磁性开关 D－Z73 实现的，D－Z73 采用的是直接安装方式，其实物图如图 3－13 所示。当手爪松开时，传感器上的指示灯不亮，开关断开；当手爪夹紧时，开关闭合，指示灯亮。其工作原理与接线方法同 D－C73。冲压气缸的活塞杆位置也是通过磁性开关来检测的，使用磁性开关 D－A73。有关磁性开关的安装参照供料单元。

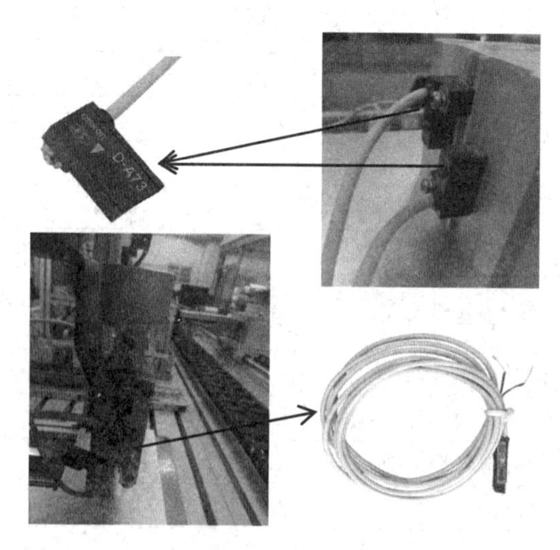

图 3－13　加工单元的磁性开关及安装

三、任务实施

加工单元电气线路连接所需的工具同供料单元。清点并整理好工具，并放置在方便取用的地方。

1. I/O 地址表分配

根据加工单元的整个工作过程和所用到的信号分配 I/O 地址，见表 3－6。

表 3－6　加工单元 I/O 地址

输入信号				输出信号			
序号	PLC 输入点	信号名称	信号来源	序号	PLC 输出点	信号名称	信号来源
1	X000	加工台物料检测	装置侧	1	Y000	夹紧电磁阀	装置侧
2	X001	工件夹紧检测		2	Y001		
3	X002	加工台伸出到位		3	Y002	料台伸缩电磁阀	
4	X003	加工台缩回到位		4	Y003	加工压头电磁阀	
5	X004	加工压头上限		5	Y007	黄色指示灯	按钮/指示灯模块
6	X005	加工压头下限		6	Y010	绿色指示灯	
7	X006			7	Y011	红色指示灯	
8	X012	停止按钮	按钮/指示灯模块				
9	X013	启动按钮					
10	X014	急停按钮					
11	X015	单站/全线					

2. 绘制系统原理图

根据 PLC 的输入/输出地址表，绘制 PLC 的电气控制原理图，参考电路图如图 3－14 所示。在绘制电路图时，除了要正确绘制以外，所用的元器件都必须采用标准符号。走线要合理，交叉的地方有交叉点，还需要标注元器件说明。

3. 电气线路连接与检测

按照电气原理图进行电气线路连接，电路连接好后，在编程之前还需要对电路进行调试，以保障电路正确。电路调试时，从传感器部分开始，首先检查传感器的检测信号有没有问题，如果有问题，则需要调整检测位置或灵敏度，然后观察 PLC 的输入信号和原理图上是否一致，如果不一致，则需要检查电路。输入电路检查无误后，根据原理图，使用 PLC 的软元件监控功能，输出 Y 信号，观察对应的器件是否动作，以冲压气缸的调整为例，冲压气缸的电磁阀控制信号是 Y3，Y3 输出时，气缸下降，Y3 没有输出时，气缸提升。

气缸的运行状态符合要求后，还要求安装在气缸上面的磁性开关能够正确检测到气缸的状态信息。以伸缩气缸缩回到位的检测调整为例，首先松开禁锢环，前后移动环带和开关，找到前后检测临界位置，然后将开关移动到两点之间的中心位置，即相对稳定的检测位置，然后紧固固定螺钉，其他的磁性开关的位置调试方法与此相同。

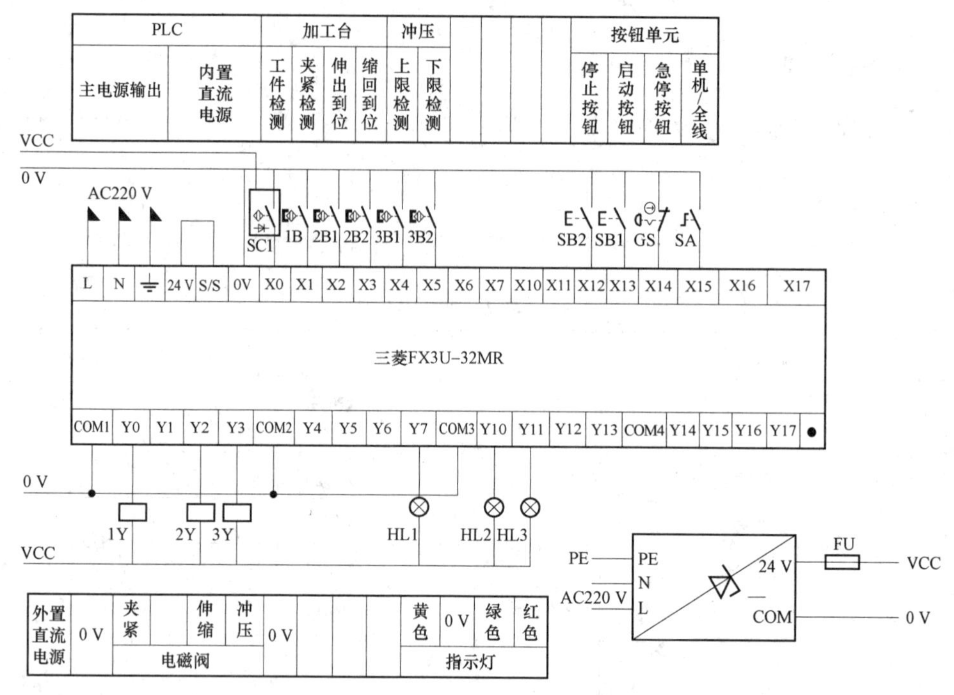

图 3－14　加工单元电气控制原理图

加工单元电气线路常见故障及排除方法参见供料单元。排除设备故障，并填写故障排除过程。

调整好后的设备，所有导线应整理好塞入线槽，绑扎导线。为了提高效率，前面的气管绑扎可以和这里的导线绑扎放在一起，但应分开绑扎，但来自同一器件或同一模块的导线和气管可以绑扎在一起。

注意：一定要在指导教师检查无误后方可通电检查、调试。通电后，一旦发现任何问题，应立即切断电源。需要电路检查时，万用表的挡位要选择合适。

四、任务评价

任务评价表见表 3－7。

表 3－7　任务评价表

评价内容	配分	评分标准		分值	自评	他评
电路连接	80	电气线路连接	线路连接正确、可靠、牢固	10		
			冷压端子压接牢靠，外露铜丝不能超过 2 mm	5		
			走线规范，不穿越设备，线均匀入线槽	5		
			同一端子的连接导线不超过 2 根	5		
			号码管长度一致，编号正确、清晰、无遗漏	5		
			导线绑扎规范，每隔 6 cm 绑扎一次，绑扎带剪切口凸出不超过 1 mm	10		

续表

评价内容	配分	评分标准		分值	自评	他评
电路连接	80	传感器调整	调整方式是否规范	5		
			工件检测正常	15		
			磁性开关检测正常	20		
职业素养	20	材料、工件等不放在系统上		5		
		元件、模块没有损坏、丢失和松动现象		5		
		所有部件整齐摆放在桌上		5		
		工作区域内整洁干净、地面上没有垃圾		5		
综合				100		
完成用时						

任务四 加工单元的 PLC 编程与调试

一、任务要求

本任务主要是学习加工单元的 PLC 编程设计思想，掌握 PLC 编程与调试方法，加工单元控制功能的具体要求如下：

（1）设备上电和气源接通后，如工作单元各个气缸满足初始位置要求，则“正常工作”指示灯 HL1 常亮，表示设备准备好。否则，该指示灯以 1 Hz 频率闪烁。

（2）若设备准备好，按下启动按钮，“设备运行”指示灯 HL2 常亮，在物料台上放上待加工工件，物料台指示灯 HL3 闪烁，3 s 后熄灭，设备执行将工件夹紧，送往加工区域冲压，完成冲压动作后返回待料位置的工件加工工序。如果没有停止信号输入，当再有待加工工件送到加工台上时，加工单元又开始下一周期工作。

（3）若在运行中按下停止按钮，则在完成本工作周期任务后，工作单元停止工作，HL2 指示灯熄灭。

（4）当待加工工件被检出而加工过程开始后，如果按下急停按钮，本单元所有机构应立即停止运行，HL2 指示灯以 1 Hz 频率闪烁。急停按钮复位后，设备从急停前的断点开始继续运行。

二、相关知识

本任务只考虑加工单元作为独立设备运行时的情况，单元工作的主令信号和工作状态显示信号来自 PLC 侧的按钮/指示灯模块，并且按钮/指示灯模块上的工作方式选择开关 SA 应置于左侧“单站方式”位置。PLC 的地址分配表见上表 3－6，加工单元的工作过程也是一个典型的过程控制，因此同样采用步进指令来编程，程序编写前首先应编制加工单元的流程图，然后根据流程图进行程序编译和调试。

1. 加工单元程序设计方法

1）系统工作流程分析

系统要求启动前保证系统中的各个部件在原位，原位要求是加工台伸出、冲压缸提升、夹爪松开。只有在满足原位条件的情况下，按下启动按钮才有效，否则无效，同时应该有原位指示灯闪烁提醒。按下启动按钮，接通一个 PLC 的内部辅助继电器（自锁）作为系统启动和停止的标志，这个标志在系统每次动作之前进行一次判断，用于控制是否进行加工动作流程，同时用于显示系统是否在运行状态中。

系统正常启动后，在加工台手爪上放置一个工件，加工台检测传感器感应到工件后，系统即进入加工过程，加工顺序为手爪夹紧、伸缩气缸缩回、冲压气缸下降、冲压气缸上升、伸缩气缸缩回、手爪松开，动作之间的转移用安装在气缸上的传感器检测状态作为转移条件。注意在使用步进指令编制程序时，由于当前活动步内所有线圈输出的信号，在转移到下一步后自动复位，因此，在需要保持的动作中，采用 SET 和 RST 置位复位指令。如夹爪夹紧状态，在整个加工过程中都需要，因此使用了 SET Y0。具体流程如下：

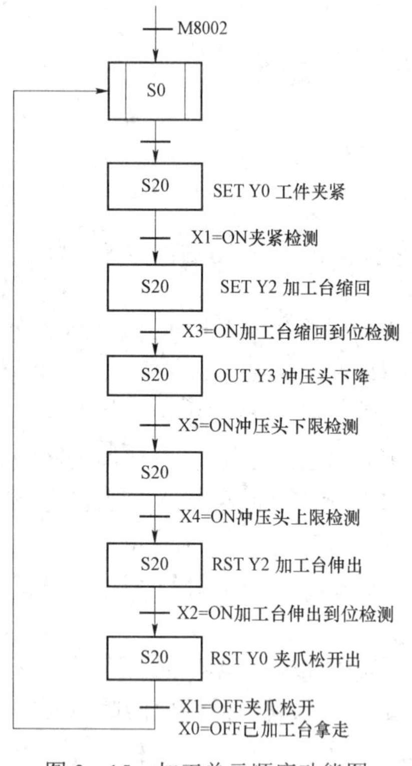

图 3－15　加工单元顺序功能图

第一步：判断系统是否处于启动状态，加工台有工件；

第二步：手爪夹紧，夹紧到位；

第三步：加工台缩回，缩回到位；

第四步：冲压缸下降，下降到位；

第五步：冲压缸上升，上升到位

第六步：加工台伸出，伸出到位；

第七步：夹爪松开，松开到位（手爪信号的常闭触点）。

以上分析的每一步都只有一个动作，动作完成后转移到下一步，有时候为了方便，可以将两步合到一步中。在实际编程的时候还要注意，加工台上的工件检测应该加上一定的延时时间，否则传感器感应到后就立即动作，加上延时后能防止误动作或是无意间的碰触感应。

2）动作流程图绘制

根据前面的分析，采用三菱 PLC 的步进梯形图编制的主程序工作流程图如图 3－15 所示。在编程时，只要将其转换成梯形图即可。注意最后一步的转移条件夹爪松开，等待已加工好的工件被拿走，然后返回到初始步，如图 3－16 所示。

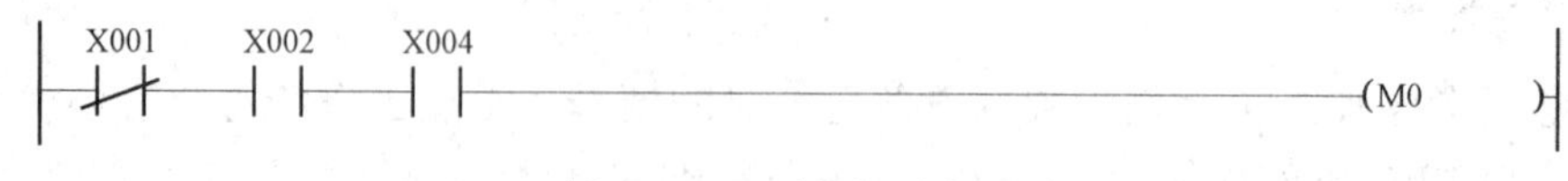

图 3－16　原位初始条件

3）主控指令

在通常停止中，一般是一次加工操作完成后自动停止，但在设备发生突发情况时，需要立即暂停设备，使设备保持在当前状态，以便查看故障现象和排除故障。在三菱 PLC 中，我们可以通过主控触点指令来控制一部分程序，主控指令可以使主控指令和主控复位指令之间的内容在满足一定条件的情况下才会执行，当主控的条件不成立时，被控的程序段就保持，下一次扫描周期也不会有变化，而主控指令之外的内容将不受控制。因此，用主控指令可以实现急停的功能，急停的控制信号来源于急停按钮，按下按钮设备立即停止、松开按钮继续运行。

主控指令用法举例：

（1）打开三菱 PLC 软件，在左母线右侧双击鼠标，在“梯形图输入”对话框中输入“ld X0”，X0 作为控制指令的输入点，当 X0 为 ON 时才能执行该指令内的软元件，如图 3－17 所示。

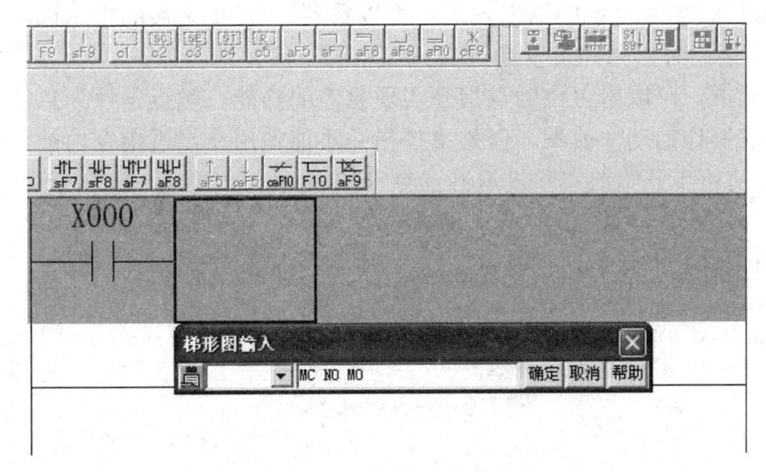

图 3－17　主控触点指令输入

（2）在 X0 软元件后双击鼠标输入主控触点指令“MC N0 M0”，其中 N0 表示嵌套编号，使用次数无限制。M0 是主控指令的触点，当 X0 为 ON 时，M0 闭合，左母线接通，如图 3－18 所示。

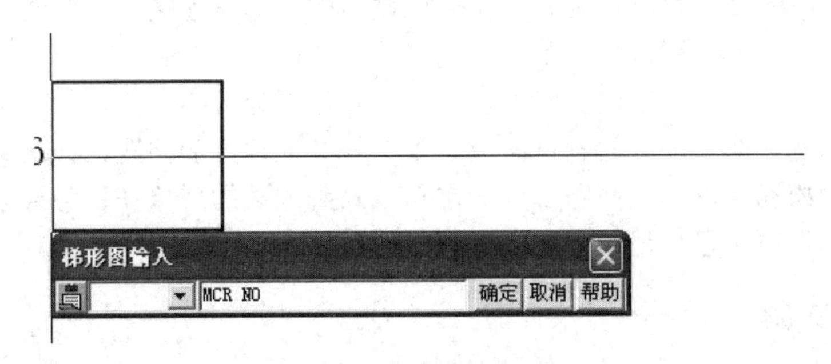

图 3－18　主控触点指令输入

（3）我们在左母线中任意输入一步简单程序，用 X1 控制 Y1 输出，如图 3－19 所示。

（4）一个主控触点指令中的 MC 与 MCR 配套使用，MCR 之后的程序恢复接通左母线，不受主控指令控制。

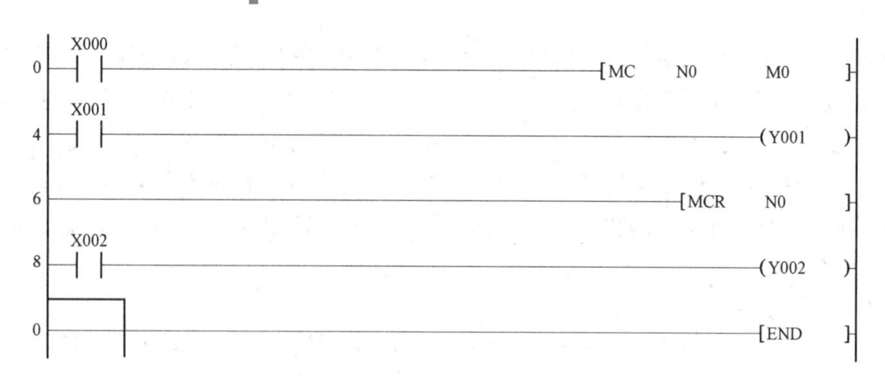

图 3－19　主控触点指令用法示例

（5）通过模拟测试可以看到：只接通 X1 时 Y1 是没有输出的，只有当主控指令为 ON 时，才可以通过 X1 控制 Y1 的输出。同时可以看到，MCR 之后的指令已经不受主控指令控制，当 X0 不接通时，同样可以通过 X2 控制 Y2。

在加工单元中，可以用主控触点指令实现急停的功能，触点条件为急停按钮信号，控制范围即为加工操作的动作流程，但是主控指令不能使用在步进指令内部，因此将主控指令用在 M8002 初始步开始前、步进返回指令 RET 之后，如图 3－20 所示。

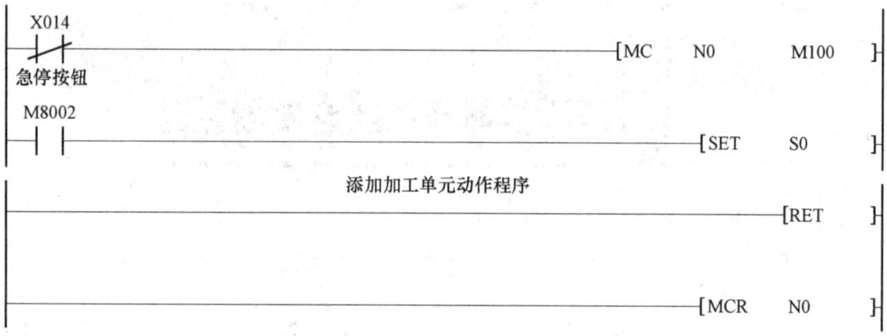

X014
MC N0 M100
急停按钮
M8002
SET S0
添加加工单元动作程序
RET
MCR N0

图 3－20　加工单元急停处理

2. 加工单元设备整体调试步骤

设备调试，按照要求先清理设备，检查机械装配、电路连接、气路连接等情况，确认安全、正确后，进行设备调试，本单元的调试流程如图 3－21 所示。

程序调试时，要一步一步地操作，查看是否和流程分析的一样。如果不一致，首先检查程序是否有问题，如果没有问题再次检查是否是其他地方的问题，如传感器、气动元件问题，或是线路松动等，找到问题后逐一排查，直到调试的现象和任务要求一致为止。最后，将调试好的程序保存，记录下调试过程中的问题。

三、任务实施

1. 加工单元控制程序编制

加工单元动作控制用步进梯形图来编写，只要根据前面画出的工作流程图和 I/O 地址表，用步进指令的编程方法就可以实现。系统信号指示程序的编写放在步进程序的外面，用步进程序执行过程中的标志信号来驱动。

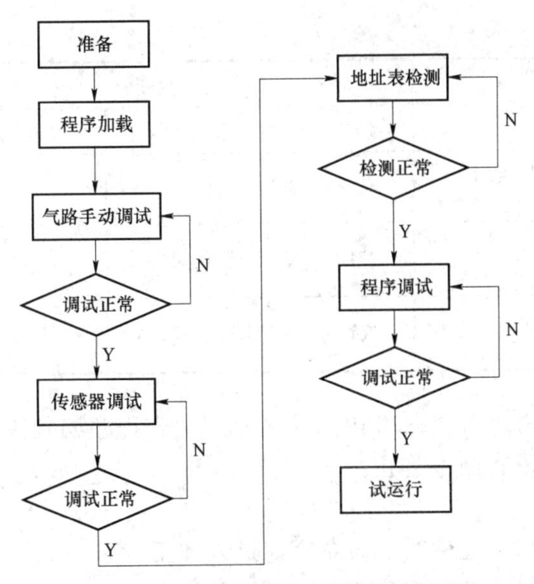

图 3－21 加工单元设备整体调试流程

2. 程序调试

（1）程序编好后，用［F4］进行变换，如果程序有误，则不能变换，GX 软件会自动把光标移动到出错位置，检查改正后即可。

（2）用下载线连接计算机和 PLC，合上供料单元的断路器，给设备供电。

（3）写入编写好的程序。

（4）将 PLC 的 RUN/STOP 开关置“STOP”位置，运行程序，按照控制要求进行操作，记录下调试过程中的问题。加工单元程序调试步骤见表 3－8。

表 3－8 加工单元程序调试步骤

步骤	操作任务	观察任务		备注
		正确结果	观察结果	
1	STOP→RUN，SA 拨到左侧	X15 不亮，Y7 点亮		HL1 常亮
2	手动控制其中一个气缸动作	Y7 闪亮		HL1 闪烁
3	Y7 点亮时，按下启动按钮 SB1	Y10 点亮		HL2 常亮
4	放上待加工工件	X0 亮；Y11 闪亮，3 s 后灭，设备开始动作：夹紧→加工台缩回→冲压（一次）→加工台伸出→松开		HL3 闪烁 3 s 后熄灭
5	拿走已加工	X0 灭		设备保持
6	再次放上待加工工件	X0 亮，重复上述动作		设备开始加工
7	按下停止按钮 SB2（X12）	上述加工过程完成后设备停止，Y10 灭		HL2 灭

续表

步骤	操作任务	观察任务		备注
		正确结果	观察结果	
8	再次按下启动按钮SB1	设备可再次启动		HL2亮
9	运行过程中，按下急停按钮SQ1	X14不亮，设备立即停止		设备保持前一动作
10	松开急停	X14点亮，设备恢复运行		从断点处开始继续执行

调试时，要看设备的动作状态和PLC上的信号，若程序编制错误，重新修改后要再次变换和下载，直到调试没有问题为止。

3. 拓展练习

（1）当物料台有待加工工件时，设备立即进入加工状态，如果物料台传感器发生误动作，则增加了设备的不可靠性，优化程序，解决问题。

（2）总结加工过程中可能出现的问题。

四、任务评价

任务评价表见表3－9。

表3－9　任务评价表

评分内容	配分	评分标准	分值	自评	他评
功能	80	有初始状态检查，指示灯显示	10		
		能按要求启动和停止	10		
		运行状态指示灯	10		
		加工流程正确，加工过程无卡阻	30		
		急停功能正确	10		
		急停指示灯	10		
职业素养	20	材料、工件等不放在系统上	5		
		元件、模块没有损坏、丢失和松动现象	5		
		所有部件整齐摆放在桌上	5		
		工作区域内整洁干净、地面上没有垃圾	5		
综合			100		
完成用时					

项目四　工件装配单元的安装与调试

在自动化生产线中，装配是将已加工好的零件进行组装的过程，完成这一任务的独立工作单元称为装配装置。装配可以是一个独立的系统，也可以是自动化生产线中的一个组成部分。机器人装配系统如图 4－1 所示，汽车装配系统如图 4－2 所示。

图 4－1　机器人装配系统

图 4－2　汽车装配系统

在 YL－335B 设备上，装配单元能够实现向工件上装配一个零件的任务。本项目就是基于 YL－335B 装配单元的组装、电气线路连接、气路连接和调整，并编程实现装配单元功能要求，让学生进一步了解自动化生产线部分组成单元的结构与控制方法。

YL－335B 装配单元的工作过程和技术要求：

装配单元的功能是完成将该单元料仓内的黑色、白色或金属小圆柱零件嵌入到放置于装配台料斗待装配工件中的装配过程。

装配单元的工作过程：PLC 首先检查设备是否处于初始位置。装配单元的初始状态，落料机构：挡料气缸伸出、顶料气缸缩回、料仓内有足够的零件；回转机构：回转到位、左右料盘没有零件；机械手臂：上升、缩回、松开。当处于初始状态时，可按下启动按钮，在装配台料斗内放上待装配工件后，装配台光纤传感器检测到工件，PLC 控制程序驱动相应气缸执行装配动作，装配完成后，设备返回初始位置，并向系统发出装配完成信号，为下一次装配请求做准备。在加工过程中，按下停止按钮，等一次装配操作结束以后，系统自动停止。

设计中应注意，装配单元执行前首先要检查设备是否处于初始位置，并设计初始位置指示灯进行显示，按下启动按钮，设备进入运行状态后，应设计运行指示灯进行显示。在设备运行过程中，要能够实时监控料仓内零件状态。系统的动作设计要符合要求，电气和气动回路的设计要符合加工单元的应用需求，电气线路和气路连接要符合安全与工艺规范。

任务一　装配单元的机械安装

一、任务要求

在熟悉装配单元功能和结构的基础上，用给定器材清单，使用合适螺栓螺母，按照图 4-3 及其技术要求，组装装配单元。组装完成后进行机械部分的检查和调整，使其应满足一定的技术要求。

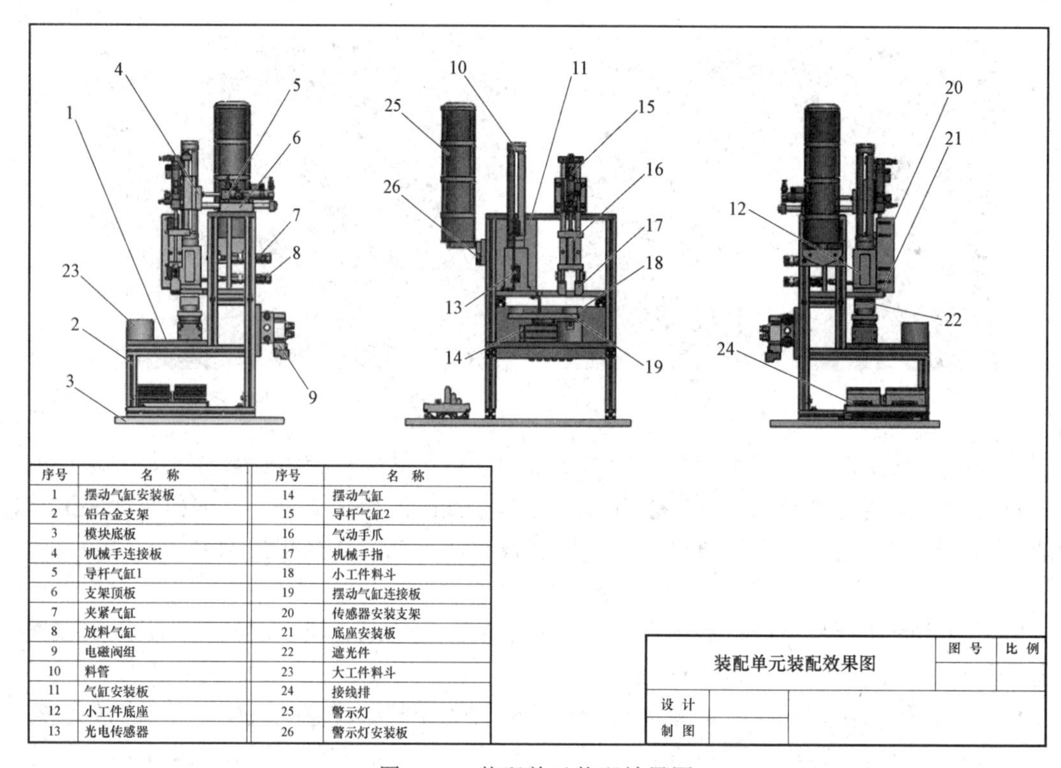

序号	名　称	序号	名　称
1	摆动气缸安装板	14	摆动气缸
2	铝合金支架	15	导杆气缸2
3	模块底板	16	气动手爪
4	机械手连接板	17	机械手指
5	导杆气缸1	18	小工件料斗
6	支架顶板	19	摆动气缸连接板
7	夹紧气缸	20	传感器安装支架
8	放料气缸	21	底座安装板
9	电磁阀组	22	遮光件
10	料管	23	大工件料斗
11	气缸安装板	24	接线排
12	小工件底座	25	警示灯
13	光电传感器	26	警示灯安装板

图 4-3　装配单元装配效果图

二、相关知识

1. 装配单元的结构和功能

装配单元的机械结构组成如图 4-4 所示，主要由供料机构、回转机构、装配机械手和装配台组成。

各部分的作用如下：

供料机构：提供装配单元所需的装配零件，有黑色塑料、白色塑料和金属。

回转机构：使待装配的零件旋转到装配机械手的下方，供机械手装配使用。

装配机械手：将零件抓取搬运到装配台的待装配工位中。

装配台：用于定位待装配工件。

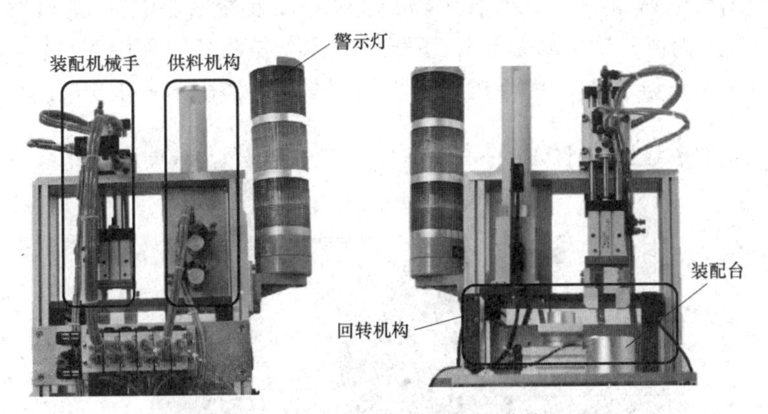

图 4－4　装配单元的组成结构

警示灯：用于系统信号的显示。

其他部分，如电磁阀、端子排、线槽等，功能同加工、供料单元中的对应结构。

1）供料机构

供料机构的机械组成包括管型料仓、顶料气缸和挡料气缸，另外还有两个光电传感器，用于监测料仓内零件是否充足和有无。供料机构的示意图如图 4－5 所示。

各部分的功能如下：

管型料仓：管型料仓用来存储装配用的金属、黑色和白色小圆柱零件。它由塑料圆管和中空底座构成。塑料圆管顶端放置加强金属环，以防止破损。工件竖直放入料仓的空心圆管内，由于二者之间有一定的间隙，使其能在重力作用下自由下落。

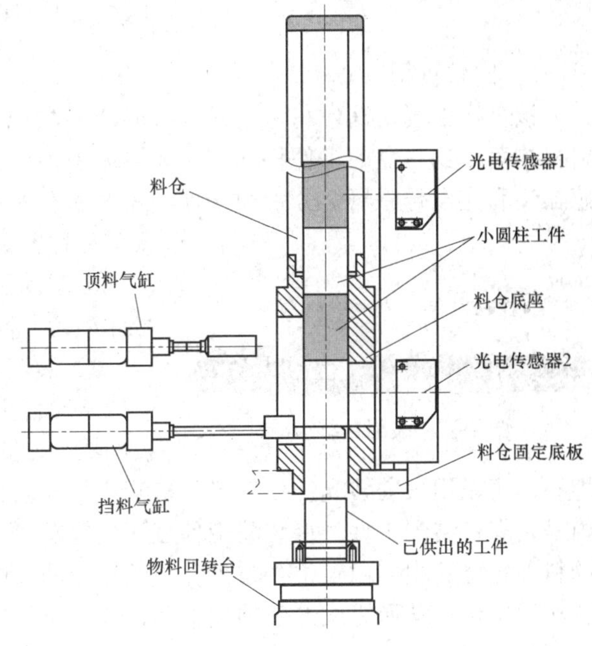

图 4－5　供料机构示意图

光电传感器：为了能在料仓供料不足和缺料时报警，在塑料圆管底部和底座处分别安装了两个漫反射光电传感器（型号与加工、供料两个单元相同），并在料仓塑料圆柱上纵向铣槽，以使光电传感器的红外光斑能可靠照射到被检测的物料上。光电传感器的灵敏度调整应以能检测到黑色物料为准。在图 4－6 中，光电传感器 1 用来检测零件是否充足，光电传感器 2 用来检测是否有零件。

执行气缸：料仓底座的背面安装了两个直线气缸。上面的气缸称为顶料气缸，下面的气缸称为挡料气缸。系统气源接通后，顶料气缸的初始位置在缩回状态，挡料气缸的初始位置在伸出状态。这样，当从料仓上面放下工件时，工件将被挡料气缸活塞杆终端的挡块阻挡而不能落下。需要进行供料操作时，首先使顶料气缸伸出，把次下层的零件顶住，然后挡料气缸缩回，工件掉入回转物料台的料盘中。之后挡料气缸复位伸出，顶料气缸缩回，次下层工件跌落到挡料气缸终端挡块上，为再一次供料做准备。顶料和挡料气缸执行过程中的状态都是通过安装在缸体上的磁性开关传送给 PLC，然后 PLC 根据编制的程序做出下一步响应动作。

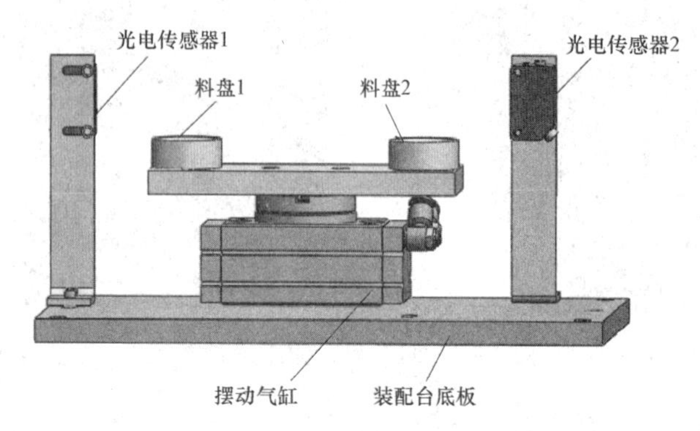

图 4－6　回转机构的结构

2）回转机构

该机构由气动摆台和两个料盘组成，气动摆台能驱动料盘旋转 180°，从而实现把从供料机构落下到料盘的工件移动到装配机械手正下方的功能。如图 4－6 所示。图中的光电传感器 1 和光电传感器 2 分别用来检测左面和右面料盘是否有零件。在摆动气缸的缸体槽中安装磁性开关，用来检测左旋或右旋到位，只有在摆动气缸摆动到位后，左、右料盘的光电传感器检测信号才准确，同时才能进行供料和装配等其他动作。

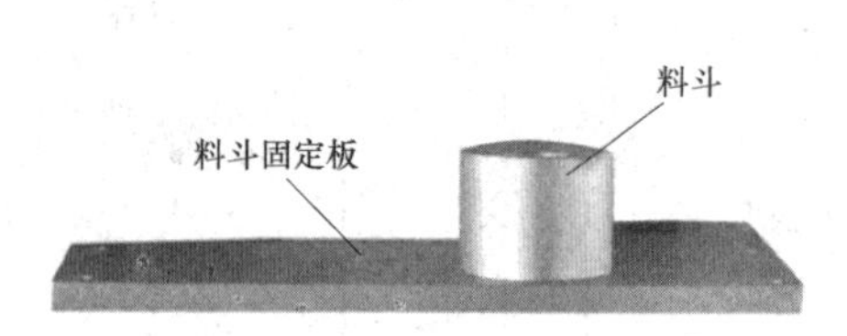

图 4－7　装配台结构图

3）装配台

装配台主要由用于定位待装配工件的料斗和固定板构成，如图 4－7 所示。料斗的侧面开了一个 M6 的螺孔，可以用来安装光纤传感器的检测头，检测料斗内是否有待装配工件。待装配工件直接放置在该机构的料斗定位孔中，由定位孔与工件之间较小的间隙配合实现定位，从而完成准确的装配动作和定位精度。

4）装配机械手

装配机械手是整个装配单元的核心，主要有两个导杆气缸，一个用于驱动手臂的伸缩，一个用于驱动手爪升降，气动手指用于驱动手爪夹紧零件。在装配机械手正下方的回转物料台料盘上有小圆柱零件，且在装配台料斗有待装配工件的情况下，机械手从初始状态开始执行装配操作过程。装配机械手整体的结构如图 4－8 所示。

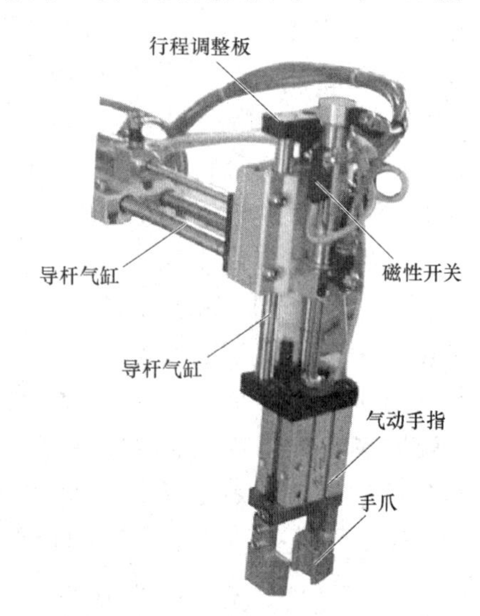

图 4－8　装配机械手的结构

装配机械手的运行过程如下：

PLC 驱动与竖直移动气缸相连的电磁换向阀动

作，由竖直移动带导杆气缸驱动气动手指向下移动，到位后，气动手指驱动手爪夹紧物料，并将夹紧信号通过磁性开关传递给 PLC，在 PLC 控制下，竖直移动气缸复位，被夹紧的物料随气动手指一并提起，提升到最高位后，水平移动气缸在与之对应换向阀的驱动下，活塞杆伸出，移动到气缸前端位置后，竖直移动气缸再次被驱动下移，移动到最下端位置，气动手指松开，经短暂延时，竖直移动气缸和水平移动气缸缩回，机械手恢复初始状态。

在整个机械手动作过程中，除气动手指松开到位无传感器检测外，其余动作的到位信号检测均采用与气缸配套的磁性开关，即将采集到的信号输入 PLC，由 PLC 输出信号驱动电磁阀换向，使由气缸及气动手指组成的机械手按程序自动运行。

5）警示灯

警示灯用于显示本工作单元或是整个自动线系统的状态信号，有红、橙和绿三个颜色，它是作为整个系统警示用的。警示灯有五根引出线，其中黄绿交叉线为"地线"；红色线：红色灯控制线；黄色线：橙色灯控制线；绿色线：绿色灯控制线；黑色线：信号灯公共控制线。接线如图 4－9 所示。

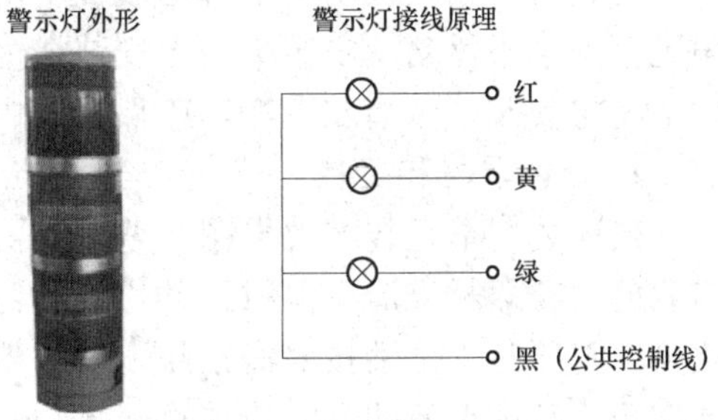

图 4－9 警示灯及其接线

2. 装配单元工艺要求

装配单元的安装效果如图 4－3 所示，组装过程可按照先组装各机构，再进行总装的顺序，安装过程要注意以下几点：

（1）所有部件固定牢靠，选用合适的螺栓、螺母和工具进行。

（2）铝合金支架组装时，调整好各条边的平行及垂直度，使用专用连接件进行连接，且连接要牢靠，无松动，无变形，铝型材的端面要有端面保护。

（3）预留螺栓的放置一定要足够，以免造成组件之间不能完成安装。

（4）建议先进行装配，但不要一次拧紧各固定螺栓，待相互位置基本确定后，再依次进行调整固定。

（5）各组件的安装顺序可以根据前面的经验进行适当调整。顶料气缸和落料气缸装在固定板上时，要将其中一个气缸上的节流阀拧下，再进行固定，然后安装节流阀。

（6）在铝型材支架安装过程中，要预留警示灯、供料机构固定板、回转机构支撑板和电磁阀安装板的安装螺母。

（7）管型料仓的料管铣槽应对准传感器，以便于传感器监测零件状态。

（8）所有内六角螺栓与平面的接触处都要套上垫片后再拧紧。

设备装调工艺要满足以下要求：

（1）气缸安装和连接正确，速度调整合理，运行过程平稳，没有卡阻现象，摆动气缸调整 180°，为保障回转精度，摆动气缸速度要调得较慢。

（2）导杆气缸的行程要调整到位，使机械手能够正确且稳定地进行零件装配，每个导杆气缸都有行程调整板，通过调整板末端的缓冲器调整行程，调整好后用螺母进行紧固。调整机械手部件时，将气缸下降到位，对好料盘，将夹爪调整至料盘中间位置；手臂伸出到位后，调整伸出的行程，使夹爪在准装配台料斗的正上方，行程调整好后，要进行行程固定，避免运行过程中松动、位置发生偏移。

（3）物料检测传感器安装位置合理，固定牢靠、调整到位，能够正确检测所有材质的物料。

（4）气动摆台上的左料盘要与供料料仓出料口对齐，右料盘要在机械手的正下方。

三、任务准备

1. 清理安装平台

安装前，先确认安装平台已放置平衡，安装台下的滚轮已锁紧，保障实训台平稳，四角无落差，不晃动。安装平台上安装槽内没有遗留的螺母、小配件或其他的杂物，然后用软毛刷将安装平台清扫干净，确保导轨内没有杂物和零部件等。

2. 准备器材和工具

熟读装配单元装配效果图（见图 4－3）和技术要求，根据安装装配单元装置侧部分所需要的主要器材表清点器材，并检查各器材是否齐全，是否完好无损，如有损坏，请及时更换。将所有零部件按照类别统一归放整齐，配齐足量的螺栓和螺母，并按规格摆放，方便取用。装配单元的器材清单见表 4－1。

表 4－1 装配单元设备清单

序号	名称	数量	参考型号	用途
供料机构	气缸安装板	1 个	专配	支撑顶料和挡料气缸
	顶料气缸	1 个	CDJ2KB16x30－B	顶料驱动
	挡料气缸	1 个	CDJ2KB16x30－B	挡料驱动
	顶料头	1 个	专配	顶料
	挡料头	1 个	专配	挡料
	磁性开关	4 个	D－C73	气缸位置检测
	节流阀	4 个	亿日 ESL4－M5	速度调节
	管型料仓（带铣槽）	1 个	专配	存储零件
	料仓支撑板	1 块	专配	支撑供料机构
	料仓底座	1 块	专配	存储零件
	光电传感器支架	1 个	专配	安装光电传感器
	光电传感器	2 个	CX－441 或 E3Z－L	料仓内零件检测
阀组组件	电磁阀组	1 组	4V110－M5	气动动作控制
	阀组安装板	1 个	专配	安装阀组
机械手组件	机械手爪	1 对	专配	夹紧工件
	气动手指	1 个	SMC MHZ2－20D	控制手爪夹紧松开

续表

序号	名称	数量	参考型号	用途
机械手组件	手臂升降气缸	1 个	GD16×50	驱动手臂运动
	手臂伸缩气缸	1 条	GD16×100	
	磁性开关	4 个	D－C73	导杆气缸位置检测
	磁性开关	1 个	D－Z73	气爪状态检测
	节流阀	6 个	亿日 ESL4－M5	速度调节
回转机构	摆动气缸	1 个	RTB10	驱动摆台回转
	传感器支架	2 个	专配	固定左、右料盘检测传感器
	光电传感器	2 个	专配	左、右料盘零件检测
	遮光板	1 个	专配	遮挡光电传感器的信号
	磁性开关	2 个	D－A93	摆动气缸位置检测
	节流阀	4 个	亿日 ESL4－M5	速度调节
装配台	料斗	1 个	专配	定位待装配工件
	光纤传感器	1 个	E3Z－NA11	检测待装配工件
警示灯	警示灯	1 组	TPTL7－24	系统信号显示
	警示等固定板	1 块	装配	固定警示灯
铝型材支架		10 根	端面 8－2020	结构支撑
铝型材封盖板		6 个	20 mm×20 mm	铝型材端面保护
机械手组件支撑板		1 块	专配	支撑机械手组件
装配台支撑板		1 块	专配	支撑装配台和气动摆台
模块底板		1 个	专配	固定加工单元
接线排		1 个	亚龙 H01688 和 H01651	传感器与电磁阀接线
螺栓、螺母		若干	自选	固定部件

四、任务实施

装配单元是整个 YL－335B 中所包含气动元器件较多、结构较为复杂的单元，为了减小安装的难度和提高安装时的效率，在装配前，应认真分析该结构组成，认真思考，做好记录。遵循先前的思路，先组装组件，再进行总装。

1. 支架安装

安装支架从黄色底板开始，将与底板接触的型材放置在底板的连接螺纹之上，使用“L”型的连接件和连接螺栓固定。如图 4－10 所示。

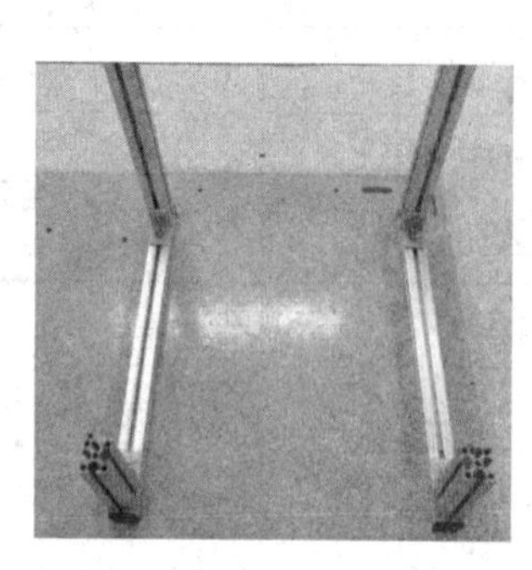

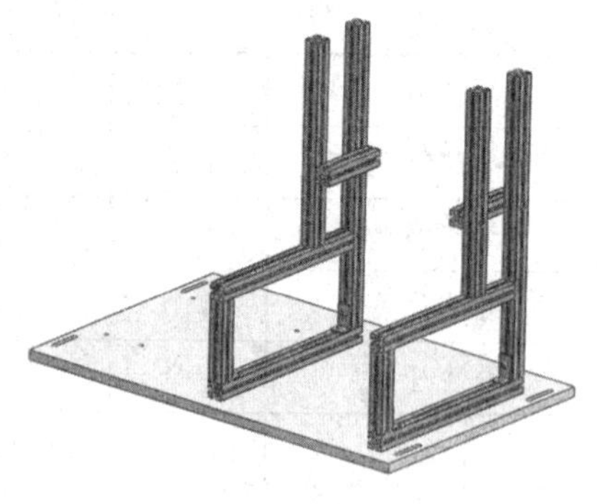

图 4-10　框架组件在底板上的安装

2. 回转机构和装配台安装

回转机构和装配台总装在支撑板上，首先按照表 4-2 所示的步骤与说明安装回转机构和装配台，最后再将其安装到装配单元的支架上。如图 4-11 所示。

表 4-2　摆台与装配台的安装步骤及说明

步骤	安装前	安装后	安装说明
安装摆动气缸和装配台料斗			摆动气缸安装到支撑板上，气缸要与支撑板垂直平行；装配台料斗旋入光纤传感器的检测头，然后固定到支撑板上
安装料盘检测传感器			安装时注意传感器的方向，不要弄反，两个传感器应在一条直线上
安装料盘			注意安装方向，保障料盘的左右转换都能够转换到位

图 4-11　将回转机构与装配台固定到支架上

3. 供料机构的安装

供料机构的安装主要是料仓、供料气缸和相关检测传感器，按照表 4－3 所示的步骤和说明组装供料机构，最后将其固定到支架上。

表 4－3　供料机构安装步骤及说明

步骤	安装前	安装后	安装说明
料仓安装			将料仓底盘和塑料料仓固定到料仓底板上，同时将左料盘传感器的遮光板固定到料仓底板上
料仓检测传感器安装			安装时将传感器对准料仓的铣槽和料仓底座的检测孔，保障能够正确检测到料仓内零件的状态
组装气缸组件			注意挡料头和顶料头不要装反，挡料头的“L”型平面朝上

最后将组装好的供料机构安装到支架上，并用螺栓进行固定。如图 4－12 所示。

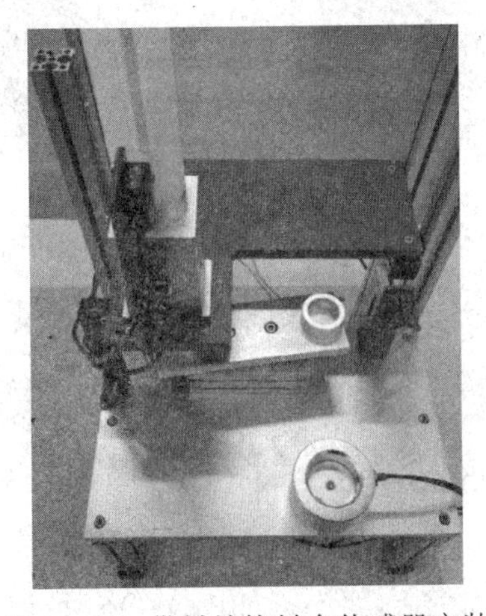

图 4－12　供料结构料仓传感器安装

4. 机械手组件的安装

机械手部分主要是伸缩和升降两个导杆气缸的安装，一般按照表 4－4 的安装步骤及说明进行。

表 4－4　组装机械手组件

步骤	安装前	安装后	安装说明
安装伸缩导杆气缸	行程调节螺栓、螺母，安装到前后行程调节板上	行程调整板 附件连接板，连接机械手臂	导杆气缸两端的行程调节螺栓要旋入指定位置。伸缩导杆气缸组装好后，将附件连接板安装在气缸活塞缸伸出的一端
安装升降导杆气缸		附件连接板，连接机械手	

最后组装机械手爪，并将其连接到手臂升降导杆气缸的一端，最后将机械手手臂作为整体连接到伸缩导杆气缸的附件连接处。将组装好的装配机械手组件安装到支架的顶板上，调整好水平和垂直方向的角度后，用螺栓进行固定，要保证机械手水平动作和垂直动作，不偏倚。如图 4－13 和图 4－14 所示。

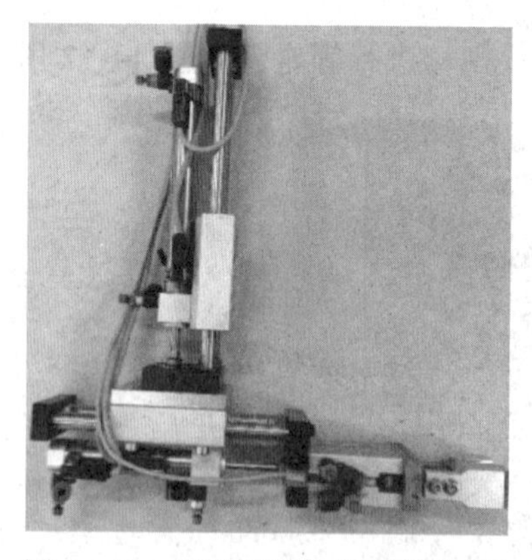

图 4－13　组装好的机械手组件图

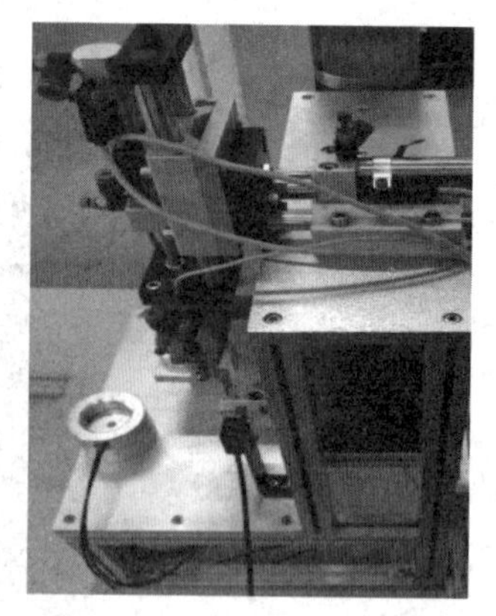

图 4－14　将机械手组件固定到设备上

5. 安装警示灯

警示灯通过连接板安装在设备支架上，如图 4－15 所示。

6. 安装检测与调整

装配所有组件后，进行设备整体平衡度和稳定度的调试，所有连接处不要留有缝隙，在铝型材的端面装上封盖板，进行保护；摆台的初始位置要与支撑板边缘平行，以免装配完后摆动角度不到位；调整料斗的位置要在机械手的正前方，以免偏差大，装配不进零件。机械调整好后，将所有元器件的引出线整理整齐，以备电气连接时方便。向料仓内放入零件，看是否能够挡住零件，如果不能调整挡料头为长度和位置。料仓零件检测传感器要正对着料仓的铣槽，如果没有，需松动螺栓调整对准度。如图 1－16 所示。

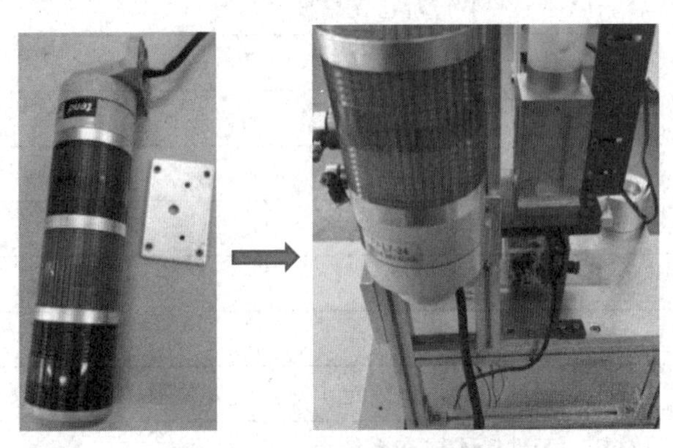

图 4－15　警示灯的安装

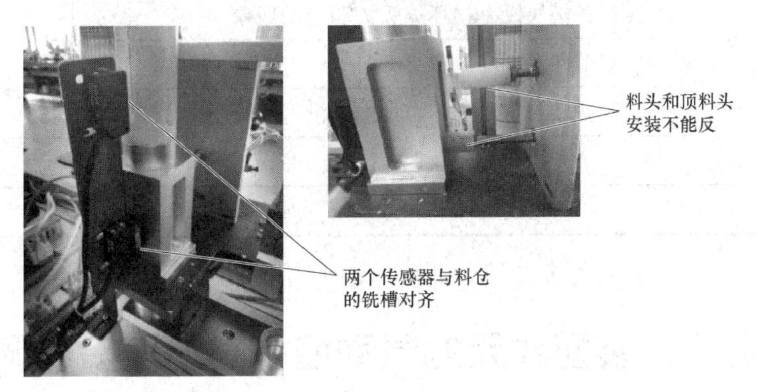

图 4－16　料仓传感器位置和供料结构气缸连接头的调整

五、任务评价

任务评价表见表 4－5。

表 4－5　任务评价表

<table>
<tr><th>评分内容</th><th>配分</th><th colspan="2">评分标准</th><th>分值</th><th>自评</th><th>他评</th></tr>
<tr><td rowspan="7">机械装配</td><td rowspan="7">80</td><td colspan="2">装配未完成或装配错误导致机构不能运行</td><td>5</td><td></td><td></td></tr>
<tr><td rowspan="6">支架机构的组装与固定</td><td>框架安装变形</td><td>5</td><td rowspan="6"></td><td rowspan="6"></td></tr>
<tr><td>铝型材端面有端面保护</td><td>5</td></tr>
<tr><td>支架平行，与底板垂直</td><td>5</td></tr>
<tr><td>未按要求使用专用连接件</td><td>5</td></tr>
<tr><td>冲压气缸安装与固定</td><td>5</td></tr>
</table>

续表

评分内容	配分	评分标准		分值	自评	他评
机械装配	80	供料机构的安装与固定	顶料和挡料气缸	5		
			料仓与料仓检测传感器	5		
			料仓支撑板	5		
		机械手组件的安装	伸缩气缸	5		
			升降气缸	5		
			手爪	5		
		回转机构		5		
		警示灯		5		
		装配台		5		
		螺栓螺母选用合理，固定牢靠，没有紧固件松动现象		5		
职业素养	20	材料、工件等不放在系统上		5		
		元件、模块没有损坏、丢失和松动现象		5		
		所有部件整齐摆放在桌上		5		
		工作区域内整洁干净、地面上没有垃圾		5		
综合				100		
完成用时						

任务二　装配单元的气动控制回路连接与调试

一、任务要求

本任务是将装配单元作为一个独立的控制系统，了解相关气动元件的使用方法后，根据气动控制回路连接气路并进行状态调整，连接好后，调节气动元件，使设备满足初始状态的要求、运行状态等符合设备的要求。

二、相关知识

1. 装配单元的气动元件

装配单元的气动执行由六个气缸来完成，分别是供料机构的顶料和挡料气缸，回转台的摆动气缸与机械手的伸缩、升降和气动手指气缸，气缸都是双作用缸，因此需要六个控制气缸的二位五通单电控电磁换向阀，构成的阀组结构如图 4－17 所示。这些阀分别对供料、位置变换和装配动作气路进行控制，以改变各自的动作状态。

电磁阀组的型号和前面两个单元相同，仍然是单电控电磁阀。顶料和挡料气缸是笔形气缸，其行程相对供料单元而言，相对较短，根据气缸行程标准，这里伸出行程分别为 30 mm，而缸径仍为 16 mm 的标准。气动手指是缸径为 20 mm、型号为 SMC 的 MHZ2－20D 平行开闭型的两爪手指，抓取力足够抓取零件。

图 4－17 装配单元的电磁阀组

1）摆动气缸

摆动气缸是利用压缩空气驱动输出轴在一定角度范围内做往复回转运动的气动执行元件，多用于物体的转动、工件的翻转、阀门的开闭以及机器人的手臂动作等。摆动气缸按结构特点有叶片式摆动气缸、齿轮齿条式摆动气缸和伸摆气缸，叶片式摆动气缸有单叶片式和双叶片式，单叶片式可实现小于 360° 的往复摆动，而双叶片式只能实现小于 180° 的摆动。齿轮齿条式摆动气缸的回转角度不受限制，可超过 360°（实际使用一般不超过 360°），但不宜太大，否则齿条太长不合适。

装配单元使用齿轮齿条摆动气缸来实现回转机构的回转运动，齿轮齿条摆动气缸是由直线气缸驱动齿轮齿条实现回转运动的，回转角度在 0°～90° 和 0°～180° 之间任意可调，而且可以安装磁性开关，检测旋转到位信号，如图 4－18 所示。

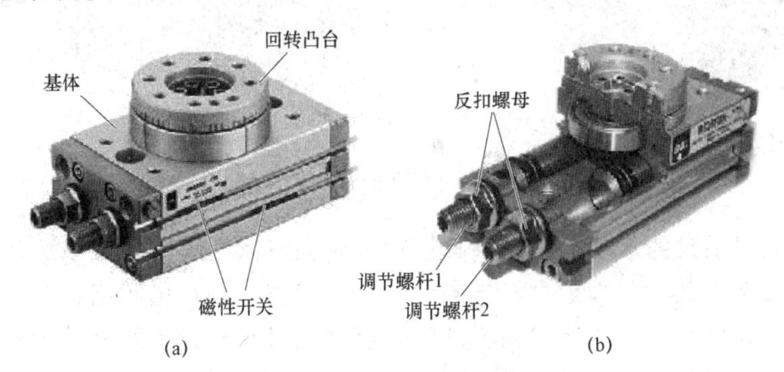

图 4－18 气动摆台的实物图和剖视图
（a）实物图；（b）剖视图

摆动气缸的摆动回转角度在 0～180° 范围任意可调。当需要调节回转角度或调整摆动位置精度时，应首先松开调节螺杆上的反扣螺母，通过旋入和旋出调节螺杆，从而改变回转凸台的回转角度，调节螺杆 1 和调节螺杆 2 分别用于左旋和右旋角度的调整。当调整好摆动角度后，应将反扣螺母与基体反扣锁紧，防止调节螺杆松动，导致回转精度降低。

装配单元摆动气缸使用的是 CHELIC 的带缓冲装置的双作用气缸 RTB10，缸径为 ϕ15 mm，扭力为 1.5 N/m²，摆动角度为 180°，可调整角度为 0°～180°。

回转到位的信号是通过调整摆缸滑轨内的 2 个磁性开关的位置实现的，图 4－19 所示为调整磁性开关位置的示意图。磁性开关安装在气缸体的滑轨内，松开磁性开关的紧定螺栓，磁性开关就可以沿着滑轨左右移动。确定开关位置后，旋紧紧定螺栓，即可完成位置的调整。

2）导杆气缸

导杆气缸是指具有导向功能的气缸，一般为标准气缸和导向装置的集合体，与无杆气缸相比，能承受的负载和力矩较大，可用于伸缩、升降和限位等。其特点是结构紧凑、紧固，导向精度高，抗扭转力矩、承载能力强，工作平稳等。导杆气缸的驱动单元和导向装置构成一个整体，并可根据具体要求选择安装滑动轴承或滚动轴承支撑。滑动轴承式导杆气缸价格相对较低，但是精度会随着时间的推移降低；滚动轴承式价格相对较高，但是滚动轴承的使用时间更长。因此，在精度要求不是很高，且不频繁运动的场合，可以选用滑动轴承式。不同组合形式的双导杆气缸如图 4－20 所示。

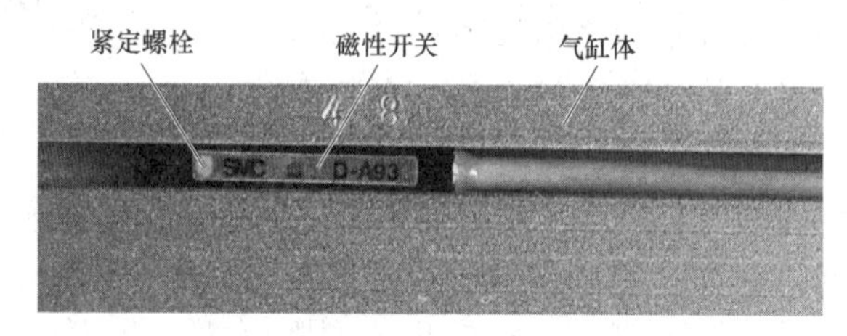

图 4－19　磁性开关位置调整示意图

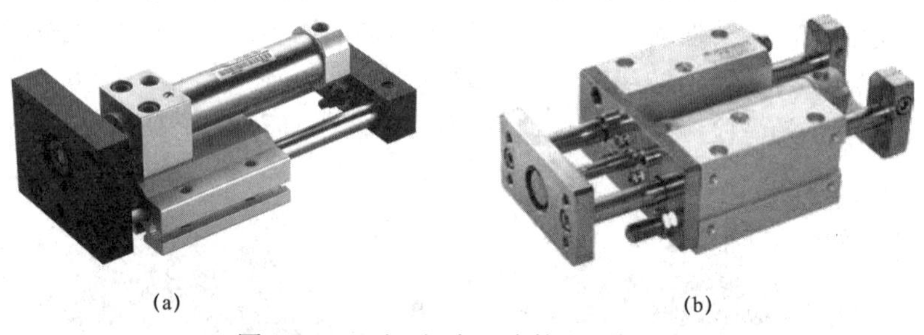

图 4－20　不同组合形式的双导杆气缸

装配单元机械手臂的水平运动和垂直运动都是依靠两个导杆气缸驱动的，这里采用的是滑动轴承式安装，其输出力矩大，导向精度高，能够控制机械手手臂和手爪在一定方向上运动。此外，导杆气缸除了导向精度外，还能够通过导杆调整机构的运行行程来控制手臂伸出和缩回行程范围及手爪的升降行程范围。装配单元用于驱动装配机械手水平方向移动的导杆气缸外型如图 4－21 所示，该气缸由直线运动气缸带双导杆和其他附件组成。两种导杆气缸的行程调校范围为－5～0 mm。

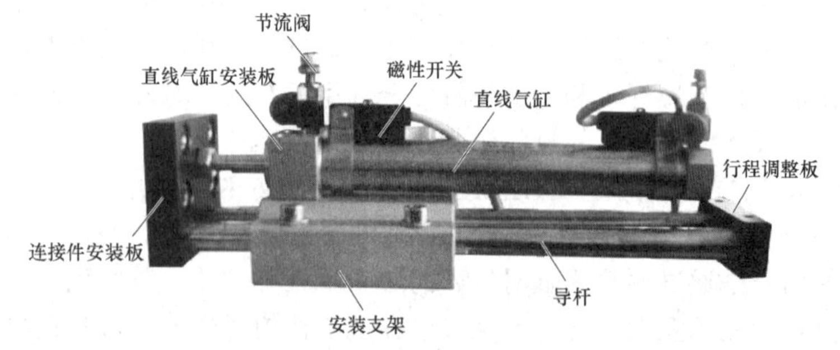

图 4－21　装配单元的导杆气缸

导杆气缸各部分的说明如下：

（1）安装支架：用于导杆导向件的安装和导向气缸整体的固定；

（2）连接件安装板：用于固定其他需要连接到该导向气缸上的物件，并将两导杆和直线气缸活塞杆的相对位置固定，当直线气缸的一端接通压缩空气后，活塞被驱动做直线运动，活塞杆也一起移动，被连接件安装板固定到一起的两导杆也随活塞杆伸出或缩回，从而实现导向气缸的整体功能。

（3）行程调整板：安装在导杆末端，用于调整该导杆气缸的伸出行程。具体调整方法是松开行程调整板上行程限位缓冲器的紧定螺钉，让行程限位器可以在行程板上旋入或旋出，当达到理想的伸出距离以后，再完全锁紧紧定螺钉，完成行程的调节。

（4）直线气缸：是整个导杆气缸的动力来源，用于驱动气缸的动作。

（5）磁性开关：用于检测气缸状态，一共有两个，一个用于检测伸出到位，一个用于检测缩回到位。磁性开关的调整要在调整好行程后再进行，否则当气缸行程变化后，活塞杆上的磁环位置也会发生变化，导致磁性开关检测不到位置信号。

2. 装配单元的气动控制回路

装配单元的气动控制回路如图 4－22 所示，各气缸的初始位置为：挡料气缸处于伸出状态，顶料气缸处于缩回状态，料仓上已经有足够的小圆柱零件；装配机械手的升降气缸处于提升状态，伸缩气缸处于缩回状态，气爪处于松开状态。在进行气路连接时，首先要确保气缸的初始位置满足条件，连接的气管不要交叉。

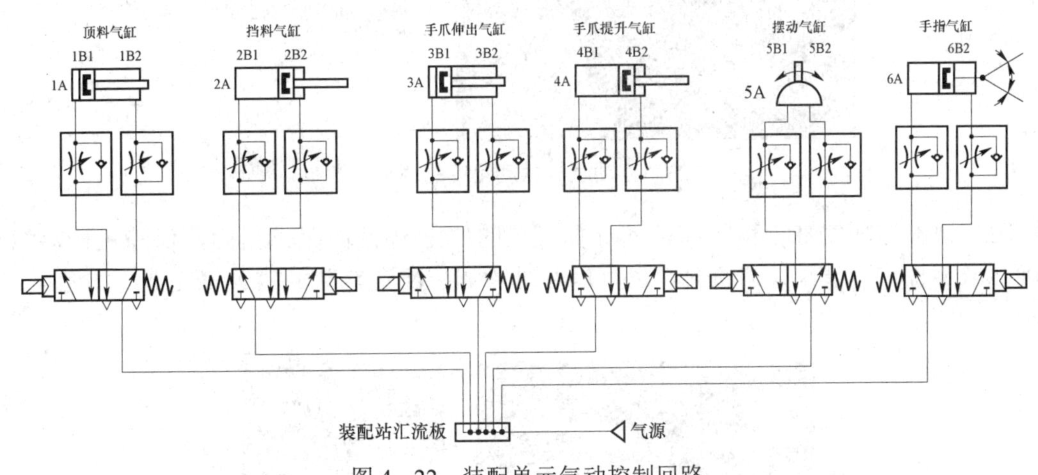

图 4－22 装配单元气动控制回路

三、任务实施

1. 气路连接

理解装配单元的气动控制原理和气动元件的工作方式，根据气动回路图连接气路。气路连接之前首先要检查设备的电源和气源，确保两者处于断开状态。连接时要遵循一定的规范，即从气源处理组件出发，再到电磁阀，最后到气缸的快接头，根据气动回路图逐个连接器件，为便于整理和绑扎，左侧的三个电磁阀连接到机械手上，右侧的三个电磁阀分别连接到供料机构的摆动气缸上，这样可避免气管交叉。气管连接时要符合一定的规范，不能交叉，长度适中，插接要牢靠，气管口要剪平，以防漏气。

2. 气路调整

连接好气路后进行气路的调试，首先是初始位置调试，初始位置要满足设备的要求。

初始位置调试是指电磁阀没有得电时，查看各个气缸是不是在系统要求的初始位置，如果不在，则需要检查气路，并进行调整。初始位置无误后，通过电磁阀的手动按钮，逐个控制气缸动作，看动作是否正确、动作位置是否合理，尤其是摆动气缸的摆动角度和机械手的伸缩、升降位置。

（1）调整摆缸的摆动角度，使摆动气缸的摆动角度满足气缸初始位置和摆动后，两边的料槽都能够正好对应供料仓的正下方和机械手的正下方。首先是摆缸电磁阀不得电时，调整摆台水平度，向料仓内放入一个小零件，使得挡料气缸缩回，要求放入的小零件能够正好落入左侧的小料盘。手动控制机械手下降电磁阀，手爪下降后正好在右料盘的中间位置。手动控制摆缸电磁阀得电，使摆缸旋转 180°。重复上述步骤，调整旋转后的位置。如图 4－23 所示。

图 4－23　摆动气缸摆动角度的调整示意图

（2）调整导杆气缸行程距离，使导杆气缸的伸出/缩回的距离精确，保障机械手能够正确抓取零件进行装配。调整时，也可以通过微调装配台料斗的位置来完成。如图 4－24 所示。

图 4－24　导杆气缸的调整示意图

设备调整完成后，通过电磁阀的手动控制按钮控制气缸动作，通过节流阀调整气缸的运行速度，使气缸的运行速度比较平稳、速度适中。所有调试工作结束后，整理气管。

四、任务评价

任务评价表见表 4－6。

表 4-6 任务评价表

评分内容	配分	评分标准		分值	自评	他评
气动连接与调试	80	气路连接	气路连接是否正确，是否满足气缸初始状态要求	10		
			气管连接是否符合规范，无交叉	5		
			气路连接是否漏气	10		
		气路调整	气缸速度调整适中	5		
			整体气压合理	5		
			调整方式是否规范	10		
			机械手伸缩到位	5		
			机械手升降到位	5		
			夹紧牢靠	5		
			摆台摆动到位	10		
			顶料牢靠	5		
			挡料正确	5		
职业素养	20	材料、工件等不放在系统上		5		
		元件、模块没有损坏、丢失和松动现象		5		
		所有部件整齐摆放在桌上		5		
		工作区域内整洁干净、地面上没有垃圾		5		
综合				100		
完成用时						

任务三　装配单元的电路连接与调试

一、任务要求

本任务主要学习光纤传感器的使用方法、电气控制原理图接线，将各传感器、电磁阀、按钮/指示灯、警示灯的引出线正确连接到 PLC 上，并调节所有传感器的灵敏度，根据原理图检查电路连接是否正确。

二、相关知识

在前面已介绍过电感传感器、磁性开关、光电传感器，光纤传感器也是光电传感器的一种，它的光传介质是光纤，抗干扰性能好，光在光纤中的衰减较少。光纤传感器由光纤放大器和光纤检测头两部分组成，光纤放大器和光纤检测头是分离的两个部分，光纤检测头的尾端部分分成两条光纤，使用时分别插入放大器的两个光纤孔，如图 4-25 所示。

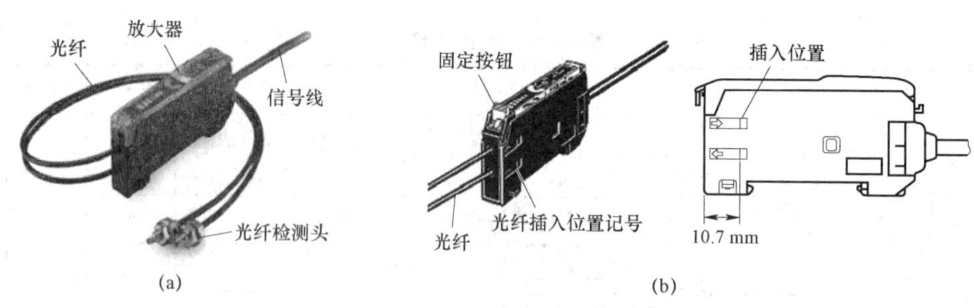

图 4-25　光纤传感器的实物图及连接示意图

（a）实物图；（b）光纤与放大器连接示意

光纤传感器的投光器和受光器均在放大器内，投光器发出的光线通过一条光纤内部从端面（光纤头）以约 60°的角度扩散，照射到检测物体上；同样，反射回来的光线通过另一条光纤的内部回送到受光器。光纤传感器的工作原理如图 4-26 所示。

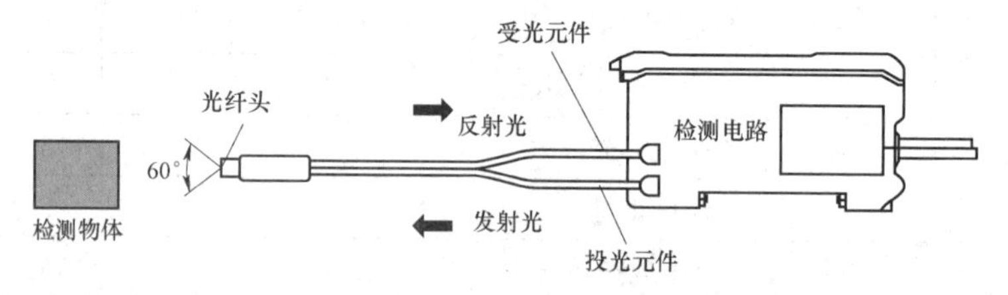

图 4-26　光纤传感器的工作原理

1. 光纤传感器的安装

光纤传感器是精密器件，使用时须注意它的安装和拆卸方法。光纤传感器组件如图 4-25 所示。光纤检测头安装在物料台料斗预留的 M6 孔内，光纤放大器安装在装置侧的滑轨上。

光纤传感器由于检测部（光纤）中完全没有电气部分，抗干扰性强，可工作于恶劣环境，并且具有光纤头可安装在很小空间的地方、传输距离远、使用寿命长等优点。装配单元的装配台就是利用光纤传感器检测是否有待装配工件的，其检测头的安装示意如图 4-27（a）所示。图 4-27（b）所示为放大器的安装示意图。

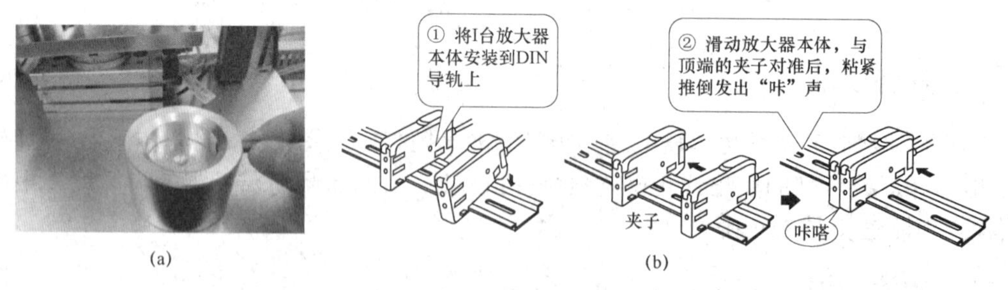

图 4-27　光纤传感器检测头与放大器的安装示意图

（a）检测头安装；（b）放大器安装

2. 光纤传感器的连接与调节

光纤式光电接近开关的放大器的灵敏度调节范围较大。当光纤传感器灵敏度调得较小时，反射性较差的黑色物体，光电探测器无法接收到反射信号；而反射性较好的白色物体，光电探测器就可以接收到反射信号。反之，若调高光纤传感器灵敏度，则即使对反射性较差的黑色物体，光电探测器也可以接收到反射信号。在装配单元中，料斗内的物料可以是白色、黑色或金属，因此，要将光纤传感器调节到能够检测黑色物料（分拣单元的光纤传感器只可以检测到非黑材质的工件，故用于黑白鉴别）。

图 4－28 给出了放大器单元的俯视图，调节其中部的 8 旋转灵敏度高速旋钮就能进行放大器灵敏度调节（顺时针旋转灵敏度增大）。调节时，会看到“入光量显示灯”发光的变化。当探测器检测到物料时，“动作显示灯”会亮，提示检测到物料。当定时开关（TIMER）置于 ON 时，检测动作会有 40 ms 左右的延时。

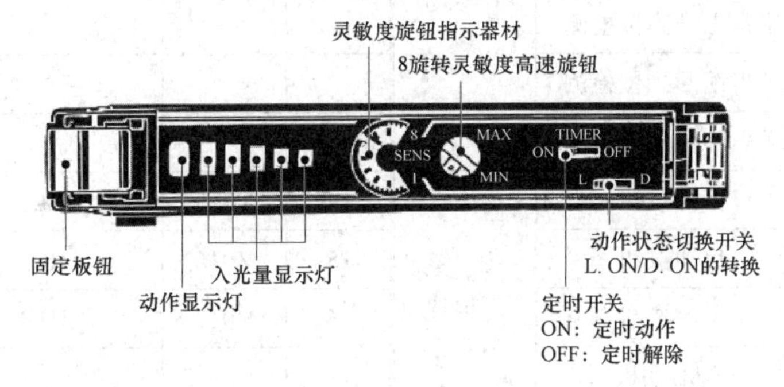

图 4－28　光纤传感器放大器单元的俯视图

光纤传感器有三根引出线，接线时应注意根据导线颜色判断电源极性和信号输出线，切勿把信号输出线直接连接到电源＋24 V 端。光纤传感器的接线原理与光电传感器相同。

三、任务实施

装配单元电气线路连接与调试所需的工具同前述，这里不再详细列出，清点并整理好后放在方便取用的位置。

1. I/O 地址表分配

根据装配系统的整个工作过程和所用到的信号分配 I/O 地址，见表 4－7。

表 4－7　装配单元 PLC 的 I/O 信号表

输入信号				输出信号			
序号	PLC 输入点	信号名称	信号来源	序号	PLC 输出点	信号名称	信号来源
1	X000	零件不足检测	装置侧	1	Y000	挡料电磁阀	装置侧
2	X001	零件有无检测		2	Y001	顶料电磁阀	
3	X002	左料盘零件检测		3	Y002	摆缸电磁阀	
4	X003	右料盘零件检测		4	Y003	手爪夹紧电磁阀	
5	X004	装配台工件检测		5	Y004	手爪下降电磁阀	
6	X005	顶料到位检测		6	Y005	手臂伸出电磁阀	
7	X006	顶料复位检测		7	Y006		
8	X007	挡料状态检测		8	Y007		
9	X010	落料状态检测		9	Y010	红色警示灯	
10	X011	摆动气缸左限检测		10	Y011	橙色警示灯	

续表

<table>
<tr><th colspan="4">输入信号</th><th colspan="4">输出信号</th></tr>
<tr><th>序号</th><th>PLC 输入点</th><th>信号名称</th><th>信号来源</th><th>序号</th><th>PLC 输出点</th><th>信号名称</th><th>信号来源</th></tr>
<tr><td>11</td><td>X012</td><td>摆动气缸右限检测</td><td rowspan="6">装置侧</td><td>11</td><td>Y012</td><td>绿色警示灯</td><td></td></tr>
<tr><td>12</td><td>X013</td><td>手爪夹紧检测</td><td>12</td><td>Y013</td><td></td><td></td></tr>
<tr><td>13</td><td>X014</td><td>手爪下降到位检测</td><td>13</td><td>Y014</td><td></td><td></td></tr>
<tr><td>14</td><td>X015</td><td>手爪上升到位检测</td><td></td><td></td><td></td><td></td></tr>
<tr><td>15</td><td>X016</td><td>手臂缩回到位检测</td><td></td><td></td><td></td><td></td></tr>
<tr><td>16</td><td>X017</td><td>手臂伸出到位检测</td><td></td><td></td><td></td><td></td></tr>
<tr><td>17</td><td>X024</td><td>停止按钮</td><td rowspan="4">按钮/指示灯模块</td><td>14</td><td>Y015</td><td>HL1</td><td rowspan="4">按钮/指示灯模块</td></tr>
<tr><td>18</td><td>X025</td><td>启动按钮</td><td>15</td><td>Y016</td><td>HL2</td></tr>
<tr><td>19</td><td>X026</td><td>急停按钮</td><td>16</td><td>Y017</td><td>HL3</td></tr>
<tr><td>20</td><td>X027</td><td>单机/联机</td><td></td><td></td><td></td></tr>
</table>

注：警示灯用来指示 YL－335B 整体运行时的工作状态，本项目是装配单元单独运行，没有要求使用警示灯，可以不连接到 PLC 上。

2. 绘制系统原理图

根据 PLC 的输入/输出地址表，绘制 PLC 的电气控制原理图，参考电路如图 4－29 所示。在绘制电路图时，除了要正确绘制以外，所用的元器件都必须采用标准符号，走线要合理，交叉的地方有交叉点，还需要标注元器件说明。

3. 电气线路连接与检测

按照电气原理图连接电路，连接规范与前面各章节相同，所有连接到端子排上的导线套上编号管，写上编号，字迹要清晰。

电路连接好后，在编程之前还需要对电路进行调试，以保障电路正确。电路调试从 PLC 输入电路开始，首先检查控制按钮、开关和急停是否正确，PLC 的输入信号和地址表是否一致，如果没有信号输入，则检查输入回路是否连接正确。接下来检查传感器部分，首先检查传感器的检测信号有没有问题，如果有问题，则需要调整检测位置或灵敏度，然后观察 PLC 的输入信号和原理图上是否一致，如果不一致，则需要输入电气回路。输入电路检查无误后，根据原理图，使用 PLC 的软元件监控功能，输出 Y 信号，观察对应的器件是否动作，以此检查输出电气回路是否有问题。

注意：摆动气缸的左右摆动到位信号一定要在摆动角度调整好后再调整，如果调整摆动角度，则需要再次调整磁性开关的检测位置。

调整好的设备，所有导线应整理好塞入线槽，然后进行线管绑扎，绑扎时，气管和导线应分开绑扎，但来自同一器件或同一模块的导线和气管可以绑扎在一起。绑扎好后，盖好线槽盖，根据地址表标注编号管的编号，字迹要清晰。光纤传感器绑扎注意事项见表 4－8。

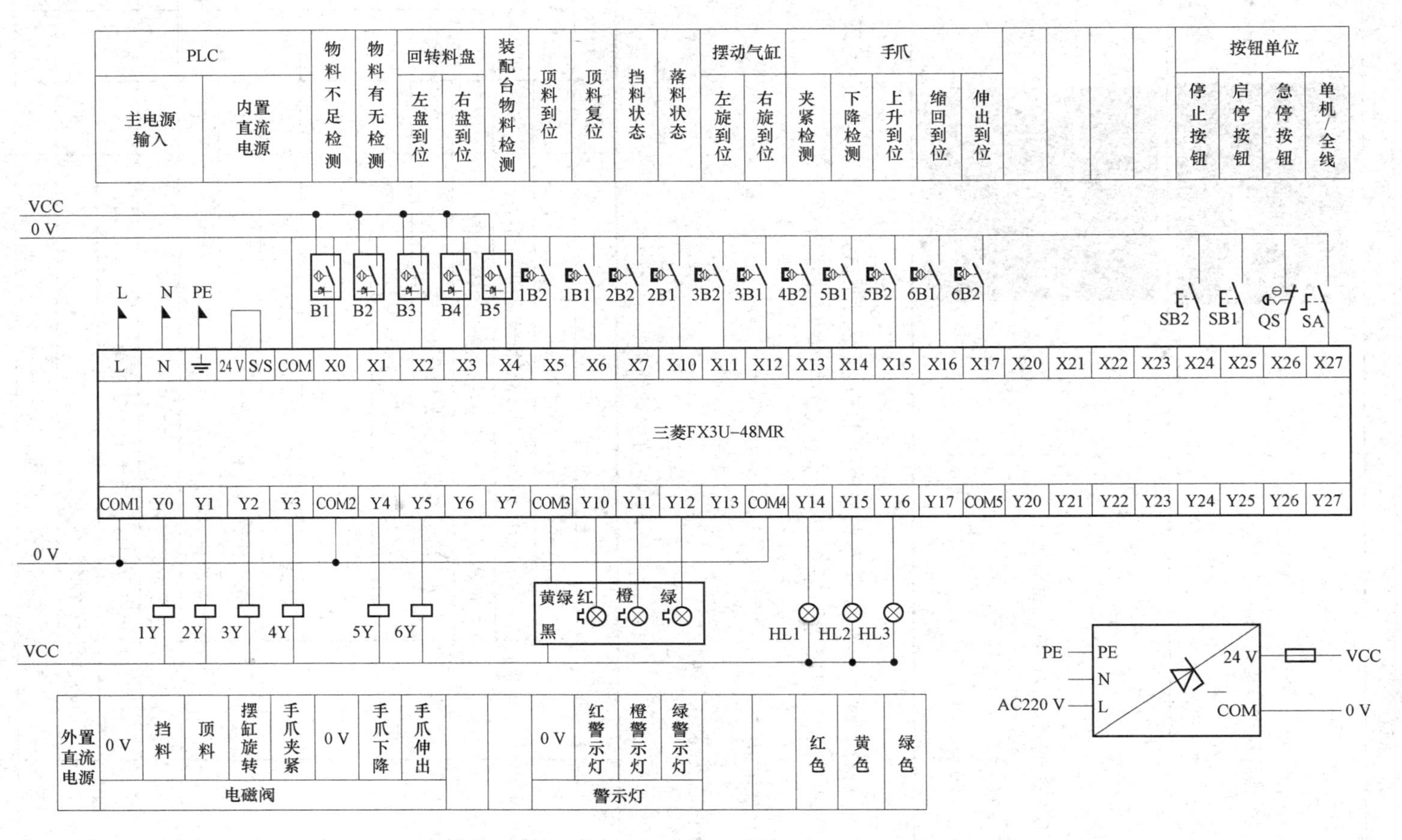

图4-29 装配单元PLC电气原理

表 4－8　光纤传感器绑扎注意事项和正确示范

注意事项	正确示范
光纤传感器上的光纤，弯曲时的曲率直径应不小于 100 mm；光纤和电缆可以绑扎在一起	
来自同一模块上的线、管可以一起绑扎	

注意：一定要在指导教师检查无误后方可通电检查、调试，通电后，一旦发现任何问题，应立即切断电源。需要电路检查时，万用表的挡位要选择合适。

四、任务评价

任务评价表见表 4－9。

表 4－9　任务评价表

评分内容	配分	评分标准		分值	自评	他评
电路连接	80	电气线路连接	线路连接正确、可靠、牢固	10		
			冷压端子压接牢靠，外露铜丝不能超过 2 mm	5		
			走线规范，不穿越设备，线均匀入线槽	5		
			同一端子的连接导线不超过 2 根	5		
			号码管长度一致，编号正确、清晰、无遗漏	5		
			线管绑扎规范，每隔 6 cm 绑扎一次，绑扎带剪切口凸出不超过 1 mm	5		
		传感器调整	调整方式是否规范	5		
			光电传感器检测正常	20		
			磁性开关检测正常	20		
职业素养	20	材料、工件等不放在系统上		5		
		元件、模块没有损坏、丢失和松动现象		5		
		所有部件整齐摆放在桌上		5		
		工作区域内整洁干净、地面上没有垃圾		5		
综合				100		
完成用时						

任务四 装配单元程序设计与调试

一、任务要求

编写装配站的 PLC 控制程序，使装配站能够按照生产要求进行工件装配工作。

（1）设备上电和气源接通后，若各气缸满足初始位置要求，且料仓上已经有足够的小圆柱零件；工件装配台上没有待装配工件，则“正常工作”指示灯 HL1 常亮，表示设备准备好。否则，该指示灯以 1 Hz 频率闪烁。

（2）若设备准备好，按下启动按钮，装配单元启动，“设备运行”指示灯 HL2 常亮。如果回转台上的左料盘内没有小圆柱零件，就执行下料操作；如果左料盘内有零件，而右料盘内没有零件，则执行回转台回转操作。

（3）如果回转台上的右料盘内有小圆柱零件且装配台上有待装配工件，执行装配机械手抓取小圆柱零件，放入待装配工件中的操作。

（4）完成装配任务后，装配机械手应返回初始位置，等待下一次装配。

（5）若在运行过程中按下停止按钮，则供料机构应立即停止供料，在装配条件满足的情况下，装配单元在完成本次装配后停止工作。

（6）在运行中发生“零件不足”报警时，指示灯 HL3 以 1 Hz 的频率闪烁，HL1 和 HL2 灯常亮；在运行中发生“零件没有”报警时，指示灯 HL3 以亮 1 s、灭 0.5 s 的方式闪烁，HL2 熄灭，HL1 常亮。

二、相关知识

本任务只考虑装配单元作为独立设备运行时的情况，单元工作的主令信号和工作状态显示信号来自 PLC 侧的按钮/指示灯模块，并且按钮/指示灯模块上的工作方式选择开关 SA 应置于左侧“单站方式”位置。

1. 认识机械手

机械手是在机械化、自动化生产过程中发展起来的一种新型装置。它可在空间抓、放、搬运物体等，动作灵活多样，广泛应用在工业生产和其他领域内。应用 PLC 控制机械手能实现各种规定的工序动作，机械手构造与性能上兼有人和机械手机器各自的优点，不仅可以提高产品的质量与产量，减轻劳动强度，提高劳动生产率，还能节约原材料消耗以及降低生产成本。

机械手自由度，是指传送机构机械手的运动灵活性。人从手指到肩部共有 27 个自由度。从力学的角度分析，物件在空间只有 6 个自由度。因此为抓取和传送在空间不同位置和方位的物件，传送机构也应具有 6 个自由度。常用的机械手传送机构的自由度小于等于 7。一般的专用机械手只有 2～4 个自由度，而通用机械手则多数为 3～7 个自由度，这里所说的自由度数目，均不包括手指的抓取动作。

机械手的每一个自由度是由其操作机的独立驱动关节来实现的。所以在应用中，关节和自由度在表达机械手的运动灵活性方面的意义是相通的。又由于关节在实际构造上是由回转或移动的轴来完成的，所以又习惯称之为轴。因此，就有了 6 自由度、6 关节或 6 轴机械手的命名方法。这些都说明这一机械手的操作有 6 个独立驱动的关节结构，能在其工作空间中实现抓取物件的任意位置和姿态。图 4－30 所示为六自由度机械手和五自由度机械手。

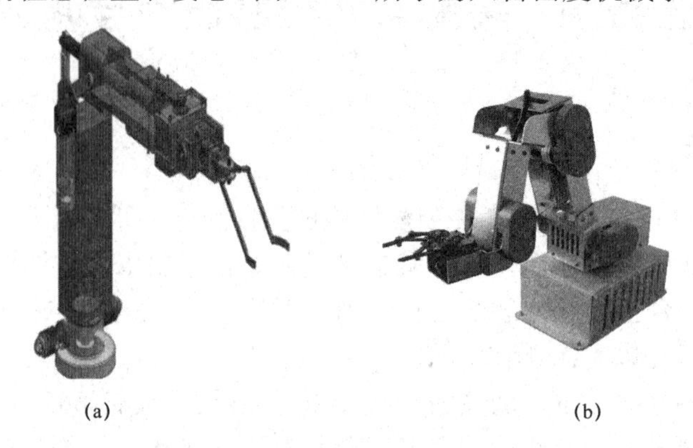

图 4－30　六自由度机械手和五自由度机械手
（a）六自由度机械手；（b）五自由度机械手

随着网络技巧的发展，机械手的联网操作问题也是以后发展的方向。工业机器人是近几十年发展起来的一种高科技自动化生产设备。工业机械手是工业机器人的一个重要分支。它的特点是可通过编程来完成各种预期的作业任务，在构造与性能上兼有人和机器各自的优点，尤其体现了人的智能和适应性。机械手作业的准确性和在各种环境中完成作业的能力，在国民经济各领域有着广阔的发展前景。

YL－335B 自动化生产线上共有两个机械手，一个是装配单元的装配机械手，一个是输送单元的搬运机械手，装配机械手由手爪、手臂和机座组成，具有水平方向的前后运动、竖直方向的上下运动（手爪运动除外），可实现三维运动，装配机械手的水平方向移动和竖直方向移动分别由 2 个导向气缸和气动手指组成，能够实现物料抓取和搬运的功能。

2. 装配单元的程序编制方法

1）装配单元的编程思路

从前面装配系统的工作过程要求可以看出，装配系统的编程思路为：首先是进入运行状态的初始检查，进入运行状态后，装配单元的工作过程包括 3 个相互独立的子过程，一个是落料过程，一个是旋转过程，另一个是装配过程。

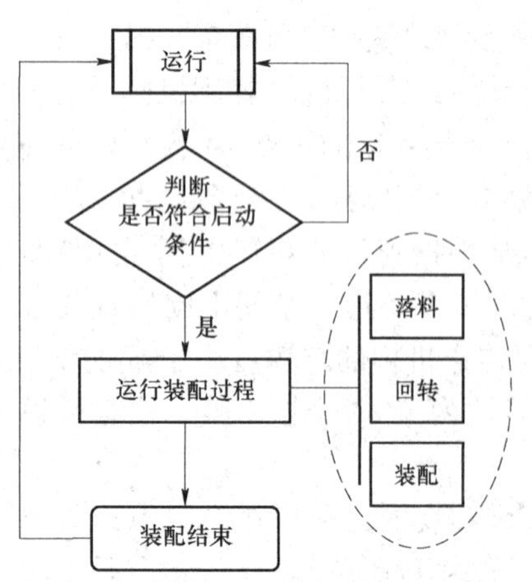

图 4－31　装配运行的三个子过程

落料过程就是通过供料机构的操作，使料仓中的小圆柱零件落下到摆台左边料盘上；回转过程使装有零件的料盘转移到右边，以便装配机械手抓取零件；装配过程是当装配台上有待装配工件，且装配机械手下方有小圆柱零件时，进行装配操作。

在主程序中，当初始状态检查结束，确认单元准备就绪，按下启动按钮进入运行状态后，应同时进入落料控制、回转和装配控制三个子过程，如图 4－31 所示。

（1）落料过程与回转过程相互锁定，在小圆柱零件从料仓下落到左料盘的过程中，禁止摆台转动；反之，在摆台转动过程中，禁止打开料仓（挡料气缸缩回）落料。实现联锁的方法：一是当摆台的左限位或右限位磁性开关动作并且左料盘没有料，经定时确认后，开始落料过程；二是当挡料气缸伸出到位使料仓关闭、左料盘有物料而右料盘为空，经定时确认后，开始摆台转动，直到达到限位位置。

（2）三个子过程的控制过程都是单序列步进顺序控制，具体编程步骤如图 4-32 所示，这里不再赘述。

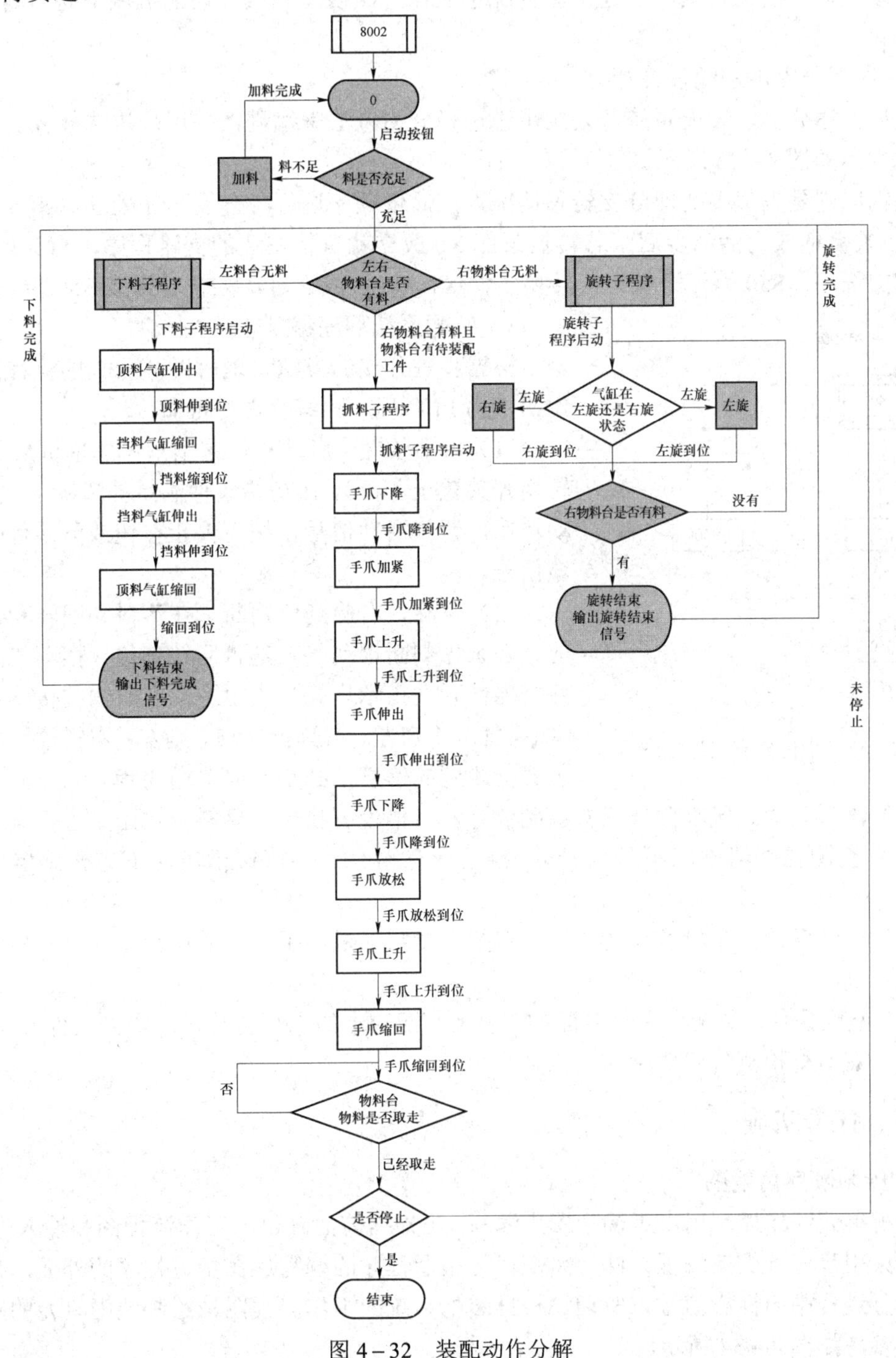

图 4-32 装配动作分解

（3）停止运行，有两种情况。一是在运行中按下停止按钮，启动信号被复位；另一种情况是当料仓中最后一个零件落下时，检测零件有无的传感器动作，将发出缺料报警。此时，对于落料过程，上述两种情况均应在料仓关闭，顶料气缸复位到位即返回到初始步后停止下次落料，并复位落料初始步。但对于回转控制，一旦停止指令发出，则应立即停止摆台转动。对于装配控制，上述两种情况也应在一次装配完成，装配机械手返回到初始位置后停止。

2）选择分支步进编程方法

根据上述分析，装配系统可采用步进选择分支方法来编程，采用步进选择分支的方式进行编程，如图 4－33 所示。

编程原则是先集中处理分支转移情况，然后依顺序进行各分支程序处理。图 4－33 中当 S0 步被激活成为活动步后，若转换条件 X0 成立就执行左边的支路程序，当 X3 成立就执行右支程序。S50 为汇合状态，转换条件 X1 和 X4 成立时，汇合转换成 S50 步。

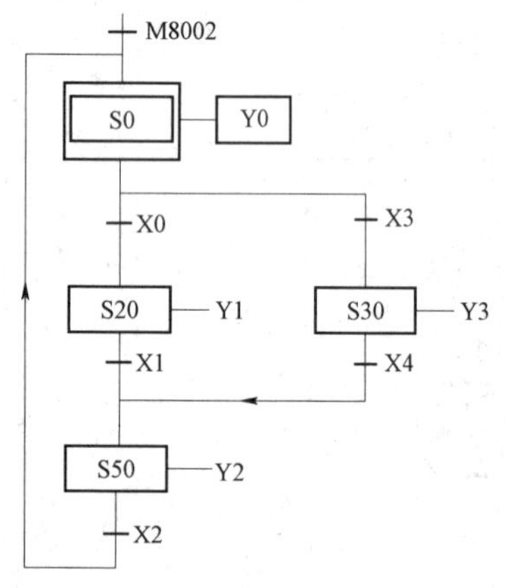

图 4－33　步进分支编程方法

3）装配系统程序编制

根据步进分支的方法，理解图 4－32 的流程图分解说明，为 PLC 程序的编写做好准备。

（1）启动条件。启动条件这里只考虑单机启动（SA 转换开关置于左位），在初始条件满足的情况下，按下启动按钮，置位启动信号，按下停止按钮或无零件时复位该信号。

（2）左旋、右旋到位判断。在落料、回转和装配之前，必须先判断摆动气缸是否回转到位（摆动气缸上的两个磁性开关指示灯亮），防止左、右料槽的传感器误判（如果气缸不在左、右到位状态，则左、右料槽对应的传感器检测到的信息未必是当前料槽的状态）。

（3）落料条件。气缸左旋或右旋到位、左料槽没有物料（供料机构正下方，其对应的料盘零件检测传感器感应不到信号）、料仓内有物料（料槽铣槽对应下方传感器感应到信号）。

（4）回转条件。左料槽有物料、右料槽无物料（机械手下方的料盘，其对应检测传感器感应不到信号）。

（5）装配条件。装配台有待装配的工件（装配台上的光纤传感器检测到工件）、右料槽有物料（右料槽检测传感器感应到工件）。

三、任务实施

1. 绘制顺序功能图

装配单元动作控制用步进梯形图来编写，可根据前面画出的工作流程图和输入/输出地址表，采用步进分支的编程方法。系统信号指示程序的编写放在步进程序的外面，在步进程序执行过程中的标志信号来驱动。根据装配系统的工作流程图，绘制装配单元的顺序功能图，参考如图 4－34 所示。

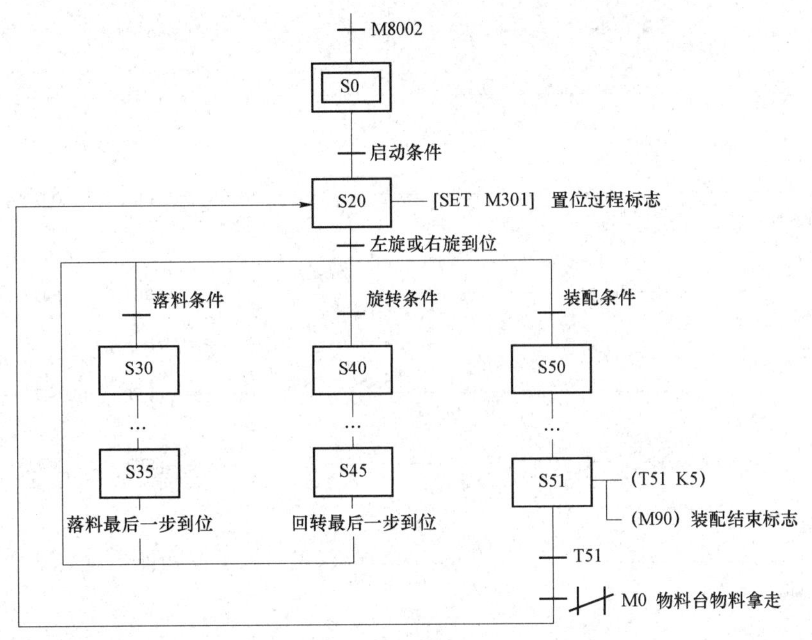

图 4-34 装配单元顺序功能图

2. 分支程序编写

当系统满足条件，且启动后，根据三个分支的条件选择执行，程序如图 4-35 所示。图 4-36 给出了旋转分支的程序示例，装配和供料程序请读者自行编写。

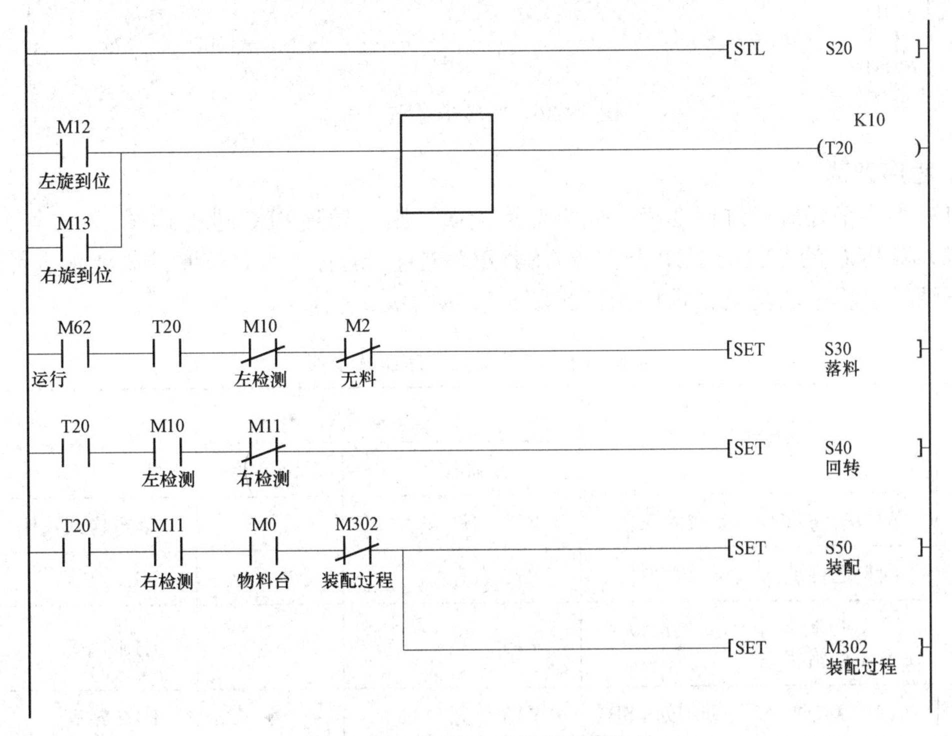

图 4-35 装配单元分支程序设计

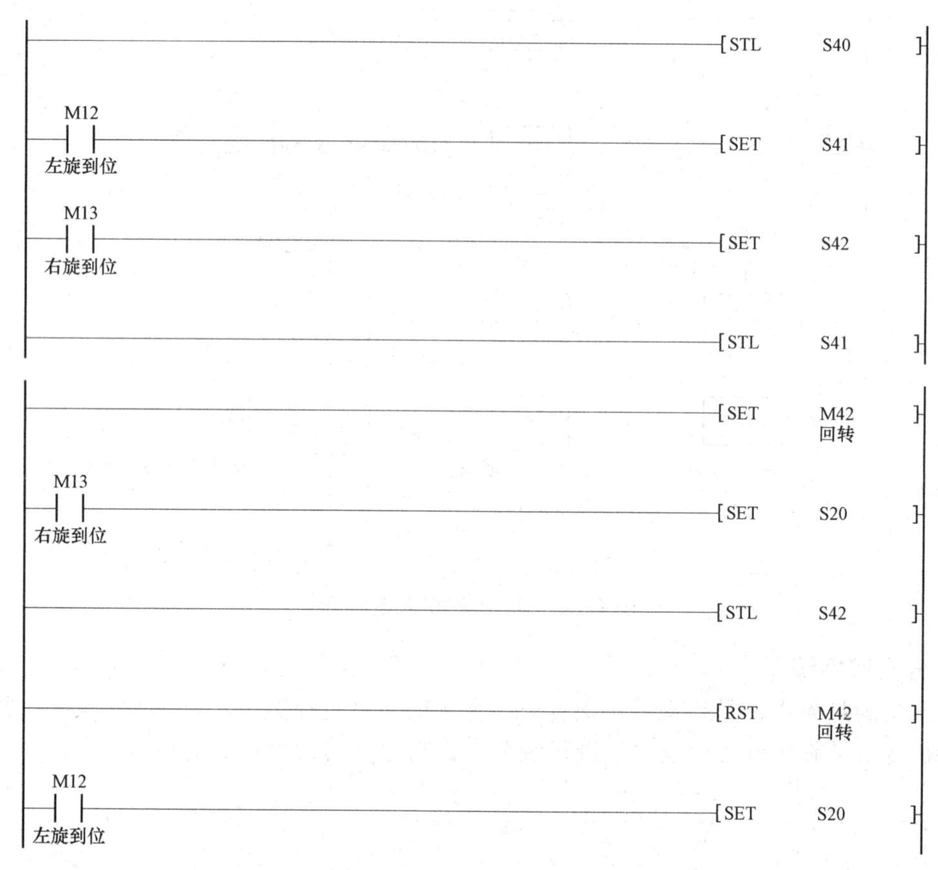

图 4－36　回转子过程程序

3. 程序调试

（1）程序编好后，进行变换，如果变换无误，则下载到 PLC 进行调试。

（2）将 PLC 的 RUN/STOP 开关置“STOP”位置，运行程序，按照控制要求进行操作，记录下调试过程中的问题。程序调试步骤见表 4－10。

表 4－10　装配单元程序调试步骤

步骤	动作内容	观察任务		备注
		正确结果	观察结果	
1	STOP→RUN，SA 拨到左侧	Y15 闪烁		单机模式，HL1 闪烁
2	向料仓内放入足够的零件	Y15 点亮		HL1 常亮
3	手动控制其中一个气缸动作使不在初始状态	Y15 闪亮		HL1 闪烁
4	Y15 点亮时，按下启动按钮 SB1	Y16 点亮		HL2 常亮
5	物料台放上待装配工件	X4 亮		等待装配

续表

步骤	动作内容		观察任务		备注
			正确结果	观察结果	
6	符合落料条件，执行落料动作	顶料伸出	Y1 点亮，X5 点亮		顶料
		挡料缩回	Y0 点亮，X10 点亮		落料
		挡料伸出	Y1 熄灭，X6 点亮		挡料
		顶料缩回	Y0 熄灭，X7 点亮		恢复
7	符合旋转条件：执行旋转	旋转	Y2 点亮，X12 点亮		转缸旋转
		旋转复位	Y2 灭，X11 点亮		恢复
8	机械手下降		Y4 点亮，X14 点亮		
9	机械手夹紧		Y3 点亮，X13 点亮		
10	机械手上升		Y4 熄灭，X15 点亮		
11	机械手伸出		Y5 点亮，X17 点亮		
12	机械手下降		Y4 点亮，X14 点亮		
13	机械手松开		Y3 熄灭，X13 熄灭		
14	机械手上升		Y4 熄灭，X16 点亮		
15	机械手缩回		Y5 熄灭，X15 点亮		装配完成
16	拿走已装配工件		X4 熄灭		返回初始步等待
17	再次放上待装配工件		重复执行上述动作		
18	按下停止按钮 SB2		当前装配周期结束后停止		
19	再次放满零件，按下启动按钮		设备再次启动		
20	零件不足		Y17 闪烁，Y15、Y16 常亮		HL3 闪烁，HL1、HL2 常亮
21	零件没有		Y17 闪烁，Y15 常亮，Y16 熄灭		HL1 常亮。HL2 熄灭，HL3 亮 1 s、灭 0.5 s

程序调试时，如果发现程序没有问题，但是设备执行的动作有误，应检查设备其他部分的问题，如电气接线、气动回路、传感器信号等，要连带着一起调试。

另外，调试时，先从功能开始，最后是特殊情况的处理。调试过程中要看设备的动作状态和 PLC 上的信号，程序编制错误时，重新修改后，要再次变换和下载，直到调试没有问题为止。

4. 拓展练习

（1）利用警示灯实现装配单元零件状态判断，显示方法：零件不足时，红色警示灯闪烁；零件没有时，顺序点亮，闪 3 s 后熄灭，设备停止。

（2）总结加工过程中可能出现的问题。

四、任务评价

任务评价表见表 4－11。

表 4－11　任务评价表

评分内容	配分	评分标准	分值	自评	他评
功能	80	有初始状态检查，指示灯显示	5		
		能按要求启动和停止	10		
		运行状态指示灯	5		
		供料流程正确，供料过程无卡阻	20		
		回转动作正确，回转过程无掉料	10		
		装配动作正确，装配过程无掉料和卡阻	20		
		零件不足指示灯	5		
		零件没有指示灯	5		
职业素养	20	材料、工件等不放在系统上	5		
		元件、模块没有损坏、丢失和松动现象	5		
		所有部件整齐摆放在桌上	5		
		工作区域内整洁干净、地面上没有垃圾	5		
综合			100		
完成用时					

项目五　自动分拣单元的安装与调试

分拣装置是依据一定配料原则，按照一定的顺序快速、准确地将物品从分拣区域中取出来，并按一定的方式进行分类、集中的作业过程。从最初的人工分拣到现在的自动分拣系统，能够处理的分拣物品种类和数量越来越多。自动分拣系统（Automatic sorting system）是先进配送中心所必需的设施条件之一，具有很高的分拣效率，通常每小时可分拣商品6 000～12 000 箱。可以说，自动分拣机是提高物流配送效率的一项关键因素。自动分拣系统是物流中心广泛采用的一种自动分拣系统，该系统目前已经成为发达国家大中型物流中心不可缺少的一部分。常见分拣装置如图 5－1、图 5－2 所示。

图 5－1　物流分拣装置

图 5－2　硬币分拣装置

本项目学习 YL－335B 中的分拣系统，完成系统的机械安装、电气和气动回路连接与调试，并根据系统的控制要求编写 PLC 控制程序，了解分拣装置的工作原理和实现方法。

YL－335B 分拣单元的工作过程和技术要求：

分拣单元的功能：对放入入料口的已加工、装配的工件进行分拣，使不同组合材质的工件从不同的料槽分流出来。

系统启动前首先要规定并检测系统的初始位置，当满足初始位置时，按下启动按钮，系统启动，当工件放到传送带上并为入料口光电传感器检测到时，传送带启动，将工件带入分拣区进行分拣。分拣区域安装有不同用途的传感器，可用来分拣工件外壳与内芯的黑、白和金属三个属性，共组成九种不同的组合形式，如白色外壳金属内芯、金属外壳黑色内芯等。当放入的工件满足某一滑槽的要求，工件达到该槽入料口中间时，传送带停止，气缸动作将工件推入滑槽，完成一次分拣操作，系统返回到初始位置，等待下一个工件的到来。当按下停止按钮时，要等一次分拣完成后系统才停止。

任务一　分拣单元的机械安装与气动控制回路连接

一、任务要求

本任务主要完成分拣单元机械结构组装和调整，要求安装后能够满足设备工艺要求。安装完成后，检查机械装配的质量，进行机械调整。

二、相关知识

1. 分拣结构组成及功能

分拣单元主要结构组成为：传送和分拣机构，传送带驱动机构，变频器模块，电磁阀组，接线端口，PLC 模块，按钮/指示灯模块及底板等。其中，机械部分的组成如图 5－3 所示。

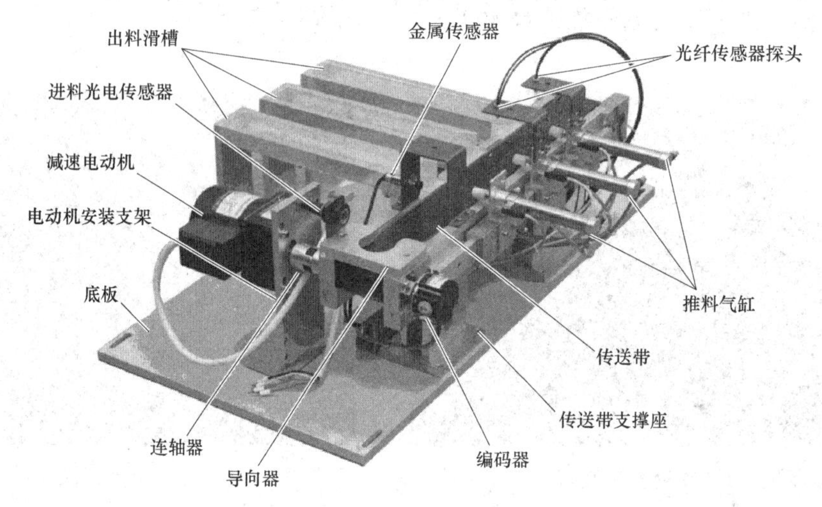

图 5－3　分拣单元的机械结构总成

1）传送和分拣机构

传送和分拣机构主要由传送带及其支撑座、导向器和进料口传感器、出料滑槽、推料（分拣）气缸、光纤传感器及其支架、金属传感器及其支架组成。功能是传送已经加工、装配好的工件，通过属性检测传感器（光纤传感器、电感式接近开关）的检测，确定工件的属性，然后按工作任务要求进行分拣，把不同类别的工件推入三条物料槽中。各部分的功能如下：

（1）传送带：传输放到进料口的工件，运送到分拣区。

（2）传送带支撑座：用来支撑整个传送和分拣机构，支撑座的前端有一个主动轮，末端有一个从动轮，用来带动传送带移动。

（3）导向器：是一个 U 形定位板，安装在进料口，目的是准确确定工件在传送带上的位置，用于纠偏放置过来的工件并确定其初始位置。

（4）进料口传感器：用来检测是否有待分拣的工件送来，即进料口工件的有无检测，使用圆柱形光电传感器（与供料单元的出料口传感器一样）。

（5）出料滑槽：存储已分拣好的工件，共有三个滑槽可供选择。

（6）推料气缸：推料气缸正对着滑槽，用来将满足滑槽要求的工件推入滑槽。

（7）光纤传感器及其支架：工件属性检测，用来检测黑色或白色，如果是白色，则传感器能够感应到信号，光纤传感器动作；如果为黑色，则光纤传感器不动作，以此区分工件的黑白属性。光纤传感器有两个，一个安装在进料口，用来区分工件外壳的黑白色，另一个安装在分拣区域，用来区分工件内芯的黑白色。

（8）金属传感器及其支架：用来判别工件是否是金属工件，为电感式接近开关，根据安装的位置不同，可以检测工件外壳或内芯是否为金属材质，如果为金属，则接近开关动作，否则不动作。

2）传送带驱动机构

传送带的驱动机构的作用是驱动传送带工作，当工件放到传送带上并为入料口漫射式光电传感器检测到时，将信号传输给 PLC，通过 PLC 的程序启动变频器，电动机运转驱动传送带工作。机构如图 5－4 所示，采用三相减速电动机拖动传送带从而输送物料。它主要由电动机支架、电动机、联轴器和旋转编码器组成。

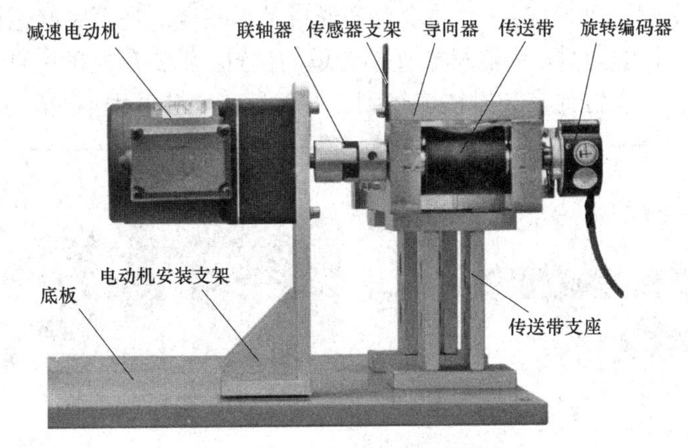

图 5－4　传动机构结构图

（1）三相减速电动机：减速比为 10:1 的三相异步电动机，传动机构的主要部分，电动机转速的快慢由变频器来控制，其作用是带动传送带从而输送物料。

（2）电动机支架：用于固定电动机，保持电动机与联轴器处于同一轴线上。

（3）联轴器：用于把电动机的轴和输送带主动轮的轴连接起来，从而组成一个传动机构。

（4）编码器：光电编码器，与电动机轴连接在一起，用于检测传送带移动的距离。

分拣系统的其他组成部分，前面已经介绍过，这里不再详述。

2. 分拣单元安装工艺要求

分拣单元的安装效果如图 5－5 所示，安装完成后，要满足以下要求：

（1）所有部件固定牢靠，选用合适的螺栓、螺母和工具进行。

（2）推料气缸要对准滑槽的中间位置，以便于工件推入滑槽，不卡阻。

（3）所有内六角螺丝与平面的接触处都要套上垫片后再拧紧。

（4）安装时要注意安装顺序，顺序不当会导致频繁返工。

（5）安装电动机联轴器时，联轴器两边应调整到同一高度后再固定电动机。

（6）皮带托板与传送带两侧板的固定位置应调整好，以免皮带安装后凹入侧板表面，造成推料被卡住的现象。

（7）主动轴和从动轴的安装位置不能错，主动轴和从动轴安装板的位置不能相互调换。要保证主动轴和从动轴的平行。

（8）皮带的张紧度应调整适中。

（9）为了使传动部分平稳可靠、噪声减小，使用了滚动轴承为动力回转件，但滚动轴承及其安装配合零件均为精密结构件，对其拆装需一定的技能和专用的工具，建议不要自行拆卸。

三、任务准备

1. 清理安装平台

安装前，先确认安装平台已放置平衡，安装平台下的滚轮已锁紧，安装平台上安装槽内没有遗留的螺母、小配件或其他杂物，然后用软毛刷将安装平台清扫干净。

2. 准备器材和工具

熟读分拣单元装配效果图（图 5-5）和技术要求，根据安装分拣单元装置侧部分所需要的主要器材表清点器材，见表 5-1。并检查各器材是否齐全，是否完好无损，如有损坏，请及时更换。在清点器材的同时，将器材放置到合适的位置。清点所需的配件，将较小的配件放在一个固定的容器中，以方便安装时快速找到，并保证在安装过程不遗漏小的器件或配件。

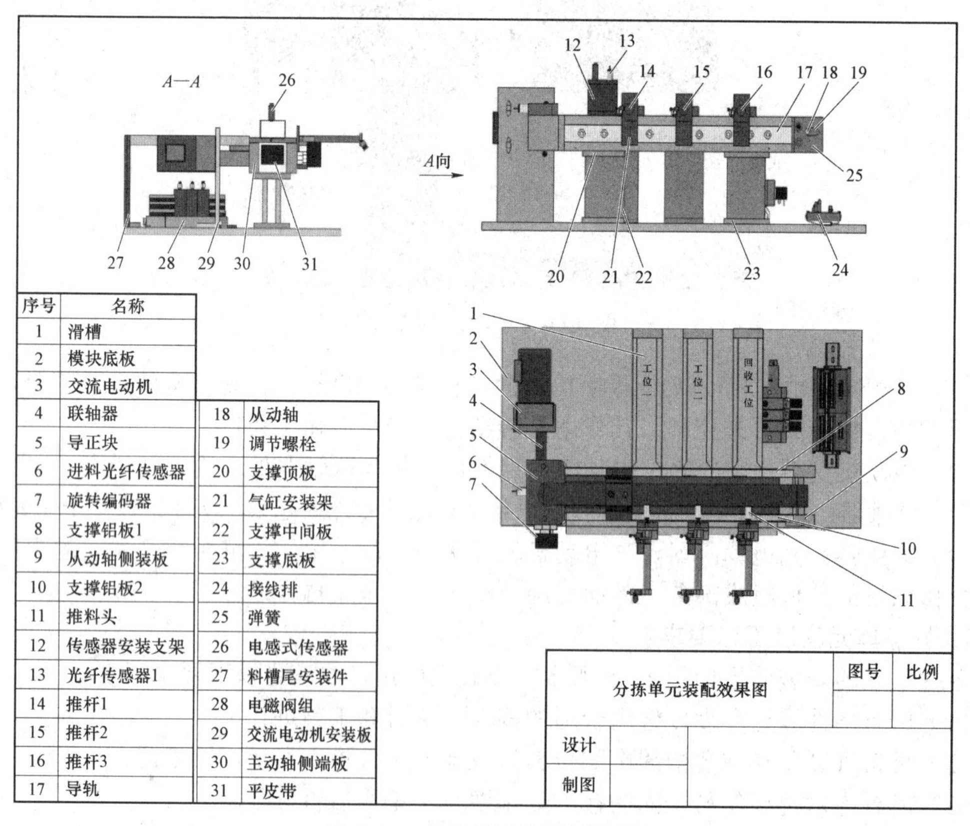

序号	名称	序号	名称
1	滑槽		
2	模块底板		
3	交流电动机		
4	联轴器	18	从动轴
5	导正块	19	调节螺栓
6	进料光纤传感器	20	支撑顶板
7	旋转编码器	21	气缸安装架
8	支撑铝板1	22	支撑中间板
9	从动轴侧装板	23	支撑底板
10	支撑铝板2	24	接线排
11	推料头	25	弹簧
12	传感器安装支架	26	电感式传感器
13	光纤传感器1	27	料槽尾安装件
14	推杆1	28	电磁阀组
15	推杆2	29	交流电动机安装板
16	推杆3	30	主动轴侧端板
17	导轨	31	平皮带

图 5-5　分拣单元装配效果图

表 5-1 分拣单元器材清单

序号	名称	数量	型号	用途
1	滑槽	3 个	专配	存放分拣好的工件
2	料槽尾安装件	3 个	专配	
3	模块底板	1 块	专配	分拣单元固定
4	交流电动机	1 台	电机：80YS25GY38 减速器：80GK10HF099	驱动传送带
5	交流电机安装板	1 组	专配	
6	联轴器	1 个	专配	连接电机轴与主动轴
7	导正块	1 块	专配	定位进料口
8	进料光电传感器	1 个	MHT15-N2317	进料口工件检测
9	旋转编码器	1 个	ZKT4808-001G-500BZ3-12-24C	传送带移动距离检测
10	支撑铝板 1	1 块	专配	传送带支撑与定型
11	支撑铝板 2	1 块	专配	
12	传送带平板（皮带衬板）	1 块	专配	
13	平皮带	1 个	专配	
14	推料头	3 个	专配	将工件推入滑槽
15	推料气缸	3 个	CDJ2B16X75-B 进	
16	调节螺栓	1 个	专配	调节传送带张紧度
17	弹簧	2 个	专配	
18	从动轴侧端板	2 个	专配	固定从动轴
19	从动轴	1 个	专配	
20	主动轴侧端板	2 块	专配	固定主动轴
21	主动轴	1 个	专配	
22	传感器安装支架	3 个	专配	安装传感器
23	光纤传感器	2 个	NSN4-12M60-E0	工件黑白检测
24	导轨	1 个	专配	调整推料气缸位置
25	支撑顶板	2 块	专配	机构支撑
26	支撑底板	2 块	专配	
27	支撑中间板	4 块	专配	
28	磁性开关	3 个	D-C73	气缸位置检测
29	单向节流阀	6 个	适用气管 Ø4	气缸速度调节
30	气缸安装件	3 个	专配	固定气缸
31	接线排	1 组	专配	连接元器件引出线
32	电磁阀组	1 组	4 V110	气缸气动控制

分拣单元机械安装所需的工具与前面各单元的机械安装所需工具相同，清点和整理工具，放置在方便取用的地方。

四、任务实施

首先明确分拣单元的结构组成和各部分的功能，熟悉图纸要求，合理分配安装步骤和方法，然后根据提供的图纸进行安装。

1. 传送带组件安装

完成传送机构的组装，装配传送带装置及其支座，然后将其安装到底板上，如图 5－6 所示。

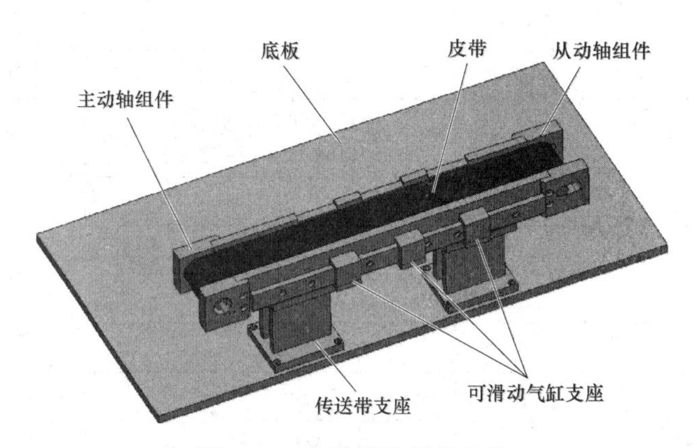

图 5－6　传送机构组件安装

1）安装传送带支架

安装传送带支架，所用器件包括支撑板（顶、中间和底板）、支撑铝板 1 和支撑铝板 2、导轨和气缸固定滑块、皮带衬板和平皮带，固定左右支撑板时，首先将平皮带及其平板块放置好，如图 5－7 所示。

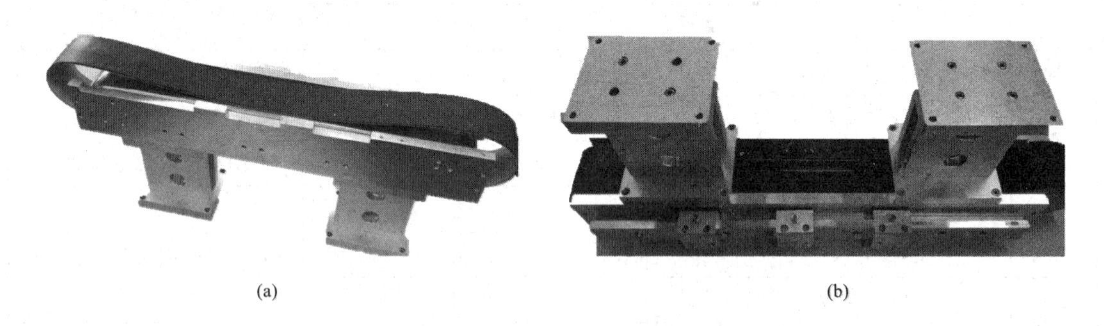

图 5－7　传送带支架安装

（a）正面效果；（b）反面效果

2）安装主、从动轮组件

在分拣单元设备上，传送带的同步运行由安装在传送带两端的主、从动轮带动，按照表 5－2 的步骤和说明安装主、从动轮组件。

表 5-2 主、从动轮组件的安装说明

步骤	安装前的组件	安装后的效果	安装过程说明
安装主动轮	卡簧和轴承已经固定在安装板上，为避免脱落不要拆下来		主动轮与电动机轴相连，作为传送带移动的动力机构，安装时，各元器件的放置顺序为主动轴轮、轴承、卡簧、安装板，左右两边对称，不偏移，组装好后，穿过皮带固定到设备的电动机端
安装从动轮			安装从动轮时，在从动轮两边的孔内放置弹簧，并用螺栓拧入

将主、从动轮安装到设备上，首先将主动轮穿过皮带，再将两边附件固定。主动轮组件安装到设备上后，将从动轮组件也安装到设备上，注意不放装反。同调整主、从动轮的位置和角度，调整好后用螺栓进行固定。全部安装好后，需要初步调整传送带的水平度和平行度，使传送带在运行过程中不偏移向任何一边。调整方法是：通过从动轮两边固定弹簧的螺栓（见图 5-8）进行调节，调整过程中注意传送带的松紧，使其处于张紧状态，调节张紧度的两个调节螺栓应平衡调节，避免皮带运行时跑偏，如图 5-9 所示。

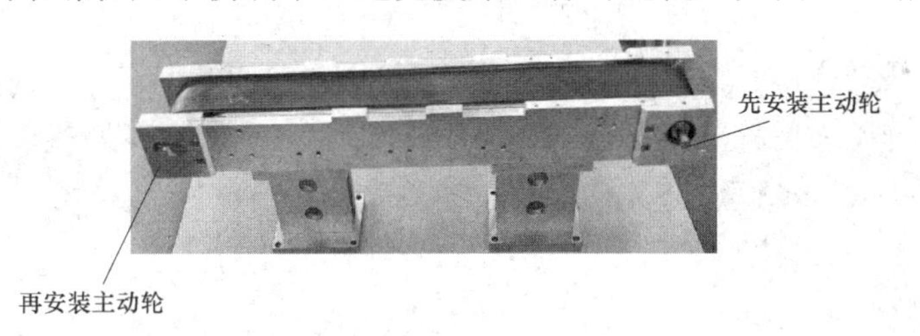

图 5-8 固定主从动轮

图 5-9 传送带张紧状态调节

2. 安装推料气缸

分拣单元传送组件安装好后，将三个推料气缸通过气缸固定架固定到支架的滑块上，如图 5－10 所示，推料气缸的组装步骤见表 5－3，在组装时滑块先不要拧紧，后续还需调整推料缸与滑槽的对应角度。

表 5－3　推料气缸的组装步骤

步骤	组装前	组装后	安装说明
节流阀			先用手将节流阀旋入气缸螺孔，再用扳手进行固定
气缸连接件			附件安装时，一端用固定螺母进行固定，防止松动
推料头			推料头旋入一定深度后，用固定螺母进行固定，防止在运动过程中移动
磁性开关			用力适中，不要损坏开关外壳，注意磁性开关的安装方法，引线端朝外

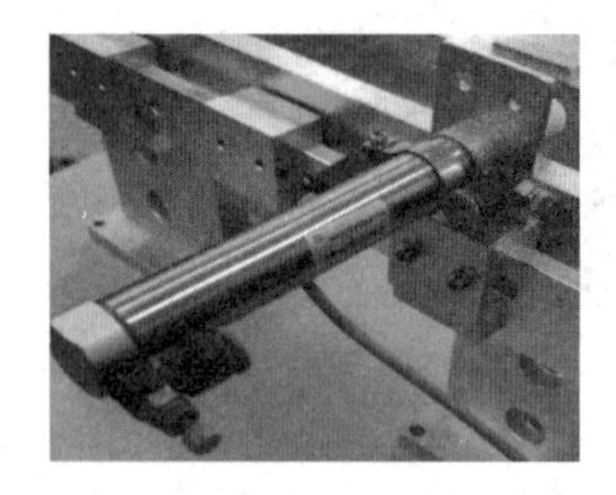
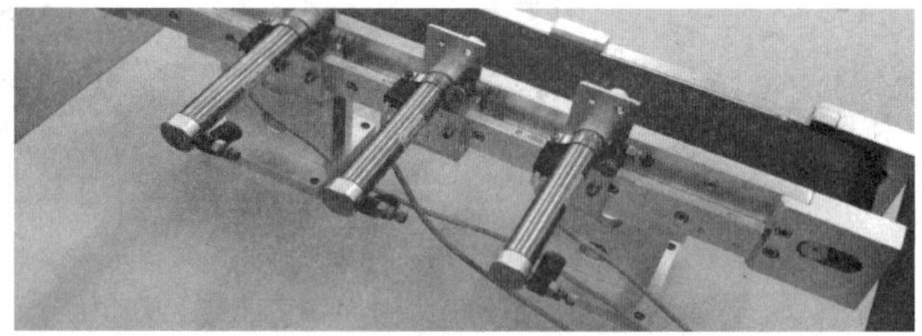

图 5－10　气缸固定到支架上

3. 安装传感器

按照表 5－4 所示安装分拣单元的传感器，各传感器的功能如下：

（1）进料口定位槽用于放置已经装配和加工好的工件，定位工件的位置，以备分拣距离的测算。待分拣的工件是黑色还是白色，通过进料口的光纤传感器进行检测。

（2）进料口是否有工件，通过进料口的光电传感器是否感应到信号进行判断。

（3）工件进入分拣区后，通过分拣区的传感器判断工件的外壳是否是金属及内芯是白色塑料、黑色塑料还是金属。

表 5-4 传感器安装方法

安装步骤	安装前	安装后	安装说明
安装旋转编码器	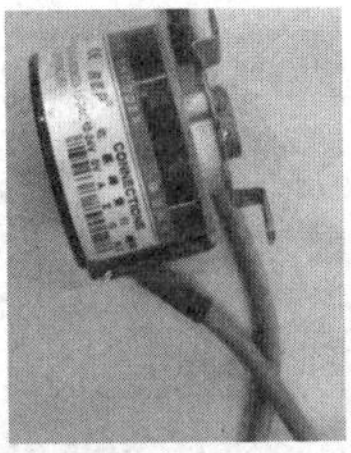		将编码器连接到主动轮轴上，编码器与主动轮轴的紧钉螺栓用内六角扳手旋紧
安装导向器及其传感器	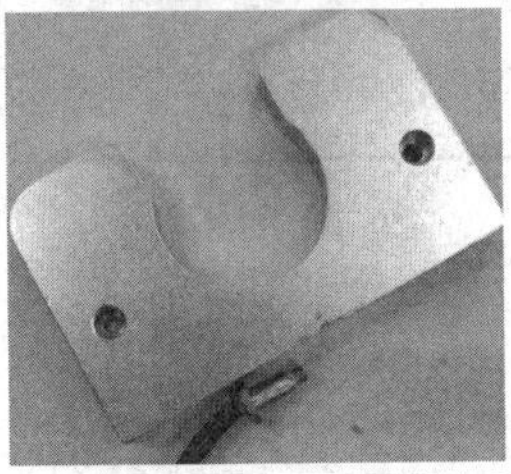	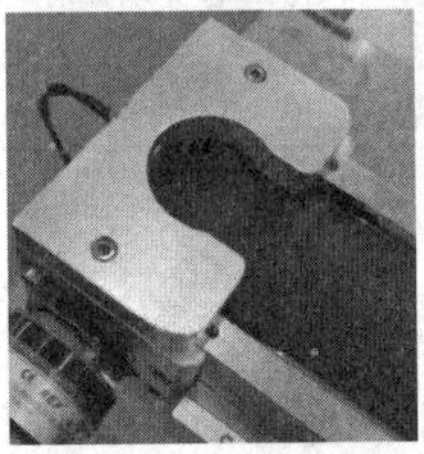	导向器要与设备边沿平行，不凸出，光纤传感器旋入导向器的边侧的安装孔内
安装进料口传感器	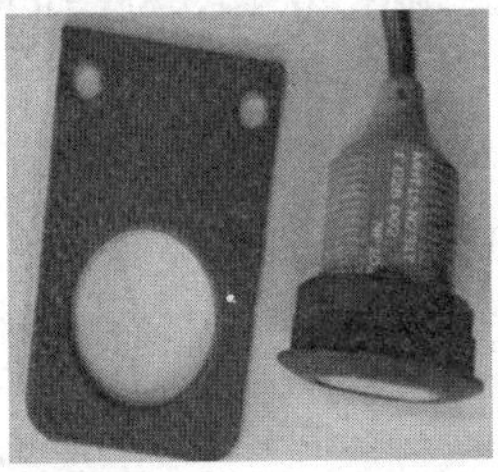	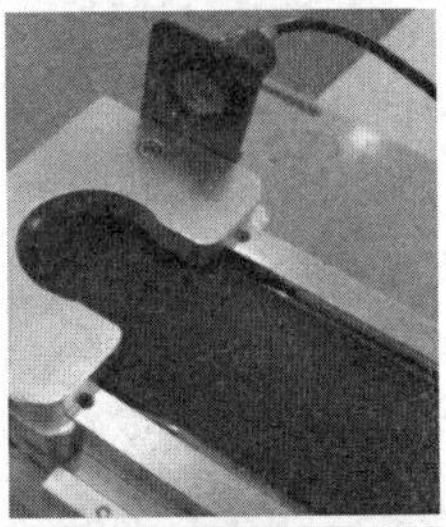	进料口传感器安装时，两边的塑料卡环要相对固定紧
安装分拣区传感器	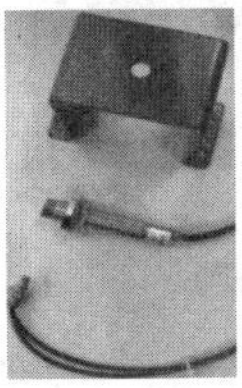 	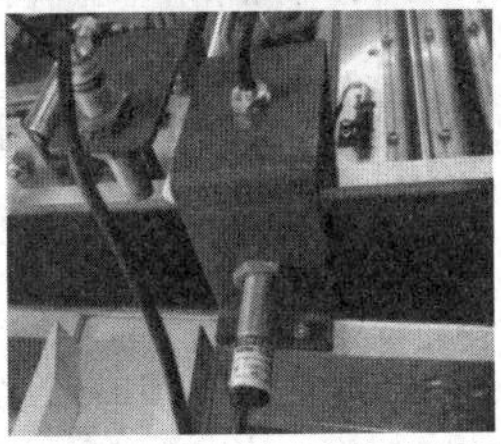	传感器支架上安装的一个光纤和一个电感传感器组装好后，将其固定到设备指定位置，电感传感器及其支架安装在气缸固定架上

4. 安装滑槽和驱动机组件

在安装滑槽和驱动机组件之前首先将线槽、端子排和电磁阀组等部分固定到黄色底板上，然后再按照表 5-5 所示步骤和方法安装滑槽和驱动机组件。

表 5-5 安装滑槽和驱动机组件

安装步骤	安装前	安装后	安装说明
安装滑槽	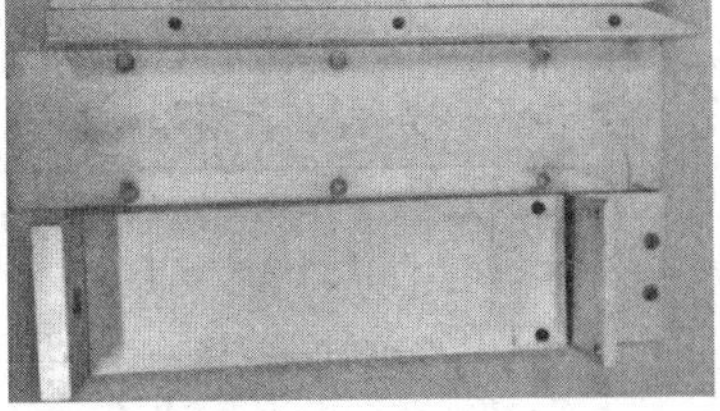		按图组装滑槽，并将其连接到支架上，与黄色底板固定牢靠，调整推料气缸，轴心对准滑槽的中心位置

续表

安装步骤	安装前	安装后	安装说明
安装驱动机组件			电动机与主动轮通过联轴器相连，安装时，注意调整电动机轴与主动轴在同一个水平线

5. 检测与调整

分拣单元的机械部分已经装配好，需要调节传送带皮带的张紧度，此外还必须仔细调整电动机与主动轴连轴的同心度。调节要求：传送带皮带的张紧度以电动机在输入频率为1 Hz时能顺利启动、低于1 Hz时难以启动为宜，这项测试可用变频器的操作面板实现（变频器面板与参数的设置方法请参考项目五中任务二）。

1）检测电气接线

按照图5－11连接变频器与电动机，把三相电源接入变频器的R/L1、S/L2、T/L3三个端子上，变频器的输出端子（U、V、W）连接到电动机上，电源和电动机的地线分别接到变频器的接地端子上。

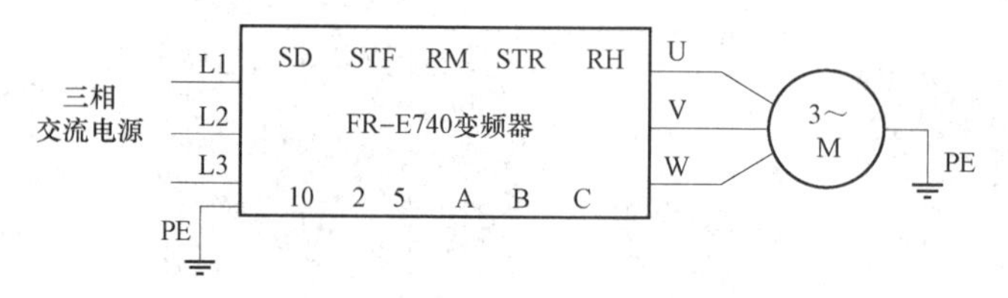

图5－11　变频器与电动机的接线原理图

2）变频器参数设置

设置变频器参数，使变频器工作在内部模式，这样可通过操作面板进行电动机的启动和停止操作，并且把M旋钮作为点位使用进行频率的调节，见表5－6。

表5－6　变频器参数设置

参数编号	设置值	说　　明
Pr.3	0	基准频率设为0
Pr.79	1	绝对内部模式
Pr.161	1	M旋钮电位器模式

3）运行调整

操作面板上RUN按钮启动变频器，旋动M旋钮，改变变频器频率，可以看到电动机正向转动，变频器输出频率逐渐增大，电动机转速逐渐升高。调整传送带的松紧度，使变频器频率低于 1 Hz 时传送带不能启动，大于 1 Hz 时传送带可以启动。

五、任务评价

任务评价表见表 5－7。

表 5－7　任务评价表

评分内容	配分	评分标准		分值	自评	他评
机械装配	90	装配未完成或装配错误导致机构不能运行		10		
		传送带组件	框架安装变形	5		
			皮带平行	5		
			皮带扭曲	5		
			主、从动轴安装平整	5		
			松紧度调整适中	5		
		推料气缸组件	推料安装牢靠	5		
			推料动作合理	5		
			不卡料、不弹料	5		
		电机组件	联轴器安装水平	5		
			电动机运行不晃动	5		
			电动机、主动轴、编码器连接牢靠	5		
		滑槽		5		
		传感器安装		5		
		其他附件		5		
		螺栓螺母选用合理、固定牢靠，没有紧固件松动现象		10		
职业素养	10	材料、工件等不放在系统上		5		
		元件、模块没有损坏、丢失和松动现象				
		所有部件整齐摆放在桌上		5		
		工作区域内整洁干净、地面上没有垃圾				
综合				100		
完成用时						

任务二　定时定位分拣装置的编程与调试

一、任务要求

完成分拣单元的电气接线、气动控制回路连接和 PLC 程序编制与调试，使之能满足以下控制要求。

（1）初始状态：当三个气缸均处于缩回状态时，入料口没有工件，初始位置指示灯 HL1 常亮，否则闪烁；按下启动按钮，设备启动，运行指示灯 HL2 常亮。

（2）设备运行后，将工件放入物料口，物料口传感器检测到工件 2 s 后，电动机以 20 Hz 的运行速度带动传送带将工件送入分拣区，如果是白色和黑色塑料外壳的工件则分别推入一、二号槽，如果是金属外壳工件则推入三号槽，改变电机的运行速度为 30 Hz，重复上述操作。

（3）按下停止按钮，如果传送带上有工件，待工件分拣入槽后，系统停止，HL2 灭。

二、相关知识

本任务只要求变频器输出 20 Hz 和 30 Hz 的两个固定频率，可以使用变频器调速外部控制模式的多段速控制方式驱动电动机运行。工件运行的位置利用 PLC 内部定时器的定时值判断，通过测算，算出到达指定位置的时间值，如工件从进料口运行到一号槽、二号槽和三号槽的时间值。

工件材质的判别是通过光纤传感器和电感传感器来完成的，调整光纤传感器只能检测到非黑材质的工件，电感传感器的检测距离较短，要调整到能够检测到金属材质的工件。

1. 分拣单元的气动控制回路

分拣单元的气动部分包括三个推料气缸，因此使用了三个由二位五通、带手控开关的单电控电磁阀构成的阀组结构，它们安装在汇流板上。这三个阀分别对三个滑槽的推料气缸的气路进行控制，以改变各自的动作状态。

本单元气动控制回路的工作原理如图 5－12 所示，图中 1B1、2B1 和 3B1 分别为安装在各分拣气缸的前极限工作位置的磁感应接近开关；1Y1、2Y1 和 3Y1 分别为控制 3 个气缸电磁阀的电磁控制端，电磁阀和气缸中间是排气型单向节流阀，控制气缸的伸出/缩回速度。

2. 三菱 FR－E700 通用变频器

变频器的功用是将频率固定（通常为工频 50 Hz）的交流电（三相或单相）变换成频率连续可调（多数为 0～400 V）的三相交流电。

通用变频器是指适用于工业通用电动机和一般变频电动机并由一般电网供电（单相 220 V、三相 380 V50 Hz）作调速控制的变频器。此类变频器由于工业领域的广泛使用已成为变频器的主流。

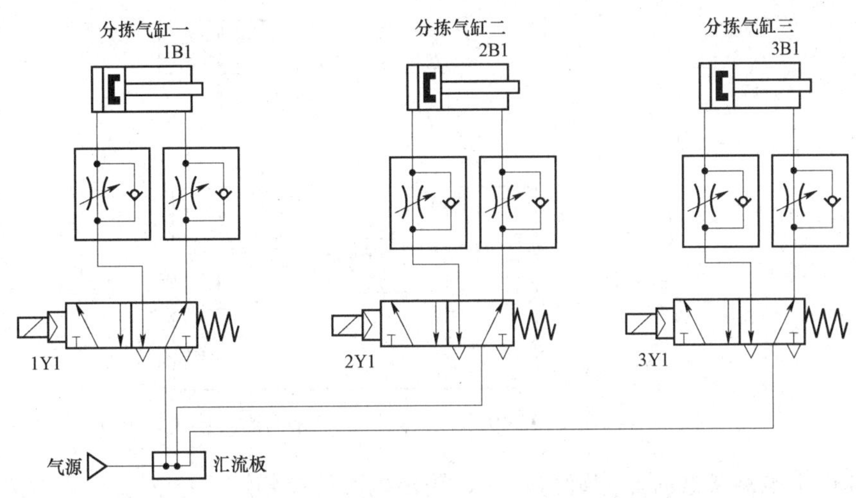

图 5－12　分拣单元气动控制回路工作原理图

分拣单元的三相减速电动机采用变频器驱动方式，变频器选用三菱 FR－E700 系列变频器中的 FR－E740－0.75K－CHT 型变频器，该变频器额定电压等级为三相 400 V，适用容量 0.75 kW 及以下的电动机。FR－E700 系列变频器的外观和型号的定义如图 5－13 所示。变频器可以实现变频调速，具体原理这里不再赘述。

三菱 FR－E700 系列变频器是 FR－E500 系列变频器的升级产品，是一种小型、高性能变频器。在 YL－335B 设备上进行的实训，所涉及的是使用通用变频器所必需的基本知识和技能，着重于变频器的接线、常用参数的设置等方面。

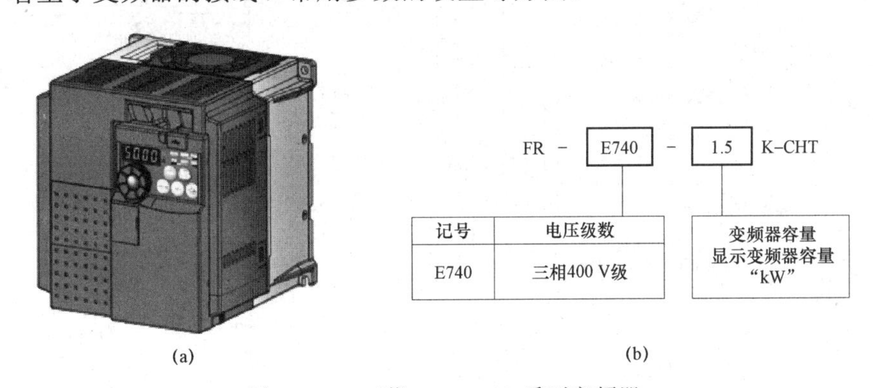

图 5－13　三菱 FR－E700 系列变频器

（a）FR－E700 变频器外观；（b）变频器型号定义

1）变频器主电路接线原理

FR－E740 系列变频器主电路的通用接线如图 5－14 所示。

图中有关说明如下：

（1）P1、P/＋之间用以连接直流电抗器，无须连接时两端子间短路。

（2）P/＋与 PR 之间用以连接制动电阻器，P/＋与 N/－之间用以连接制动单元选件。YL－335B 设备未使用，故用虚线画出。

（3）交流接触器 MC 用作变频器安全保护的，注意不要通过此交流接触器来启动或停止变频器，否则可能降低变频器寿命。在 YL－335B 系统中，没有使用这个交流接触器。

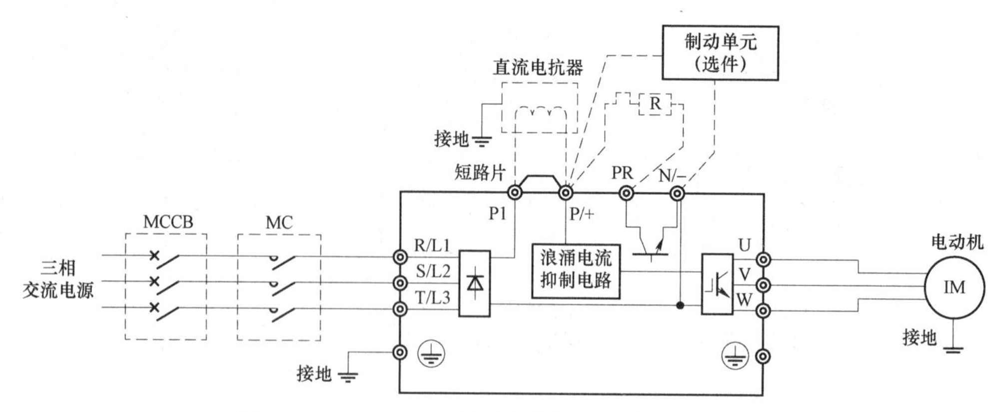

图 5-14　FR-E740 系列变频器主电路的通用接线

（4）进行主电路接线时，应确保输入、输出端不能接错，即电源线必须连接至 R/L1、S/L2、T/L3，绝对不能接 U、V、W，否则会损坏变频器。

2）控制电路接线原理

FR-E700 系列变频器控制电路的接线如图 5-15 所示。

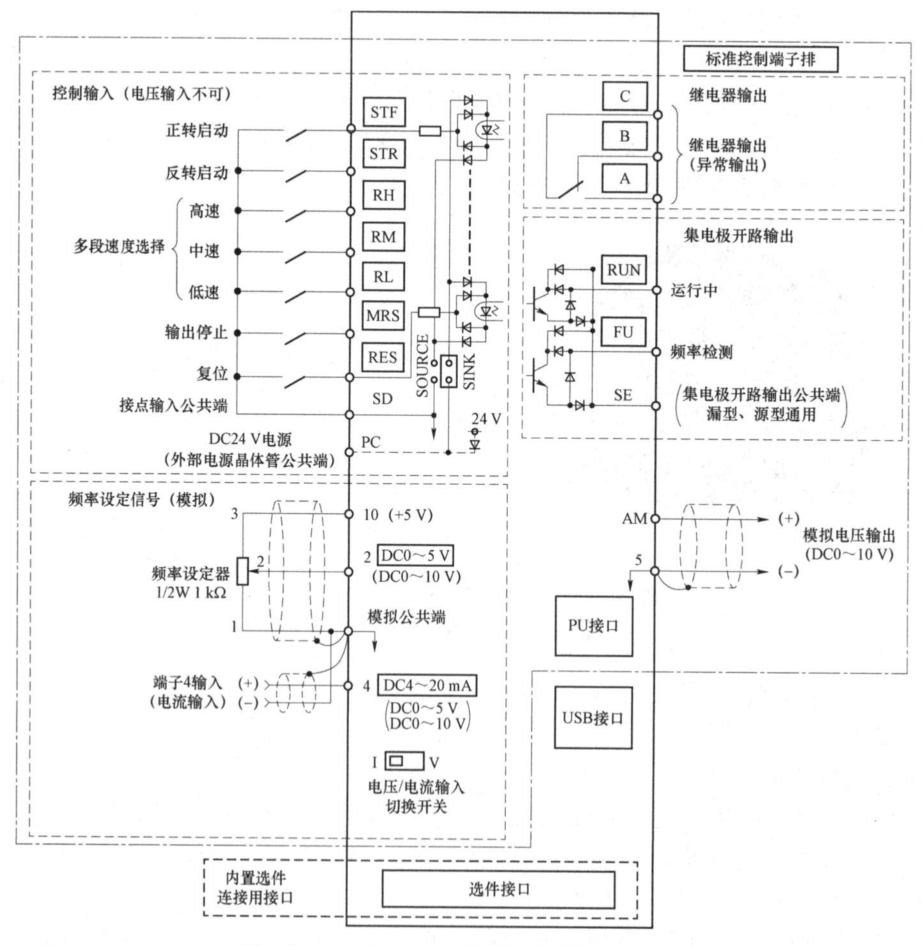

图 5-15　FR-E700 变频器控制电路接线

在图 5－15 中，控制电路端子分为控制输入、频率设定（模拟量输入）、继电器输出（异常输出）、集电极开路输出（状态检测）和模拟电压输出等 5 部分区域，各端子的功能可通过调整相关参数的值进行变更，在出厂初始值的情况下，各控制电路端子的功能说明如表 5－8、表 5－9 和表 5－10 所示。

表 5－8　控制电路输入端子的功能说明

<table>
<tr><th>种类</th><th>端子编号</th><th>端子名称</th><th colspan="2">端子功能说明</th></tr>
<tr><td rowspan="11">接点输入</td><td>STF</td><td>正转启动</td><td>STF 信号“ON”时为正转、“OFF”时为停</td><td rowspan="2">STF、STR 信号同时“ON”时变成停止指令</td></tr>
<tr><td>STR</td><td>反转启动</td><td>STR 信号“ON”时为反转、“OFF”时为停</td></tr>
<tr><td>RH
RM
RL</td><td>多段速度选择</td><td colspan="2">利用 RH、RM 和 RL 信号的组合可以选择多段速度</td></tr>
<tr><td>MRS</td><td>输出停止</td><td colspan="2">MRS 信号“ON”（20 ms 或以上）时，变频器输出停止；
用电磁制动器停止电动机时，即断开变频器的输出</td></tr>
<tr><td>RES</td><td>复位</td><td colspan="2">用于解除保护电路动作时的报警输出，应使 RES 信号处于“ON”状态 0.1 s 或以上，然后断开；
初始设定为始终可进行复位，但进行了 Pr.75 的设定后，仅在变频器报警发生时可进行复位，复位时间约为 1 s</td></tr>
<tr><td rowspan="3">SD</td><td>接点输入公共端（漏型）（初始设定）</td><td colspan="2">接点输入端子（漏型逻辑）的公共端子</td></tr>
<tr><td>外部晶体管公共端（源型）</td><td colspan="2">源型逻辑时当连接晶体管输出（即集电极开路输出）、例如可编程控制器（PLC）时，将晶体管输出用的外部电源公共端接到该端子时，可以防止因漏电引起的误动作</td></tr>
<tr><td>DC24 V 电源公共端</td><td colspan="2">DC24 V、0.1 A 电源（端子 PC）的公共输出端子与端子 5 及端子 SE 绝缘</td></tr>
<tr><td rowspan="3">PC</td><td>外部晶体管公共端（漏型）（初始设定）</td><td colspan="2">漏型逻辑时当连接晶体管输出（即集电极开路输出）、例如可编程控制器（PLC）时，将晶体管输出用的外部电源公共端接到该端子时，可以防止因漏电引起的误动作</td></tr>
<tr><td>接点输入公共端（源型）</td><td colspan="2">接点输入端子（源型逻辑）的公共端子</td></tr>
<tr><td>DC24 V 电源</td><td colspan="2">可作为 DC24 V、0.1 A 的电源使用</td></tr>
<tr><td rowspan="2">频率设定</td><td>10</td><td>频率设定用电源</td><td colspan="2">作为外接频率设定（速度设定）用电位器时的电源使用（按照 Pr.73 模拟量输入选择）</td></tr>
<tr><td>2</td><td>频率设定（电压）</td><td colspan="2">如果输入 DC0～5 V（或 0～10 V），在 5 V（10 V）时为最大输出频率，输入、输出成正比。通过 Pr.73 进行 DC0～5 V（初始设定）和 DC0～10 V 输入的切换操作</td></tr>
</table>

续表

种类	端子编号	端子名称	端子功能说明
频率设定	4	频率设定(电流)	若输入 DC4～20 mA（或 0～5 V，0～10 V），在 20 mA 时为最大输出频率，输入、输出成正比。只有 AU 信号为“ON”时，端子 4 的输入信号才会有效（端子 2 的输入将无效）。通过 Pr.267 进行 4～20 mA（初始设定）和 DC0～5 V、DC0～10 V 输入的切换操作； 电压输入（0～5 V/0～10 V）时，应将电压/电流输入切换开关切换至“V”
	5	频率设定公共端	频率设定信号（端子 2 或 4）及端子 AM 的公共端子，勿接大地

表 5－9　控制电路接点输出端子的功能说明

种类	端子记号	端子名称	端子功能说明	
继电器	A、B、C	继电器输出（异常输出）	指示变频器因保护功能动作时输出停止的 1 c 接点输出。异常时：B－C 间不导通（A－C 间导通）；正常时：B－C 间导通（A－C 间不导通）	
集电极开路	RUN	变频器正在运行	变频器输出频率大于或等于启动频率（初始值 0.5 Hz）时为低电平，已停止或正在直流制动时为高电平	
	FU	频率检测	输出频率大于或等于任意设定的检测频率时为低电平，未达到时为高电平	
	SE	集电极开路输出公共端	端子 RUN、FU 的公共端子	
模拟	AM	模拟电压输出	可以从多种监示项目中选一种作为输出，变频器复位中不被输出，输出信号与监示项目的大小成比例	输出项目： 输出频率（初始设定）

表 5－10　控制电路网络接口的功能说明

种类	端子记号	端子名称	端子功能说明
RS－485	——	PU 接口	通过 PU 接口，可进行 RS－485 通信。 ● 标准规格：EIA－485（RS－485）； ● 传输方式：多站点通信； ● 通信速率：4 800～38 400 b/s； ● 总长距离：500 m
USB	——	USB 接口	与个人电脑通过 USB 连接后，可以实现 FR Configurator 的操作。 ● 接口：USB1.1 标准； ● 传输速度：12 Mb/s ● 连接器：USB 迷你－B 连接器（插座：迷你－B 型）

3）变频器的操作面板

使用变频器之前，首先要熟悉其面板显示和键盘操作单元（或称控制单元），并且按使用现场的要求合理设置参数。FR－E700 系列变频器的参数设置，通常利用固定在其上的操作面板（不能拆下）实现，也可以使用连接到变频器 PU 接口的参数单元（FR－PU07）实现。使用操作面板可以进行运行方式、频率的设定，运行指令监视，参数设定，错误表示等。操作面板如图 5－16 所示，其上半部为面板显示器，下半部为 M 旋钮和各种按键。它们的具体功能分别见表 5－11 和表 5－12。

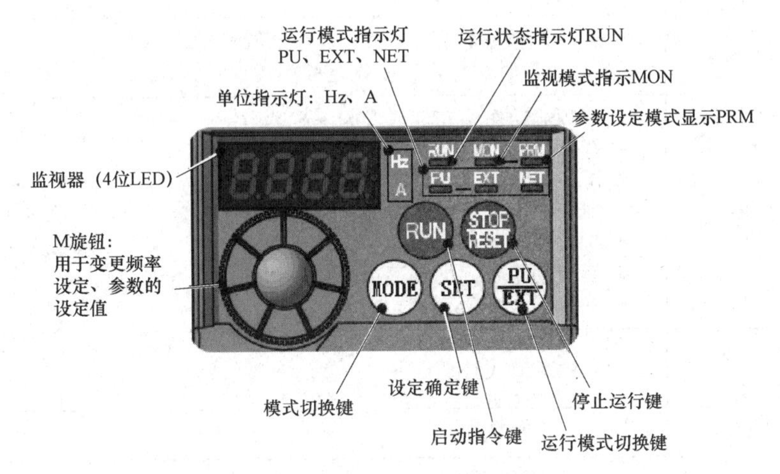

图 5－16　FR－E700 的操作面板

表 5－11　旋钮、按键功能

旋钮和按键	功　能
M 旋钮（三菱变频器旋钮）	该旋钮用于变更频率和参数的设定值。按下该旋钮可显示以下内容： ● 监视模式时的设定频率； ● 校正时的当前设定值； ● 报警历史模式时的顺序
模式切换键 MODE	用于切换各设定模式。和运行模式切换键同时按下也可以用来切换运行模式。长按此键（2 s）可以锁定操作
设定确定键 SET	各设定的确定。 此外，当运行中按此键则监视器出现以下显示： 运行频率 → 输出电流 → 输出电压 →（返回运行频率）
运行模式切换键 PU/EXT	用于切换 PU/外部运行模式。 使用外部运行模式（通过另接的频率设定电位器和启动信号启动的运行）时应按此键，使表示运行模式的 EXT 处于亮灯状态。 切换至组合模式时，可同时按“MODE”键 0.5s，或者变更参数 Pr.79
启动指令键 RUN	在 PU 模式下，按此键启动运行。 通过 Pr.40 的设定，可以选择旋转方向
停止运行键 STOP/RESET	在 PU 模式下，按此键停止运转。 保护功能（严重故障）生效时，也可以进行报警复位

表 5-12 运行状态显示

显示	功能
运行模式显示	PU：PU 运行模式时亮灯； EXT：外部运行模式时亮灯； NET：网络运行模式时亮灯
监视器（4 位 LED）	显示频率、参数编号等
监视数据单位显示	Hz：显示频率时亮灯；A：显示电流时亮灯 （显示电压时熄灯，显示设定频率监视时闪烁）
运行状态显示 RUN	当变频器动作中亮灯或者闪烁；其中： 亮灯——正转运行中； 缓慢闪烁（1.4 s 循环）——反转运行中。 下列情况下出现快速闪烁（0.2 s 循环）： ● 按键或输入启动指令都无法运行时； ● 有启动指令，但频率指令在启动频率以下时； ● 输入了 MRS 信号时
参数设定模式显示 PRM	参数设定模式时亮灯
监视器显示 MON	监视模式时亮灯

4）变频器的运行模式

所谓运行模式是指对输入到变频器的启动指令和设定频率命令来源的指定。在变频器不同的运行模式下，各种按键、M 旋钮的功能各异。一般来说，使用控制电路端子或在外部设置电位器和开关来进行操作的是“外部运行模式”，使用操作面板或参数单元输入启动指令、设定频率的是“PU 运行模式”，通过 PU 接口进行 RS-485 通信或使用通信选件的是“网络运行模式（NET 运行模式）”。在进行变频器操作以前，必须了解其各种运行模式，才能进行各项操作。

FR-E700 系列变频器通过参数 Pr.79 的值来指定变频器的运行模式，设定值范围为 0，1，2，3，4，6，7；这 7 种运行模式的内容以及相关 LED 指示灯的状态参考变频器说明书。变频器出厂时，参数 Pr.79 设定值为 0。当停止运行时用户可以根据实际需要修改其设定值。

5）变频器的参数设定与清除方法

变频器参数的出厂设定值被设置为完成简单的变速运行。如需按照负载和操作要求设定参数，则应进入参数设定模式，先选定参数号，然后设置其参数值。设定参数分两种情况，一种是在停机 STOP 方式下重新设定参数，这时可设定所有参数；另一种是在运行时设定，这时只允许设定部分参数，但是可以核对所有参数号及参数。图 5-17 所示为参数设定过程的一个例子，所完成的操作是把参数 Pr.1（上限频率）从出厂设定值 120.0 Hz 变更为 50.0 Hz，假定当前运行模式为外部/PU 切换模式（Pr.79=0）。

图 5-17 的参数设定过程，需要先切换到 PU 模式下，否则只能设定部分参数，然后按 MODE 键进入参数设定模式。进入设定模式后，显示的参数编号从 Pr.0 开始，通过旋转 M 旋钮调整到要修改的参数编号。图 5-17 将参 Pr.1 由原来的 120.00 Hz 修改成 50.00 Hz，修改调整好后，按下 SET 设定键，参数闪烁，代表设定完成。

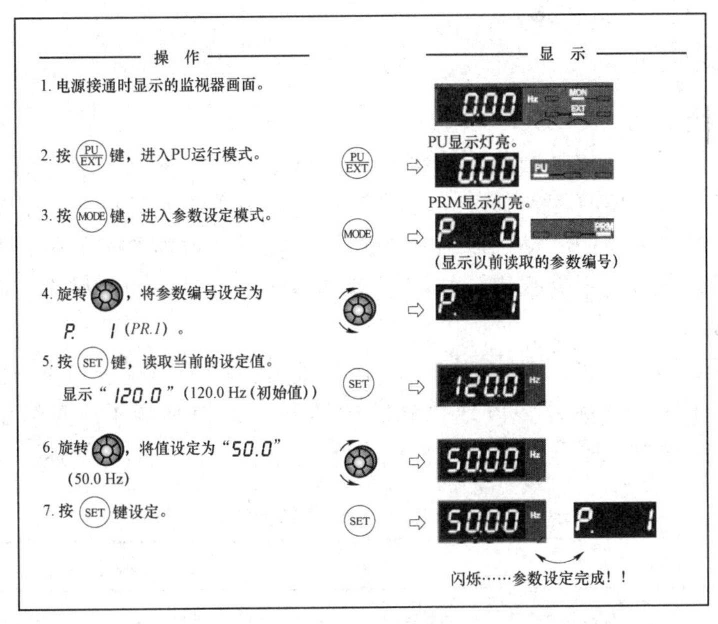

图 5-17 变更参数的设定值示例

如果用户在参数调试过程中遇到问题，并且希望重新开始调试，可用参数清除操作方法实现，即在 PU 运行模式下，设定 Pr.CL 参数清除、ALLC 参数全部清除均为"1"，可使参数恢复为初始值。但如果设定 Pr.77 参数写入选择的值为"1"，则无法清除。

参数清除操作，需要在参数设定模式下，用 M 旋钮选择参数编号为 Pr.CL 和 ALLC，把它们的值均置为"1"，操作步骤如图 5-18 所示。

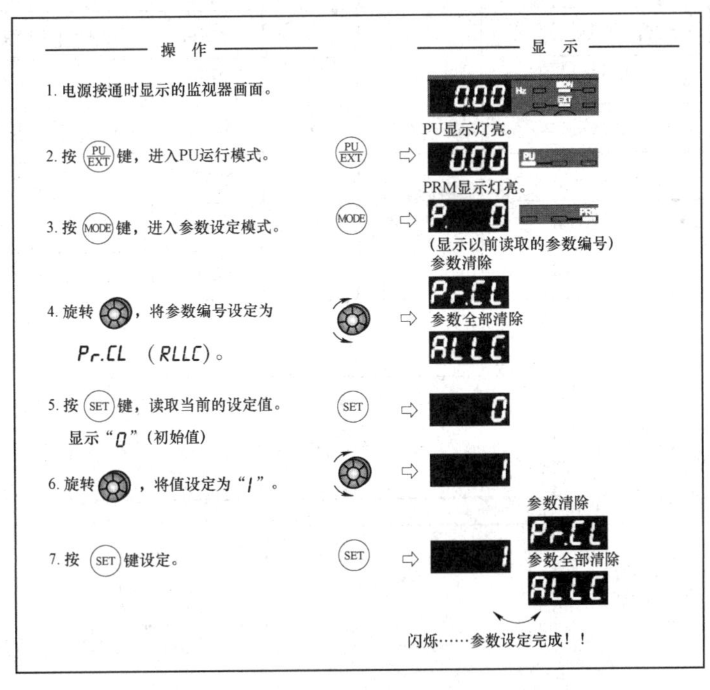

图 5-18 参数全部清除的操作示意图

三、任务实施

1. 气路连接与调整

按照分拣单元的气动控制回路图连接气路，连接方法在前面已经介绍过，这里不再详述。连接好气路后，调整气路，使三个推料气缸初始位置都是缩回状态。在推料头位置放置一个工件，通过电磁阀的手动控制按钮控制气缸推料，调整气缸的位置和速度，使得推料过程中工件不会卡住也不会弹出，能够正确将工件推入对应的滑槽内，力度适中。

2. 电气接线

I/O 地址分配见表 5－13，其中 STF、STR 分别是变频器的端子名称，控制电动机的正转和反转，RM、RH 是变频器多段速控制的中速和商速控制端子。变频器部分的接线如图 5－19 所示，其他电气原理及接线和前面各单元相同，这里不再赘述。

表 5－13　分拣单元 PLC 的 I/O 信号表

输入信号				输出信号			
序号	PLC 输入点	信号名称	信号来源	序号	PLC 输出点	信号名称	信号输出目标
1	X003	进料口工件检测	装置侧	1	Y000	STF	变频器
2	X004	光纤传感器 1		2	Y001	RM	
3	X005	电感式传感器 1		3	Y002	STR	
				4	Y003	RH	
4	X007	推杆 1 推出到位		5			
5	X010	推杆 2 推出到位		6	Y004	推杆 1 电磁阀	
6	X011	推杆 3 推出到位		7	Y005	推杆 2 电磁阀	
				8	Y006	推杆 3 电磁阀	
7	X012	启动按钮	按钮/指示灯模块	9	Y007	HL1	按钮/指示灯模块
8	X013	停止按钮		10	Y010	HL2	
9	X015	急停按钮		11	Y011	HL3	

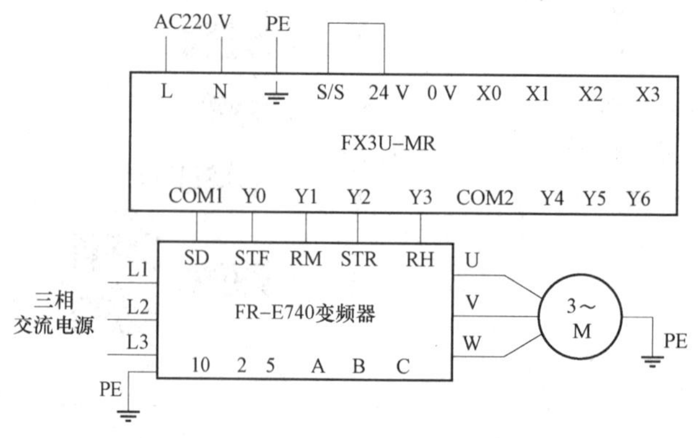

图 5－19　分拣单元 PLC 与变频器的接线原理图

3. 传感器调整

调整传感器的检测灵敏度，光纤传感器只能检测到非黑材质的工件，调整方法：在光纤传感器检测头的位置放置一个白色塑料工件，调整传感器能够感应到信号，按照上述方法再放置一个黑色工件，调整传感器灵敏度，使传感器感应不到信号，然后再次放上白色工件，直至能够检测到信号为止。金属传感器只能检测到金属材质的工件，其调节方法同供料单元。

4. 变频器参数设置

本任务中电动机的运行频率固定为 20 Hz 和 30 Hz，可以用变频器的多段速控制实现，连接变频器的两个速度控制端子，例如“RM”和“RH”端，本任务中的连接端子参见前面地址分配表。连接好电气接线后，需要设置变频器的参数，相关参数见表 5-14，参数的具体使用方法参考变频器使用手册。

表 5-14　变频器参数设置

参数编号	设置值	说　　明
Pr.1	60 Hz	上限频率 60 Hz
Pr.2	0 Hz	下限频率 0 Hz
Pr.3	50 Hz	基准频率
Pr.7	0	加减速时间设为 0
Pr.8	0	
Pr.79	2	固定为外部运行模式
Pr.5	20 Hz	中速 20 Hz
Pr.4	30 Hz	高速 30 Hz

在表 5-9 中，将变频器设置为外部工作模式，无加减速时间，当 FR-E740 的端子“STF”和“RM”置“ON”时，电动机立即启动并以固定频率 20 Hz 的速度正向运转，当 FR-E740 的端子“STR”和“RH”置“ON”时，电动机则以固定频率 30 Hz 的速度反向运转。

5. 滑槽时间测算

传送带运行后将带动放置其上的工件移动，那么根据要求工件需要在移动一定时间后停下，然后气缸将满足各个滑槽的工件推入滑槽，那么究竟需要多长时间停止才可以保证正好停在该位置呢？分拣单元主动轮的直径为 $d=43$ mm，则减速电动机每旋转一周，皮带上工件移动距离 $L=\pi \cdot d=3.14\times43=136.35$（mm）。

由电动机铭牌可知，当频率为 50 Hz 时转速为 1 300 r/min，由于减速电动机的减速比例是 10:1，实际的速度为 130 r/min；则 20 Hz 时，转速为 52 r/min，即 0.86 r/s，每秒钟带动工件移动距离为 $L=0.86\times136.5$ mm $=118.17$ mm，根据图 5-20 的安装尺寸，运行到 1 号槽位置的时间为 167.5/118.7＝1.41（s），2 号槽的时间为 2.21 s，到达 3 号槽的时间为 2.95 s，如表 5-15 所示，当频率为 30 Hz 时，亦可依此算出到达每个槽位和分拣区的时间。

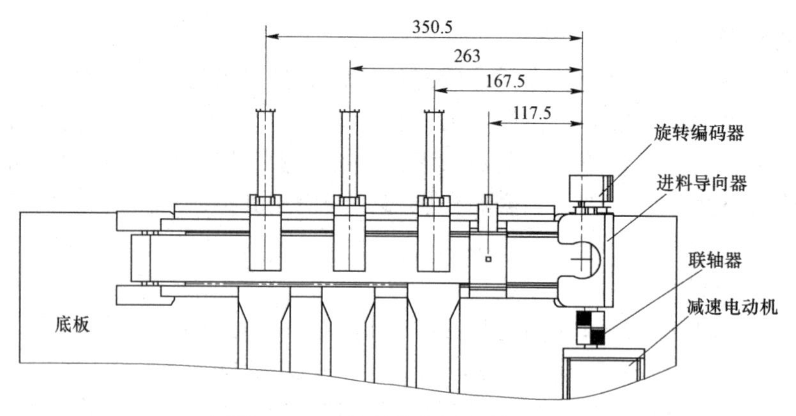

图 5－20　传送带位置计算用图

表 5－15　不同运行频率下到达相应槽位的时间值

到达工位	到达相应槽位的时间/s	
	20 Hz	30 Hz
1 号槽	1.41	
2 号槽	2.2	
3 号槽	2.95	

6. PLC 程序编制

（1）分拣单元的主要工作是分拣控制，应在上电后，首先进行初始状态的检查，确认系统准备就绪后，按下启动按钮，进入运行状态，才开始分拣过程的控制。初始状态检查的程序流程与前面所述的供料、加工等单元是类似的，这里不再详述。

（2）分拣与入槽时间的实际值需要通过程序监控测量，参考程序如图 5－21 所示，将编

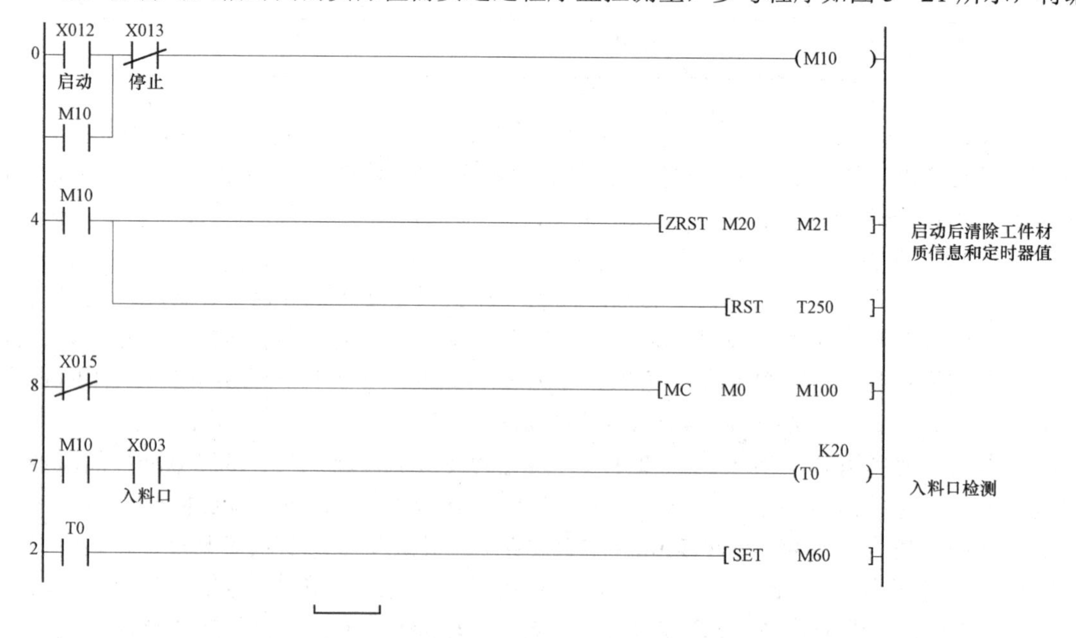

图 5－21　参考程序示例

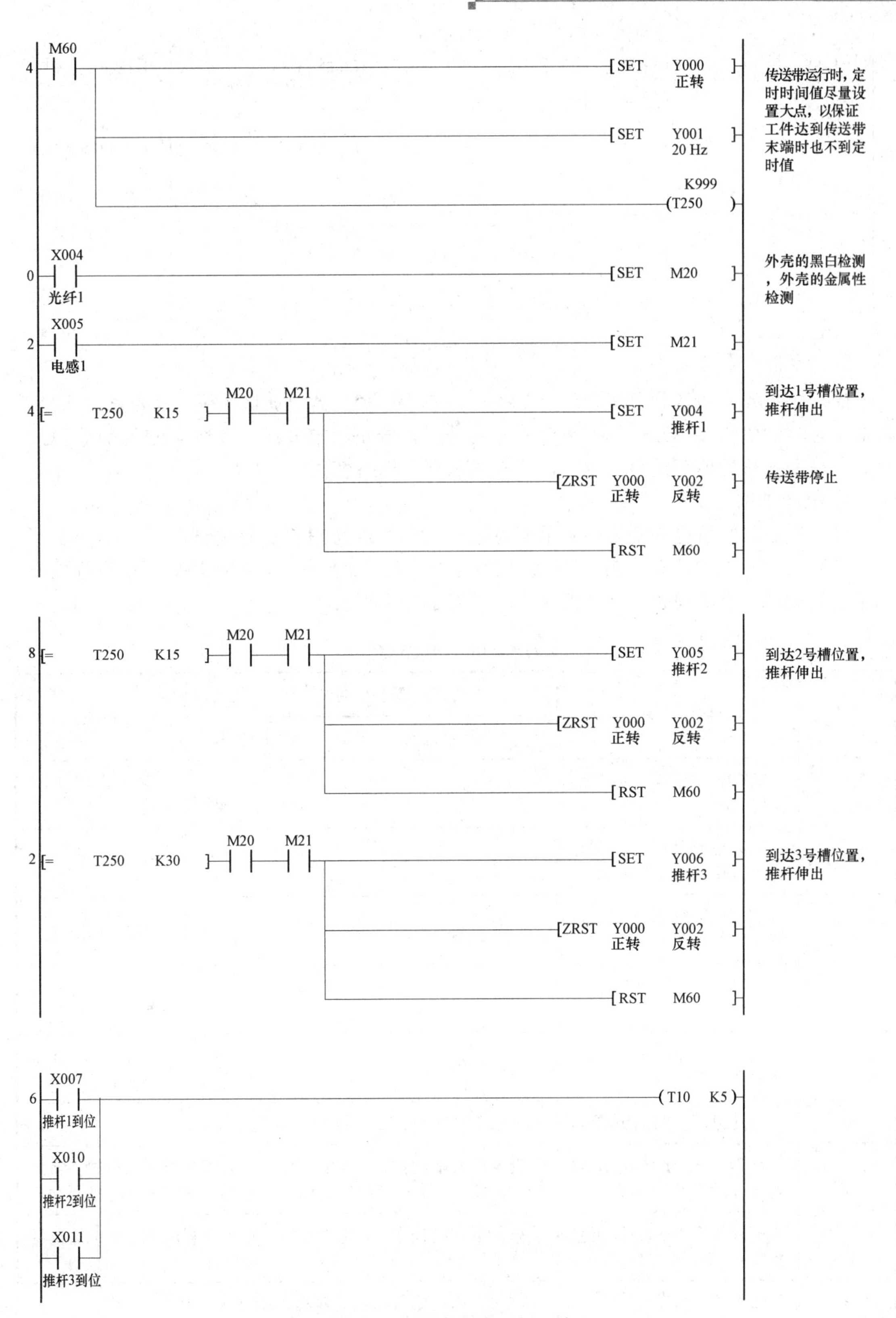

图 5－21　参考程序示例（续）

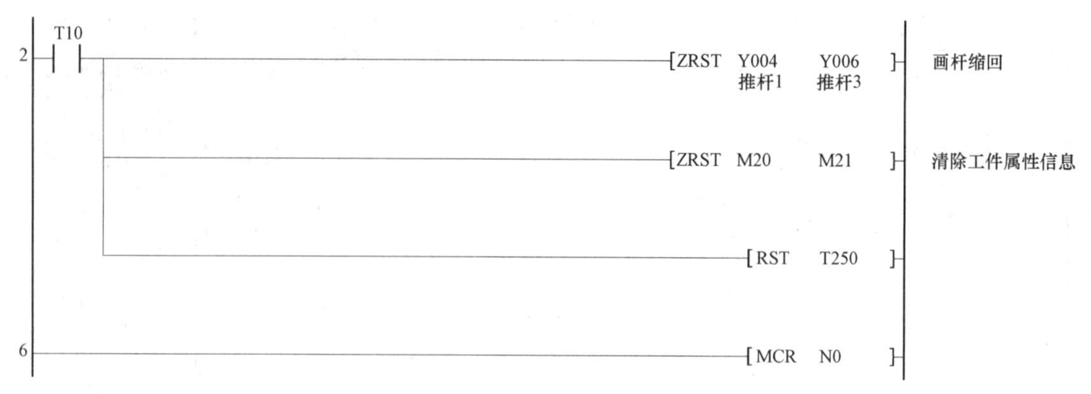

图 5-21　参考程序示例（续）

写好的程序编译后传送到 PLC，运行 PLC，并置于监控方式，调试程序，首先调试三个滑槽的定时时间值与实际工件到达滑槽的时间是否有偏差，如果有，修改后继续调试运行，直到分拣和入槽功能都没有问题时，将程序保存，以备使用。

7. 程序调试

（1）程序编好后进行变换，如果变换无误，则下载到 PLC 进行调试。

（2）将 PLC 的 RUN/STOP 开关置“STOP”位置，运行程序，按照控制要求进行操作，记录下调试过程中的问题。具体调试步骤如表 5-16 所示。

表 5-16　调试步骤

步骤	动作内容	观察任务		备注
		正确结果	观察结果	
1	STOP→RUN，SA 拨到左侧	Y7 点亮		单机模式 HL1 常亮
2	手动控制其中一个气缸动作，使其不在初始状态	Y7 闪亮		HL1 闪烁
3	Y7 点亮时，按下启动按钮 SB1	Y10 点亮		HL2 常亮
4	进料口放上待分拣工件，2 s 后	电动机运行		电动机频率为 20 Hz
5	到达 1 号槽，按下急停按钮	电动机停止		记录下传送带运行时间
6	松开急停，重复步骤 5	记录工件运行到 2 号槽和 3 号槽的时间		
7	修改三个槽的动作时间，重新启动系统	满足 1 号槽的推入 1 号槽，满足 2 号槽的推入 2 号槽，满足 3 号槽的推入 3 号槽，反复调试，直到分拣和推入槽都正确		
8	修改频率为 30 Hz，重复步骤 6～7	记录下不同频率下，工件运行到指定位置所需的时间，重复步骤 8		
9	按下停止按钮	一次分拣完成后，系统停止，HL2 灭		

按下启动按钮运行，在传送带进料口中心处放下工件，2 s 后传送带启动，工件被传送到 1 号槽中心位置时按下急停按钮，记录下定时器 T250 的当前值，急停复位，传送带继续运行，运行到 2 号槽中心位置时，再次按下急停按钮，记录下 2 号槽对应的定时器当前值，重复上述操作，记录下工件运行到 3 号槽中心位置时，定时器的当前值。修改程序，使变频器工作在 30 Hz，重复上述操作，记录下工件到达 1、2、3 号槽中心位置的定时器当前值。将所记录的值填入表 5－17 中。(注：暂停可以用主控指令实现，定时器用积分定时器，这里使用的 T250 是 100 ms 的积分定时器，可以使用定时器单位更小的积分定时器，这样定时更精确。)

表 5－17　变频器运行频率为 20 Hz 和 30 Hz 时，到达槽位的时间值

变频器频率	工件到达槽位	槽位对应的时间值
20 Hz	1 号槽	
	2 号槽	
	3 号槽	
30 Hz	1 号槽	
	2 号槽	
	3 号槽	

调试时，从程序到设备硬件部分，要逐一排查，如果发现程序没有问题，但是设备执行的动作有误，应检查设备其他部分，如电气接线、气动回路、传感器信号等，要连带着一起调试，直到设备整体功能没有问题为止。设备调试好后，整理和绑扎线管，盖上线槽，在接线端子处标上编号管。

8. 常见故障

利用变频器多段速进行传送带调速时，设备常见故障是电动机不运行，其故障原因可能有程序错误、变频器设置问题和线路连接不正确，见表 5－18。

表 5－18　常见故障及排除方法

故障现象	故障原因	排除方法
电动机不运行，Y0 无输出	PLC 程序问题	软件监控程序运行，找到故障点，修改程序，重新下载调试
电动机不运行，变频器 RUN 指示灯闪烁	变频器有启动信号（Y0），但是没有指定频率	软件监控程序运行，找到输出频率的选择信号位置，修改程序，重新下载调试。检查变频器频率参数设置，修改后重新保存
电动机不运行，PLC 输出正确，变频器无反应	变频器参数设置，信号源选择，电气接线	检查变频器模式设置和电气接线
电动机不运行，伴有异样的声音，变频器正常	电动机缺相	检查电动机与变频器的连线，确保 UVW 三相控制线都正确连接到电动机上

续表

故障现象	故障原因	排除方法
变频器报警，面板无法操作	根据报警编号，查找原因；面板被锁定	解除面板锁定，检查接线和参数

根据表 5－18，观察故障现象，排除设备故障，并填写排除故障过程，见表 5－19。

表 5－19　故障排除过程记录表

故障现象	
排除过程	
结论	

9. 思考与练习

1）拓展练习

更改分拣原则为：电动机以 20 Hz 运行，带动传送带将工件送入分拣区，如果是白色和黑色塑料材质的工件，则分别推入 1、2 号槽；如果是金属工件，电动机以 30 Hz 反转运行，将工件快速返回入料口，人工取走。

2）思考

这种工件定位方法，随着电动机速度的变化，相应位置的时间值也随之变化，如果要实现自动定位检测，则需要编写运行频率与定位值的关系算法，这大大增强了编程难度。实际运行中，影响定位的因素有很多，例如：定时器的定时精度、传送带的摩擦等因素，因此，采用什么方法才能够实现工件在传送带上的准确定位呢？

四、任务评价

任务评价表见表 5－20。

表 5－20　任务评价表

评分内容	配分	评分标准	分值	自评	他评
功能	90	有初始状态检查，指示灯显示	5		
		能按要求启动和停止	10		
		运行状态指示灯	5		
		推料正确，无卡阻，工件没有弹出等	10		
		定位时间测算合理，能正确将工件推入滑槽	20		
		分拣正确	20		
		气路连接正确	10		
		电路连接正确	10		
职业素养	10	材料、工件等不放在系统上	5		
		元件、模块没有损坏、丢失和松动现象			

续表

评分内容	配分	评分标准	分值	自评	他评
职业素养	10	所有部件整齐摆放在桌上	5		
		工作区域内整洁干净、地面上没有垃圾			
综合			100		
完成用时					

任务三　自动分拣装置精确定位的编程及调试

一、任务要求

本任务完成编码器的电气接线和 PLC 程序的编写与调试，使设备能够实现以下功能：

（1）设备的工作目标是完成对白色芯金属工件、白色芯塑料工件和黑色芯金属或塑料工件的分拣工作。为了在分拣时准确推出工件，要求使用旋转编码器做定位检测，并且工件材料和内芯颜色属性应在推料气缸前的适当位置被检测出来。

（2）设备上电和气源接通后，若工作单元的三个气缸均处于缩回位置，则“正常工作”指示灯 HL1 常亮，表示设备准备好。否则，该指示灯以 1 Hz 频率闪烁。

（3）若设备准备好，按下启动按钮，系统启动，“设备运行”指示灯 HL2 常亮。当传送带入料口人工放下已装配的工件时，变频器即启动，驱动传动电动机以固定频率为 30 Hz 的速度把工件带往分拣区。

如果工件为白色芯金属件，则该工件到达 1 号槽中间，传送带停止，工件被推到 1 号槽中；如果工件为白色芯黑色件，则该工件到达 2 号槽中间，传送带停止，工件被推到 2 号槽中；如果工件为黑色芯白色件，则该工件到达 3 号槽中间，传送带停止，工件被推到 3 号槽中。工件被推出槽后，该工作单元的一个工作周期结束。仅当工件被推出槽后，才能再次向传送带下料。

（4）如果在运行期间按下停止按钮，该工作单元在本工作周期结束后停止运行。

二、相关知识

1. 旋转编码器

旋转编码器是通过光电转换，将输出至轴上的机械、几何位移量转换成脉冲或数字信号的传感器，主要用于速度或位置（角度）的检测。典型的旋转编码器是由光栅盘和光电检测装置组成的。光栅盘是在一定直径的圆板上等分地开通若干个长方形狭缝。由于光电码盘与电动机同轴，电动机旋转时，光栅盘与电动机同速旋转，经发光二极管等电子元件组成的检测装置检测输出若干脉冲信号，其原理示意图如图 5－22 所示；通过计算每秒旋转编码器输出脉冲的个数就能反映当前电动机的转速。

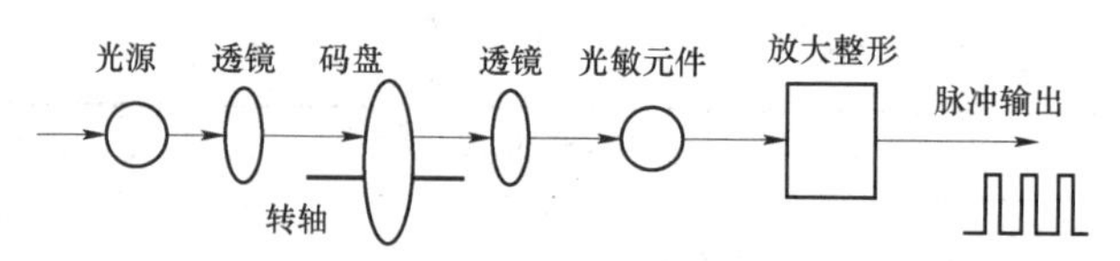

图 5－22　旋转编码器原理示意图

一般来说，根据旋转编码器产生脉冲方式的不同，可以分为增量式、绝对式以及复合式三大类。自动线上常采用的是增量式旋转编码器。

1）绝对式编码器

绝对式编码器是直接输出数字量的传感器，在它的圆形码盘上沿径向有若干同心码道，每条码道由透光和不透光的扇形区相间组成，相邻码道的扇区数目是双倍关系，码盘上的码道数就是它的二进制数码的位数，在码盘的一侧是光源，另一侧对应每一码道有一光敏元件；当码盘处于不同位置时，各光敏元件根据受光照与否转换出相应的电平信号，形成二进制数。这种编码器的特点是不要计数器，在转轴的任意位置都可读出一个固定的与位置相对应的数字码。显然，码道越多，分辨率就越高。对于一个具有 N 位二进制分辨率的编码器，其码盘必须有 N 条码道。

图 5－23 所示为二进制的编码盘，图中空白部分是透光的，用“0”来表示；涂黑的部分是不透光的，用“1”来表示。通常将组成编码的圈称为码道，每个码道表示二进制数的一位，其中最外侧的是最低位，最内侧的是最高位。如果编码盘有 4 个码道，则由内向外的码道分别表示为二进制的 23、22、21 和 20，4 位二进制可形成 16 个二进制数，因此，就将圆盘划分 16 个扇区，每个扇区对应一个 4 位二进制数，如 0000、0001、…、1111。

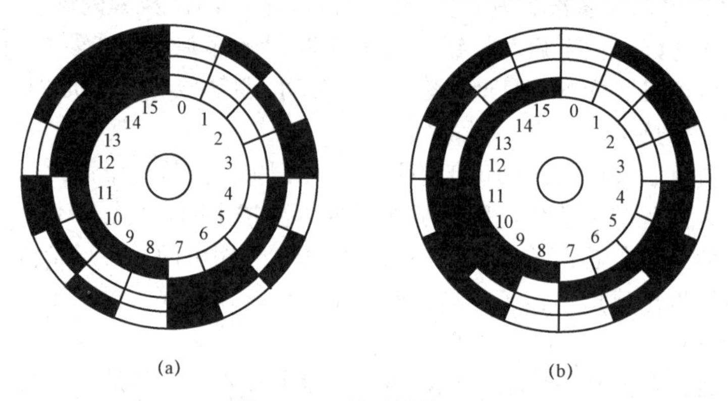

图 5－23　绝对式编码器

按照码盘上形成的码道配置相应的光电传感器，包括光源、透镜、码盘、光敏二极管和驱动电子线路。当码盘转到一定的角度时，扇区中透光的码道对应的光敏二极管导通，输出低电平“0”，遮光的码道对应的光敏二极管不导通，输出高电平“1”，这样形成与编码方式一致的高低电平输出，从而获得扇区的位置脚。

绝对式编码器的特点有：

（1）可以直接读出角度坐标的绝对值；

（2）没有累积误差；

（3）电源切除后位置信息不会丢失。但是分辨率是由二进制的位数来决定的，也就是说精度取决于位数。

2）增量式编码器

增量式编码器是直接利用光电转换原理输出三组方波脉冲 A、B 和 Z 相，A、B 两组脉冲相位差 90°，用于辩向：当 A 相脉冲超前 B 相时为正转方向，而当 B 相脉冲超前 A 相时则为反转方向。Z 相为每转一个脉冲，用于基准点定位。如图 5－24 所示。它的优点是原理构造简单，机械平均寿命可在几万小时以上，抗干扰能力强，可靠性高，适合于长距离传输。其缺点是无法输出轴转动的绝对位置信息。

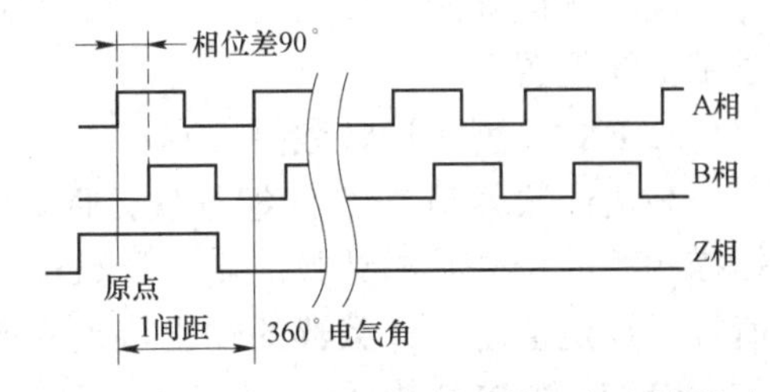

图 5－24 增量式编码器输出的三组方波脉冲

YL－335B 分拣单元使用了这种具有 A、B 两相 90° 相位差的通用型旋转编码器，其剖面图如图 5－25 所示，用于计算工件在传送带上的位置。编码器直接连接到传送带主动轴上。该旋转编码器的三相脉冲采用 NPN 型集电极开路输出，分辨率 500 线，工作电源 DC12～24 V。本工作单元没有使用 Z 相脉冲，A、B 两相输出端直接连接到 PLC（FX3U－32MR）的高速计数器输入端。如图 5－26 所示。

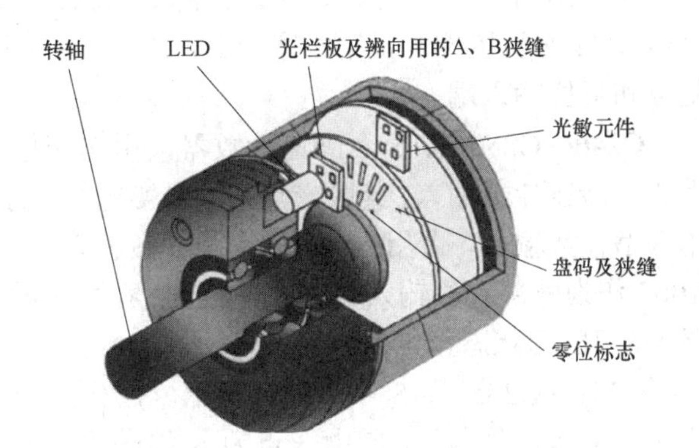

图 5－25 增量式编码器实物图和内部结构

计算工件在传送带上的位置时，需确定每两个脉冲之间的距离即脉冲当量。分拣单元主动轴的直径为 $d=43$ mm，则减速电动机每旋转一周，皮带上工件移动距离 $L=\pi\cdot d=3.14\times 43=136.35$（mm），而旋转一周，编码器产生 500 个脉冲，故脉冲当量 $\mu=L/500\approx 0.273$（mm）。按如图 5－20 所示的安装尺寸，当工件从下料口中心线移至传感器中心时，旋转编码器约发出 430 个脉冲；移至第一个推杆中心点时，约发出 614 个脉冲；移至第二个推杆中心点时，约发出 963 个脉冲；移至第三个推杆中心点时，约发出 1 284 个脉冲。

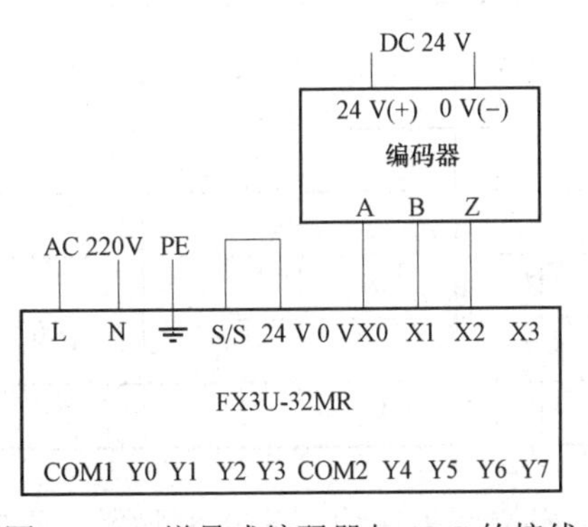

图 5－26 增量式编码器与 PLC 的接线

应该指出的是，上述脉冲当量的计算只是理论上的。实际上各种误差因素不可避免，例如传送带主动轴直径（包括皮带厚度）的测量误差，传送带的安装偏差、张紧度，分拣单元整体在工作台面上的定位偏差，等等，都将影响理论计算值。因此理论计算值只能作为估算值。脉冲当量的误差所引起的累积误差会随着工件在传送带上运动距离的增大而迅速增加，甚至达到不可容忍的地步。因而在分拣单元安装调试时，除了要仔细调整尽量减少安装偏差外，尚须现场测试脉冲当量值。

现场测试脉冲当量的方法，需要对输入到 PLC 的脉冲进行高速计数，以计算工件在传送带上的位置。

2. FX3U 型高速计数器

高速计数器是 PLC 的编程软元件，相对于普通计数器，高速计数器用于频率高于机内扫描频率的机外脉冲计数。由于计数信号频率高，计数以中断方式进行，当计数器的当前值等于设定值时，计数器的输出接点立即工作。

FX3U 型 PLC 内置 21 点高速计数器 C235～C255，每一个高速计数器都规定了其功能和占用的输入点。

（1）高速计数器的功能分配：

C235～C245 共 11 个高速计数器，用作一相一计数输入的高速计数，即每一计数器占用一点高速计数输入点，计数方向可以是增序或者减序计数，取决于对应的特殊辅助继电器 M8□□□的状态。例如，C245 占用 X002 作为高速计数输入点，当对应的特殊辅助继电器 M8245 被置位时，作增序计数；C245 还占用 X003 和 X007 分别作为该计数器的外部复位和置位输入端。

C246～C250 共 5 个高速计数器，用作一相二计数输入的高速计数，即每一计数器占用 2 点高速计数输入，其中一点为增计数输入，另一点为减计数输入。例如 C250 占用 X003 作为增计数输入，占用 X004 作为减计数输入，另外占用 X005 作为外部复位输入端，占用 X007 作为外部置位输入端。同样，计数器的计数方向也可以通过编程对应的特殊辅助继电器 M8□□□状态指定。

C251～C255 共 5 个高速计数器，用作二相二计数输入的高速计数，即每一计数器占用 2 点高速计数输入，其中一点为 A 相计数输入，另一点为与 A 相相位差 90°的 B 相计数输入。C251～C255 的功能和占用的输入点见表 5－21。

表 5－21　高速计数器 C251～C255 的功能和占用的输入点

计数器 \ 输入点	X000	X001	X002	X003	X004	X005	X006	X007
C251	A	B						
C252	A	B	R					
C253				A	B	R		
C254	A	B	R				S	
C255				A	B	R		S

如前所述，分拣单元所使用的是具有 A、B 两相 90°相位差的通用型旋转编码器，且 Z 相脉冲信号没有使用。由表 5－21 可知，当使用高速计数器 C251 进行脉冲计数时，编码

器的 A、B 两相脉冲输出应连接到 X000 和 X001 点。

（2）每一个高速计数器都规定了不同的输入点，但所有的高速计数器的输入点都在 X000～X007 范围内，并且这些输入点不能重复使用。例如，使用了 C251，则 X000、X001 被占用，其他地方则不可以再次使用，以及占用这两个点的其他高速计数器也不可以使用，例如，C252、C254 等都不能使用。

3. 高速计数器的编程

如果外部高速计数源（旋转编码器输出）已经连接到 PLC 的输入端，那么在程序中就可直接使用相对应的高速计数器进行计数。例如，在图 5－27 中，设定 C255 的设置值为 100，当 C255 的当前值等于 100 时，计数器的输出接点立即工作，从而控制相应的输出 Y010 置“ON”。

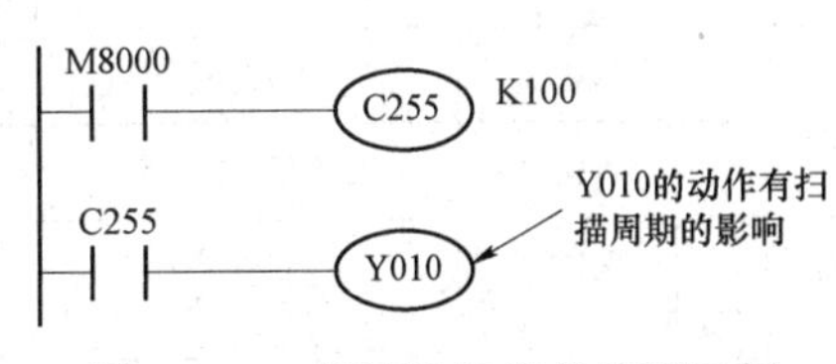

图 5－27　高速计数器的编程示例

由于中断方式计数，且当前值＝预置值时，计数器会及时动作，但实际输出信号却依赖于扫描周期。

如果希望计数器动作时就立即输出信号，就要采用中断工作方式，使用高速计数器的专用指令，FX3U 型 PLC 高速处理指令中有 3 条是关于高速计数器的，都是 32 位指令。它们的具体的使用方法请参考 FX3U 编程手册。

三、任务实施

1. 电气线路连接

在本工作任务中，用 C251 高速计数器对增量式编码器产生的脉冲进行计数，根据 C251 当前值确定工件位置。PLC 的 I/O 地址表参考见表 5－22，根据表 5－22 进行电气线路连接。

表 5－22　I/O 地址分配表

输入信号				输出信号			
序号	PLC 输入点	信号名称	信号来源	序号	PLC 输出点	信号名称	信号输出目标
1	X000	旋转编码器 B 相	装置侧	1	Y000	STF	变频器
2	X001	旋转编码器 A 相		2	Y001	RM	
3	X002	旋转编码器 Z 相		3	Y002	STR	
4	X003	进料口工件检测		4	Y003	RH	
5	X004	光纤传感器 1		5			
6	X005	电感式传感器 1		6	Y004	推杆 1 电磁阀	
7	X006	光纤传感器 2		7	Y005	推杆 2 电磁阀	
8	X007	推杆 1 推出到位		8	Y006	推杆 3 电磁阀	
9	X010	推杆 2 推出到位					

续表

输入信号				输出信号			
序号	PLC 输入点	信号名称	信号来源	序号	PLC 输出点	信号名称	信号输出目标
10	X011	推杆 3 推出到位					
11	X012	启动按钮	按钮/指示灯模块	9	Y007	HL1	按钮/指示灯模块
12	X013	停止按钮		10	Y010	HL2	
13	X014	急停按钮		11	Y011	HL3	
14	X015	单站/全线					

2. 现场测量旋转编码器的脉冲当量

前面已经指出，根据传送带主动轴直径计算旋转编码器的脉冲当量，其结果只是一个估算值。在分拣单元安装调试时，除了要仔细调整尽量减少安装偏差外，尚需现场测试脉冲当量值。

（1）变频器参数设置：

Pr.79＝2（固定的外部运行模式）；

Pr.4＝25 Hz（频率设定值）。

（2）编写 PLC 程序，如图 5－28 所示。

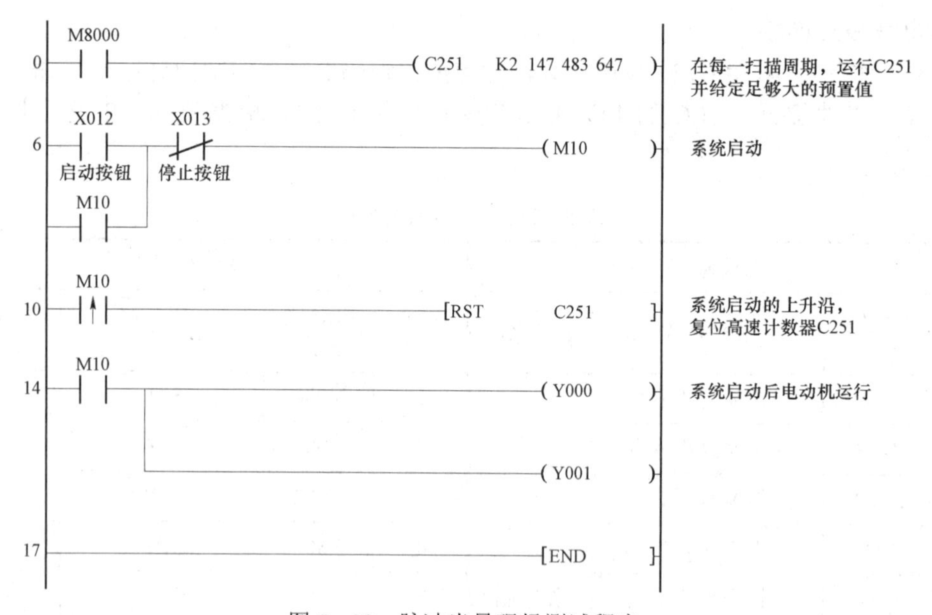

图 5－28　脉冲当量现场测试程序

（3）脉冲当量测量。运行 PLC 程序，并置于监控方式。在传送带进料口中心处放下工件后，按启动按钮启动运行。工件被传送一段较长的距离后，按下停止按钮停止运行。观察监控界面上 C251 的读数，将此值填写到表 5－23“高速计数脉冲数”一栏中；然后在传送带上测量工件移动的距离，把测量值填写到表 5－23“工件移动距离”一栏中，则脉冲

当量 μ（计算值）= 工件移动距离/高速计数脉冲数。

表 5－23 脉冲当量现场测试数据

序号 \ 内容	工件移动距离（测量值）	高速计数脉冲数（测试值）	脉冲当量 μ（计算值）
第一次	357.8	1 391	0.257 1
第二次	358	1 392	0.257 1
第三次	360.5	1 394	0.258 6

重新把工件放到进料口中心处，按下启动按钮即进行第二次测试。进行三次测试后，求出脉冲当量 μ 平均值为：

$$\mu=(\mu_1+\mu_2+\mu_3)/3=0.257\,6$$

按图 5－20 安装尺寸重新计算旋转编码器到各位置应发出的脉冲数：当工件从下料口中心线移至传感器中心时，旋转编码器发出 456 个脉冲；移至第一个推杆中心点时，发出 650 个脉冲；移至第二个推杆中心点时，约发出 1 021 个脉冲；移至第三个推杆中心点时，约发出 1 361 个脉冲。

3. PLC 程序编制

（1）将几个特定位置的 C251 计数值存储到指定的变量存储器，在后续编程中以确定程序的流向。特定位置考虑如下：

① 工件属性判别位置应稍后于进料口到传感器中心位置，故取脉冲数为 470，存储在 D110 单元中（双整数）。

② 从 1 号槽推出的工件，停车位置应稍前于进料口到推杆 1 位置，取脉冲数为 600，存储在 D114 单元中。

③ 从 2 号槽推出的工件，停车位置应稍前于进料口到推杆 2 位置，取脉冲数为 970，存储在 D118 单元中。

④ 从 3 号槽推出的工件，停车位置应稍前于进料口到推杆 3 位置，取脉冲数为 1 325，存储在 D122 单元中。

注意：特定位置数据均从进料口开始计算，因此，每当待分拣工件下料到进料口，电动机开始启动时，必须对 C251 的当前值进行一次复位（清零）操作。这几个特定位置数据，须在上电第 1 个扫描周期写到相应的数据存储器中，保障后面属性判别和程序分流的准确性。

（2）系统进入运行状态后，应随工作周期回到初始步，复位时检查是否有停止按钮按下。若停止指令已经发出，则系统完成一个运行状态和初始步后停止。

这一部分程序的编制，请自行完成。

（3）分拣过程是一个步进顺控程序，编程思路如下：

① 当检测到待分拣工件下料到进料口后，复位高速计数器 C251，并以固定频率启动变频器驱动电动机运转。

② 当工件经过安装传感器支架上的光纤探头和电感式传感器时，根据 2 个传感器动作与否，判别工件的属性，决定程序的流向。

C251 当前值与传感器位置值的比较可采用触点比较指令实现。完成上述功能的梯形图如图 5-29 和图 5-30 所示。

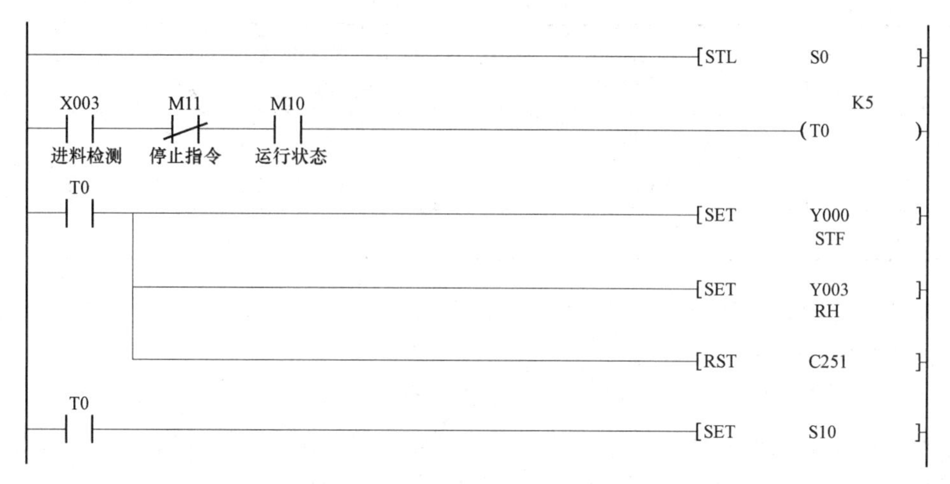

图 5-29　分拣控制的初始步

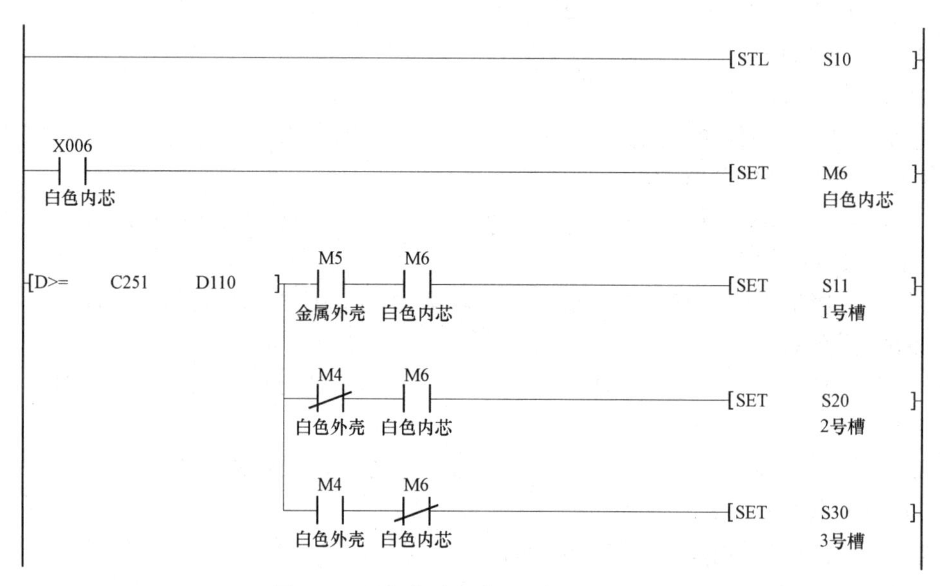

图 5-30　在传感器位置判别工件属性

③ 工件黑、白外壳在入料口判别，在步进程序外记录下判别属性状态，如图 5-31 所示。

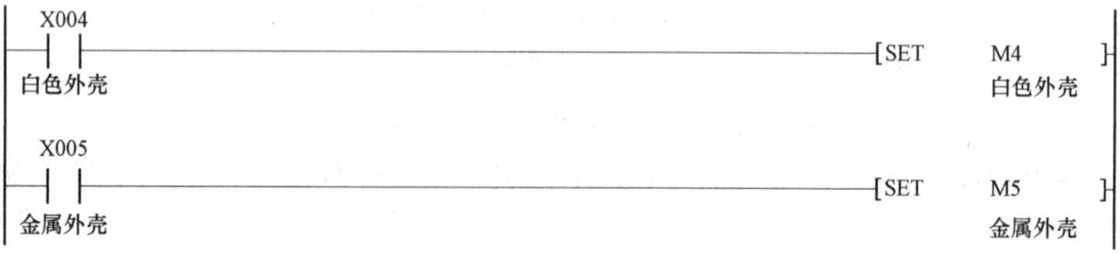

X004　　SET M4
白色外壳　　白色外壳
X005　　SET M5
金属外壳　　金属外壳

图 5-31　外壳属性判断程序段

④ 根据工件属性和分拣任务要求，在相应的推料气缸位置把工件推出。推料气缸返回后，步进顺控子程序返回初始步。这部分程序的编制，也请自行完成。例如1号槽的推料程序如图5-32所示。

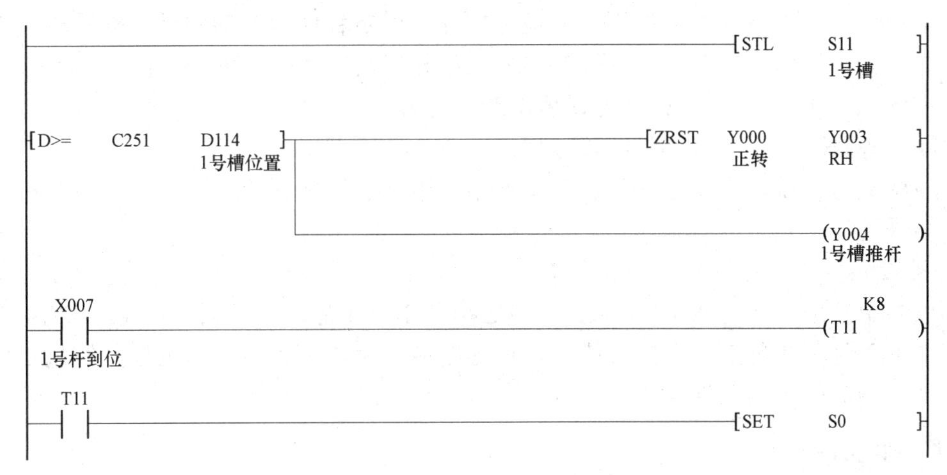

图5-32 入槽程序端示例

4. 程序调试

（1）程序编好后，进行变换，如果变换无误，下载到PLC进行调试。

（2）将PLC的RUN/STOP开关置“STOP”位置，运行程序，按照控制要求进行操作，记录下调试过程中的问题。其调试步骤见表5-24。

表5-24 调试步骤

步骤	动作内容	观察任务		备注
		正确结果	观察结果	
1	STOP→RUN，SA拨到左侧	Y7点亮		单机模式 HL1常亮
2	手动控制其中一个气缸动作，使其不在初始状态	Y7闪亮		HL1闪烁
3	Y7点亮时，按下启动按钮SB1	Y10点亮		HL2常亮
4	进料口放上待分拣工件，2 s后	电动机运行		电动机频率30 Hz
5	满足1号槽的工件	传送带停止		工件被推入1号槽
6	满足2号槽的工件	传送带停止		工件被推入2号槽
7	满足3号槽的工件	传送带停止		工件被推入3号槽
8	重复步骤6～8	调整检测位置，确保检测的正确性		
9	按下停止	一次分拣完成后，系统停止，HL2灭		

5. 常见故障

使用编码器进行定位，当高速计数器 C251 不计数时，可能原因有程序错误、编码器与 PLC 的接线不正确。

排除步骤为：首先软件监控程序的运行情况，确定程序没有问题后，查看电气接线，编码器共有五根引出线，DC 电源线和 BAZ 三根相线，当使用 C251 高速计数器时，BA 应分别连接到 X0 和 X1 端子，检查无误后重新运行程序。

排除设备故障，并填写排除故障过程。

程序调试无误后，将程序保存，以备使用。整理和绑扎线管，盖上线槽，在接线端子处标上编号管。

6. 拓展练习

编程并调试出以下功能：1 号槽：白色芯黑色工件 + 黑色芯金属工件；2 号槽：金属芯白色工件 + 黑色芯白色工件；3 号槽：白色芯金属工件 + 金属芯黑色工件，纯色工件运行到传送带末端后，掉入末端回收盒。

四、任务评价

任务评价表见表 5－25。

表 5－25 任务评价表

评分内容	配分	评分标准	分值	自评	他评
功能	90	有初始状态检查，指示灯显示	5		
		能按要求启动和停止	10		
		运行状态指示灯	5		
		推料正确，无卡阻，工件没有弹出等	10		
		脉冲当量测算正确	30		
		分拣正确	30		
职业素养	10	材料、工件等是否放在系统上	5		
		元件、模块没有损坏、丢失和松动现象			
		所有部件整齐摆放在桌上	5		
		工作区域内整洁干净、地面上没有垃圾			
综合			100		
完成用时					

任务四 工件移动速度的模拟量控制的编程与调试

一、任务要求

通过PLC编程控制FX0N－3A模拟量模块的输出模拟电压值，来改变变频器的运行速度，从而实现电动机速度的PLC程序控制方式，完成本项目任务三“思考与练习”的分拣要求，其他控制要求与本项目任务三相同。要求变频的速度改变通过PLC程序控制，同时PLC程序能够监控到变频器的当前运行频率值。

二、相关知识

变频器速度控制方式有面板控制、端子多段速控制、端子模拟量控制，外部模拟量控制方式中，可以通过电位器实现对变频器的模拟量调速，用电位器手动调节原理上是可行的，但是实际生产现场并不容许采用这种操作方式，那么如何使用PLC控制器产生控制改变频率的电压呢？在YL－335B实训装置上，使用了FX0N－3A模拟量模块，该模块与PLC主单元连接，FX0N－3A的实物图和内部端子排列如图5－33所示。

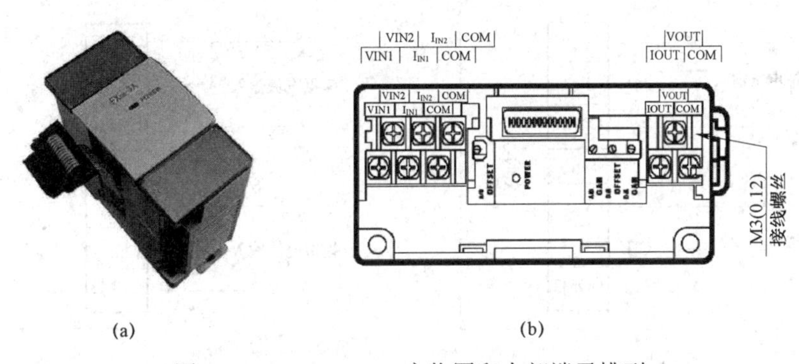

图5－33 FX0N－3A实物图和内部端子排列

（a）实物图；（b）内部端子排列

1. 特殊功能模块FX0N－3A的输入和输出特性

FX0N－3A是具有两路输入通道和一路输出通道，最大分辨率为8位的模拟量I/O模块，模拟量输入和输出方式均可以选择电压或电流，一般取决于用户接线方式。在出厂时，模块的输入特定如图5－34（a）所示，DC 0～10 V输入对应0～250范围，如果把FX0N－3A用于电流输入或非0～10 V的电压输入，则需要重新调整输入偏置和增益。出厂时的输出特性为DC 0～10 V，输出选择了0～250范围，如图5－34（b）所示，如果把FX0N－3A用于电流输出或非0～10 V的电压输出，则需要重新调整输出偏置和增益。

注意：模块不允许两个通道有不同的输入特性，其他参数请参考FX0N－3A使用说明书。

FX0N－3A模块的电源来自PLC主单元的内部电路，在扩展母线上占用8个I/O点（输入或输出）。

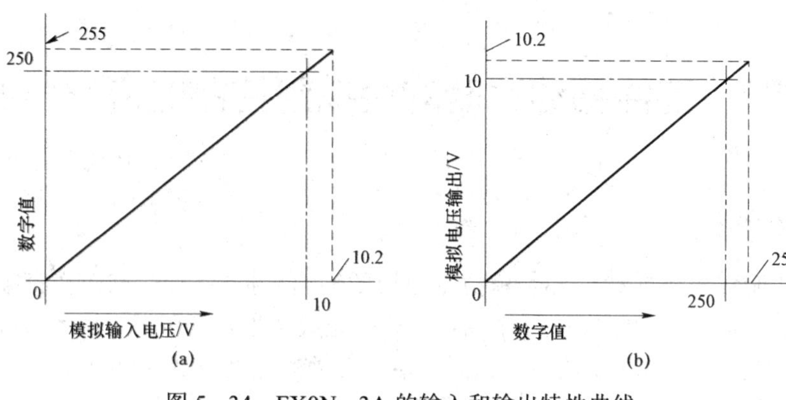

图 5－34　FX0N－3A 的输入和输出特性曲线

（a）输入特性；（b）输出特性

2. FX0N－3A 的电气接线

模拟输入和输出的接线原理图分别如图 5－35 和图 5－36 所示。接线时要注意，使用电流输入时，端子“VIN”与“IIN”应短接；反之，使用电流输出时，不要短接“VOUT”和“IOUT”端子。

如果电压输入和输出方面出现较大的电压波动或有过多的电噪声，要在相应图中的位置并联一个约 25 V、0.1～0.47 μF 的电容。

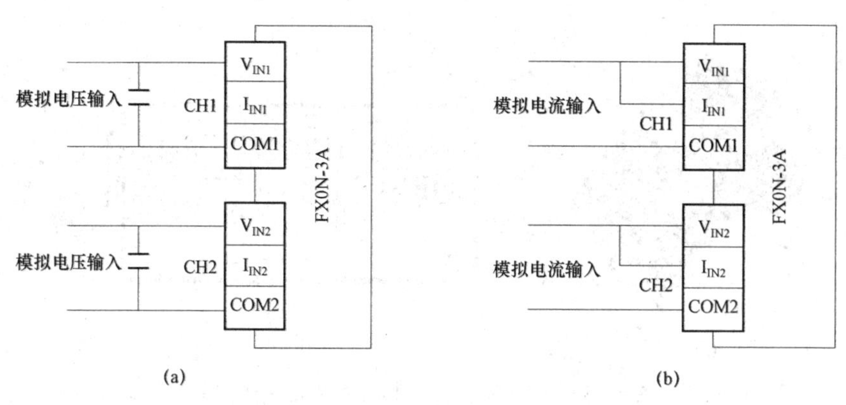

图 5－35　模拟输入接线图

（a）电压输入方式；（b）电流输入方式

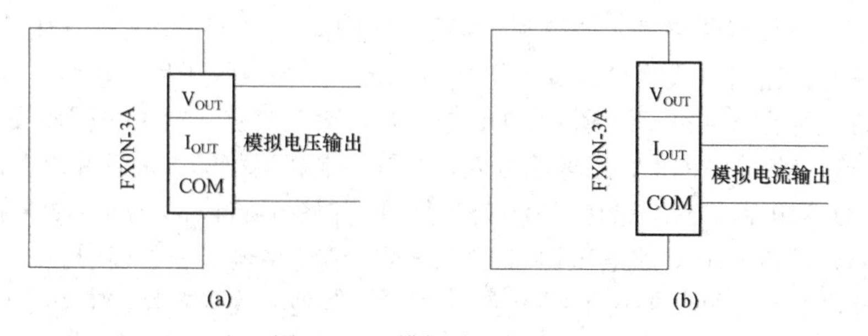

图 5－36　模拟输出接线图

（a）电压输出方式；（b）电流输出方式

3. FX0N－3A 的编程与控制

PLC 对 FX0N－3A 的控制可以使用特殊功能模块读指令 FROM（FNC78）和写指令 TO（FNC79）读写 FX0N－3A 模块实现模拟量的输入和输出。

FROM 指令用于从特殊功能模块缓冲存储器（BFM）中读出数据，如图 5－37（a）所示。这条语句是将模块号为 m1 的特殊功能模块内，从缓冲存储器（BFM）号为 m2 开始的 *n* 个数据读入 PLC，并存放在从［D·］开始的 *n* 个数据寄存器中。

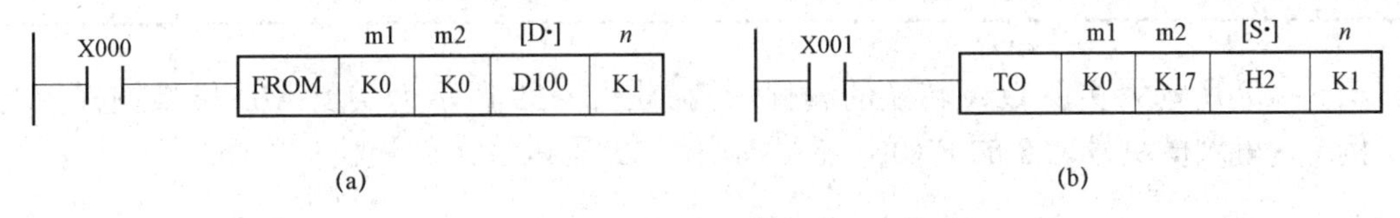

图 5－37 特殊功能模块读和写指令
（a）FROM 指令示例；（b）TO 指令示例

TO 指令用于从 PLC 向特殊功能模块缓冲存储器（BFM）中写入数据，如图 5－36（b）所示。这条语句是将 PLC 中从“S·”元件开始的 *n* 个字的数据，写到特殊功能模块 m1 中编号为 m2 开始的缓冲存储器（BFM）中。

模块号是指从 PLC 最近的开始按 No.0→No.1→No.2…顺序连接，模块号用于以 FROM/TO 指令指定那个模块工作。

特殊功能模块是通过缓冲存储器（BFM）与 PLC 交换信息的，FX0N－3A 共有 32 通道的 16 位缓冲寄存器（BFM），如表 5－26 所示。

表 5－26 FX0N－3A 的缓冲寄存器（BFM）分配

<table>
<tr><td>通道号</td><td>b15～b8</td><td>b7</td><td>b6</td><td>b5</td><td>b4</td><td>b3</td><td>b2</td><td>b1</td><td>b0</td></tr>
<tr><td>#0</td><td rowspan="2">保留</td><td colspan="8">当前输入通道的 A/D 转换值（以 8 位二进制数表示）</td></tr>
<tr><td>#16</td><td colspan="8">当前 D/A 输出通道的设置值</td></tr>
<tr><td>#17</td><td colspan="6"></td><td>D/A 转换启动</td><td>A/D 转换启动</td><td>A/D 通道选择</td></tr>
<tr><td>#1～#15
#18～#31</td><td colspan="9">保留</td></tr>
</table>

表 5－26 中，#17 通道位含义：见表 5－27。

b0＝0，选择模拟输入通道 1；b0＝1，选择模拟输入通道 2。

b1 从 0 到 1，A/D 转换启动。

b2 从 1 到 0，D/A 转换启动。

表 5－27 #17 通道位含义

<table>
<tr><td rowspan="2">十六进制</td><td colspan="3">二进制</td><td rowspan="2">说　明</td></tr>
<tr><td>b2</td><td>b1</td><td>b0</td></tr>
<tr><td>H000</td><td>0</td><td>0</td><td>0</td><td>选择输入通道 1 且复位 A/D 和 D/A 转换</td></tr>
<tr><td>H001</td><td>0</td><td>0</td><td>1</td><td>选择输入通道 2 且复位 A/D 和 D/A 转换</td></tr>
</table>

续表

十六进制	二进制			说　　明
	b2	b1	b0	
H002	0	1	0	保持输入通道 1 的选择且启动 A/D 转换
H003		1	1	保持输入通道 2 的选择且启动 A/D 转换
H004	1	0	0	启动 D/2 转换

图 5－38 所示为实现 D/A 转换的编程示例，图 5－39 所示为实现 A/D 转换编程示例。

例 1：写入模块号为 0 的 FX0N－3A 模块，D2 是其 D/A 转换值。

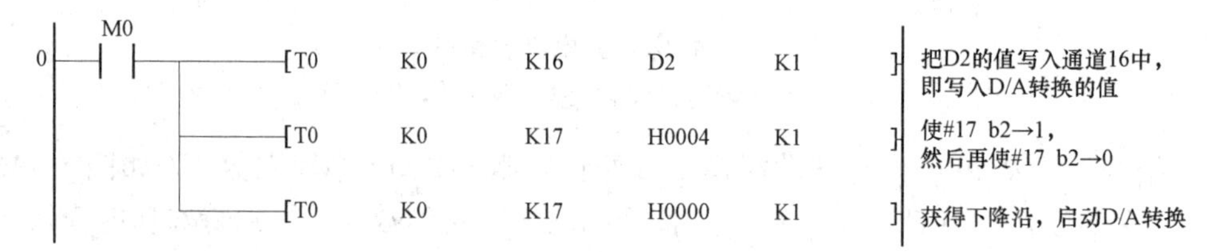

图 5－38　D/A 转换编程示例

例 2：读取模块号为 0 的 FX0N－3A 模块，其通道 1 的 A/D 转换值保存到 D0，通道 2 的 A/D 转换值保存到 D1。

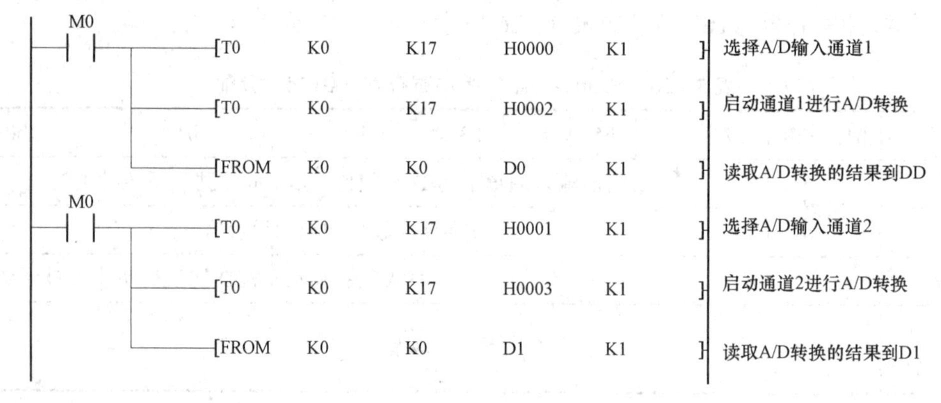

图 5－39　A/D 转换编程示例

4. 偏置与增益的调节

FX0N－3A 提供了三种模拟量输入和输出格式，见表 5－28。

表 5－28　模拟量输入和输出格式

电　　压		电　　流
DC 0～10 V	DC 0～5 V	DC 4～20 mA

使用各种格式前必须重新调整其偏置和增益。两路输入通道使用相同的设置与配置，其调整是同时进行的。因此，当调整了一个通道的偏置与增益时，另一个通道也会自动进

行调整。

1）输出调整

写入图 5－40 的 PLC 程序，运行并监控 PLC，用万用表测量输出电压或电流值。

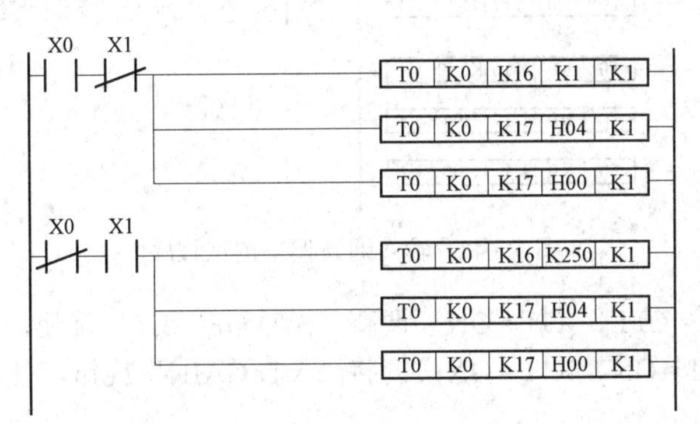

图 5－40　偏置与增益调整程序

（1）偏置调整。使 X0＝ON、X1＝OFF；调整“D/A OFFSET”旋钮，使其与模拟量输出值相对应，见表 5－29。

表 5－29　偏置值调整

模拟量输出范围	0～10 V	0～5 V	4～20 mA
偏置值	0.04 V	0.02 V	4.064 mA

（2）增益调整。使 X0＝OFF、X1＝ON；调整“D/A GAIN”旋钮，使其与模拟量输出值相对应，见表 5－30。

表 5－30　增益值调整

模拟量输出范围	0～10 V	0～5 V	4～20 mA
增益值	10.00 V	5.00 V	20.00 mA

2）输入调整

利用电压/电流模拟量输出通道作为电压/电流模拟量发生器，使用前必须调整好其偏置与增益，接线如图 5－41 所示。

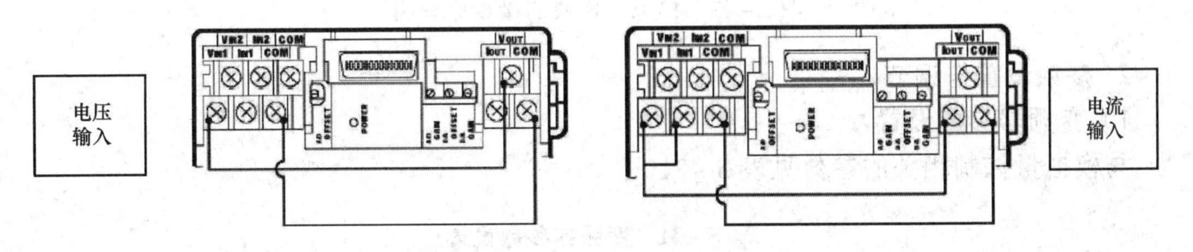

图 5－41　输入通道调整的接线

写入如下 PLC 程序，运行并监控 PLC，如图 5－42 所示。

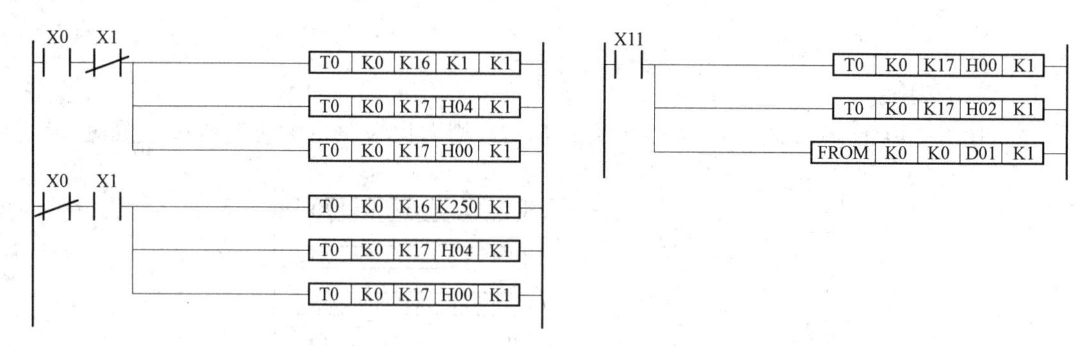

图 5－42　输入通道调整测试程序

使 X0＝ON、X1＝OFF、X11＝ON；调整“A/D OFFSET”旋钮，使 D01＝1。

使 X0＝OFF、X1＝ON、X11＝ON；调整“A/D GAIN”旋钮，使 D01＝250。

三、任务实施

1. 连接 FX0N－3A 与变频器、PLC 的接线

模拟量模块 FX0N－3A、变频器、PLC 的接线如图 5－43 所示，根据图 5－43 连接电气线路。

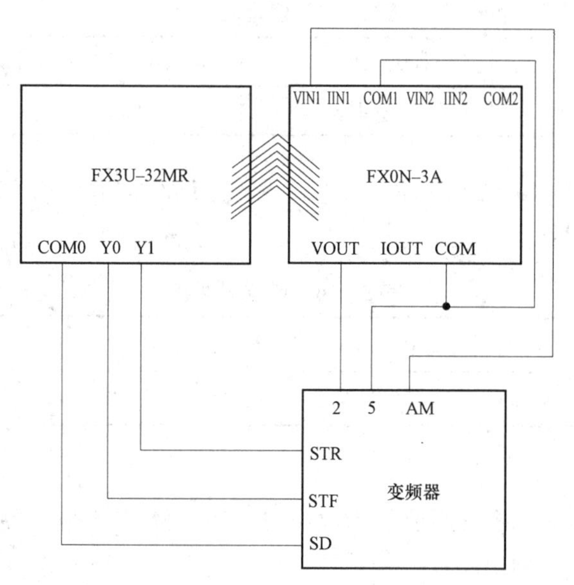

图 5－43　模拟量模块的接线原理图

2. 参数设置与调节

1）变频器参数设置

与模拟量控制相关的参数见表 5－31。

表 5－31　变频器参数设置

参数号	参数名称	默认值	设置值	设置值含义
Pr.7	加速时间	5	0.5	加速时间 0.5 s
Pr.8	减速时间	5	0.5	减速时间 0.5 s

续表

参数号	参数名称	默认值	设置值	设置值含义
Pr.73	模拟量输入选择	1	0	0～10 V
Pr.79	运行模式选择	0	2	外部运行模式固定

2）模拟量模块 FX0N－3A 的输入和输出通道调节

输出通道调节：PLC 写入数值为 250，模拟量模块输出电压为 10 V；输入通道调节：使得输入电压为 10 V 时，PLC 读取的数值为 250。

3. 程序设计

1）模拟量输出参考程序

分拣站变频器速度调节部分的程序如图 5－43 所示，D0 为给定频率 25 Hz，D2 为当前 D/A 通道设置值，送给模拟量模块的#16 缓存器，对应关系为 0～250，对应输出电压为 0～10 V，控制变频器的输出频率为 0～50 Hz（基准频率），可见 D2 数值量与变频器的输出频率是 5 倍关系，因此需将实际给定频率乘以 5 后送到 D/A 通道中。如图 5－44 所示。

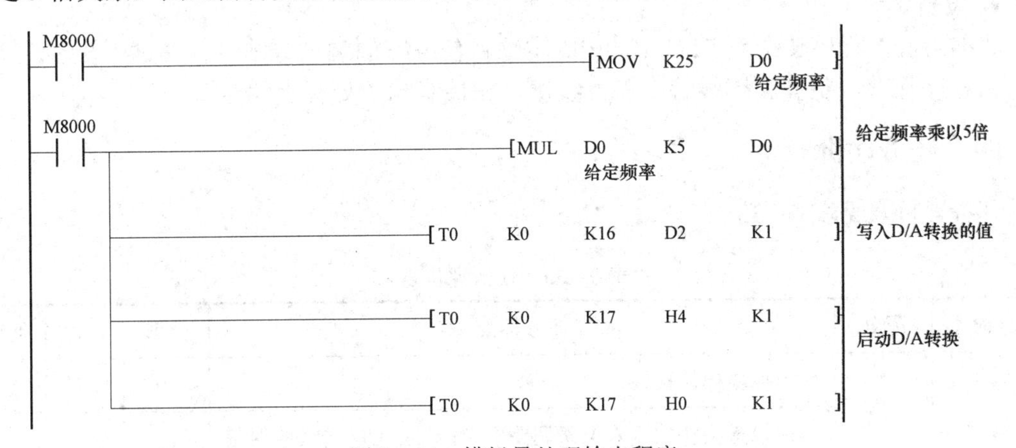

图 5－44 模拟量处理输出程序

2）模拟量读取程序

分拣站变频器实时输出频率读取部分的程序如图 5－45 所示。AM 与 5 号端子之间输出电压范围为 0～10 V，可根据要求更改变频参数 P158、P55、P56 的参数值来修改监控对象，见表 5－32。

表 5－32 AM 端子监视功能设置

参数号	参数名称	默认值	设置值	设置值含义
P158	AM 端子功能选择	1		1 输出频率，2 输出电流，3 输出电压
P55	频率监视基准	50 Hz		AM 端子输出最大频率值
P56	电流监视基准	变频器额定电流		输出电流监视时，输出列端子 AM 时的最大值

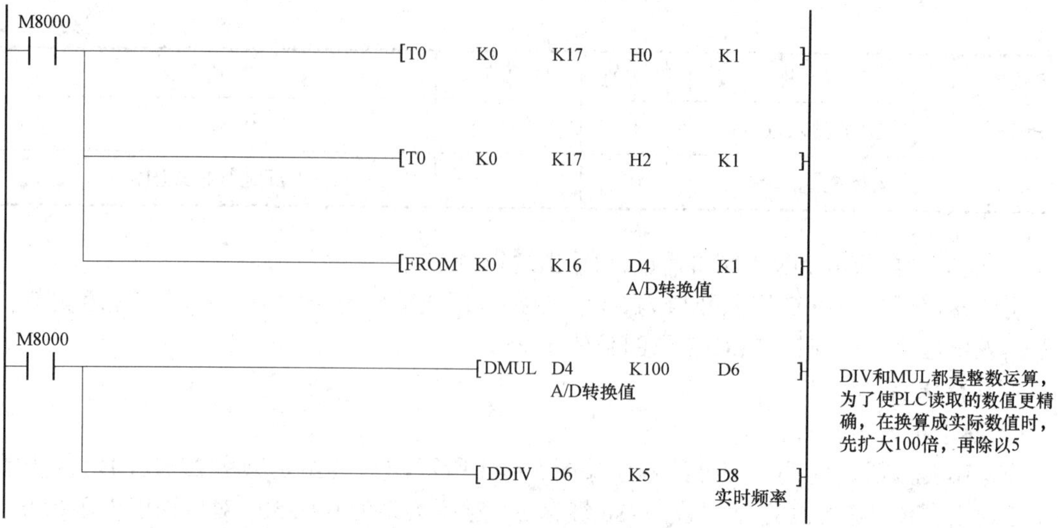

```
M8000
─┤ ├─┬──────────[T0     K0    K17    H0     K1   ]
     │
     ├──────────[T0     K0    K17    H2     K1   ]
     │
     └──────────[FROM   K0    K16    D4     K1   ]
                                     A/D转换值
M8000
─┤ ├─┬──────────[DMUL   D4    K100   D6          ]
     │                  A/D转换值
     └──────────[DDIV   D6    K5     D8          ]
                                     实时频率
```

DIV和MUL都是整数运算，为了使PLC读取的数值更精确，在换算成实际数值时，先扩大100倍，再除以5

图 5-45　模拟量处理输入程序

4. 设备调试

将编写好的程序传送到 PLC 中，按照本项目任务三的调试方法进行调试。设备调试好后，将程序保存，整理和绑线管，盖上线槽，在接线端子处标上编号管。

四、任务评价

任务评价表见表 5-33。

表 5-33　任务评价表

评分内容	配分	评分标准	分值	自评	他评
功能	90	模拟量模块接线	10		
		模拟量模块的输入电路调整不当，导致 A/D 转换的误差较大	10		
		模拟量模块的输出电路调整不当，导致 A/D 转换的误差较大	10		
		T0 指令的使用不正确，导致无法进行速度控制	10		
		FROM 指令使用不正确，导致无法正确读出数值	10		
		变频器参数设备不当，导致不能进行速度控制	10		
		不能监视频率值，或监视频率值与实际频率值偏差较大	5		
		不能监视电压值，或监视电压值与实际电压值偏差较大	5		
		分拣是否正确	20		
职业素养	10	材料、工件等是否放在系统上	5		
		元件、模块是否有损坏、丢失和松动现象			

续表

评分内容	配分	评分标准	分值	自评	他评
职业素养	10	所有部件整齐摆放在桌上	5		
		工作区域整洁干净、地面上没有垃圾			
综合			100		
完成用时					

任务五　FX3U 系列 PLC 与变频器串行数据通信

一、任务要求

本任务是在项目五任务四的基础上，采用 RS－485 实现 PLC 与变频器的通信连接，采用三菱变频器的通信专用指令编程，实现 PLC 与变频器的通信控制，以满足如下要求：

（1）控制电动机正转、反转和停止；

（2）修改变频器运行频率；

（3）监视变频器的输出电流、电压和频率值；

（4）上下限频率 Pr1＝50 Hz，Pr.2＝5 Hz；加减速时间 Pr.7＝1 s，PR.8＝1 s；

（5）指定速度运行，完成以下简单分拣任务：

1 号槽：白色外壳；2 号槽：金属外壳；检出黑色外壳后，待工件运行到 3 号槽位置，传送带给定反转频率返回到入料口。

二、相关知识

1. 三菱 PLC 与 E700 变频器的通信硬件系统

变频器通信功能，就是以 RS－485 通信方式连接可编程控制器与变频器，最多可以对 8 台变频器进行运行监控及实现各种指令以及参数的读出/写入功能。带通信功能的三菱变频器有 FREQROL－F700、A700、E700、D700、V500、F500、A500、E500、S500，其中 F700、A700、E700、D700、V500、F500 系列仅对应 FX3G、FX3U、FX3UC 系列 PLC。PLC 与变频器的通信系统如图 5－46 所示。

在该系统中，PLC 作为主站，变频器作为从站，在可编程控制器基本单元中增加 RS－485 通信设备（选件）后连接，例如，在 FX3U 可编程控制器上增加 FX3U－485 BD 通信模块或 FX3U－485 ADP 通信适配器，在 FX2N 可编程控制器上增加 FX2N－485 BD 通信模块或 FX2N－485 ADP 通信适配器，使用 485 适配器时，总延长距离最大可达 500 m，使用 485BD 适配器时，距离可达 50 m。从站变频器变频器通信可以采用 PU（RS－485 接口）接口，也可以用 FR－A5NR、FR－A7NC 变频器选件。从变频器正面看，变频器的 PU 接口及插针编号分别如图 5－47 和表 5－34 所示。

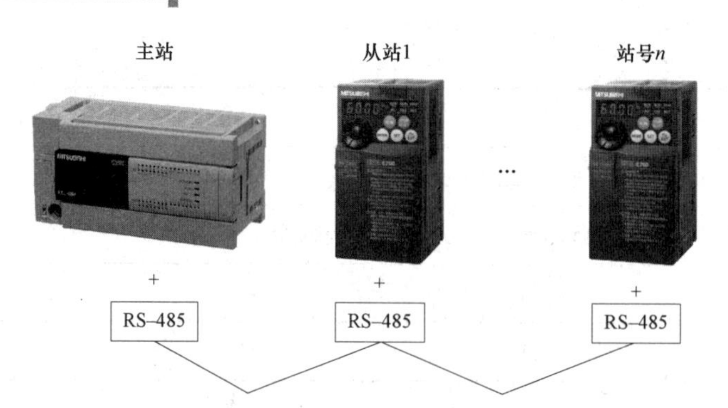

图 5-46　PLC 与变频器通信系统

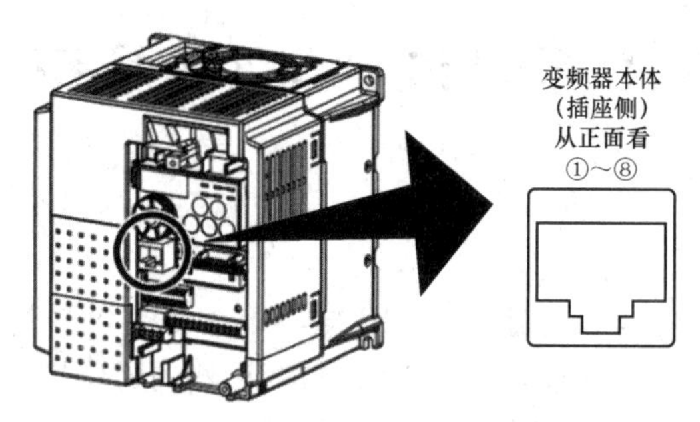

图 5-47　变频器 PU 接口

表 5-34　PU 接口插针编号、名称和内容

插针编号	名称	内　容
1	SG	接地（与端子 5 导通）
2	—	参数单元电源
3	RDA	变频器接受+
4	SDB	变频器发送 -
5	SDA	变频器发送+
6	RDB	变频器接受 -
7	SG	接地（与端子 5 导通）
8	—	参数单元电源

2. FX 系列 PLC 通信协议及参数设置

三菱 E700 变频器与 PLC 的通信支持无协议通信、MODBUS 协议通信等。在 PLC 与其他设备进行通信时，必须确定双方的通信协议，PLC 没有办法直接设定通信的相关参数，因此由 D8120 来设置 PLC 的通信格式，用 PLC 的功能指令“MOV”指令向 D8120 中传送由 D8120 组成的各位表示的十六进制数。D8120 除了适用于 FNC80（RS）指令外，还适用于计算机链接通信。所以，在使用 FNC80（RS）指令时，关于计算机链接通信的设定无效。D8120 各位设定项目见表 5-35。

表 5－35　通信格式 D8120

Bit 号	名称	内　容	
		0（OFF）	1（ON）
b0	数据长度	7 位	8 位
b2，b1	奇偶校验	（0，0）：无；（0，1）：奇校验；（1，1）：偶校验；	
b3	停止位	1 位	2 位
b7，b6，b5，b4	传输速率/（bit·s^{-1}）	b7，b6，b5，b4 （0，1，0，0）：600 （0，1，1，0）：2 400 （1，0，0，0）：9 600	b7，b6，b5，b4 （0，1，0，1）：1 200 （0，0，1，1）：4 800 （1，0，0，1）：19 200
b8①	起始符	无（0）	有，由 D8124 设定初始值：STX（02H）
b9①	终止符	无（0）	有，由 D8125 设定初始值：ETX（03H）
b10 b11	控制线②	无顺序	B11，b10 （0，0）：无（RS－232C 接口） （0，1）：普通模式（RS－232C 接口） （1，0）：互锁模式（RS－232C 接口） （1，1）：调制解调器模式（RS－232C、RS－485 接口）
		计算机链接通信	b11，b10 （0，0）：RS－485 接口；（1，0）：RS－232C 接口
b12	不可使用		
b13③	和校验	不附加	附加（计算机连接时）
b14③	协议	不附加	使用（计算机连接时）
b15③	控制顺序	0 为控制顺序方式 1	计算机连接方式控制顺序为方式 4

① 起始符、终止符的内容可由用户变更。使用计算机通信时，必须将其设定为 0。

② RS－485 未考虑设置控制线的方法，使用 FX2N－485BD、FX0N－485ADP 时，请设定（b11，b10）＝（1，1）。

③ b13～b15 是计算机链接通信连接时的设定项目。使用 FNC80（RS）指令时，必须设定为 0。

示例：假定用一台 PLC 控制一台打印机，使用无协议通信，采用 RS 无协议通信方式，数据通信长度为 8 位，偶校验、停止位 1 位、波特率 9 600 bit/s、起始符无、终止符无、控制线为 RS－485 通信的方式，参照表 5－35 用 D8120 设置 PLC 的通信格式，方法如图 5－48 所示。当可编程控制器上电时，在顺控程序编程软件参数设定画面中设定的内容会自动传送到 D8120。

注意：传送程序（参数）后，必须将电源断开一次，然后重新上电，通信设置才开始生效。

M8002　[MOV　HOC87　D8120]

(a)

D8120=　b15 0000 0　1100 C　1000 8　0111 7 b0

(b)

图 5－48　PLC 的通信格式设定方法示例

（a）设置程序；（b）D8120 各位分布情况

3. 变频器通信参数设置

FX 系列 PLC 和变频器之间进行通信，通信规格必须在变频器的初始化中设定，如果没有进行初始设定或有一个设定错误，数据将不能进行正常传输。但是在设置参数之前须分清变频器系列和连接变频器的接口（PU 接口、FR－A5NR 选件和内置 RS－485 端子），不同系列的变频器和不同端口的通信参数会有所不同。连接 PU 接口时，E700 变频器的相关参数如表 5－36 所示。

表 5－36　连接变频器 PU 接口通信相关参数

参数编号	参数项目	出厂值	设定值	功能说明
Pr.117	PU 通信站号	0	00～31	最多可以连接 8 台
Pr.118	PU 通信速度（波特率）	192	48	波特率为 4 800 b/s
			96	波特率为 9 600 b/s
			192	波特率为 19 200 b/s
			384	波特率为 38 400 b/s（仅 FX3G 可编程控制器对应）
Pr.119	PU 通信停止位长度	1	0	数据长度 8 位，停止位 1 位
			1	数据长度 8 位，停止位 2 位
			10	数据长度 7 位，停止位 1 位
			11	数据长度 7 位，停止位 2 位
Pr.120	PU 通信奇偶校验	2	0	无校验
			1	奇校验
			2	偶校验
Pr.121	PU 通信重试次数	1	0～10	发生数据接收错误时的再试次数容许值，达到容许值，变频器会跳闸
			9 999	即使发生错误变频器也不会跳闸
Pr.122	PU 通信检查时间间隔	0	0～999.8 s	进行通信校验
			9 999	不进行通信校验
Pr.123	设定 PU 通信的等待时间	9 999	0～150 ms	设定向变频器发出数据后信息返回的等待时间
			9 999	在通信数据中设定
Pr.338	启动指令权	0	1	通信方式启动指令
Pr.124	选择 PU 通信 CR，LF	1	0	无 CR、无 LF
			1	有 CR、无 LF
			2	有 CR、LF
Pr.340	选择通信启动模式	0	1	网络运行模式
			10	面板切换网络运行/PU 运行模式

续表

<table>
<tr><th>参数编号</th><th>参数项目</th><th>出厂值</th><th>设定值</th><th>功能说明</th></tr>
<tr><td rowspan="2">Pr.549</td><td rowspan="2">选择协议</td><td rowspan="2">0</td><td>0</td><td>选择三菱变频器的（计算机链接）协议</td></tr>
<tr><td>1</td><td>MODBUS－RTU 协议</td></tr>
<tr><td>Pr.79</td><td>选择运行模式</td><td>0</td><td>0</td><td>可通过面板切换 PU 运行模式和网络运行模式</td></tr>
</table>

注：每次参数初始化设定后，需要复位变频器（可以采用断电重新上电的方式进行），如果改变与通信相关的参数后变频器没有复位，通信将不能进行。

4. 变频器通信的指令代码

三菱 D700 及以上系列变频器可以通信的参数以及运行指令见表 5－37 和表 5－38。

表 5－37 变频器的指令代码（三菱 E700 系列：变频器→可编程控制器）

变频器指令代码（十六进制）	读出的内容	变频器指令代码（十六进制）	读出的内容
H7B	运行模式	H75	异常内容
H6F	输出频率	H76	异常内容
H70	输出电流	H77	异常内容
H71	输出电压	H79	变频器状态监控(扩展)
H72	特殊监控	H7A	变频器状态监控
H73	特殊监控的选择编号	H6E	读出设定频率（EEPROM）
H74	异常内容	H6D	读出设定频率（RAM）

表 5－38 变频器的指令代码（三菱 E700 系列：可编程控制器→变频器）

<table>
<tr><th>变频器指令代码（十六进制）</th><th colspan="2">写入内容</th><th>变频器指令代码（十六进制）</th><th>写入内容</th></tr>
<tr><td rowspan="3">HFB</td><td rowspan="3">运行模式</td><td>H0 网络运行</td><td rowspan="3">HED</td><td rowspan="3">写入设定频率（RAM）</td></tr>
<tr><td>H1 外部运行</td></tr>
<tr><td>H2　PU 运行</td></tr>
<tr><td>HF3</td><td colspan="2">特殊监视器选择代码</td><td>HFD</td><td>H9696，变频器复位</td></tr>
<tr><td rowspan="3">HFA</td><td rowspan="3">运行指令</td><td>H2 正转</td><td rowspan="3">HF4</td><td rowspan="3">异常内容的成批清除</td></tr>
<tr><td>H4 反转</td></tr>
<tr><td>H0 停止</td></tr>
<tr><td>HEE</td><td colspan="2">写入设定频率（EEPROM）</td><td>HFC</td><td>参数的成批清除</td></tr>
</table>

5. 三菱变频器通信专用指令

变频器与 PLC 的通信可以使用串行通信指令 RS，但要求编程者对通信协议、通信指令和软件等非常熟悉，而且编写的程序也会很复杂，很难被一般的技术人员掌握，三菱公司推出了 5 种适用于 FX3U 系列 PLC 与三菱变频器通信的专用指令，见表 5－39。通过专用指令执行运行控制，写入/读出变频器参数值，使得 PLC 与变频器的通信变得简单，且容易掌握，编写的程序非常清晰。

表 5－39　FX3U 系列变频通信专用指令

指令	符　　号	功　　能
IVCK（FNC270）	IVCK S1. S2. D. n	变频器的运行监视
IVDR（FNC271）	IVDR S1. S2. S3. n	变频器的运行控制
IVRD（FNC272）	IVRD S1. S2. D. n	读出变频器的参数
IVWR（FNC273）	IVWR S1. S2. S3. n	写入变频器的参数
IVBWR（FNC274）	IVBWR S1. S2. S3. n	变频器参数的成批写入

与变频器通信专用指令相关的软元件及其意义见表 5－40。

表 5－40　与指令相关的软元件

名称	编　　号		内容
	通道 1	通道 2	
M 特殊辅助继电器	M8029		指令执行结束
	M8063	M8438	串行通信错误
	M8151	M8156	变频器通信中
	M8152	M8157	变频器通信错误
	M8153	M8158	变频器通信错误锁定
	M8154	M8159	IVBWR 指令错误
D 特殊数据寄存器	D8063	D8438	串行通信错误代码
	D8150	D8155	变频器通信响应等待时间
	D8151	D8156	变频器通信中的步编号
	D8152	D8157	变频器通信错误代码
	D8153	D8158	发生变频器通信错误的步
	D8154	D8159	IVBWR 指令错误的参数编号

1）变频器运行监视指令 IVCK

IVCK 指令是在可编程控制器中读出变频器运行状态的指令，其格式如图 5－49 所示。

执行 IVCK 指令，按照指令代码 S2 的要求，将站号 S1 的变频器的运行监视数据通过通道 *n* 读出到 D 指定的 PLC 数据寄存器中，所以上述指令的含义是：当触点接通时，将站号为 1 的变频器的输出频率通过通道 1 读出到 PLC 的 D100 中。

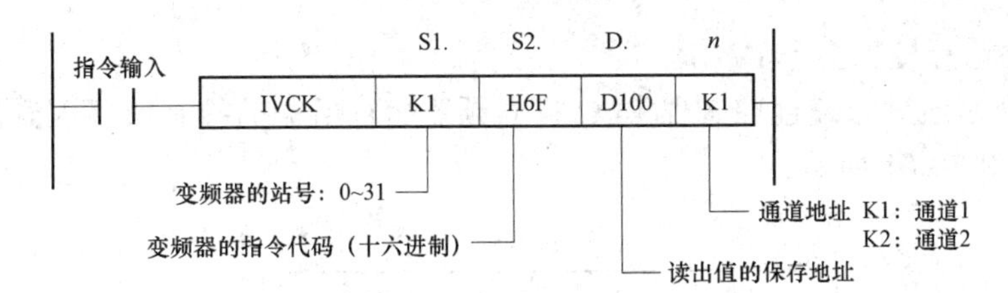

图 5-49 IVCK 指令格式

指令中源操作数 S1. 使用的软元件可以是 D、K、H，用于表示站号；源操作数 S2. 可以取用的软元件有 D、K、H，表示指令代码或是指令代码存放的地址；目标操作数 D. 一般取 KnY、KnX、KnS、D，表示读出值或读出值保存的地址，n 为通道编号，可以用 K 或 H 表示。其中 S2. 为指令代码。

IVCK 指令使用示例，该示例中通过 IVCK 指令读出变频器的状态数据和输出频率值，如图 5-50 所示。

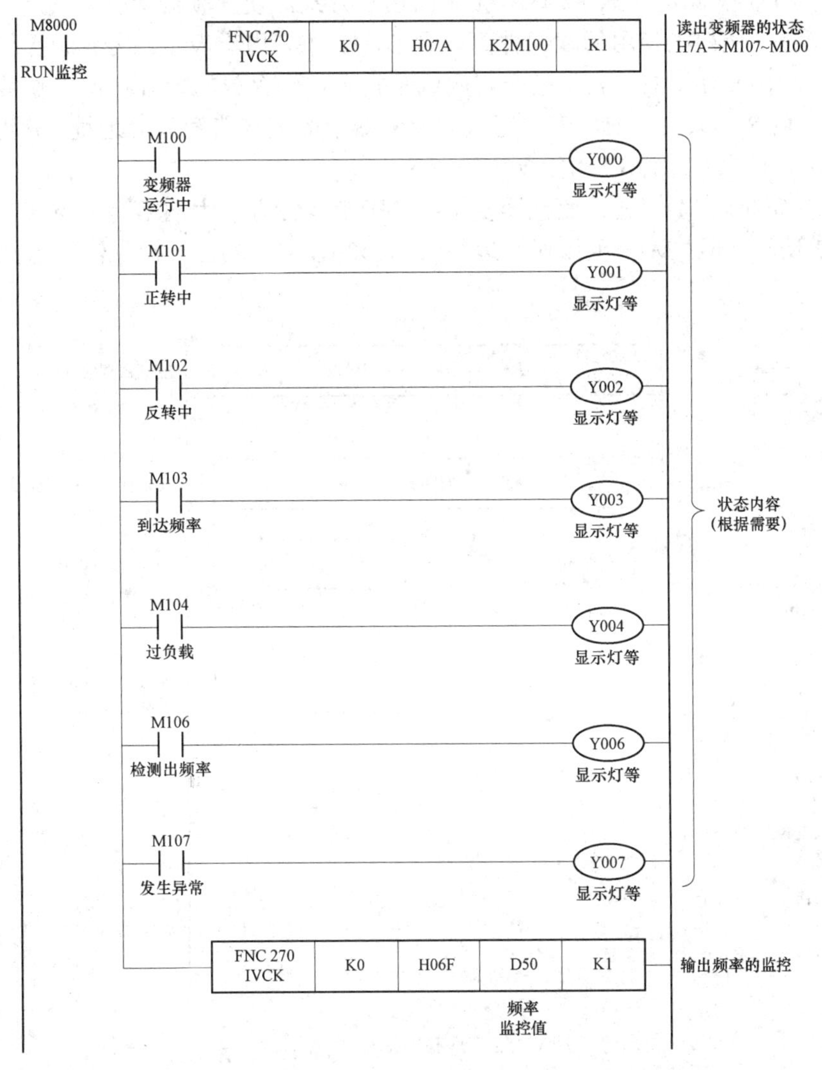

图 5-50 IVCK 指令用法示例

2）变频器运行控制指令 IVDR

IVDR 指令是通过可编程控制器 PLC 将变频器运行所需的控制值写入到指定位置的指令，其格式如图 5－51 所示。

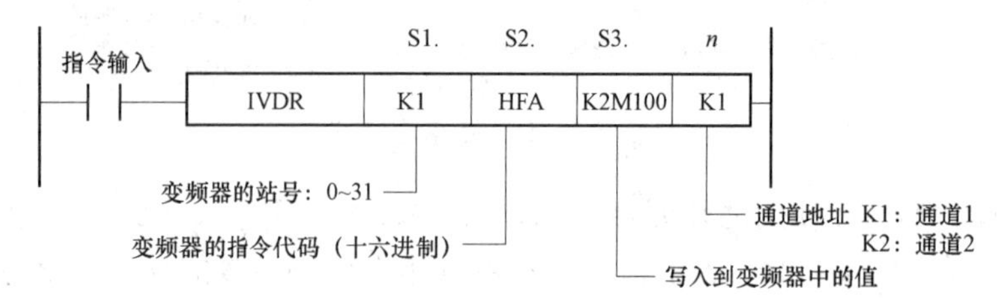

图 5－51 IVDR 指令格式

执行 IVDR 指令，按照指令代码 S2.的要求，将 S3.中的控制内容写入到站号为 S1.的变频器的指定位置，以控制变频器的运行。所以上述指令的含义：当触点接通时，通过通道 1 向站号为 1 的变频器写入 K2M10 指定的运行方式，使变频器运行。

指令中源操作数 S1.使用的软元件可以是 D、K、H，用于表示站号；源操作数 S2.可以取用的软元件有 D、K、H，表示指令代码或是指令代码存放的地址；源操作数 S3.一般取 KnY、KnX、KnS、D、K、H，表示写入到变频器中的值或值存放的地址，*n* 为通道编号，可以用 K 或 H 表示。其中 S2.为指令代码。

示例：首先通过 M10 进行变频器复位，并确定运行方式为网络运行方式。X0 停止，X1 正转，X2 反转，通过 M17 可以切换运行频率（40 Hz 和 20 Hz）。指令使用示例如图 5－52 所示。

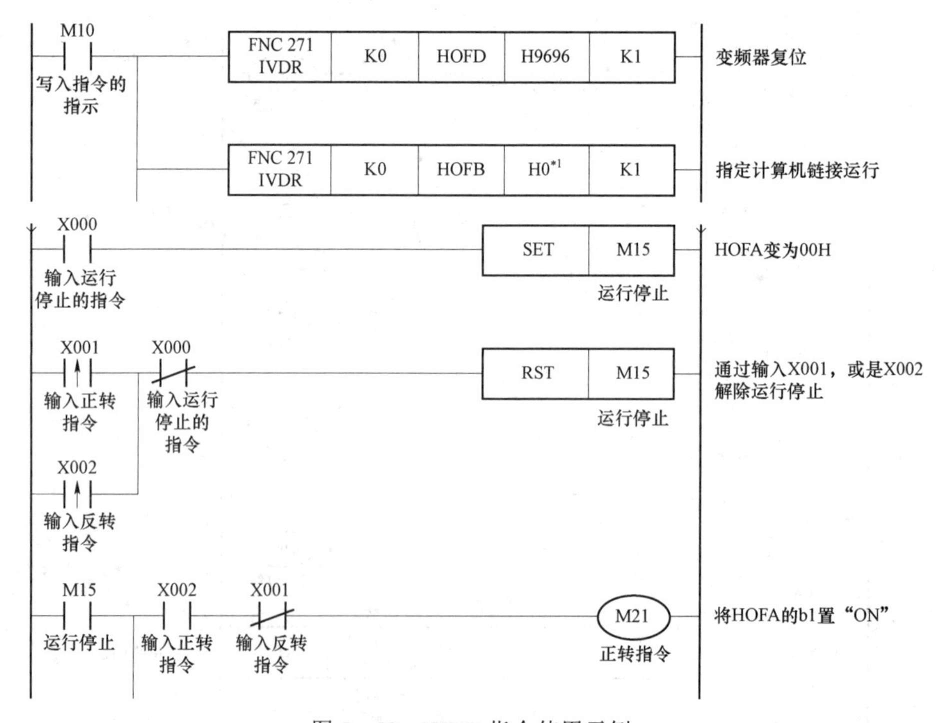

图 5－52 IVDR 指令使用示例

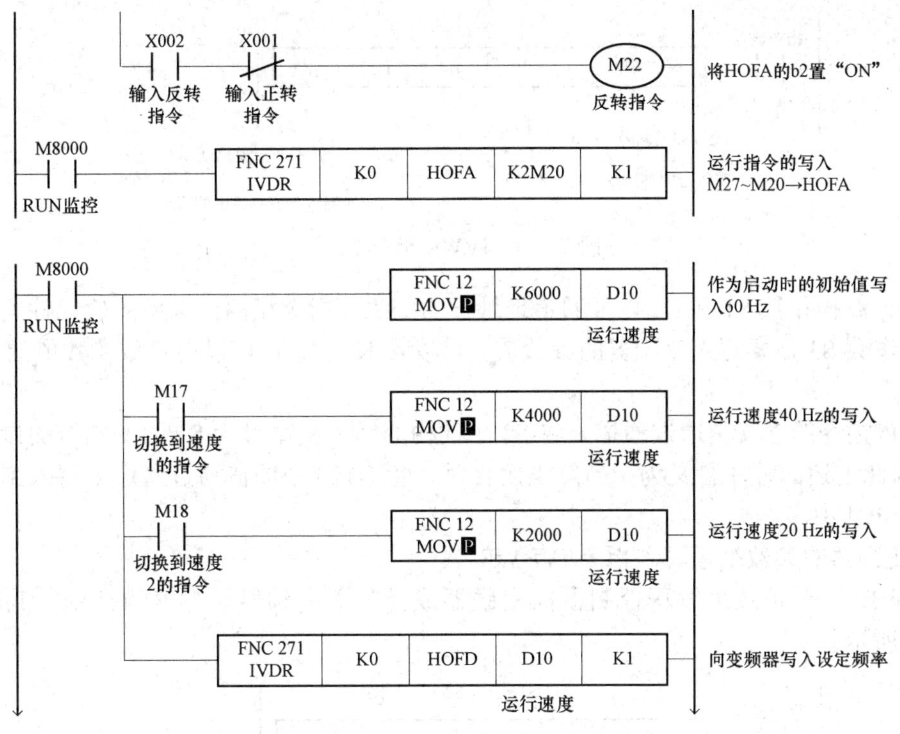

图 5－52 IVDR 指令使用示例（续）

3）变频器的参数读出指令 IVRD

IVRD 指令是读取变频器的指定参数，并存储在 PLC 指定存储单元中的过程，其指令格式如图 5－53 所示。

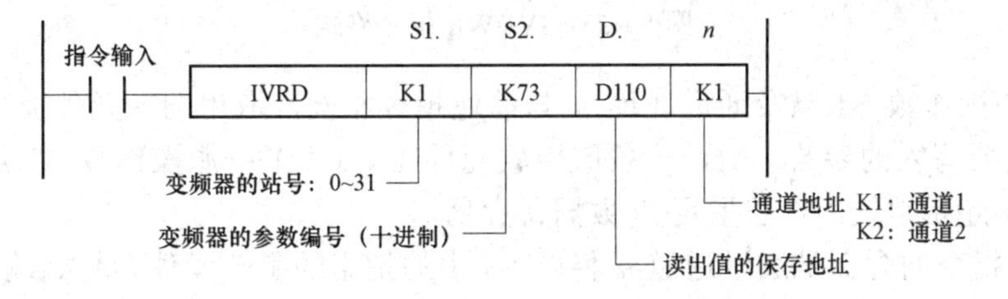

图 5－53 IVRD 指令格式

其中，源操作数 S1.表示变频器站号，与 IVCK 和 IVDR 中的 S1.意义相同，可取用的软元件类型亦相同。源操作数 S2.表示变频器的参数编号，一般取用软元件 D、K、H。目标操作数 D.是用于存放读取值的目标位置，一般取用软元件 D。n 表示通道数，意义与 IVCK 和 IVDR 指令中的 n 相同。

IVRD 指令含义是将 S1.站号指定的变频器中从 S2.参数内容通过通道 n 读出到 D.指定的存储单元中。因此上述的程序含义为：当控制触点闭合时，将站号为 1 的变频器的 Pr.73 参数内容通过通道 1 读出到 D110 中。

4）变频器的参数写入指令 IVWR

IVWR 指令是向变频器的指定参数单元中写入指定的参数内容，其格式如图 5－54 所示。

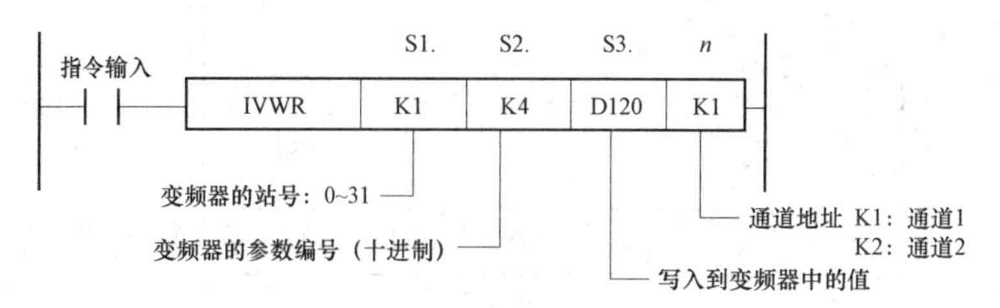

图 5－54　IVWR 指令格式

其中，源操作数 S1.和 S2.以及通道地址 *n* 与 IVRD 指令相同，取用的软元件类型也相同，源操作数 S3.是要写入变频器的参数值，可以是 K、H，也可以是存放参数值的 D 数据寄存器。

IVWR 指令的含义是通过通道 *n* 将 S3.中的内容写入到站号为 S1.的变频器的参数编号 S2.中。因此上述的程序含义为：当触点闭合时，将 D120 中的值通过通道 1 写入到 1 号站变频器的 Pr.4 中。

5）变频器的参数批量写入指令 IVBWR

IVBWR 指令是从可编程控制器向变频器成批写入变频器参数值的指令，其格式如图 5－55 所示。

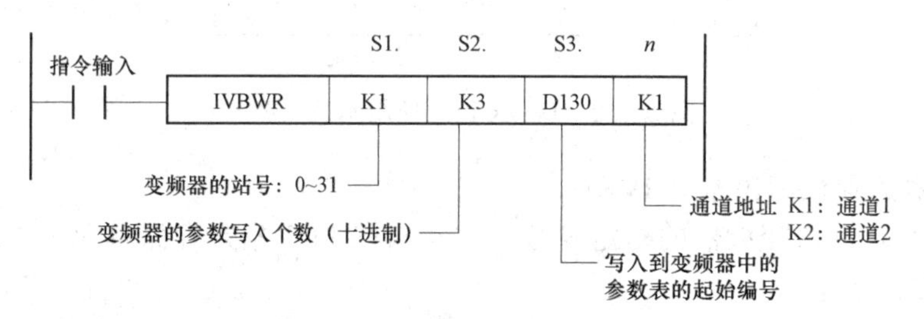

图 5－55　IVBWR 指令格式

其中，源操作数 S1.以及通道地址 *n* 与前述指令相同，取用的软元件类型也相同，源操作数 S2.是要写入的参数个数，一般取用软元件 K、H、D；源操作数 S3.是要写入变频器的参数表的起始地址，一般取用 D 数据寄存器。

IVBWR 指令的含义是通过通道 *n* 将以 S3.中的指定的字软元件为起始编号的连续 S2.个参数编号和参数值写入到变频器中，每个参数占用两个字。

上述程序表示的参数编号及参数写入值具体分配如表 5－41 所示。

表 5－41　图 5－55 中的参数编号与写入值对应关系

S3.	D130	参数编号 1
S3.+1	D131	参数写入值 1
S3.+2	D132	参数编号 2
S3.+3	D133	参数写入值 2
S3.+4	D134	参数编号 3
S3.+5	D135	参数写入值 3

以上三菱变频器通信专用指令只针对特定的变频器，不能对所有变频器实行。在指令执行完成后，M8029 会接通一个扫描周期。同一时刻只有一条通信指令运行，因此一条指令是否完成，可以用 M8029 进行判断，以保证通信不冲突。

三、任务实施

1. 通信线的制作

PLC 与变频器的通信连接时应注意：变频器的 PU 接口为 RJ－45 接口标准，PLC 侧的通信板为接线端子，因此设备之间连接采用以太网 10BASE－T 的自制电缆实现，PLC 与变频器的连接如图 5－56 所示。

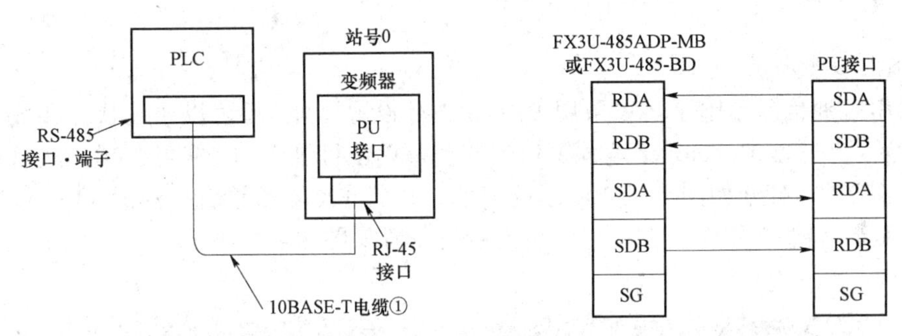

图 5－56　变频器 PU 接口与 485 接口的连接

2. 设置 PLC 与变频器的通信参数

1）变频器参数设置

E700 变频器与 RS－485 通信相关的参数有 PR.117～PR.124，变频器参数设置参考表 5－42 所示。

表 5－42　变频器参数设置

序号	参数编号	出厂值	设定值	功能说明
1	Pr.117	0	1	设定变频器为 1 号站
2	Pr.118	192	96	波特率为 9 600 b/s
3	Pr.119	1	10	数据长度 7 位，停止位 1 位
4	Pr.120	2	2	偶校验
5	Pr.121	1	9 999	通信错误无报警
6	Pr.122	0	9 999	不进行通信校验
7	Pr.123	9 999	9 999	由通信数据设定等待时间
8	Pr.338	0	1	通信方式启动指令
9	Pr.124	1	1	有 CR、无 LF
10	Pr.340	0	10	面板切换网络运行/PU 运行模式

续表

序号	参数编号	出厂值	设定值	功能说明
11	Pr.549	0	0	选择三菱变频器的（计算机链接）协议
12	Pr.550	0	0	网络运行时，指令权由通信选件执行
13	Pr.79	0	0	可通过面板切换 PU 运行模式和网络运行模式
14	Pr.77	0	2	可以在所有运行模式中不受运行状态限制写入参数

注：参数设置完毕，需断电后重启才能成功。

2）PLC 参数设定

PLC 串行通信参数除了可以采用 D8120 进行设置以外，还可以通过软件参数设置的方式进行设置，在 GX Developer 编程窗口的左侧，单击目录中的“参数”项，然后双击下面的“PLC 参数”，打开如图 5－57 所示的界面，进行 FX 参数设置，注意 PLC 设置通信参数必须和变频器通信参数一致。PLC 通信参数设置如图 5－57 所示。

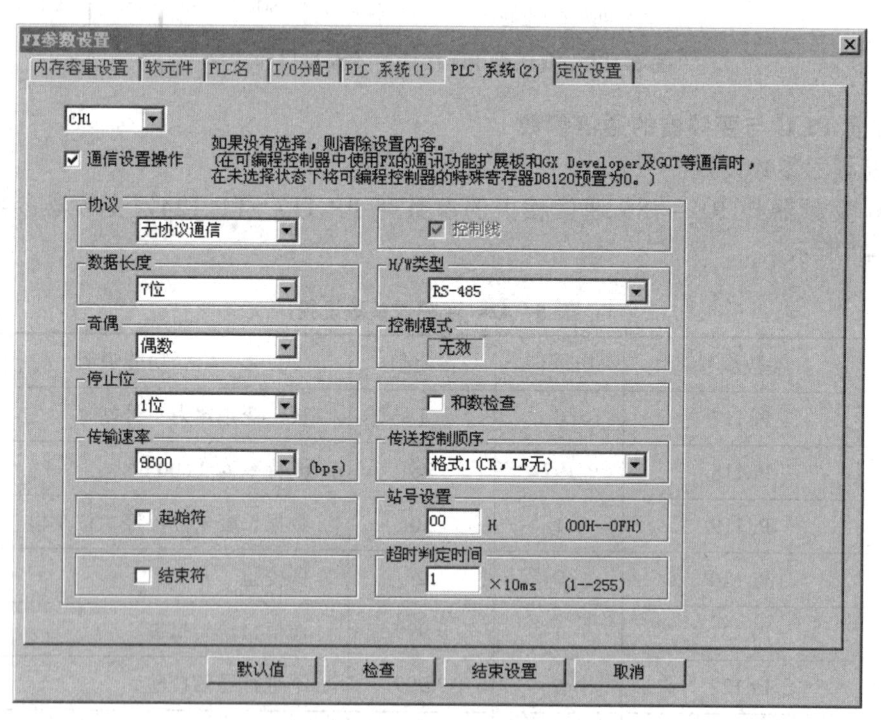

图 5－57　PLC 通信参数设置

3. PLC 程序编制

PLC 参考程序如图 5－58 所示。

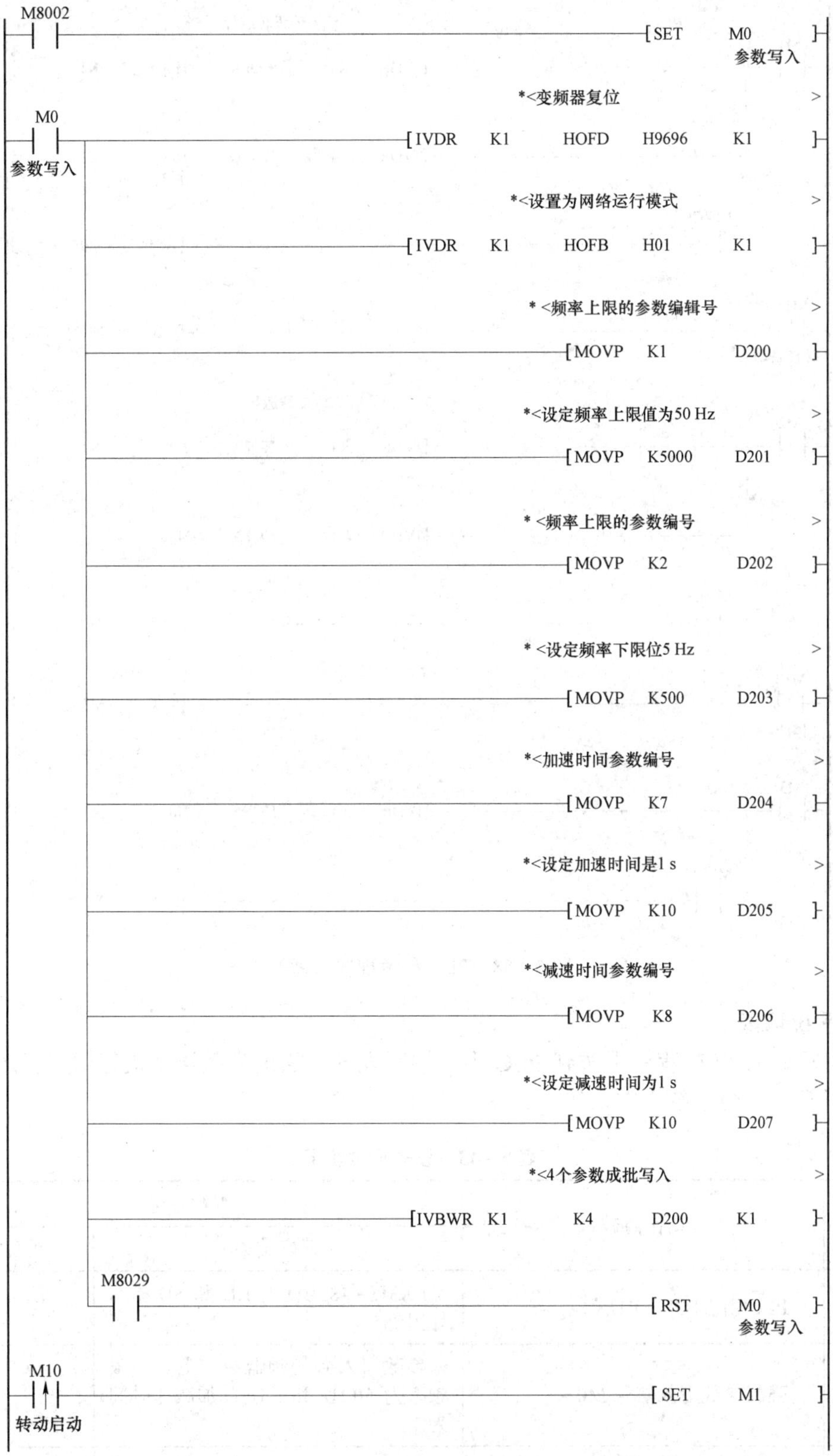

```
 M8002
──┤ ├──────────────────────────────────────[SET      M0              ]
                                                       参数写入
                                        *<变频器复位                    >
 M0
──┤ ├──┬────────────────────[IVDR    K1     HOFD    H9696    K1      ]
参数写入 │
       │                     *<设置为网络运行模式                    >
       ├────────────────────[IVDR    K1     HOFB    H01      K1      ]
       │
       │                      *<频率上限的参数编辑号                  >
       ├──────────────────────────────[MOVP    K1          D200      ]
       │
       │                     *<设定频率上限值为50 Hz                  >
       ├──────────────────────────────[MOVP    K5000       D201      ]
       │
       │                     *<频率上限的参数编号                     >
       ├──────────────────────────────[MOVP    K2          D202      ]
       │
       │                     *<设定频率下限位5 Hz                     >
       ├──────────────────────────────[MOVP    K500        D203      ]
       │
       │                     *<加速时间参数编号                       >
       ├──────────────────────────────[MOVP    K7          D204      ]
       │
       │                     *<设定加速时间是1 s                      >
       ├──────────────────────────────[MOVP    K10         D205      ]
       │
       │                     *<减速时间参数编号                       >
       ├──────────────────────────────[MOVP    K8          D206      ]
       │
       │                     *<设定减速时间为1 s                      >
       ├──────────────────────────────[MOVP    K10         D207      ]
       │
       │                     *<4个参数成批写入                        >
       ├────────────────────[IVBWR  K1     K4     D200     K1         ]
       │
       │ M8029
       └──┤ ├───────────────────────────────[RST      M0              ]
                                                       参数写入
 M10
──┤↑├──────────────────────────────────────[SET      M1              ]
转动启动
```

图 5-58　PLC 参考程序

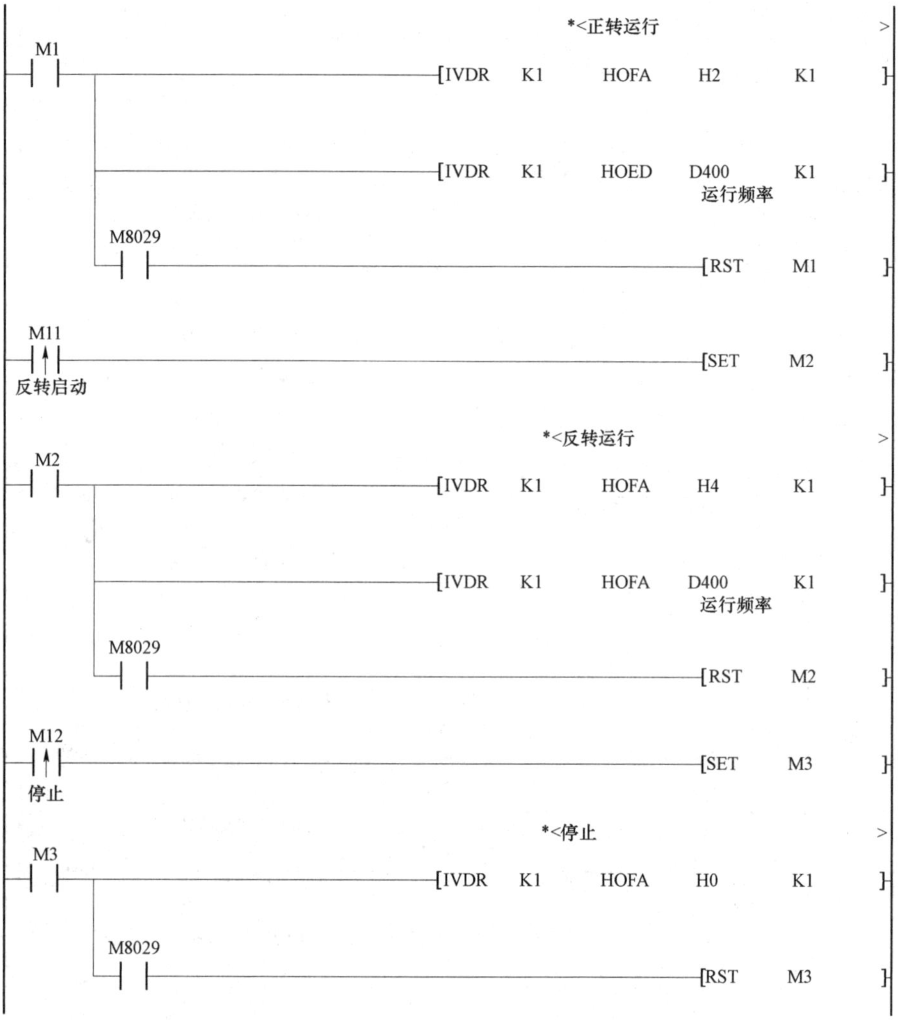

```
                                        *<正转运行                          >
 M1
─┤ ├──┬──────────────────────[IVDR   K1    HOFA   H2     K1   ]
      │
      ├──────────────────────[IVDR   K1    HOED   D400   K1   ]
      │                                            运行频率
      │ M8029
      └─┤ ├──────────────────────────────[RST    M1           ]

 M11
─┤↑├─────────────────────────────────────[SET    M2           ]
 反转启动
                                        *<反转运行                          >
 M2
─┤ ├──┬──────────────────────[IVDR   K1    HOFA   H4     K1   ]
      │
      ├──────────────────────[IVDR   K1    HOFA   D400   K1   ]
      │                                            运行频率
      │ M8029
      └─┤ ├──────────────────────────────[RST    M2           ]

 M12
─┤↑├─────────────────────────────────────[SET    M3           ]
 停止
                                        *<停止                              >
 M3
─┤ ├──┬──────────────────────[IVDR   K1    HOFA   H0     K1   ]
      │ M8029
      └─┤ ├──────────────────────────────[RST    M3           ]
```

图 5-58　PLC 参考程序（续）

4. 系统调试

将编写好的 PLC 程序上传到 PLC 中，按照表 5-43 的步骤调试执行用户程序，变频器通信正常，直至系统正常工作。

表 5-43　设备调试步骤

步骤	动作内容	观察任务	
		正确结果	观察结果
1	PLC 由 STOP→RUN	FX3U-485BD 的 RD 和 SD 指示灯闪烁	
2	强制参数写入信号 M0	参数写入到变频器中：上、下限频率为 50 Hz 和 5 Hz；加减速时间为 1 s	
3	强制启动信号 M10	电动机运行，RUN 指示灯闪烁	

续表

步骤	动作内容	观察任务	
		正确结果	观察结果
4	给定变频器运行频率 D400	电动机运行，运行频率为D400/100	
5	强制停止信号 M12	电动机停止	
6	强制启动信号 M11	电动机反转	
7	修改给定频率值	变频运行频率随之改变	
8	强制停止信号 M12	电动机停止	

5. 常见故障

使用变频器通信功能进行控制时，常见的故障是变频器与 PLC 无法通信，其原因有通信接线错误、变频器参数设置错误、PLC 参数设置错误、通信模块损坏，变频器和 PLC 参数设置好后，重新上电，如果通信模块的指示灯不亮或只有一盏闪烁，首先检查并核对通信线是否连接正确，排除通信线问题后，如果问题仍然存在，考虑是否是两者通信参数设置不匹配，并逐一检查 PLC 和变频器的通信参数设置，尤其是通信格式。

注意：等待时间的给定方法可以由变频器参数设置，当参数设定为 9 999 时，由程序确定通信等待时间。如果没有等待时间，则两者也将无法通信。

参数设置确认无误后，通信模块仍然无反应，考虑是否模块损坏，更换模块后重新尝试连接。

排除设备故障，并填写排除故障过程。

6. 思考与练习

PLC 与变频器不能正常通信的原因有哪些？在正常通信情况下，485 模块上的 SD 和 RD 指示灯处于怎样的亮灭状态？通信出错时，亮灭状态有什么变化？如果 PLC 和变频器参数设置不一致将会导致怎样的结果？

四、任务评价

任务评价表见表 5-44。

表 5-44 任务评价表

评分内容	配分	评分标准	分值	自评	他评
功能	90	变频器通信参数设置	20		
		PLC 通信参数设置	20		
		上下限频率和加减速时间参数能够写入变频器	30		
		电动机正反转	5		
		电动机停止	5		
		更改变频器的速度	10		

续表

评分内容	配分	评分标准	分值	自评	他评
职业素养	10	材料、工件等不放在系统上	5		
		元件、模块没有损坏、丢失和松动现象			
		所有部件整齐摆放在桌上	5		
		工作区域内整洁干净、地面上没有垃圾			
综合			100		
完成用时					

项目六　搬运输送单元的组装与调试

在自动线上，将物料或工件从一个位置搬运到另一个或几个指定位置的装置称作搬运输送装置。搬运输送是生产中不可缺少的工艺过程，自动线上常见的搬运输送装置如图 6-1 所示。搬运输送装置的结构和工作原理，根据输送物料或工件的性质和形状的不同而不同。

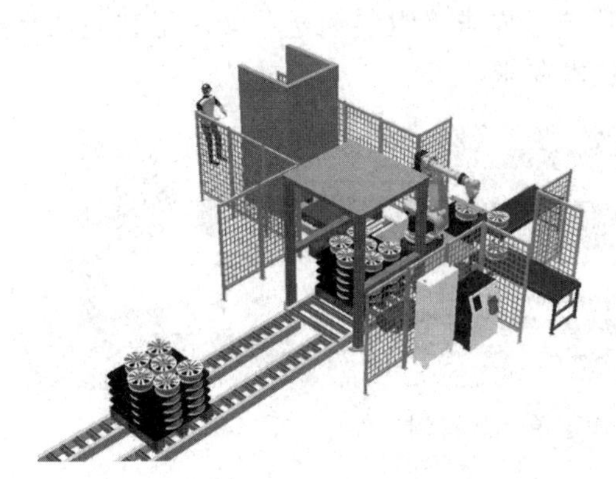

图 6-1　自动线常用的搬运输送装置

本项目通过 YL-335B 输送单元的学习，了解搬运机械手的结构和编程方法；完成相关组件的安装和调整、电气配线的敷设；学习伺服电动机的特性及控制方法、伺服驱动器的基本原理及电气接线；编制输送单元运行控制程序，进行调试，并能解决安装与运行过程中出现的常见问题。

输送单元的工作过程和技术要求：输送搬运装置多用于自动控制系统的工件搬运，主要装置是搬运机械手和传动机构，YL-335B 的输送单元能够在供料、加工、装配和分拣四个工作单元中按照一定的顺序进行工件运输，用于协调整个系统的工作。因此输送单元中的机械手能够实现三自由度动作，即升降、伸缩、旋转和夹取物料，可以在直线导轨上做直线运动，从而定位到相应的工作单元物料台前方。当定位到某个位置时，通过 PLC 程序控制机械手抓取或放下工件。机械手装置在各工作单元之间的移动需要通过驱动机构进行驱动，驱动机构要能够实现精确定位，一般可使用步进电动机或伺服电动机作为驱动电动机。

输送装置在工作之前，首先也必须检查设备是否在初始位置，从而复位机械手装置，并将其定位到设备的原点位置，以此作为其他工作单元的定位参考，保证定位精度。复位完成后，还需要测试定位到各工作单元的精确度，即需要进行定位测试。测试过程中，在初始工作单元的物料台上放上一个工件，程序驱动机械手抓取该工件，移动到下一个工作单元，然后放下工件，移动工作单元，使放下的工件正好放到物料台上，依次调整剩余各工作单元，使机械手能够在各个工作单元的物料台上正确抓取和放下工件。机械手的搬运工作一轮结束以后要回到设备的原点或是程序指定的目标位置，如果没有停止信号发出，系统将再次运行；如果有停止信号，则设备返回到原点位置停止。在自动线整体运行中，搬运装置则需要根据任务的具体要求，执行搬运和移动工作。

任务一　输送单元机械安装与调整

一、任务要求

在熟悉输送单元的功能和结构的基础上，用给定器材清单，使用合适螺栓、螺母，按照输送单元的装配效果图（图 6－2）及其技术要求，组装输送单元。组装完成后进行机械部分的检查和调整，使其应满足一定的技术要求。

图 6－2　输送单元装置侧部分

二、相关知识

1. 输送单元的结构组成及功能

输送单元的装置侧部分主要由搬运机械手装置和直线运动传动组件两部分组成，其中机械手装置用于在指定位置抓取和将工件放置在指定位置，直线运动传动组件用于将工件输送到指定的位置。机械手装置整体安装在直线执行器的滑动板上。图 6－2 所示安装在工作台面上的输送单元装置侧部分，除了搬运机械手装置和直线运动传动组件的直线机构部分以外，还包括线管敷设装置、驱动装置、电磁阀组和接线端子排等。

1）搬运机械手装置

搬运机械手装置如图 6－3 所示，它由机械手手指、机械手伸缩气缸、机械手摆动气缸、机械手升降气缸、升降导柱及相应的固定支架组成。该装置能实现升降、伸缩、沿垂直轴正反两个方向旋转（旋转角度的大小可通过调整气缸上的两个调整螺杆来改变）和气动手爪夹紧/松开的四维运动，各个方向的运动均由气动控制。该装置整体安装在直线运动传动组件的滑动溜板上，在传动组件带动下整体做直线往复运动。

搬运机械手的动作是由多个气缸驱动执行的，包括摆动气缸、气动手指、伸缩气缸和升降气缸，其中气动手指、摆动气缸使用二位五通的双电控电磁换向阀进行控制，伸缩和升降气缸使用二位五通单电控电磁换向阀控制。摆动气缸用于驱动手臂正反向 90° 旋转，伸缩气缸用于驱动手臂伸出和缩回，升降气缸用于驱动手臂提升和下降，而气动手指则用于驱动手爪夹紧和松开。

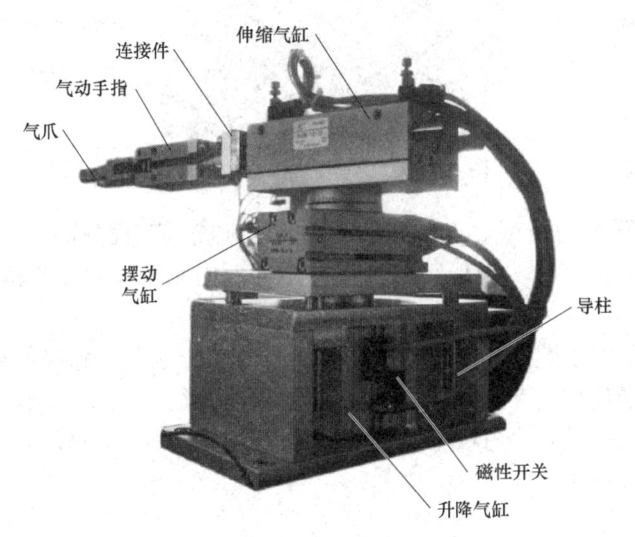

图 6-3　搬运机械手装置

搬运机械手的导柱是用于升降气缸提升机械手的装置，可固定提升上限。其他的安装板和支架的功能如前面各工作单元所述。

2）直线运动传动组件

直线运动传动组件如图 6-4 所示，用以拖动搬运机械手装置做往复直线运动，完成在其他各工作单元物料台前方的精确定位功能，主要由直线导轨底板、直线导轨、滑动溜板、原点接近开关、左/右极限开关、伺服电动机及其放大器、主从动同步轮、同步带组成。

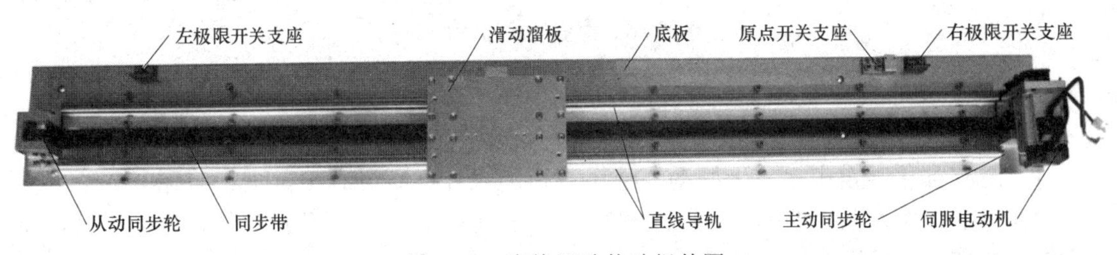

图 6-4　直线运动传动组件图

（1）直线导轨底板用来固定直线导轨，定位在设备台面上的位置，直线导轨上的四个滑块用于支撑和固定滑动溜板，可以左右滑动，摩擦小。

（2）滑动溜板用来安装搬运机械手装置，溜板在直线导轨上左右滑动时，将带动机械手装置移动。

（3）原点接近开关和左/右极限开关安装在直线导轨的底板上，如图 6-5 所示。原点接近开关是一个无触点的电感式接近传感器，用来提供直线运动的起始点信号。关于电感式接近传感器的工作原理及安装注意事项在前面已经介绍过，这里不再赘述。

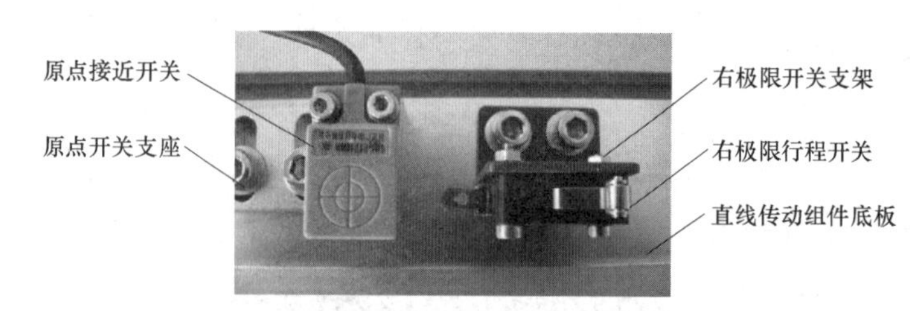

图 6－5　原点开关和右极限开关

（4）左/右极限开关均是有触点的微动开关，用来提供越程故障信号：当滑动溜板在运动中越过左或右极限位置时，极限开关会动作，从而向系统发出越程故障信号，同时伺服电机停止。

（5）伺服电动机由伺服电动机放大器驱动，通过 PLC 程序的脉冲信号驱动电动机转动，在同步轮和同步带的作用下带动滑动溜板沿直线导轨做往复直线运动，同时带动固定在滑动溜板上的抓取机械手装置做往复直线运动。同步轮齿距为 5 mm，共 12 个齿，即旋转一周搬运机械手位移 60 mm。

3）拖链装置

输送单元各机械部件的运动由气动回路和电路控制，为了使气路和电路不影响机械手装置的往复运动，安装了两排并行的拖链，拖链的一端固定在安装槽上，另一端安装在和机械手装置相连的支架上，保证拖链和机械手装置同步运动。该装置的结构如图 6－6 所示。

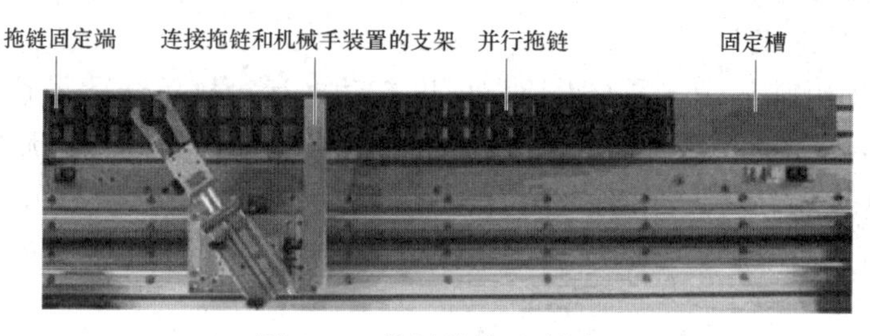

图 6－6　拖链结构示意图

2. 输送单元的机械安装技术要求

输送单元的组装结构如图 6－7 所示，安装完成后，要满足以下技术要求：

（1）所有部件固定牢靠，无松动，选用合适的螺栓、螺母和工具进行装配。

（2）用手操作机械手伸缩、升降及机械手手爪夹紧/松开时，动作顺畅，机械手能沿垂直方向正反向 90° 灵活旋转。

（3）所有内六角螺栓与平面的接触处都要套上垫片后再拧紧。

（4）为保障定位精度，同步带安装时，松紧要调整合适；用手左右方向推动整个机械手装置运动时，无明显噪声、振动或停滞现象，并且拖链能跟随装置一起运动。

（5）同步带安装时，应注意带轮轴线的平行度，使各带轮的传动中心平面同面，防止因带轮偏斜而使带侧压紧在挡圈上，造成带侧面磨损加剧，甚至带被挡圈切断。因此，安装后一定要检查带轮轴线的平行度，如倾斜，则需要重新调整。同步带安装时必须有适当的张紧力，张紧力过小，易在启动频繁而又有冲击负荷时，导致带齿从带轮齿槽中跳出（爬齿）；带张紧力过大，则易使带寿命降低。同步带两端固定到滑板底端时，螺栓不要太长，否则会影响设备运行。

（6）根据图纸要求安装原点传感器及其固定支架，要调整好位置，保障原点检测和定位的可靠。

（7）当挡铁到达行程开关上端时，能让行程开关动作，又不会使行程开关上的弹簧片过度变形。

（8）安装配合的连接件、螺栓、螺母等配件的大小、长短合适。

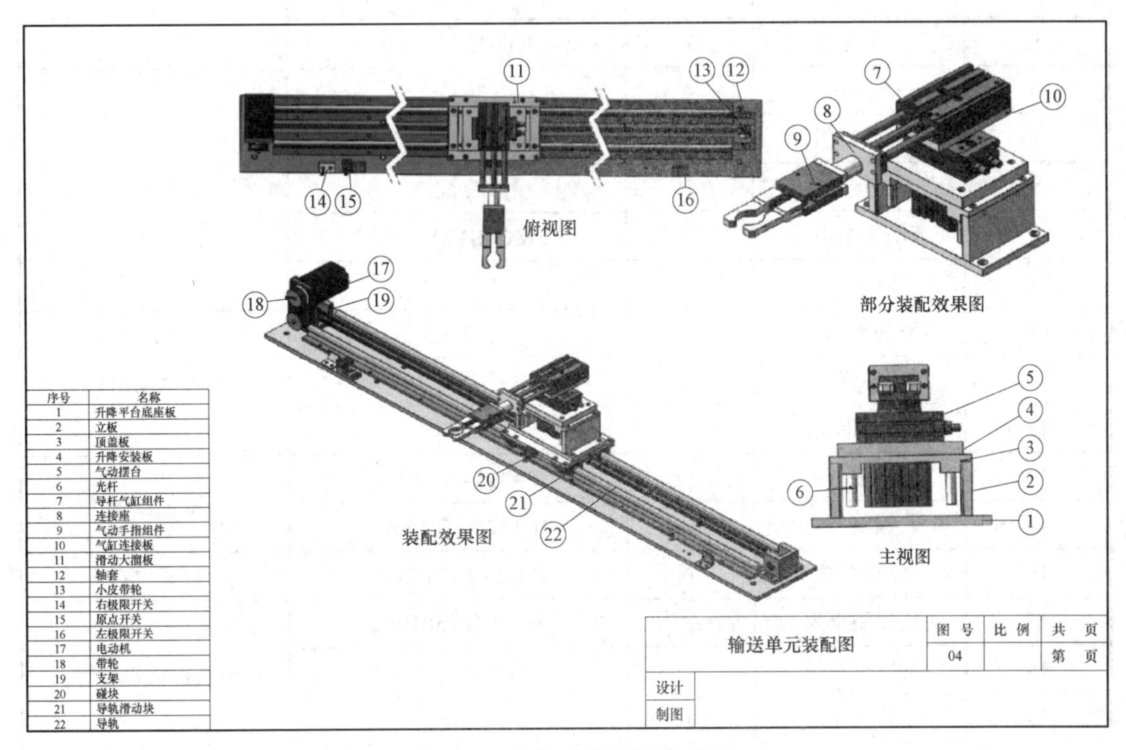

序号	名称
1	升降平台底座板
2	立板
3	顶盖板
4	升降安装板
5	气动摆台
6	光杆
7	导杆气缸组件
8	连接座
9	气动手指组件
10	气缸连接板
11	滑动大溜板
12	轴套
13	小皮带轮
14	右极限开关
15	原点开关
16	左极限开关
17	电动机
18	带轮
19	支架
20	碰块
21	导轨滑动块
22	导轨

图 6－7　输送单元装配效果图

三、任务准备

1. 清理安装平台

安装前，先确认安装平台已放置平衡，安装台下的滚轮已锁紧，安装平台上安装槽内没有遗留的螺母、小配件或其他的杂物，然后用软毛刷将安装平台清扫干净。

2. 准备器材和工具

熟读输送单元装配效果图（图 6－2）和技术要求，根据安装输送单元装置侧部分所需要的主要器材表清点器材（表 6－1），并检查各器材是否齐全、是否完好无损，如有损坏，应及时更换。在清点器材的同时，将器材放置到合适的位置。清点所需的配件，将较小的配件放在一个固定的容器中，方便安装时快速找到，并保证在安装过程中不遗漏小的器件或配件。

表 6-1 输送单元装置侧部分的器材清单

序号	名称	数量	型号	用途
1	升降平台底座板	1	专配	搬运机械手
2	立板	2	专配	
3	顶盖板	1	专配	
4	升降安装板	1	专配	
5	气动摆台	1	RTB10A2 Y9	
6	光杆	4	专配	
7	导杆气缸组件	1	TCM16×75-S	
8	连接座	1	专配	
9	气动手指组件	1	SMCMHC2-20D	
10	气缸连接板	1	专配	
11	滑动大溜板	1	专配	直线运动组件
12	轴套	4	专配	
13	小皮带轮	2	专配	
14	右极限开关	1	10A125-250VAC	限位保护
15	左极限开关	1	10A125-250VAC	
16	原点开关	1	GH1-F1710NA	设备原点
17	伺服驱动器	1	MADHT1507E02	驱动搬运机械手
18	伺服电动机	1	MHMD022P1U	
19	驱动器固定底板	1块	专配	
20	带轮	2	专配	伺服电动机同步带
21	支架	2	专配	固定主从同步轮
22	碰块	1	专配	原点传感器感应块
23	导轨滑动块	4个	专配	固定和滑动滑动板
24	导轨	2根	专配	支撑和移动搬运机械手装置
25	皮带	1根	专配	移动搬运机械手装置
26	磁性开关	4	CHELIC CS-9D	伸缩和摆缸位置检测
27	磁性开关	2	SMC D-A73	升降气缸位置检测
28	磁性开关	1	SMC D-Z73	手爪夹紧检测
29	单向节流阀	6个	适用气缸 Ø4	伸缩气缸、气动手指和摆缸调速
30	单向节流阀	2个	适用气管 Ø6	升降气缸调速

续表

序号	名称	数量	型号	用途
31	拖链底板	1 块	专配	固定拖链
32	拖链	1 条	专配	用于线管敷设
33	拖链连接件	1 个	专配	连接拖链和搬运机械手装置
34	接线排	1	专配	连接元器件引出线
35	电磁阀组	1	4V120（2 个）、4V110（2 个）	气缸气动控制

机械部件的固定都是用内六角螺栓，只有机械手摆动气缸旋转范围的调整是通过螺杆来进行调整的，该螺杆为一字头螺杆，还有拖链与拖动支架之间的固定螺栓是十字头螺栓。所需的安装工具见表 6－2。请根据表 6－2 清点工具，并将工具整齐有序地摆放在工具盒或工具袋中。

表 6－2　安装工具清单

序号	名　称	规格	数量	主要作用
1	内六角扳手	2～8	1 套	安装紧定螺钉
2	十字螺丝刀	130 mm	1 把	安装用
3	一字螺丝刀	170 mm	1 把	调整机械手旋转角度
4	呆扳	8	1 把	紧固安装螺母
5	钢直尺	1 000 mm	1 把	测量安装尺寸
6	尺式水平仪	300 mm	1 把	测量实训台水平度
7	直角尺	300	1 把	调整电机侧同步轮同一平面内
8	软毛刷		1 把	清理安装台面
9	镊子		1 把	拾取掉落在狭窄处的小零件或小配件
10	铅笔	2B	1 支	标注安装位置

四、任务实施

输送单元组装分成两部分进行：直线运动传动机构安装、搬运机械手安装。尽管机械手装置是安装在直线执行器的滑动板上，但是由于直线执行器安装比较靠边，当安装好直线执行器后，安装平台的空余空间较小，因此可以先组装好机械手装置后，再安装直线执行器，然后再将机械手装置固定到直线执行器的滑动板上。

1. 组装直线运动组件

直线运动组件的装配效果图如图 6－8 所示。

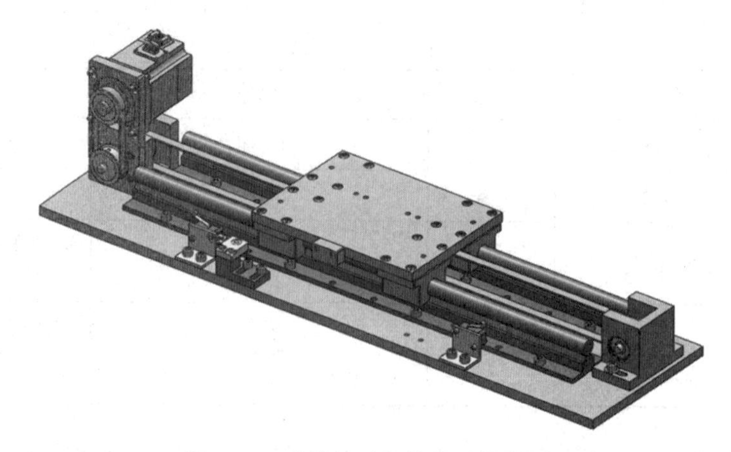

图 6-8　直线运动组件装配效果图

安装步骤：

（1）安装底板，首先在铝合金导轨槽中放置底板的固定螺母，然后将底板固定到铝合金导轨上，确定安装底板的正反面和方向，有沉孔的一面为正面，将底板固定到设备平台上。

在底板上装配直线导轨，直线导轨是精密机械运动部件，其安装、调整都要遵循一定的方法和步骤，而且该单元中使用的导轨的长度较长，要快速、准确地调整好两导轨的相互位置，使其运动平稳、受力均匀、运动噪声小。安装时，将圆形导轨安装到底板上，移动两导轨，使其平行后再锁紧导轨上的所有螺栓。

（2）组装滑块、同步轮及同步带组件，见表 6-3。

表 6-3　滑块、同步轮及同步带的安装说明

步骤	组装效果	安装到设备上	安装说明
安装滑块			将四个滑块套到直线导轨上，套入时，一定不能损坏滑块内的滑动滚珠以及滚珠的保持架，并左右滑动，保障顺畅
安装和固定电动机侧同步轮组件			将电动机安装板固定在电动机侧同步轮支架组件的相应位置，安装时注意电动机安装板不能倾斜。将电动机与电动机安装板连接，并在主动轴、电动机轴上分别套接同步轮，调整同步轮，使其在同一立面上。将安装好的电动机侧同步轮安装支架组件用螺栓固定在导轨安装底板上，用螺栓锁紧
安装调整端同步轮			调整端同步轮先不要固定，待同步带的松紧度调整好后再固定同步轮

续表

步骤	组装效果	安装到设备上	安装说明
安装同步带			先将两个锁死件用固定螺栓固定到滑动板底面，然后将同步带的两端按图示分别穿入两个锁死件下端，再用压紧螺栓将同步带压紧，再翻动滑动板使其底面朝下。 注意：为保证安装结束后，同步带没有绞合现象，在同步带穿入锁死件时，应注意同步带的反面朝上，且两端的旋转方向应一致

（3）装配大溜板。将大溜板与两直线导轨上四个滑块的位置找准并进行固定，在拧紧固定螺栓时，应一边推动大溜板左右运动、一边拧紧螺栓，直到滑动顺畅为止。最后固定调整端同步轮。如图 6-9 所示。

图 6-9　装配大溜板

（4）最后将左限位行程开关支架和右限位行程开关支架安装到安装底板上，再将原点传感器支架安装到安装底板上。所有传感器检测部分应朝向导轨侧，如图 6-10 所示。

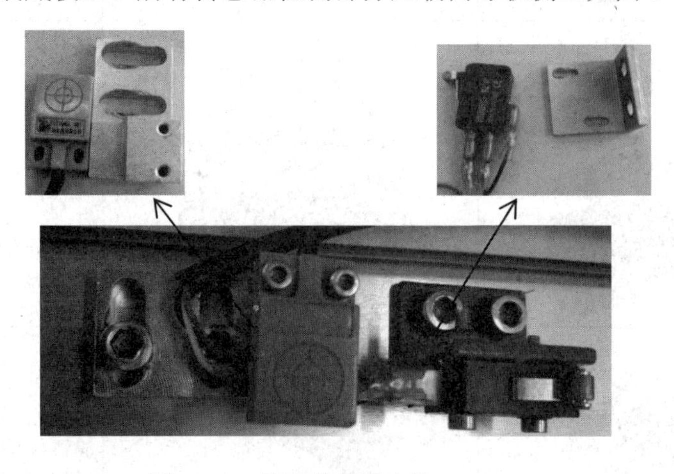

图 6-10　限位传感器安装

2. 安装搬运机械手

按照表 6-4 所示顺序，组装搬运机械手部分。

表 6-4　搬运机械手的安装过程说明

步骤	安装过程示意图	安装后	安装说明
1	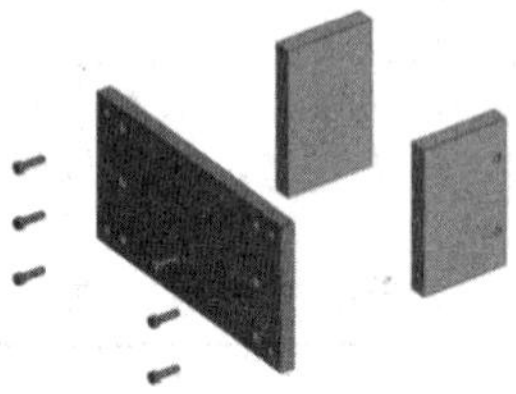	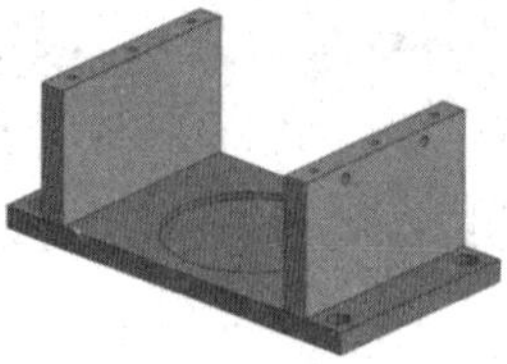	准备好安装底板、2 块侧立板和 4 颗内六角螺栓，并有序放置；将侧面有螺孔的侧立板和安装底板对准。 注意：① 安装底板有沉孔的一面朝上；② 侧立板侧面的安装孔位于下端
2			准备好升降气缸、升降气缸安装板和 4 颗内六角螺栓，将升降气缸和安装板的安装孔对准；将内六角螺栓依次装入安装孔，并用内六角扳手对角拧紧
3			准备好升降平台、内六角螺栓和 4 根升降导杆，并有序放置，用内六角螺栓将 4 根导杆固定在升降平台上
4	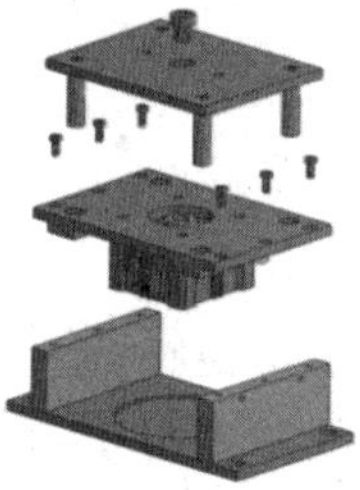		将升降平台的 4 根导杆分别对准升降气缸安装板上的4个通孔，并让升降平台和升降气缸安装板紧贴，用内六角螺栓连接升降平台的升降气缸，并拧紧
5	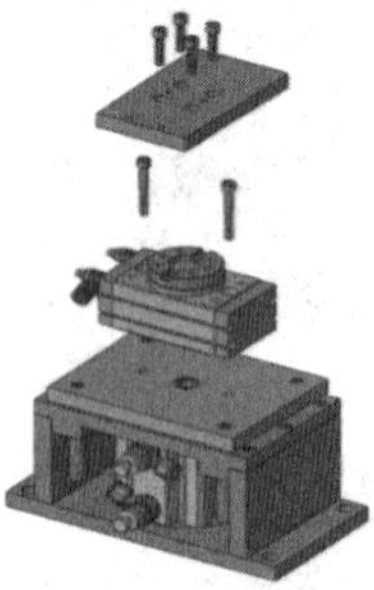	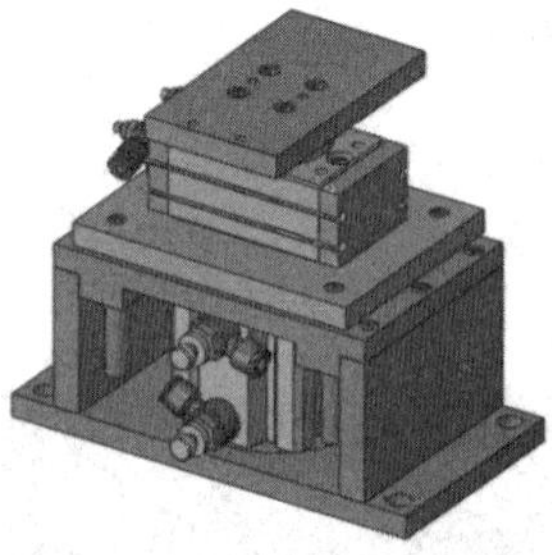	将摆动气缸按图示方向放到升降装配体上，并让两者的安装孔对准，将内六角螺栓依次放入安装孔，并用内六角扳手拧紧；将旋转板按图示方向放置到摆动气缸上，并让两者的安装孔对准，用内六角螺栓依次放入安装孔，并用内六角扳手拧紧
6	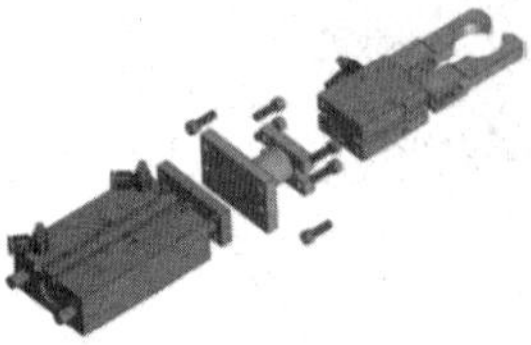		将机械手伸缩气缸伸缩板和机械手指的连接支架的螺孔对准，放置螺栓，用内六角扳手拧紧

续表

步骤	安装过程示意图	安装后	安装说明
7			按图示方向摆好机械手臂，对准安装孔将机械手臂放到旋转板上，用内六角螺栓依次放入安装孔，并用内六角扳手拧紧。注意：拧紧螺栓时应对角紧固

在组装机械手装置的过程中，为了避免返工安装，应注意以下事项：

（1）组装机械手指时，两个手爪可以互换，因此可以任意选择安装，只需注意安装时需将手爪和安装槽和手指气缸手指配合紧密时再紧固螺栓。

（2）安装手指连接支架时，注意连接支架的两块连接板大小不同，机械手指只能和较小的相连。

（3）安装手指连接支架时，注意机械手手指正面朝上。

（4）组装机械手手臂时，注意将机械手手指的正面和摆动气缸有节流阀的面朝上。

（5）旋转安装板有两个安装孔的一侧应置于摆动气缸有调整螺杆的对面侧。

（6）组装底座时，注意有两个安装孔的侧立板的安装孔要在远离安装底板的方向。

（7）组装升降机构时，注意底座有孔的侧立板和升降气缸节流阀的相对位置，应先安装升降气缸上固定传感器的螺母。

（8）在安装气缸时，不能让气缸上的节流阀受力，以避免折断节流阀或气管连接器。

将已组装好的机械手装置安装到直线运动组件上的大溜板上，注意安装所选用的螺栓不能太长，也不能太短；太长，则不能安装到位，太短，则安装不牢固。

3. 安装拖链装置

首先将拖链固定槽固定到设备台上，最后将拖链敷设到固定槽上，一端固定到拖链固定端，另外一端接到搬运机械手上。如图 6－11 所示。

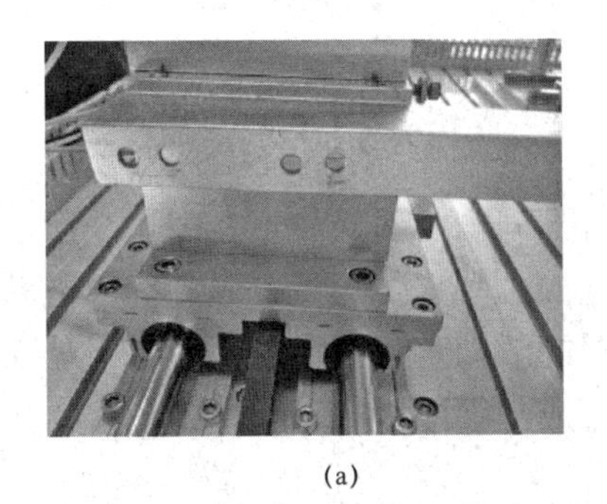

(a)

(b)

(c)

图 6－11　拖链装置的固定

（a）连接支架安装；（b）拖链固定槽安装；（c）固定拖链

4. 安装伺服驱动器

伺服驱动器安装板固定在靠近电动机侧的铝型材导轨上，然后将驱动器固定到安装板上。如图 6-12 所示。

图 6-12　伺服驱动器安装

其他装置，如电磁阀、接线端子排的安装同前面各工作单元，这里不详述，电磁阀组安装在拖链装置的始端，便于气管的敷设；接线端子安装在带靠近设备工作台的边沿，靠近拖链装置的始端，便于电气连接和传感器电线敷设。

5. 安装的检查与调整

1）机械手装置的检查与调整

（1）用手拨动机械手手爪，观察其动作是否顺畅，若不顺畅，则松开手爪固定螺栓进行调整。

（2）用手水平拉伸机械手指后再推回，观察其动作是否顺畅，若不顺畅，则需要检查机械手伸缩气缸。

（3）用手稍用力顺时针方向转动机械手手臂，用直角尺测量机械手手臂和摆动气缸是否垂直，若不垂直，则调节摆动气缸上的旋转角度调整螺杆，使机械手手臂转至极限位置时，正好和摆动气缸垂直。

（4）用手稍用力逆时针方向转动机械手手臂，测量机械手手臂和摆动气缸是否平行，若不平行，则调节摆动气缸上的另一个旋转角度调整螺杆，使机械手手臂逆时针转至极限位置时，正好和摆动气缸平行。

（5）用手往上抬升降平台，然后再慢慢放下，观察升降平台的上升和下降顺畅。

2）直线执行器的检查与调整

（1）用直角尺检查电动机侧的同步轮外侧面是否在同一立面，如不在同一个面，则需要松开伺服电动机的固定螺栓，重新调整两个同步轮的位置，然后再安装好伺服电动机。

（2）用手推动机械手整体装置，检查机械手装置的滑动是否顺畅、是否有明显噪声。若滑动不顺畅或有噪声，则需要检查原因，再进行相应的调整。

五、任务评价

任务评价表见表 6-5。

表 6－5 任务评价表

<table>
<tr><th>评分内容</th><th>配分</th><th colspan="2">评分标准</th><th>分值</th><th>自评</th><th>他评</th></tr>
<tr><td rowspan="14">机械装配</td><td rowspan="14">90</td><td colspan="2">装配未完成或装配错误导致机构不能运行</td><td>10</td><td></td><td></td></tr>
<tr><td rowspan="4">直线运动组件</td><td>同步带安装偏差较大，松紧度不合适，导致运行不稳</td><td>10</td><td rowspan="4"></td><td rowspan="4"></td></tr>
<tr><td>滑动导轨安装不平衡</td><td>5</td></tr>
<tr><td>滑轮安装不当，导致滚珠脱落</td><td>5</td></tr>
<tr><td>同步带扭曲</td><td>5</td></tr>
<tr><td rowspan="3">搬运机械手</td><td>机械手装配不当导致部分动作不能实现</td><td>10</td><td rowspan="6"></td><td rowspan="3"></td></tr>
<tr><td>机械手装置动作过程中有抖动现象</td><td>5</td></tr>
<tr><td>机械手底座安装不平衡或变形</td><td>5</td></tr>
<tr><td rowspan="3">电机组件</td><td>电动机安装扭曲</td><td>5</td><td rowspan="3"></td></tr>
<tr><td>驱动器位置合理</td><td>5</td></tr>
<tr><td>同步轮调整得当</td><td>5</td></tr>
<tr><td colspan="2">拖链安装</td><td>5</td><td></td><td></td></tr>
<tr><td colspan="2">其他附件</td><td>5</td><td></td><td></td></tr>
<tr><td colspan="2">螺栓螺母选用合理，固定牢靠，没有紧固件松动现象</td><td>10</td><td></td><td></td></tr>
<tr><td rowspan="4">职业素养</td><td rowspan="4">10</td><td colspan="2">材料、工件等不放在系统上</td><td rowspan="2">5</td><td rowspan="4"></td><td rowspan="4"></td></tr>
<tr><td colspan="2">元件、模块没有损坏、丢失和松动现象</td></tr>
<tr><td colspan="2">所有部件整齐摆放在桌上</td><td rowspan="2">5</td></tr>
<tr><td colspan="2">工作区域内整洁干净、地面上没有垃圾</td></tr>
<tr><td colspan="4">综合</td><td colspan="3">100</td></tr>
<tr><td colspan="4">完成用时</td><td colspan="3"></td></tr>
</table>

任务二　输送单元搬运机械手单步动作测试

一、任务要求

本任务主要完成搬运机械手的动作调试，在了解搬运机械手功能的基础上，学习机械手的 PLC 编程调试方法，实现下述功能：按下按钮/指示灯模块上的 SB2，搬运机械手各气缸执行复位操作，复位后气缸状态为：升降气缸下降、伸缩气缸缩回、回转气缸右旋、气动手爪松开；按下 SB1 按钮，进行气缸抓取单步动作测试，顺序为：伸出→夹紧→提升→缩回，完成机械手的抓取工件动作，3 s 后，再将所抓取的工件放下，放下顺序为：伸出→下降→松开→缩回。

二、相关知识

输送单元的气动执行元件主要用于驱动机械手装置的抓放料动作，包括机械手的伸缩气缸、机械手的升降气缸、摆动气缸和气动手指四个气缸，摆动角度应调整为 90°。

气动手指用于夹取大工件，手指开度应较大，因此使用支点开闭型的 2 爪气动手指（MHC2－20D）。机械手升降气缸用于提升整个机械手臂，因此使用的是薄型气缸，其型号和加工单元的薄型气缸一样。

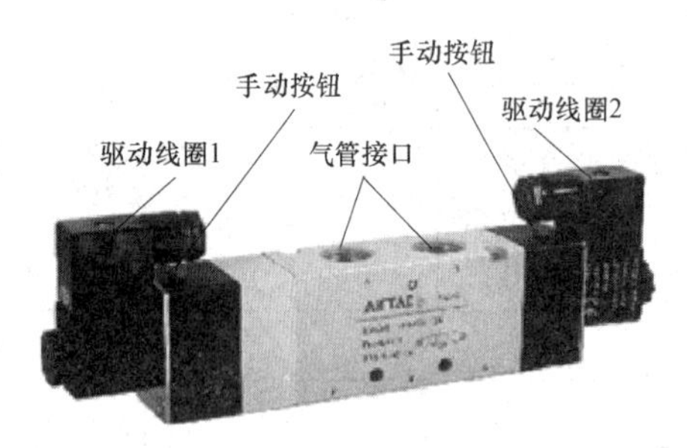

图 6－13　双电控二位五通电磁换向阀示意图

伸缩气缸用于驱动手指的伸出和缩回，伸出端安装了气动手指气缸和手爪，保障伸出力和气爪的平稳性，伸缩缸使用双导杆气缸。

摆动气缸和气动手指使用双电控二位五通电磁换向阀进行控制，如图 6－13 所示。其余气缸使用单电控电磁阀控制。

双电控电磁阀与单电控电磁阀的区别在于，对于单电控电磁阀，在无电控信号时，阀芯在弹簧力的作用下会被复位，而对于双电控电磁阀，在两端都无电控信号时，阀芯的位置取决于前一个电控信号。

双电控电磁阀有两个电磁线圈，一般用在二位五通电磁阀，二位五通双电控电磁阀动作原理：给正动作线圈通电，则正动作气路接通（正动作出气孔有气），即使给正动作线圈断电后正动作气路仍然是接通的，将会一直维持到给反动作线圈通电为止。给反动作线圈通电，则反动作气路接通（反动作出气孔有气），即使给反动作线圈断电后反动作气路仍然是接通的，将会一直维持到给正动作线圈通电为止，这相当于“自锁”。

搬运机械手气动控制回路如图 6－14 所示。

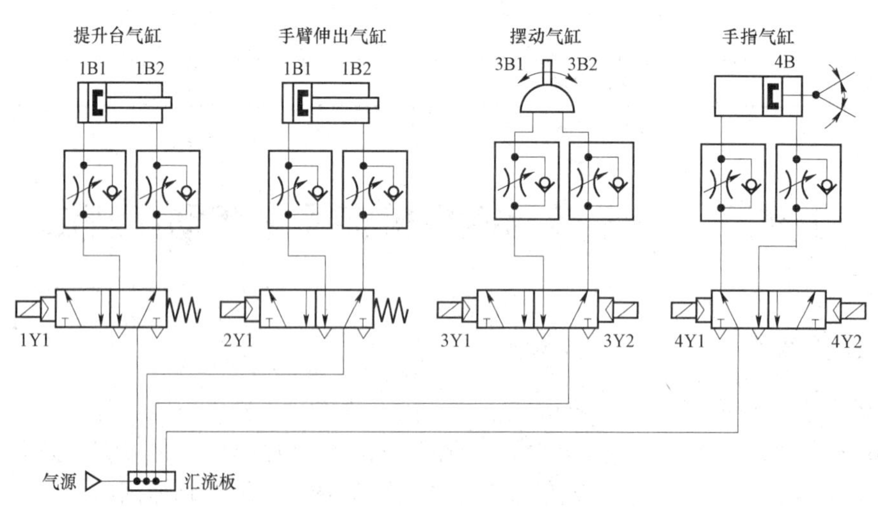

图 6－14　输送单元气动控制回路原理图

三、任务实施

1. I/O 地址分配

搬运机械手的动作测试控制信号包括来自按钮/指示灯模块的按钮、开关等主令信号，检测信号包括各构件的传感器信号等；输出信号包括输出到抓取机械手装置各电磁阀的控制信号。此外尚须考虑在需要时输出信号到按钮/指示灯模块的指示灯，以显示搬运机械手的工作状态。

由于在后面的任务中要进行搬运机械手的移动和定位，需要输出驱动伺服电动机的高速脉冲，因此，PLC 应采用晶体管输出型 FX3U－48MT PLC，Y0～Y3 用于高速脉冲。本任务的 I/O 地址分配见表 6－6。

表 6－6　输送单元 PLC 的 I/O 信号表

输入信号				输出信号			
序号	PLC 输入点	信号名称	信号来源	序号	PLC 输出点	信号名称	信号来源
1	X000	原点传感器检测	装置侧	1	Y000		装置侧
2	X001	右限位保护		2	Y001		
3	X002	左限位保护		3	Y002		
4	X003	机械手抬升上限检测		4	Y003	升降气缸电磁阀	
5	X004	机械手抬升下限检测		5	Y004	摆动气缸左旋电磁阀	
6	X005	机械手旋转左限检测		6	Y005	摆动气缸右旋电磁阀	
7	X006	机械手旋转右限检测		7	Y006	手爪伸出电磁阀	
8	X007	机械手伸出检测		8	Y007	手爪夹紧电磁阀	
9	X010	机械手缩回检测		9	Y010	手爪放松电磁阀	
10	X011	机械手夹紧检测		10	Y011		
11	X014	启动按钮	按钮/指示灯模块	11	Y015	黄色指示灯	按钮/指示灯模块
12	X015	停止按钮		12	Y016	绿色指示灯	
13	X016	急停按钮		13	Y017	红色指示灯	
14	X017	方式选择		14			

2. 绘制电气原理图

搬运机械手的电气控制原理如图 6－15 所示，其中双电控电磁阀的两个线圈分别用 PLC 的两个输出信号控制。

3. 电气连接和气路连接

输送单元的抓取机械手装置上的所有气缸连接的气管和磁性开关的引出线都要沿拖链

敷设，气管敷设后插接到电磁阀组上，连接时要考虑线管敷设要求，因此气管要足够长，双电控电磁阀的气管不要接反。电气配线敷设后接到装置侧的端子排上。当抓取机械手装置做往复运动时，连接到机械手装置上的气管和电气连接线也随之运动。确保这些气管和电气连接线运动顺畅，以免在移动过程拉伤或脱落。

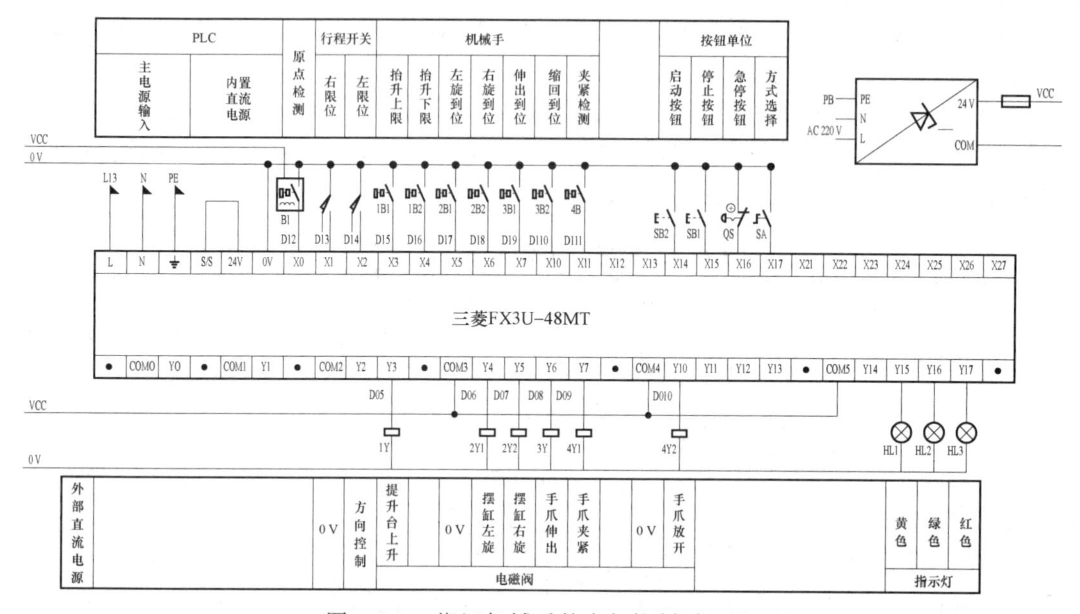

图 6-15　搬运机械手的电气控制原理图

连接到机械手装置上的管线首先绑扎在拖链安装支架上，然后沿拖链敷设，进入管线线槽中。绑扎管线时，要注意管线引出端到绑扎处保持足够长度，以免机构运动时被拉紧造成脱落。沿拖链敷设时，注意管线间不要相互交叉。线管敷设示意图如图 6-16 所示。

图 6-16　线管敷设示意

4. 搬运机械手控制程序设计

搬运机械手抓放料动作，可以利用步进顺控指令实现，是两个独立的动作流程，在程序设计过程应注意：由于二位五通双电控电磁阀的自锁特性，在设计 PLC 程序时，可以让电磁阀线圈动作 1～2 s 即可。这样可以保护电磁阀线圈不容易损坏，另外，双电控电磁阀的两个电控信号不能同时为“1”，即在控制过程中不允许两个线圈同时得电，否则可能会造成电磁线圈烧毁，当然，在这种情况下阀芯的位置是不确定的。

机械手抓放料程序如图 6-17 所示，M100 开始为抓料启动信号，M109 得电 0.5 s 表示抓料完成，剩余功能程序请读者自行编写与调试。

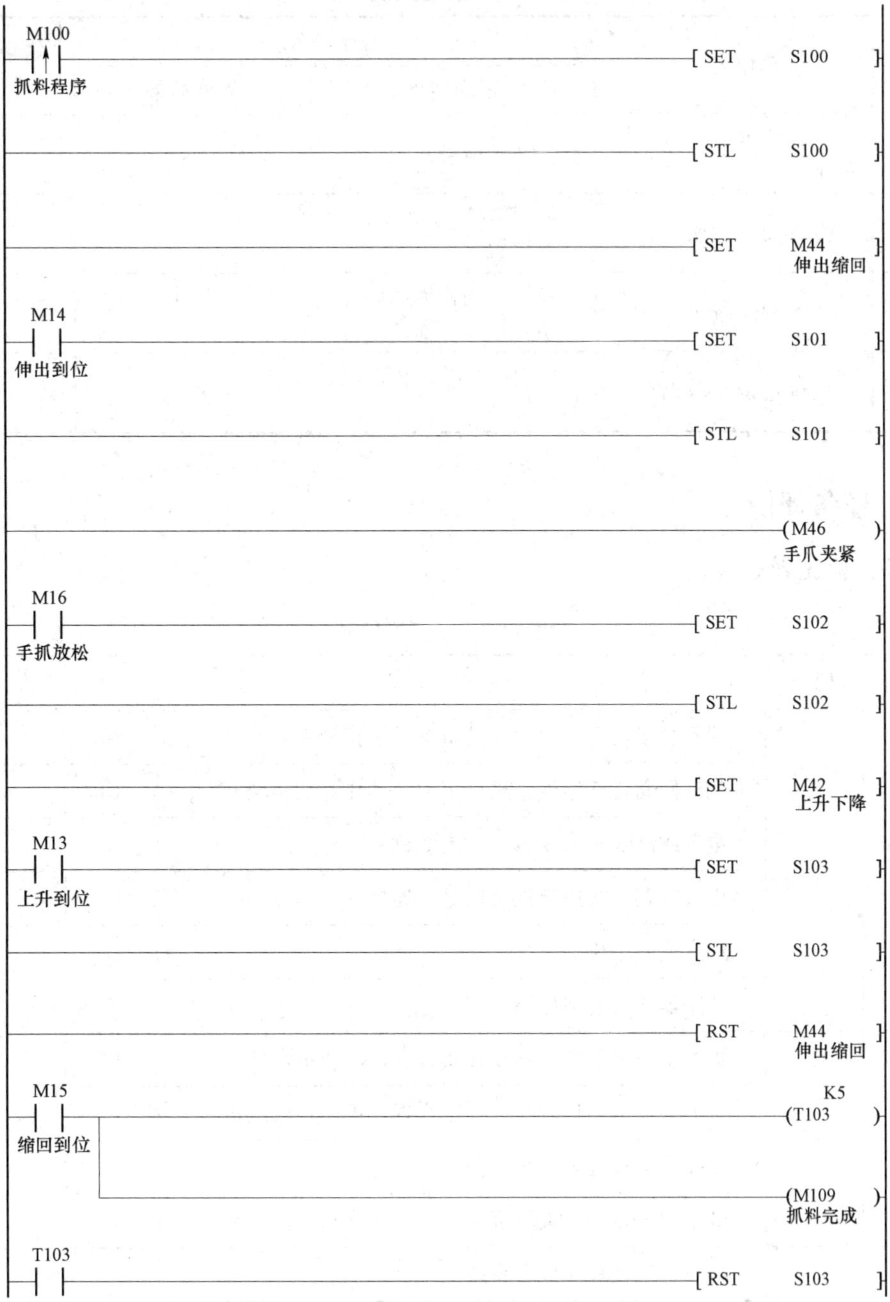

```
M100
─┤↑├──────────────────[ SET    S100 ]
抓料程序

──────────────────────[ STL    S100 ]

──────────────────────[ SET    M44  ]
                              伸出缩回
M14
─┤ ├──────────────────[ SET    S101 ]
伸出到位

──────────────────────[ STL    S101 ]

──────────────────────(M46         )
                      手爪夹紧
M16
─┤ ├──────────────────[ SET    S102 ]
手抓放松

──────────────────────[ STL    S102 ]

──────────────────────[ SET    M42  ]
                              上升下降
M13
─┤ ├──────────────────[ SET    S103 ]
上升到位

──────────────────────[ STL    S103 ]

──────────────────────[ RST    M44  ]
                              伸出缩回
M15                              K5
─┤ ├──┬───────────────(T103        )
缩回到位 │
      └───────────────(M109        )
                      抓料完成
T103
─┤ ├──────────────────[ RST    S103 ]
```

图 6-17　抓料参考程序

5. 设备调试

将编写好的程序下载到 PLC 进行设备调试，调试过程中，要注意观察气缸和传感器的动作是否合理。在设备调试之前，首先将机械手装置置于供料单元的正前方，在供料单元的物料台上放置一个工件，调试完成后，将调试后的程序保存，以备使用。详见表 6-7。

表 6-7　设备调试步骤

步骤	动作内容	观察任务		错误原因及排除方法
		正确结果	观察结果	
1	STOP→RUN，SA 拨到左侧	X17 无信号		
2	按下 SB2 按钮	机械手各气缸复位到初始位置		
3	按下 SB1 按钮	抓料，动作为：伸出、夹紧、提升、缩回		
4	抓料完成，3 s 后	放料：伸出、下降、放松、缩回		

四、任务评价

任务评价见表 6-8。

表 6-8　任务评价表

评分内容	配分	评分标准	分值	自评	他评
线管敷设与器件调整	45	线管敷设凌乱，中间和与机械手连接处未固定	10		
		气动回路连接错误，机械手部分动作不能实现	10		
		电气线路连接不规范，未走线槽	5		
		电气线路未按给定地址表进行连接	10		
		速度调整不当	5		
		传感器检测状态出错	5		
功能	45	机械手抓料动作流程设计不合理，不能正常抓料	15		
		机械手放料动作流程设计不合理，不能正常放料	15		
		在抓放料过程中，物料掉落	5		
		SB1 和 SB2 按钮功能正常，能够正常启动抓放料过程	10		
职业素养	10	材料、工件等不放在系统上	5		
		元件、模块没有损坏、丢失和松动现象			
		所有部件整齐摆放在桌上	5		
		工作区域内整洁干净、地面上没有垃圾			
综合			100		
完成用时					

任务三　搬运机械手装置的定位控制

一、任务要求

输送单元中驱动抓取机械手装置沿直线导轨做往复运动的动力源，可以是步进电动机，也可以是伺服电动机，视实训的内容而定。步进电动机和伺服电机都是机电一体化技术的关键产品，可以将电脉冲信号转换成执行机构的位移、速度等。伺服系统在许多性能方面都优于步进电动机，如定位精度、脉冲频率等，因此，在一些要求不高的场合经常用步进电动机来做执行电动机。但在要求较高的场合，则可以使用伺服电动机实现精确的定位，如 YL－335B 的输送单元就要求搬运机械手能够准确定位到相应的工作单元，采用了伺服控制系统。

本任务要完成控制要求如下：

设备上电后，按下 SB1 按钮，搬运机械手执行回原点的动作，在复位的过程中黄色指示灯（HL1）闪烁，复位完成后，HL1 常亮。

当抓取机械手装置回到原点位置时，按下定位测试按钮 SB2，机械手按照下述顺序执行定位操作，首先在供料单元物料台上放上工件，机械手执行抓取动作，抓料动作完成后，伺服电动机驱动机械手装置移动到装配单元装配台正前方放下工件，等待 2 s 后，机械手抓取工件，伺服电动机驱动机械手装置向加工单元移动，移动到加工单元物料台的正前方后放下工件，2 s 后，机械手再次抓取工件，手臂逆时针旋转 90°，伺服电动机驱动机械手装置从装配站向分拣站移动，到达分拣站传送带上方后放下工件，机械手手臂缩回，然后执行返回原点的操作。达到原点后，摆台顺时针旋转 90°。机械手移动速度为 200 mm/s。

当抓取机械手装置返回原点后，一个测试周期结束，再按一次启动按钮 SB2，开始新一轮的测试。

二、相关知识

伺服系统主要由三部分组成：控制器，功率驱动装置，反馈装置和电动机。控制器按照系统（如 PLC 等）的给定值和通过反馈装置检测的实际运行值的差，调节控制量；功率驱动装置作为系统的主回路，一方面按控制量的大小将电网中的电能作用到电动机之上，调节电动机转矩的大小；另一方面按电动机的要求把恒压恒频的电网供电转换为电动机所需的交流电或直流电，电动机则按供电大小拖动机械运转。

伺服系统按其驱动元件划分，有步进式伺服系统、直流电动机（简称直流电动机）伺服系统、交流电动机（简称交流电动机）伺服系统。

1. 松下 A5 永磁交流伺服系统

现代高性能的伺服系统，大多数采用永磁交流伺服系统，与永磁直流伺服电动机控制系统相比，对外界产生的电磁干扰小、相应速度快，但是控制相对复杂。永磁交流伺服系统包括永磁同步交流伺服电动机和全数字交流永磁同步伺服驱动器两部分。在 YL－335B 的输送单元上，采用了松下 MHMD022P1U 永磁同步交流伺服电动机及

图 6－18　永磁交流伺服系统

MADHT1507E02 松下 A5 系列全数字交流永磁同步伺服驱动器作为运输机械手的运动控制装置，其外形如图 6－18 所示。

1）永磁同步交流伺服电动机

永磁同步电动机（PMSM）主要由定子、转子及测量转子位置的传感器构成。定子和一般的三相感应电机类似，采用三相对称绕组结构，它们的轴线在空间彼此相差 120°。转子上贴有磁性体，一般有两对以上的磁极。位置传感器一般为光电编码器或旋转变压器。如图 6－19 所示。

伺服电动机内部的转子是永磁铁，驱动器控制的 U/V/W 三相电形成电磁场，定子绕组产生旋转磁场（这和三相交流感应电机是相同的），转子在此磁场的作用下转动，同时电动机自带的编码器反馈信号给驱动器，驱动器根据反馈值与目标值进行比较，调整转子转动的角度。伺服电动机的精度决定于编码器的精度（线数），MHMD022P1U 永磁同步交流伺服电动机配有 20 位的增量式编码器，脉冲数为 2 500 p/r，分辨率为 10 000，输出信号线数为 5 根线，在低刚性机器上有较高的稳定性，并可在高刚性机器上进行高速高精度的运转，因而广泛应用于各种机器上。图 6－20 所示为 MHMD022P1U 永磁同步交流伺服电动机的外部结构。

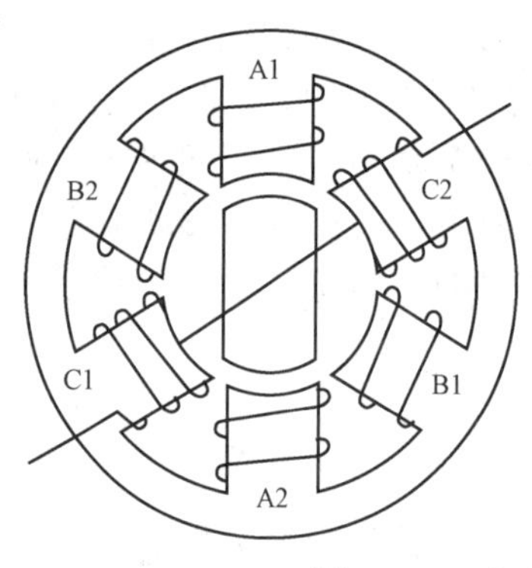

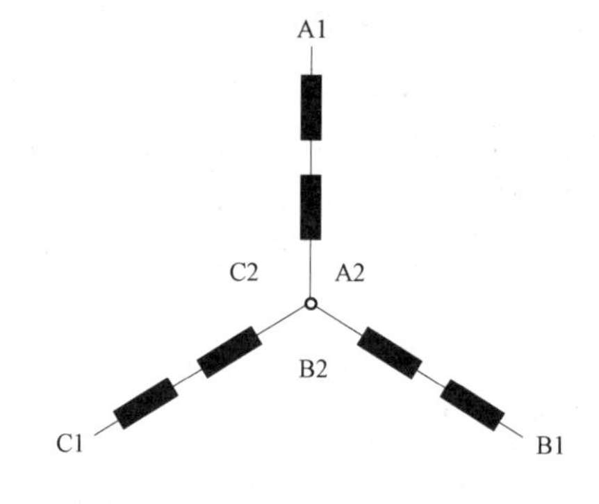

图 6－19　永磁同步电动机的三相绕组

2）交流永磁同步伺服驱动器

交流永磁同步伺服驱动器主要由伺服控制单元、功率驱动单元、通信接口单元、伺服电动机及相应的反馈检测器件组成，包含位置回路、速度回路和力矩回路，但使用时可将驱动器、电动机和运动控制器结合起来组合成不同的工作模式，以满足不同的应用要求。常见的工作模式有以下三类：位置方式，速度方式，力矩方式。其系统控制结构如图 6－21 所示。

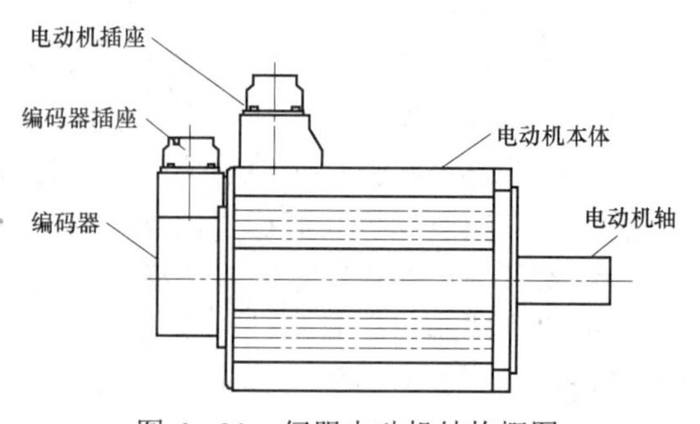

图 6－20　伺服电动机结构概图

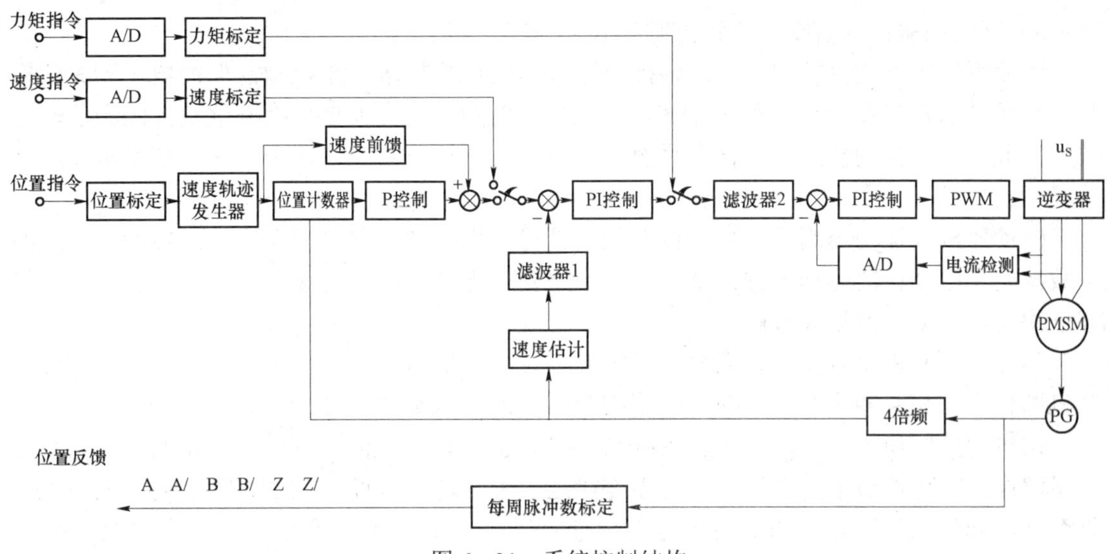

图 6－21 系统控制结构

全数字式伺服驱动器均采用数字信号处理器（DSP）作为控制核心，其优点是可以实现比较复杂的控制算法，实现数字化、网络化和智能化。功率器件普遍采用以智能功率模块（IPM）为核心设计的驱动电路，IPM 内部集成了驱动电路，同时具有过电压、过电流、过热、欠压等故障检测保护电路。在主回路中还加入软启动电路，以减小启动过程对驱动器的冲击。

松下 MADHT1507E02 驱动器的外观和面板如图 6－22 所示。

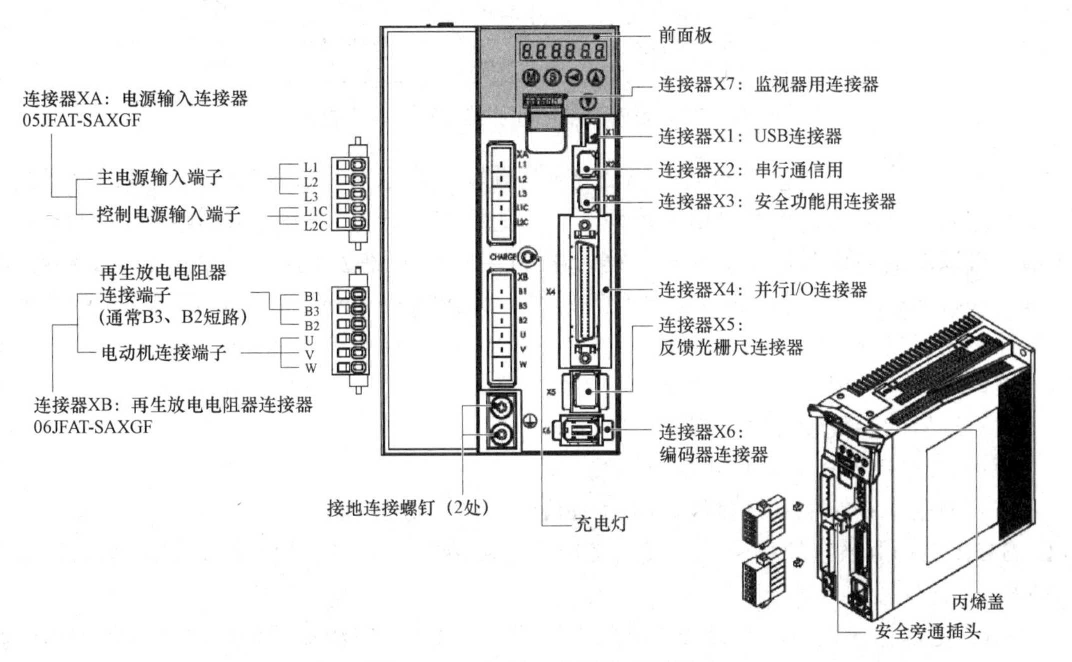

图 6－22 伺服驱动器的面板图

在 YL－335B 的输送单元定位控制系统中，伺服驱动器工作在位置控制模式。

3）交流伺服控制系统的位置控制模式

伺服系统用作定位控制时，位置指令输入到位置控制器，PI 控制前面的电子开关切换到位置控制器输出端，滤波器 2（见图 6－21）前面的电子开关也切换到位置控制器的输出端。因此，位置控制模式下的伺服系统是一个三闭环控制系统，两个内环分别是电流环和速度环。

驱动器接收运动控制器送来的位置指令信号，以脉冲＋方向指令信号形式为例：脉冲个数决定了电动机的运动位置；脉冲的频率决定了电动机的运动速度；而方向信号电平的高低决定了电动机的运动方向。

另外，伺服驱动器输出到伺服电动机的三相电压波形基本是正弦波，而不是像步进电动机那样是三相脉冲序列，即使从位置控制器输入的是脉冲信号。

由自动控制理论可知，这样的系统结构提高了系统的快速性、稳定性和抗干扰能力。在足够高的开环增益下，系统的稳态误差接近于零。这就是说，在稳态时，伺服电动机以指令脉冲和反馈脉冲近似相等时的速度运行。反之，在达到稳态前，系统将在偏差信号作用下驱动电动机加速或减速。若指令脉冲突然消失（例如紧急停车时，PLC 立即停止向伺服驱动器发出驱动脉冲），伺服电动机仍会运行到反馈脉冲数等于指令脉冲消失前的脉冲数才停止。

位置控制模式下，等效的单闭环系统方框图如图 6－23 所示。

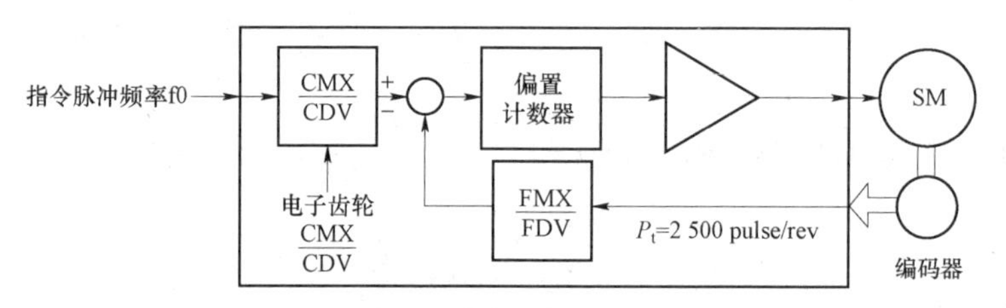

图 6－23　等效的单闭环位置控制系统方框图

图 6－23 中，电子齿轮相当于一个分－倍频器，指令脉冲信号和电动机编码器反馈脉冲信号进入驱动器后，均通过电子齿轮变换才进行偏差计算。合理搭配电子齿轮的分－倍频值，可以灵活地设置指令脉冲的行程。在 YL－335B 所使用的松下 MINAS A5 系列 AC 伺服电动机·驱动器，电动机编码器反馈脉冲为 2 500 pulse/rev。在默认情况下，驱动器反馈脉冲电子齿轮分－倍频值为 4 倍频（FMX/FDV=4）。如果希望 6 000 个指令脉冲电子旋转一周，那么就应把指令脉冲电子齿轮的分－倍频值设置为 10 000/6 000（CMX、CDV），这个由驱动器的参数设置来实现。

4）位置控制模式伺服驱动器的接线

（1）伺服系统的主电路接线。MADHT1507E02 伺服驱动器面板上有多个接线端口，YL－335B 上伺服系统的主电路接线只使用了电源接口 XA、电动机接口 XB、编码器连接器 X6，具体连接要求如下：

XA：电源输入接口，AC220V 电源连接到 L1、L3 主电源端子，同时连接到控制电源端子 L1C、L2C 上，L2 端子不用。

XB：电动机接口和外置再生放电电阻器接口。U、V、W 端子用于连接电动机。必须注意，电源电压务必按照驱动器铭牌上的指示，电动机接线端子（U、V、W）不可以接地或短路，交流伺服电动机的旋转方向不像感应电动机可以通过交换三相相序来改变，必须保证驱动器上的U、V、W、E接线端子与电动机主回路接线端子按规定的次序一一对应，否则可能造成驱动器损坏。电动机的接地端子和驱动器的接地端子以及滤波器的接地端子必须保证可靠地连接到同一个接地点上，机身也必须接地。B1、B2、B3端子是外接放电电阻，YL－335B没有使用外接放电电阻。

X6：连接到电动机编码器信号接口，连接电缆应选用带有屏蔽层的双绞电缆，屏蔽层应接到电动机侧的接地端子上，并且应确保将编码器电缆屏蔽层连接到插头的外壳（FG）上。

（2）伺服系统的控制电路接线。

控制电路的接线均在I/O控制信号端口X4上完成，该端口是一个50针端口，各引出线功能与控制模式有关，不同模式下的接线请参考相应手册。YL－335B输送单元中的伺服电动机用于定位控制，选用位置模式，并根据设备工作要求，只使用了部分端子，它们分别是：

① 脉冲输入信号端（1脚OPC1、4脚PULS2、1脚OPC2、6脚SING2）。

② 越程故障信号输入端：正向驱动禁止输入（9脚POT），反向驱动禁止输入（8脚NOT）。

③ 伺服ON输入（29脚SRV_ON）。

④ 伺服警报输出（36脚ALM－，37脚ALM＋）。

其中，伺服ON输入（SRV_ON）和伺服警报输出负端（ALM－）连接到COM－端（0 V），OPC1、OPC2连接到COM＋端（＋24 V），COM＋和COM－为电源引线，用来连接DC 24 V电源。

MADHT1507E02伺服驱动器的电气接线如图6－24所示。

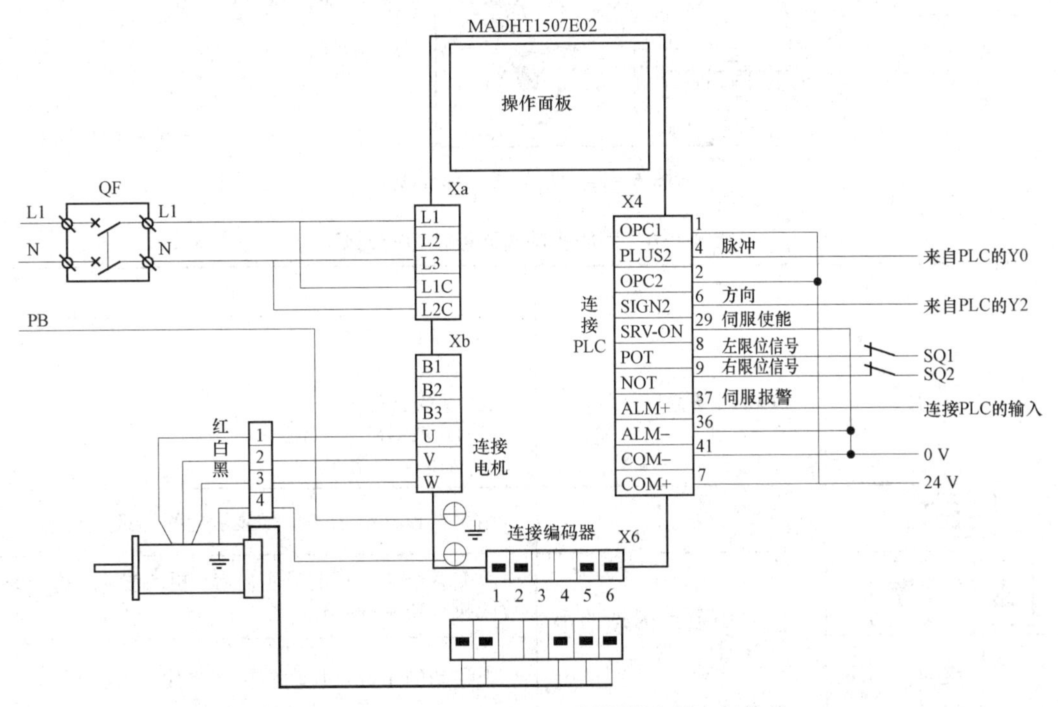

图6－24　MADHT1507E02伺服驱动器电气接线

5）伺服驱动器参数设置方式操作说明

伺服驱动器具有设定其特性和功能的各种参数，参数分为 7 类，每类参数的用途不同，见表 6－9。参数的表示形式为 Pr*.**。设置参数的方法：一是通过与 PLC 连接后在专门的调试软件上进行设置；二是在驱动器的前面板上进行设置。若参数设置不多，则在前面板上进行设置即可。表 6－10 和图 6－25 所示为前面板和各个按键的功能说明。

表 6－9　松下 A5 驱动器参数分类说明

参数分类	参数设定用途
0	基本设定
1	增益调整
2	振动抑制功能
3	速度、转矩控制，全闭环控制
4	I/F 监视器设定
5	扩展设定
6	特殊设定

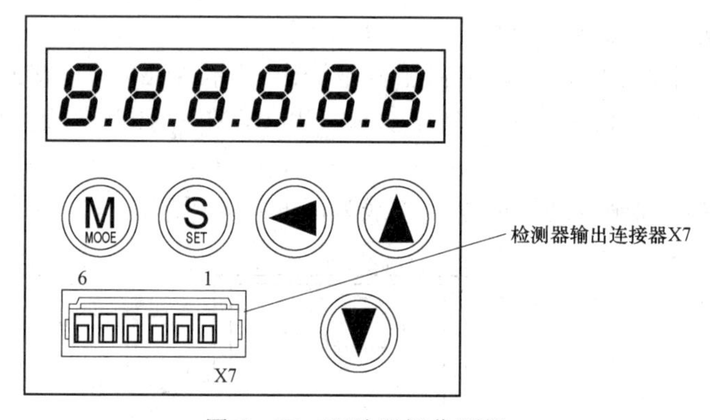

图 6－25　驱动器操作面板

表 6－10　伺服驱动器面板按钮的说明

按键说明	激活条件	功　　能
MODE	在模式显示时有效	在以下模式之间切换： ① 监视器模式； ② 参数设置模式； ③ EEPROM 写入模式； ④ 辅助功能模式
SET	一直有效	用来在模式显示和执行显示之间切换
▲　▼	仅对小数点闪烁的那一位数据位有效	改变各个模式里的显示内容、更改参数、选择参数或执行选中的操作
◀		把移动的小数点移动到更高位数

（1）参数设置与写入操作。在前面板上进行参数设置操作，包括参数设定和参数保存两个环节。

参数设定过程如下：

① 驱动器上电，LED 出现初始显示；

② 按“S”键进入 d01.SPd，监视模式；

③ 按“M”键进入参数设定模式 PAr.000，通过上、下、左键选择所要修改的参数，按设置键“S”进入该参数的设定值；把对应参数的设定值修改后，再按住设置键“S”约 2 s 后，界面自动返回到对应的参数设定模式 PAr.***；

参数写入过程如下：

① 返回到对应的参数设定模式 PAr.***后，按“M”键进入参数写入模式，显示 EE_SET；

② 按下“S”键进入 EEP，长按向上键 3 s，显示“RESET”或“FINISH”，参数写入完成；

③ 重新上电，如图 6－26 所示。

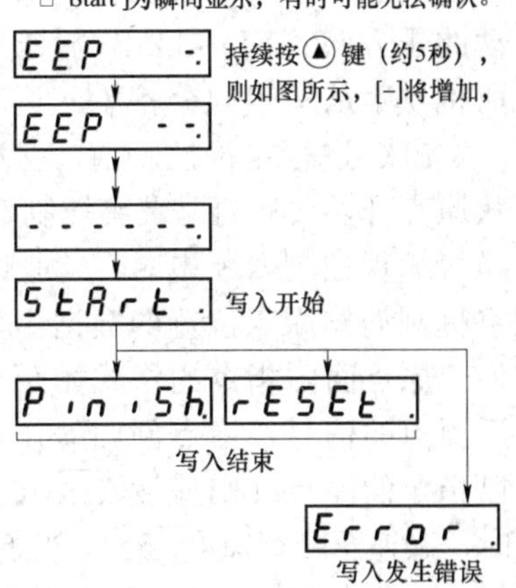

图 6－26　参数写入流程

（2）参数初始化。参数初始化属于辅助功能模式，即 AF_***。按 M 键选择到辅助功能模式，出现选择显示“AF_Acl”，然后按▲键选择辅助参数初始化辅助功能，当出现“AF_ini”时，按“S”键确认，即进入参数初始化功能，出现执行显示“ini－”。持续按▲键（约 2 s），当出现“StArt”时参数初始化开始，当出现“Finish”时初始化结束，具体步骤如图 6－27 所示。

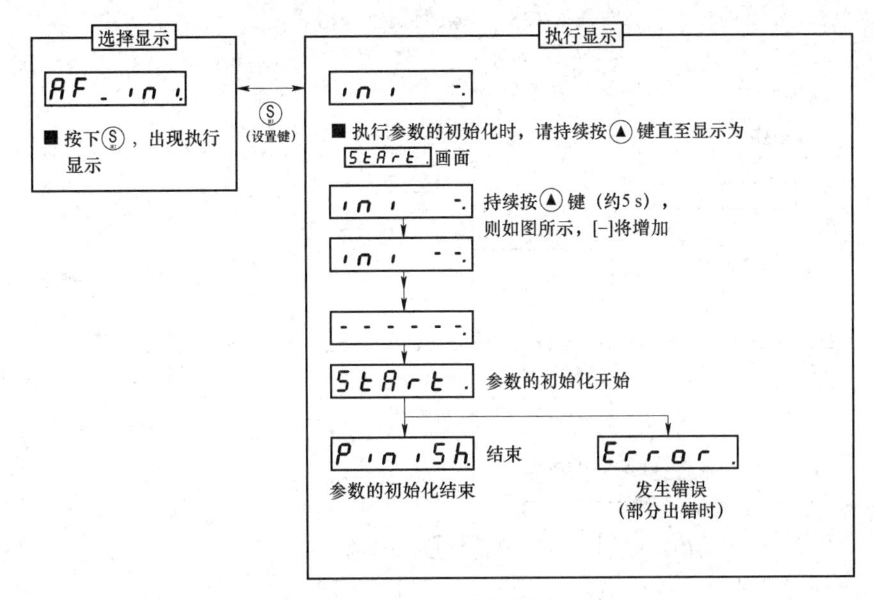

图 6－27　参数初始化

2. FX3U 系列 PLC 定位指令

晶体管输出的 FX3U 系列 PLC CPU 单元支持高速脉冲输出功能，但仅限于 Y000、

Y001、Y002 三点。输出脉冲的频率最高可达 100 kHz。

对输送单元搬运机械手的控制主要是返回原点和定位控制，可以使用原点回归指令 FNC156（ZRN）、相对位置控制指令 FNC158（DRVI）、绝对位置控制指令 FNC158（DRVA）来实现精确定位。

1）原点回归指令 FNC156（ZRN）

为了在直线运动机构上实现定位控制，运动机构应该有一个参考点（原点），并指定运动的正方向。YL－335B 输送单元的直线运动机构，原点位于原点接近开关的中心线，抓取机械手从原点向分拣单元运动方向为正方向，可通过设定伺服驱动器的 Pr0.00 参数确定。

PLC 进行定位控制前，必须搜索到原点位置，从而建立运动控制的坐标系。定位控制从原点开始，时刻记录着控制对象的当前位置，根据目标位置的要求驱动控制对象的运动。当可编程控制器断电时，当前记录值会消失，因此上电和初始运行时，必须执行原点回归，将机械动作原点位置的数据事先写入。

原点回归指令的格式如图 6－28 所示，各操作数的意义见表 6－11。指令要求提供一个近原点的信号，原点回归动作从近原点信号的前端开始。指令执行方式为：驱动指令后，以指定的原点回归速度(S1•)向负方向开始移动；当近原点信号（DOG）由“OFF”变为“ON”时，减速至爬行速度(S2•)；当近原点信号（DOG）由 ON 变为 OFF 时，在停止脉冲输出的同时，向当前值寄存器（Y000：[D8341，D8340]）中写入 0。另外，M8341（清零信号输出功能）“ON”时，同时输出清零信号，使当前值寄存器清零。随后，当执行完成标志（M8029）动作的同时，脉冲输出中监控 M8340 变为“OFF”。原点回归指令应用示意图如图 6－29 所示。

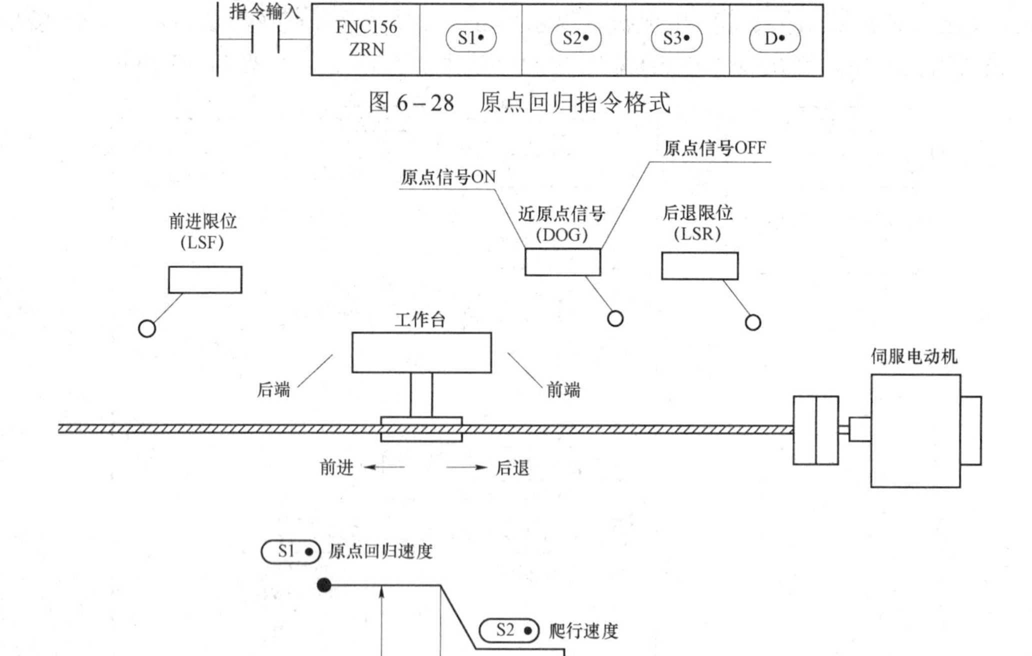

图 6－28　原点回归指令格式

图 6－29　回原点过程示意图

表 6－11 ZRN 指令操作数说明

操作数	操作数名称	内 容
S1•	原点回归速度	指定原点回归开始的速度。[16 位指令]：10～32，767（Hz）；[32 位指令]：10～100（kHz）
S2•	爬行速度	指定近原点信号（DOG）变为“ON”后的低速部分的速度
S3•	近原点信号	指定近原点信号输入。当指定输入继电器（X）以外的元件时，由于受到可以编程控制器运算周期的影响，会引起原点位置的偏移增大
D•	指定有脉冲输出的 Y 编号	仅限于 Y000、Y001、Y002

图 6－30 示例中，回归开始速度为 20 kHz，爬行速度为 1 000 Hz，近原点信号输入为 X0，脉冲输出点为 Y0，16 位指令，当给定速度超过 32 767 Hz 时，就要用 32 位指令 DDZRN。

图 6－30 原点回归指令格式及应用

2）定位控制指令

进行定位控制时，目标位置的指定可以用两种方式：一是指定当前位置到目标位置的位移量；另一种是直接指定目标位置对于原点的坐标值，PLC 根据当前的位置信息自动开始计算目标位置的位移量，实现定位控制。前者为相对驱动方式，后者为绝对驱动方式。FX3U 系列 PLC 有用于相对位置和绝对位置控制的指令。

在 YL－335B 输送单元机械手的定位控制中，主要使用绝对位置控制指令，这是因为若使用相对位置控制指令，在某些情况下（例如紧急停车后再起动），编程计算当前位置的位移量会比较烦琐。

（1）绝对位置控制指令 FNC158（DRVA）。以绝对驱动方式执行单速度位置控制的指令，指令格式如图 6－31 所示。

指令输入 FNC159 DRVA S1• S2• D1• D2•

图 6－31 绝对位置控制指令及应用

表 6－12 DRVA 指令操作数说明

操作数	操作数名称	内 容
S1•	输出脉冲数（相对指定）	[16 位指令]：－32，768～＋32，767； [32 位指令]：－999，999～＋999，999； [D8341（高位），D8340（低位）]（使用 32 位）：当前寄存器的值为相对位置值，反转时，当前值寄存器的数值减小
S2•	输出脉冲频率	[16 位指令]：10～32，767（Hz）； [32 位指令]：10～100（kHz）
D1•	脉冲输出起始地址	仅限于 Y000、Y001. Y002
D2•	旋转方向信号输出起始地址	[＋（正）] → ON； [－（负）] → OFF

指令使用注意事项：

① S1•输出脉冲数（绝对指定），以对应下面的当前值寄存器作为绝对位置。反转时，当前值寄存器的数值减小。

② 指令格式中，当前位置坐标的信息是隐含的。PLC 执行指令时，自动根据目标位置和当前值寄存器的值计算输出脉冲数，并确定旋转方向信号的状态。当输出的脉冲数为正时，方向输出为“ON”；而当输出的脉冲数为负时，方向输出“OFF”。

③ 在指令执行过程中，即使改变操作数的内容，也无法在当前运行中表现出来，只在下一次指令执行时才有效。

④ 若在指令执行过程中，当指令驱动的接点变为“OFF”时，将减速停止。此时执行完成标志 M8029 不动作。

⑤ 指令驱动接点变为“OFF”后，在脉冲输出中标志（Y000：[M8340]，Y001：[M8350]，处于 ON 时，将不接受指令的再次驱动。

如图 6－32 所示，该示例的指令为 32 位，目标位置坐标值为 40 000，输出脉冲频率为 20 000 Hz，脉冲输出指定为 Y000；旋转方向输出点指定为 Y002。

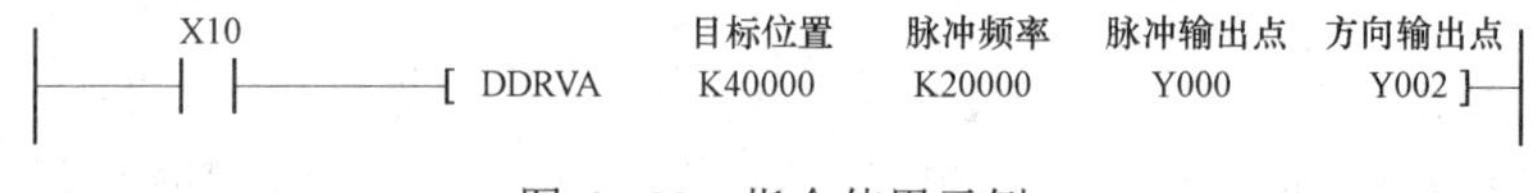

图 6－32　指令使用示例

（2）相对位置控制指令 FNC158（DRVI）。以相对驱动方式执行单速度位置控制的指令，指令格式如图 6－33 所示。

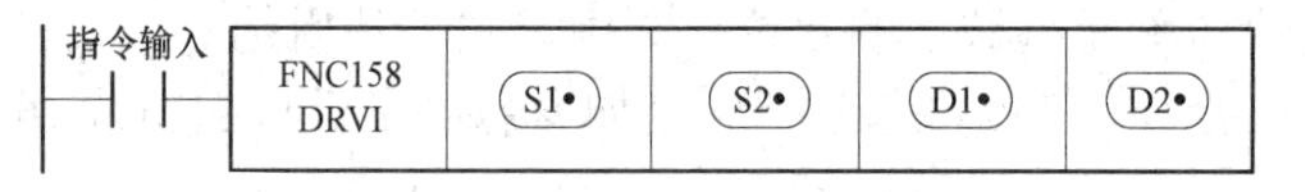

图 6－33　DRVI 的指令格式

相对位置指令除了S1•源操作是相对指定以外，其他用法与绝对位置指令意义相同。

3）定位指令相关软元件说明

FX3U 系列 PLC 用一系列特殊软元件来记录定位控制的参数信息。下面仅对定位控制中所使用的部分特殊软元件进行介绍。

（1）相关的特殊辅助继电器。编程输送单元机械手的定位控制，只使用了脉冲输出中监控标志、脉冲输出停止指令和指令执行完成标志（M8029）3 个标志位，见表 6－13。

表 6－13　定位控制指令的相关标志位（使用 Y0 时）

标志位名称	PLC 中的地址	内容说明
Y0 脉冲输出中监控标志	M8340	定位指令（例如 ZRN、DRVA、PLSV 等）执行时，监控脉冲输出
Y0 脉冲输出停止指令（立即停止）	M8349	驱动此标志位为“ON”时，脉冲立即停止输出
指令执行完成标志	M8029	应用指令执行正常结束标志

当使用 Y1 进行脉冲输出时，相应的特殊辅助继电器为 M8350、M8359，使用 Y2 进行脉冲输出时，相应的特殊辅助继电器为 M8360、M8369。M8029 适用于所有应用指令，具体可以参考有关编程手册。

（2）相关的特殊数据寄存器。表 6－14 给出了使用了 Y0 输出时定位指令所使用的部分特殊数据寄存器。其中最高速度、基底速度、加速时间和减速时间是定位控制的基本参数信息，如果需要修改其初始值，必须在 PLC 上电首个扫描周期写入设定值。

表 6－14 定位指令的特殊数据寄存器（使用 Y0 时）

数据寄存器名称	PLC 中的地址	初始值	内容说明
当前值寄存器	[D8341，D8340]	0	执行 DRVA、DRVI 等指令时，对应旋转方向增减当前值
最高速度/Hz（32 bit）	[D8344，D8343]	100 k	执行定位指令的最高速度，设定范围 10～100 kHz
基底速度/Hz（16 bit）	D8342	0	执行定位指令时的基底速度，设定范围是最高速度的 1/10 以下
加速时间/ms	D8348	100	从基底速度到最高速度的加速时间，设定范围：50～5 000 ms
减速时间/ms	D8349	100	从最高速度下降到基底速度的减速时间，设定范围：50～5 000 ms

当使用 Y1 作为脉冲输出时，相应的特殊数据寄存器为 D835*，当使用 Y2 作为脉冲输出时，相应的特殊数据寄存器为 D836*。

三、任务实施

1. 电气接线

根据伺服电动机位置控制接线图连接线路。其中，左右两极限开关 SQ1 和 SQ2 的动合触点分别连接到 PLC 输入点 X002 和 X001。必须注意的是，SQ1、SQ2 均提供一对转换触点，它们的静触点应连接到公共点 COM，而动断触点必须连接到伺服驱动器的控制端口 X4 的 CCW（9 脚）和 CW（8 脚）作为硬联锁保护，目的是防范由于程序错误引起冲击极限故障而造成设备损坏，接线时应注意。

2. 伺服参数设置

在 YL－335B 上，伺服驱动装置工作于位置控制模式，采用脉冲＋方向的控制方式，FX3U－48MT 的 Y000 输出脉冲作为伺服驱动器的位置指令，脉冲的数量决定伺服电动机的旋转位移，即机械手的直线位移，脉冲的频率决定了伺服电动机的旋转速度，即机械手的运动速度。FX3U－48MT 的 Y002 输出作为伺服电动机的方向控制信号，对于控制要求较为简单，伺服驱动器可采用自动增益调整模式。伺服系统的参数设置应满足控制要求，并与 PLC 的输出相匹配。

1）设置前面板显示用 LED 的初始状态（Pr5.28）

参数设定范围为 0～35，初始设定为 1，显示电动机实际转速。

2）指定伺服电机旋转的正方向（Pr0.00）

如果 Pr0.00 设定值为 0，则正向指令时，电动机旋转方向为 CCW 方向（从轴侧看电动机为逆时针方向）；如果 Pr0.00 设定值为 1，则正向指令时，电动机旋转方向为 CW 方向（从轴侧看电动机为顺时针方向）。

YL－335B 的输送单元要求机械手装置运动的正方向是向远离伺服电动机的方向。这时要求电动机旋转方向为 CW 方向（从轴侧看电动机为顺时针方向），故 Pr0.00 设定为 1。如果输送单元直线导轨上的原点开关移动至直线导轨的左侧，这时 Pr0.00 应设定为 0。

3）指定伺服系统的运行模式（Pr0.01）

Pr0.01 参数设定范围为 0～6，默认值为 0，指定为定位控制模式。

4）设定运行中发生越程故障时的保护策略（Pr5.04）

设定为 0，发生正方向（POT）或负方向（NOT）越程故障时，驱动禁止，但不发生报警；设定为 1 时，POT、NOT 驱动禁止无效；设定为 2 时，POT/NOT 任一方向的输入，将发生 Err38.0（驱动禁止输入保护）出错报警。

YL－335B 在运行时若发生越程，可能导致设备损坏事故，故该参数设定为 2。这时伺服电动机立即停止。仅当越程信号复位，且驱动器断电后重新上电，报警才能复位。

5）指令脉冲旋转方向设置（Pr0.06）

指令脉冲极性用 Pr0.06 参数设置。Pr0.06 设定指令脉冲信号的极性，设定为 0 时为正逻辑，输入信号高电平（有电流输入）为“1”；设定 1 时为负逻辑。PLC 的定位控制指令都使用正逻辑，故 Pr0.06 应设定为 0。

6）指令脉冲输入方式设置（Pr0.07）

Pr0.07 用来确定指令脉冲旋转方向的方式。旋转方向可用两相正交脉冲、正向旋转脉冲和反向旋转脉冲、指令脉冲＋指令方向三种方式来表征，当设定 Pr0.07=3 时，选择指令脉冲＋指令方向。FX 系列 PLC 的定位控制指令采用这种驱动方式。

7）指令脉冲的行程设定设置（电子齿轮比 Pr0.08）

A5 系列伺服驱动器引入了 Pr0.08 这一参数，其含义为“伺服电动机每旋转 1 次的指令脉冲数”。该参数以编码器分辨率（2 500 p/r×4=10 000 p/r）为电子齿轮的分子，以 Pr0.08 的设置值为分母构成电子齿轮比。当指令脉冲数恰好为设置值时，偏差器给定输入端的脉冲数正好为 10 000，从而达到稳态运行时伺服电动机旋转一周的目标。

在 YL－335B 中，伺服电动机所连接的同步齿轮数为 12，齿距为 5 mm，故每旋转一周，抓取机械手装置移动 60 mm。为便于编程计算，希望脉冲当量为 0.01 mm，即伺服电动机转一圈，需 PLC 发出 6 000 个脉冲，故应把 Pr0.08 设置为 6 000。

电子齿轮的设置还用于更加复杂的设置场合，需要分别设置电子齿轮比的分子和分母，这时应设定 Pr0.08=0，用参数 Pr0.09、Pr0.10 来设置电子齿轮比。

以上 7 项参数是 YL－335B 的伺服系统在正常运行时所必需的。需注意的是，参数 Pr0.00、Pr0.01、Pr5.04、Pr0.06、Pr0.06、Pr0.07、Pr0.08 的设置必须在控制电源断电重启之前修改才能生效。

伺服参数设置前，先进行参数初始化，以避免已有参数的干扰。本任务的参数设置要求为：LED 显示电动机速度；当发生越程故障时，发生 Err38.0 报警；伺服电动机工作位置控制模式，控制方式为脉冲＋方向；原点传感器在直线导轨的左侧（靠近电动机的一侧）；

电动机旋转一周所需的脉冲数为 6 000。

3. 各工作单元在工作台面上的定位

按照图 6－34 所示尺寸调整各工作单元在工作台面的定位，图示中的数据单位为 mm，定位误差要求不大于 0.1 mm。

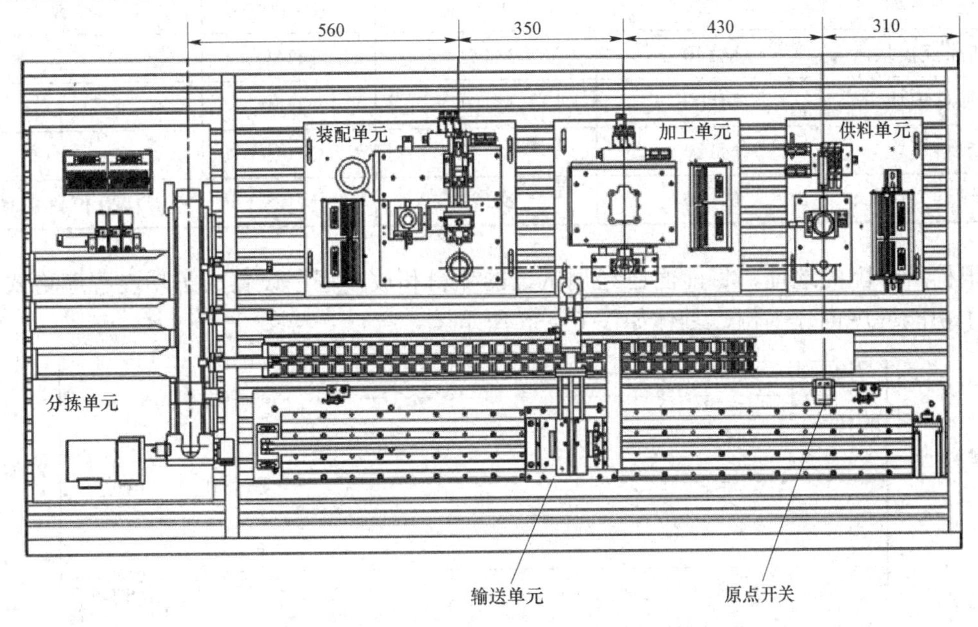

图 6－34 各单元在工作台上的定位

根据图 6－34 的尺寸要求，列出了伺服电动机运行到各工位的绝对位置值和所需的脉冲数，见表 6－15。

表 6－15 伺服电机运行的运动位置

序号	站 点	脉冲量	移动方向
0	低速回零（ZRN）		
1	ZRN（零位）→供料站 22 mm	2 200	
2	供料站→加工站 430 mm	43 000	DIR
3	供料站→装配站 780 mm	78 000	DIR
4	供料站→分拣站 1 040 mm	104 000	DIR

4. PLC 程序设计

搬运机械手的整个功能测试过程应包括复位、传送功能测试、紧急停止处理和状态指示等部分，加上机械手的抓放料动作，其中搬运机械手的回原点、抓料、放料、移动程序在整个机械手运行过程中，不止一次用到，因此可以进行模块化处理，分别设置成四个独立子功能模块，每个模块都是独立的，且可以进行单独调试，调试完成后，程序的其他地方需要使用时，直接调用即可。

每个模块都有一个入口地址和一个完成标志，在模块程序执行过程中还会用到一些过程量并产生一些中间变量，这些地址和标志可以用 PLC 内部的辅助继电器和数据寄存器实现，表 6－16 所示为输送单元的四个子功能模块的软元件地址分配。

表 6－16　输送单元四个子功能模块的软元件地址分配

模块名称	入口地址	过程标志	完成标志	参数
回原点模块	M150	M151	M159	
抓料模块	M100	M101	M109	
放料模块	M110	M111	M119	
输送模块	M120	M121	M129	D120 位置信息

根据所分配的地址，将前面已经调试过的抓料和放料程序设置成子功能程序格式，以抓料子功能程序创建为例，具体如图 6－35 所示。

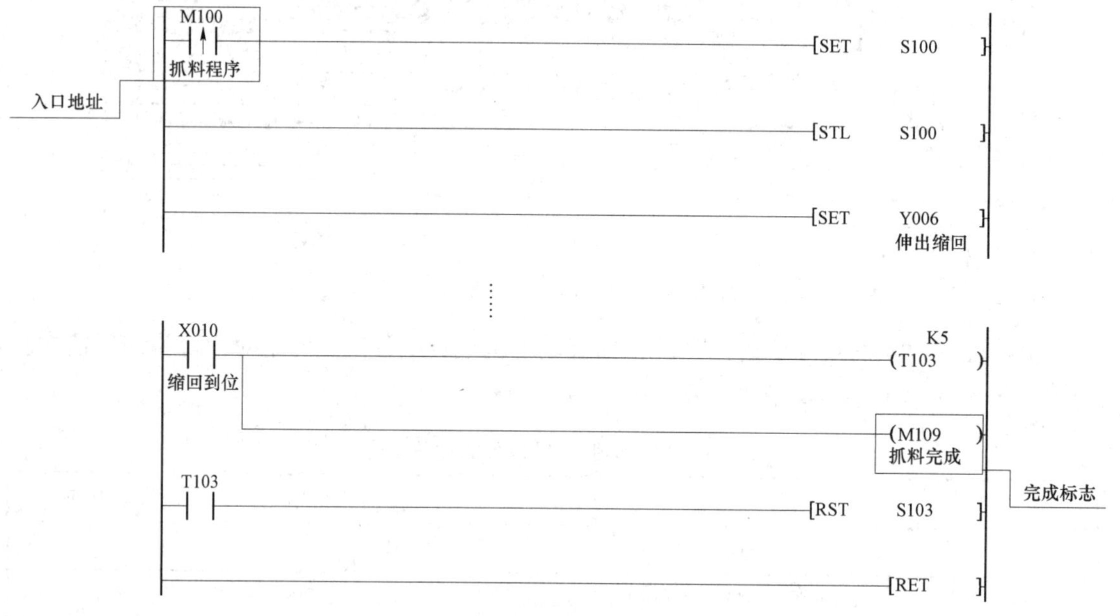

图 6－35　抓料子功能程序模块创建

1）回原点程序

抓取机械手装置返回原点的操作，在输送单元的整个工作过程中，都会频繁地进行。因此编写一个子功能程序供需要时调用是必要的。

回原点程序设计，使用 DZRN 指令执行回原点功能，根据前面的指令介绍，我们知道执行原点回归后，机械手的中心位置与原点传感器的中心线不在一条线上，因此在程序设计时，还有一个绝对定位指令，使机械手的中心线与原点传感器的中心线对齐。具体如图 6－36 所示。

2）输送程序

输送单元程序控制的关键点是伺服电动机的定位控制，本程序采用 FX3U 的绝对位置控制指令来定位。因此需要知道各工作单元的绝对位置脉冲数。

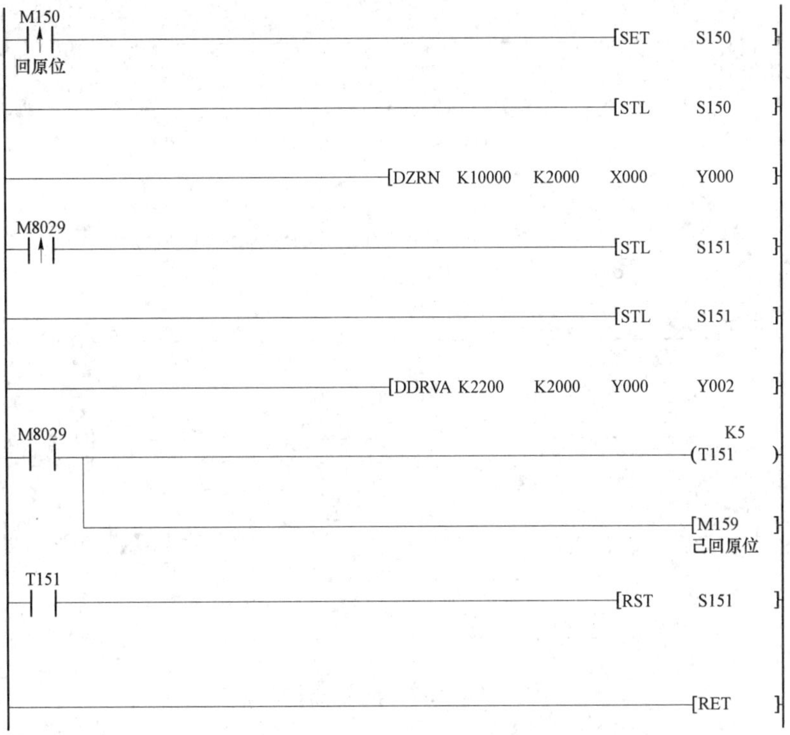

```
M150
─┤↑├──────────────────────[SET     S150  ]
回原位
──────────────────────────[STL     S150  ]
──────────[DZRN  K10000  K2000  X000  Y000 ]
M8029
─┤↑├──────────────────────[STL     S151  ]
──────────────────────────[STL     S151  ]
──────────[DDRVA K2200   K2000  Y000  Y002 ]
M8029                                  K5
─┤ ├─┬────────────────────(T151         )
     └────────────────────[M159         ]
                           己回原位
T151
─┤ ├──────────────────────[RST     S151  ]
──────────────────────────[RET           ]
```

图 6－36 回原点程序

（1）计算绝对位置脉冲数。机械手装置定位到各个工作单元的出料台前方，根据各个工作单元之间的实测距离和电动机，计算出所需要的脉冲数，如目标单元到原点传感器中心线的距离为 200 mm，根据上一任务电动机参数设置内容可知，电动机旋转一周所需的脉冲数为 6 000，电动机旋转一周移动的距离为 60 mm，那么理论上一个脉冲对应移动距离为 0.01 mm，要使机械手移动 200 mm，PLC 要发送的脉冲数 20 000。由此可知，实际移动距离与输出脉冲数之间的关系为

$$脉冲数=\frac{移动距离}{电动机旋转一周带动机械手移动的距离}\times电动机旋转一周所需的脉冲数$$

在编写移动控制子功能程序时，由于目标单元到原点传感器的距离随着目标单元的不同，会发生变化，为了方便，在移动程序中，将目标地址的脉冲数用数据寄存器表示，在调用时，将所需的位置值通过传送指令传送给该数据寄存器，在图 6－37 中，位置值用 D120 数据寄存器接收。

（2）移动速度的变更方法。图 6－37 的例程中采用直接指定电动机速度的方式，如果想要根据要求进行改变，则也可以用数据寄存器变更其速度值。

$$移动速度=\frac{脉冲频率}{电动机旋转一周所需的脉冲数}\times电动机旋转一周移动的脉冲数$$

3）主程序设计

系统上电且按下复位按钮后，进入初始状态检查和复位操作阶段，目标是确定系统是否准备就绪，若未准备就绪，则系统不能启动进入运行状态。

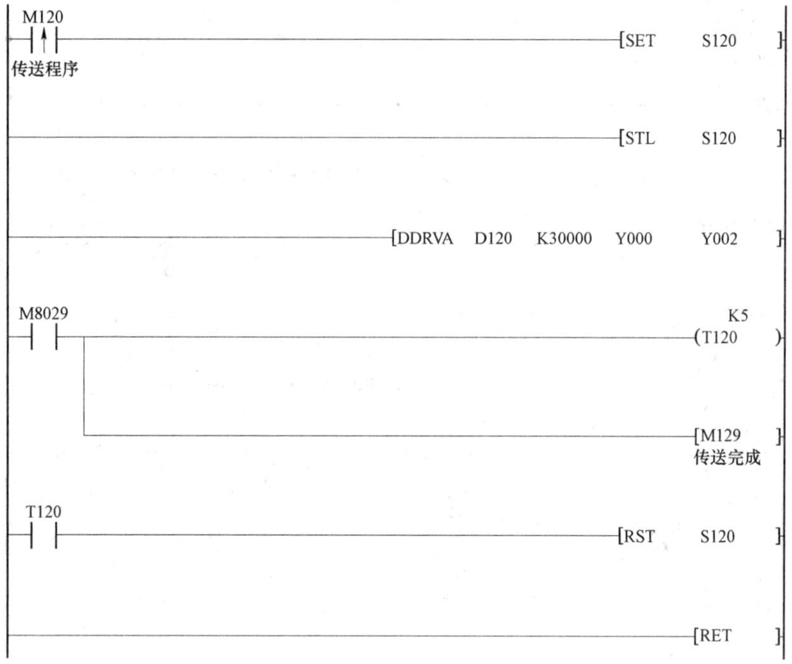

M120
传送程序
SET S120
STL S120
DDRVA D120 K30000 Y000 Y002
M8029
K5
T120
M129
传送完成
T120
RST S120
RET

图 6－37　输送程序

复位过程要检查各气动执行元件是否处在初始位置，抓取机械手装置是否在原点位置，否则应进行相应的复位操作，直至准备就绪。在复位程序中，除调用回原点程序外，主要是完成简单的逻辑运算，这里不再详述。

设备准备好后，按下测试按钮，进入传送功能测试，该过程是一个单序列的步进顺序控制。步进过程的流程说明如图 6－38 所示。

S0
抓料
S20
M100
M109
移动到
装配单元
S21
给定位置
值M120
M129
放料
S22
M110
M119
等待
2 s
S23
T23
K20
T23
抓料
S24
M100
移动到
加工单元
S25
给定位置值
M120
M129
放料
S26
M110
M109
等待
2 s
S27
T27
K20
T27
抓料
S28
M100
M109
左旋
S29
Y4
X5（左旋到位）
移动到
分拣单元
S30
给定位置值
M120
M129
放料
S31
M110
M119
等待
2 s
S32
T32
K20
T32
移动到
原点
S32
M120
M129
右旋
S32
Y5
X6（右旋到位）

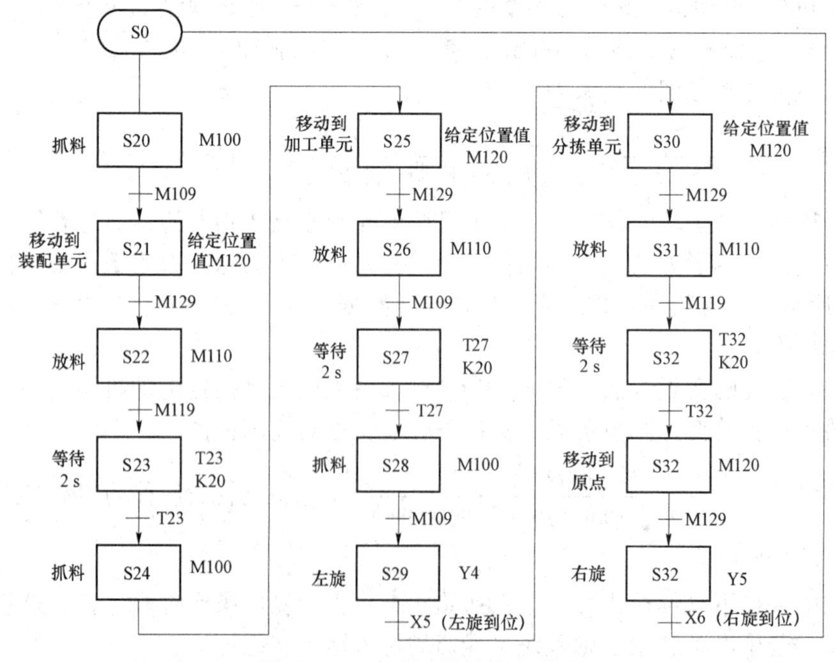

图 6－38　步进过程的流程说明

图 6-38 中，在需要调用抓料功能程序时，在相应步中输出 M100，当检测到 M109（抓料完成标志）时，进入下一步。以此类推，在需要进行放料动作时，输出 M110，转移的条件为 M119（放料完成）。但是调用传送程序的同时，还需要将目标工作单元的绝对位置值（脉冲量）传送给 D120 数据寄存器。由此可见，每个子功能程序的完成标志作为顺序控制程序中步转移的条件。

5. 任务调试

（1）程序编好后，进行变换，如果变换无误，则下载到 PLC 进行调试。

（2）将 PLC 的 RUN/STOP 开关置“STOP”位置，运行程序，按照控制要求进行操作，并记录下调试过程中的问题。详见表 6-17。

表 6-17 调试步骤

步骤	动作内容	观察任务		问题与对策
		正确结果	观察结果	
1	STOP→RUN，SA 拨到左侧，按下复位按钮 SB2	机械手各气缸复位，机械手装置返回原点位置		
2	调试抓料子程序	执行抓料动作		
3	调试放料子程序	执行放料动作		
4	软件给定输送目标值和速度值，调试输送子程序	按照给定速度，移动到指定位置		
5	按复位按钮 SB2	机械手装置执行复位		
6	按下启动按钮 SB1	抓料		
7	移动到装配站	放料		
8	2 s 后	抓料		
9	移动到加工站	放料		
10	2 s 后	抓料		
11	移动到分拣	左旋后放料		
12	2 s 后	抓料后，右旋		
13	返回原点	到原点后停止		
14	运行过程中按下复位按钮	执行复位操作		

6. 常见故障

本任务由于使用伺服控制系统驱动机械手装置的定位因此，伺服控制系统能否正常工作将关系定位功能能否实现，但是往往在系统设计过程中会发生电动机不动或是报警等情况，常见的故障现象及排除方法见表 6－18。

表 6－18　常见故障现象及排除办法

故障现象	故障原因	排除方法
PLC 无输出脉冲	PLC 程序问题	软件监控程序运行，找到故障点，修改程序，重新下载调试
复位时撞极限开关，PLC 有脉冲输出，但无方向信号	PLC 程序问题	软件监控程序运行，找到故障点，修改程序，重新下载调试
回原点时，原点传感器上的指示灯不亮，PLC 无信号	手爪与传感器之间距离有问题，调整手爪上接触铁块	工作台面上端子排上 0 V 和 24 V 之间有电压，传感器信号线与 PLC 上触点接通，用磁铁接近传感器，传感器指示灯不点亮，PLC 有信号
复位时撞极限开关，PLC 输出信号正常	伺服驱动器接线或参数设置错误	1. 检查装置侧与 PLC 的连接线是否插紧或对应点是否接触不良； 2. 检查驱动器接线是否正确； 3. 重新设置驱动器的参数
伺服上电后 ERR38 报警	左右限位的常闭触点与驱动器的接线错误	1. 限位传感器的常开常闭触点接反； 2. 常闭触点与伺服的接线接触不良或未接
伺服上电后 ERR21.0 报警	驱动器与电动机编码器的连接线错误，或接线松动	插紧或重新连接编码器接线
伺服上电后 ERR16.0 报警	过载报警，驱动器与电动机动力线连接错误	检查伺服电动机线接线是否正确，重新正确连接

根据表 6－18，排除设备故障，并填写排除故障的过程。

7. 任务拓展

（1）改变机械手装置流程顺序，并编程进行调试，要求如下：

设备复位，按下启动按钮，取料⟶传送到装配站⟶放料⟶延时 2 s⟶取料⟶传送到加工站⟶放料⟶延时 2 s⟶取料⟶左摆⟶传送到分拣站⟶放料⟶延时 2 s⟶传送到距离传感器 900 mm 位置⟶右摆⟶回原点。

（2）改变机械手移动速度为 300 mm/s，重复上述测试过程，并观察伺服电动机驱动上的电动机速度显示值。

四、任务评价

任务评价表见表 6－19。

表 6－19 任务评价表

评分内容	配分	评分标准	分值	自评	他评
伺服接线与参数设置	30	伺服控制线连接正确	10		
		伺服参数设置正确	10		
		电气线路连接规范，走线槽	10		
功能	60	抓料程序测试	5		
		放料程序测试	5		
		输送程序测试	15		
		复位程序执行正确	15		
		定位到供料单元	5		
		定位到装配单元	5		
		定位到加工单元	5		
		定位到分拣单元	5		
职业素养	10	材料、工件等不放在系统上	5		
		元件、模块没有损坏、丢失和松动现象			
		所有部件整齐摆放在桌上	5		
		工作区域内整洁干净、地面上没有垃圾			
综合			100		
完成用时					

项目七　自动线系统的整体控制

在自动线控制系统中，要将多个智能设备构成网络系统进行集中管理和控制，除了PLC与外部设备之间的网络通信以外，还要考虑PLC之间的通信问题。在前面的项目中，重点介绍了自动线中典型工作单元在作为独立设备工作时用PLC对其实现控制的基本思路，这相当于模拟了一个简单的单体设备的控制过程，同时也介绍了PLC与变频器、个人计算机等的通信功能。本项目通过三菱PLC网络的学习，了解PLC网络构建方法和程序设计方法。

任务一　两个三菱FX系列PLC的通信控制

一、任务要求

本任务介绍PLC与PLC的通信技术，通过组建并联网络，连接PLC网络通信的基本知识，实现利用连接在主站（输送单元）控制加工单元单步动作，对工件进行冲压加工。

二、相关知识

1. PLC网络系统

在现代化的生产现场，为了实现高效的生产和科学管理，对于控制任务复杂的控制系统，不可能单靠增大PLC的输入、输出点数或改进机型来实现复杂的控制功能，于是便想到将多台PLC相互连接形成网络是十分重要的。

根据PLC网络的连接方式，可将其网络机构分为总线结构、环形结构和星形结构三种基本形式，如图7－1所示，每种结构都有各自的优点和缺点，可根据具体情况选择。总线结构，以其结构简单、可靠性高、易于扩展，被广泛应用。PLC网络的具体通信模式取决于所选厂家的PLC类型。

2. 三菱PLC网络系统

FX系列PLC支持以下5种类型的通信：

（1）N:N网络：用FX3U、FX2N、FX2NC、FX1N、FX0N等PLC进行的数据传输可建立在N:N的基础上。使用这种网络，能链接小规模系统中的数据。它适合于数量不超过8个的PLC（FX3U、FX2N、FX2NC、FX1N、FX0N）之间的互连。

（2）并行链接：这种网络采用100个辅助继电器和10个数据寄存器在1:1的基础上来完成数据传输。

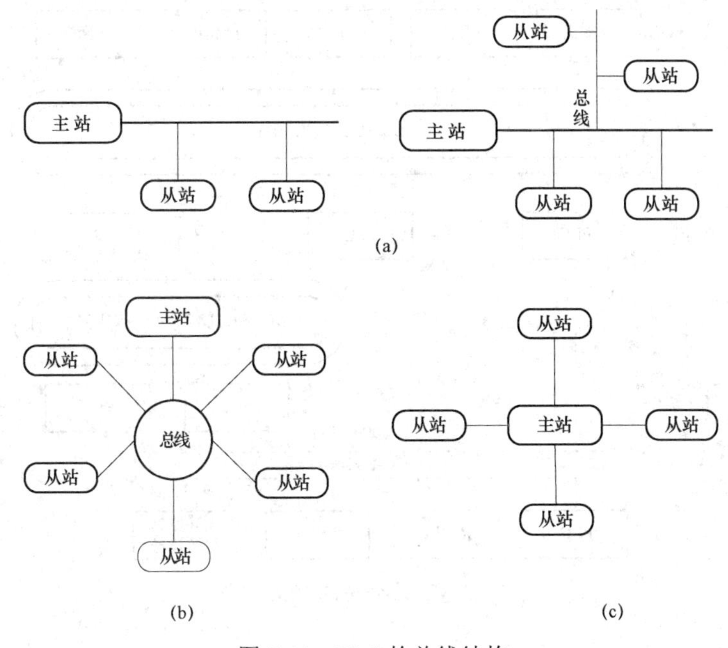

图 7－1 PLC 的总线结构

（a）总线型；（b）环形结构（c）星型结构

（3）计算机链接（用专用协议进行数据传输）：用 RS485（422）单元进行的数据传输在 1:*n*（16）的基础上完成。

（4）无协议通信（用 RS 指令进行数据传输）：用各种 RS232 单元，包括个人计算机、条形码阅读器和打印机，来进行数据通信，可通过无协议通信完成，这种通信使用 RS 指令或者特殊功能模块，如本书项目五中的 PLC 与变频器的通信。

（5）可选编程端口：对于 FX3U、FX2N、FX2NC、FX1N、FX1S 系列的 PLC，当该端口连接在 FX－232BD、FX－232ADP、FX－422BD、FX－485BD 等时，可以和外围设备（编程工具、数据访问单元、电气操作终端等）互连。

本节只介绍并行链接通信。N:N 网络通信将在下节中介绍。有关其他通信类型，请参阅“FX 通信用户手册”。

三菱公司 PLC 网络继承了传统使用的 MELSEC 网络，并使其在性能、功能、使用简便等方面更胜一筹。FX 系列 PLC 作为三菱基本的 PLC，它们之间的通信有几种常用的方式，除了并联连接和 N:N 网络连接以外，常用有 CC－LINK。三菱 PLC 三层网络，如图 7－2 所示，即信息与管理层的以太网、管理与控制层的局域令牌网、控制设备层的 CC－LINK 开放式现场总线。

3. PLC 的并联连接

FX 系列 PLC 使用并行连接的数据通信，可使用的 PLC 包括 FX0N、FX1N、FX2N、FX2N（C）、FX3U 系列，在 1:1 基础上对辅助继电器和数据寄存器进行数据传输，在两台 PLC 之间进行自动数据传输。并行通信有普通模式和高速模式两种，当只有两台 PLC 需要通信时，可采用这种方式，连线简单，通信速率快。

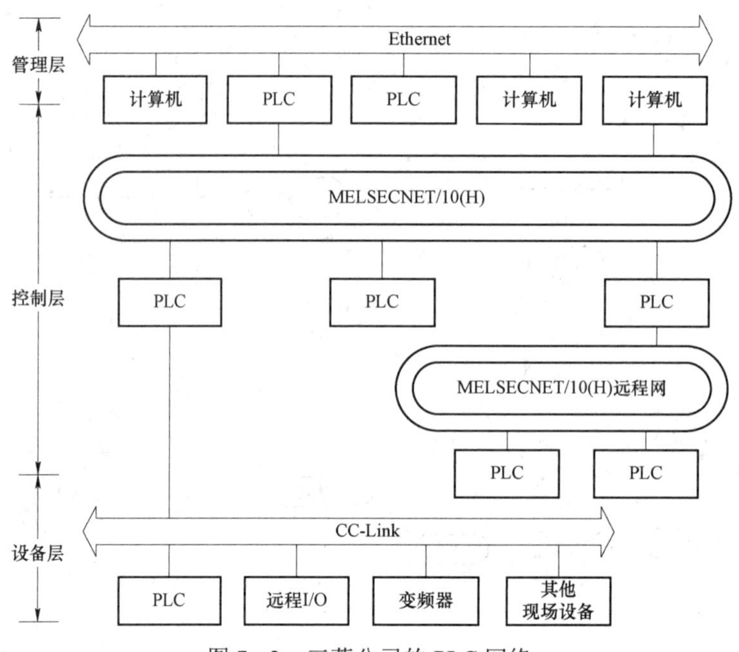

图 7－2　三菱公司的 PLC 网络

1）通信规格

两台 PLC 按表 7－1 通信规格，执行并行链接功能，不能更改。

表 7－1　并行链接功能通信规格

项目	规　　格	项目	规　　格
连接 PLC 台数	最大 2 台（1:1）	传输速率	19 200 bit/s
通信标准	符合 RS－422、RS485	协议方式	并行链接
通信方式	半双工	通信时间	普通模式：70 ms；高速模式：20 ms

2）相关软元件分配

在使用 1:1 网络并行通信时，必须设定主、从站的通信模式等，用作通信标志的特殊辅助继电器见表 7－2。

表 7－2　用作通信标志的特殊辅助继电器

类别	编号	名　　称	作　　用	设定	读/写
通信设定用软元件	M8070	设定为并联连接的主站	置“ON”时作为主站链接	M	W
	M8071	设定为并联连接的从站	置“ON”时作为从站链接	L	W
	M8162	高速并联连接模式	置“ON”时为高速模式，置“OFF”时为普通模式	M，L	W
	M8178	通道的设定	设定要使用的通信中的通道（使用 FX3U、FX3UC 时），“ON”时为通道 2，“OFF”时为通道 2	M，L	W

续表

类别	编号	名　　称	作　　用	设定	读/写
通信确认用软件	M8072	并联连接运行中	并联正在运行（PLC 运行时“ON”）	M，L	R
	M8073	并联连接设定异常	主、从设定有错时“ON”	M，L	R
	M8063	串行通信出错 1	当通道 1 的串行通信中出错时 ON	M，L	R
	M8438	串行通信出错 2	当通道 2 的串行通信中出错时 ON（使用 FX3U、FX3UC 时）	M，L	R

注：M—表示主站；L—表示从站；R 表示读出专用；W—写入专用。

3）数据交换软元件

采用 1:1 并联网络，在数据交换时，要使用到辅助继电器和数据寄存器，且并联有普通并联模式和高速并联模式。并行通信连接的软元件按表 7－3 的规定。

表 7－3　并行通信连接软元件

站号 模式	普通并联模式		高速并联模式		适用 PLC 型号
	位软元件（M）	字软元件（D）	位软元件（M）	字软元件（D）	
主站	M400～M449	D230～D239	—	D230、D231	FX2N、FX0N
从站	M450～M499	D240～D249	—	D240、D241	
主站	M800～M899	D490～D499	—	D490、D491	FX2（C）、FX1N（C）、FX2N（C）、FX3U（C）
从站	M900～M999	D500～D599	—	D500、D501	

4）通信布线

FX 系列 PLC 作 1:1 网络连接时，使用 RS－485 的通信板进行通信，接线时有两种方式：一是 1 对子布线；二是 2 对子布线，如图 7－3 所示。

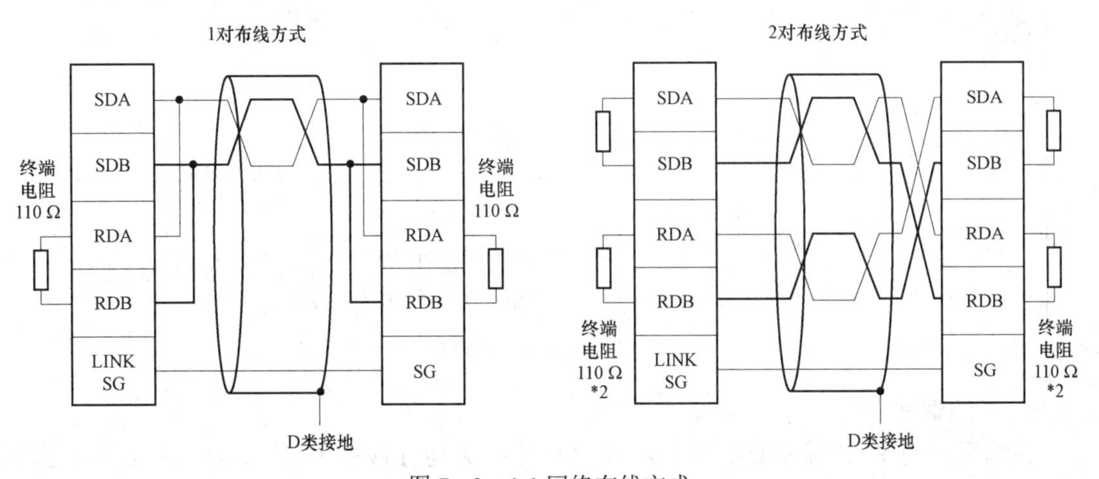

图 7－3　1:1 网络布线方式

网络安装前，应断开电源，各站 PLC 应插上 485－BD 通信板。两站点间用屏蔽双绞线相连，采用 1 对线连接方式，屏蔽双绞线的线径应在英制 AWG26～16 范围，否则由于端子可能接触不良，不能确保正常的通信。连线时宜用压接工具把电缆插入端子，如果连接不稳定，则通信会出现错误。接线时须注意终端站要选择或接上 110 Ω 的终端电阻，连接在 RDA 和 RDB 之间。（一般在 300 m 内无须接适配电阻。）

如果网络上各站点 PLC 已完成网络参数的设置，则在完成网络连接后，再接通各 PLC 工作电源，可以看到，各站通信板上的 SD LED 和 RD LED 指示灯都出现点亮/熄灭交替的闪烁状态，说明网络已经组建成功。如果 RD LED 指示灯处于点亮/熄灭的闪烁状态，而 SD LED 没有（根本不亮），这时须检查站点编号、通信方式等的设置是否正确。

三、任务实施

1. 硬件连接

根据三菱 FX 系列 PLC 并联网络连接要求，采用 1 对子布线方式连接输送单元与加工单元的 FX3U－485BD 通信板。

2. PLC 程序编制

在主站程序中 M0、M2、M3，分别用于控制加工单元的三个气缸动作（分别为夹紧、料台伸缩和冲压气缸）；D0 里面的数值代表加工单元的传感检测信号，具体请参考本书项目三加工单元的 I/O 地址表。参考程序详见图 7－4 和图 7－5。

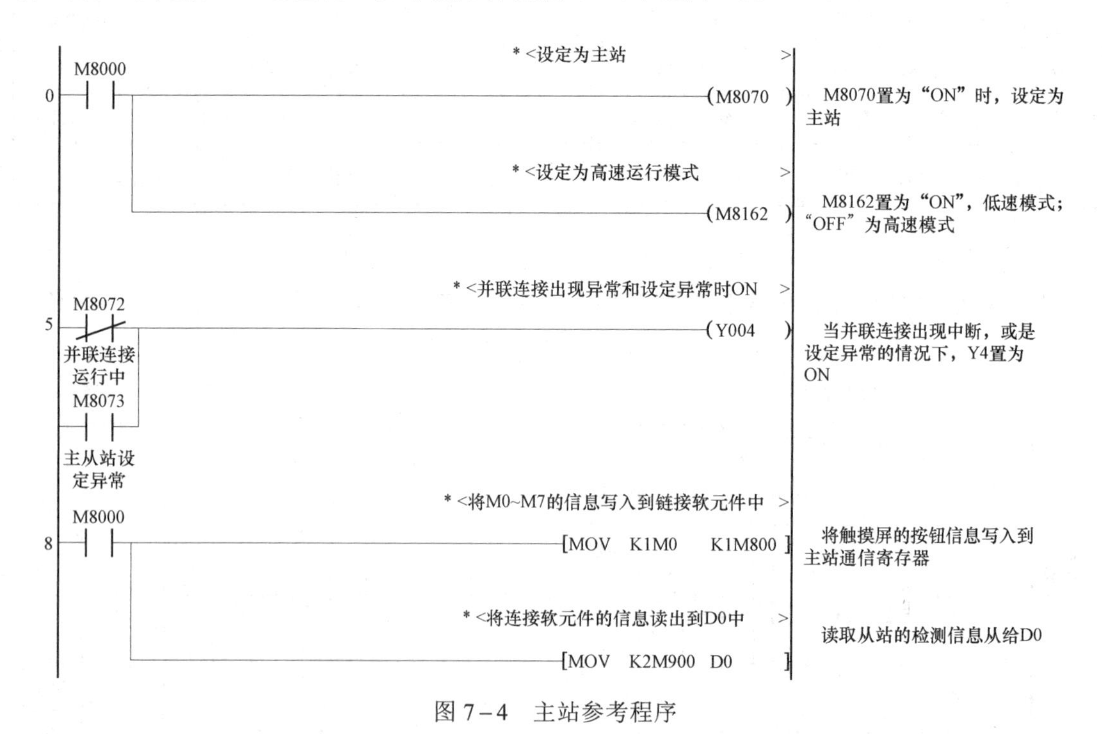

图 7－4　主站参考程序

3. 系统调试

将编写好的 PLC 程序变换后下载到 PLC 中，并运行程序，用软元件监控功能，按照控制要求进行操作，观察设备运行情况和相应的数值显示情况，记录下调试过程中的问题。

系统调试步骤见表 7-4。

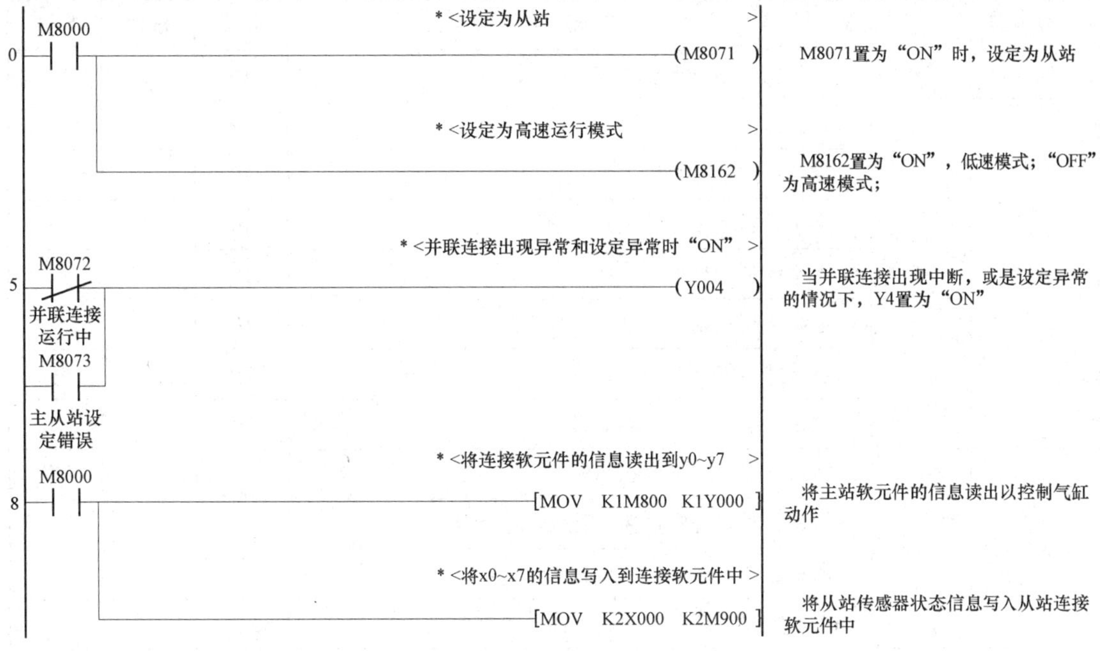

图 7-5 从站参考程序

表 7-4 调试步骤

步骤	动作内容	观察任务		问题与对策
		正确结果	观察结果	
1	STOP→RUN， 主从站网络状态显示灯	Y4 灯灭		
2	强制 M0 得电	得电：加工单元夹爪夹紧； 失电：夹爪松开		
3	强制 M2 得电	得电：加工单元加工台缩回； 失电：加工台伸出		
4	强制 M3 得电	得电：冲压缸下降； 失电：冲压缸上升		
5	观察 D0 对应数值	初始值为 20（00010100）		
6	加工台上放上工件	D0 显示值为 21（00010100）		
7	重复上述操作			

4. 总结与思考

（1）通信过程中，FX3U-485BD 通信板的 RD 和 SD 指示灯亮灭状态？

（2）通信出错时，程序监控错误点。

（3）参考程序中，主从站设置命令放在了程序的第 0 步，若放在其他位置会有什么影响？

四、任务评价

任务评价表见表 7-5。

表 7－5　任务评价表

评分内容	配分	评分标准	分值	自评	他评
硬件连接	10	主从站的通信连接线连接	10		
功能	80	界面组态	10		
		主从站通信参数设置	10		
		主站控制从站气爪夹紧与松开	10		
		主站控制从站加工台伸缩	10		
		主站控制从站冲压缸提升与下降	10		
		主从站网络状态显示	10		
		主站显示从站传感器信息	20		
职业素养	10	材料、工件等不放在系统上	5		
		元件、模块没有损坏、丢失和松动现象			
		所有部件整齐摆放在桌上	5		
		工作区域内整洁干净、地面上没有垃圾			
综合			100		
完成用时					

任务二　N:N 网络系统整体运行控制

一、任务要求

本任务将介绍如何通过 PLC 实现由几个相对独立的单元组成的一个群体设备（生产线）的控制功能。YL－335B 系统的控制方式采用每一工作单元由一台 PLC 承担其控制任务，各 PLC 之间可通过 RS485 串行通信实现互连的分布式控制方式。组建成网络后，系统中每一个工作单元也称作工作站可采用 N:N 网络通信方式实现各站 PLC 互连，并指定输送单元作为系统主站。系统主令工作信号由输送单元 PLC 侧的按钮/指示灯模块提供，安装在工作桌面上的警示灯应能显示整个系统的主要工作状态，例如复位、启动、停止等。

（1）若各站都处于原位（与单站的原位要求相同），各站的 SA 转换开关置于全线模式（右侧），则黄色警示灯常亮，表示设备准备好，否则 1 Hz 闪烁；若不在原位，则按下输送单元的按钮 SB2，各站复位，复位过程中，黄色警示灯 1 Hz 闪烁。

（2）若设备准备好，则按下输送单元的 SB1 启动按钮，设备启动，绿色警示灯常亮：

① 供料站的运行。系统启动后，若供料站的出料台上没有工件，而料仓内有工件，则应把工件推到出料台上，并向系统发出出料台上有工件信号。出料台上的工件被输送站机械手取出后，若系统仍然需要推出工件进行加工，则进行下一次推出工件操作。

② 输送站运行 1。当工件推到供料站出料台后，输送站抓取机械手装置应执行抓取供料站工件的操作。动作完成后，伺服电动机驱动机械手装置移动到加工站加工物料台的正前方，把工件放到加工站的加工台上。

③ 加工站运行。加工站加工台的工件被检出后，执行加工过程。当加工好的工件重新送回待料位置时，向系统发出冲压加工完成信号。

④ 输送站运行 2。系统接收到加工完成信号后，输送站机械手应执行抓取已加工工件的操作。抓取动作完成后，伺服电动机驱动机械手装置移动到装配站物料台的正前方，然后把工件放到装配站物料台上。

⑤ 装配站运行。装配站物料台的传感器检测到工件到来后，若装配料仓里有零件，开始执行装配过程。装入动作完成后，向系统发出装配完成信号。

⑥ 输送站运行 3。系统接收到装配完成信号后，输送站机械手应抓取已装配的工件，然后从装配站向分拣站运送工件，到达分拣站传送带上方入料口后把工件放下，然后执行返回原点的操作。

⑦ 分拣站运行。输送站机械手装置放下工件、缩回到位后，分拣站的变频器即启动，驱动传动电动机以 30 Hz 速度运行，把工件带入分拣区进行分拣，工件分拣原则与单站运行（本书项目五任务四：1 号槽：白色芯黑色工件＋黑色芯金属工件；2 号槽：金属芯白色工件＋黑色芯白色工件；3 号槽：白色芯金属工件＋金属芯黑色工件，纯色工件运行到传送带末端后，掉入末端回收盒）相同。当分拣气缸活塞杆推出工件并返回后，应向系统发出分拣完成信号。

⑧ 仅当分拣站分拣工作完成，并且输送站机械手装置回到原点，系统的一个工作周期才认为结束。

（3）设备的停止：如果在工作周期期间再次按下按钮 SB1，系统工作一个周期后停止，绿色警示灯熄灭；如果在工作周期期间没有停止信号，系统在延时 2 s 后开始下一周期工作。系统工作结束后若满足初始要求，可再次按下启动按钮，则系统又重新工作。

二、相关知识

1. 三菱 FX 系列 PLC N:N 通信网络的特性

N:N 网络建立在 RS－485 传输标准上，网络中必须有一台 PLC 为主站，其他 PLC 为从站，网络中站点的总数不超过 8 个。图 7－6 所示为 YL－335B 的 N:N 网络配置。

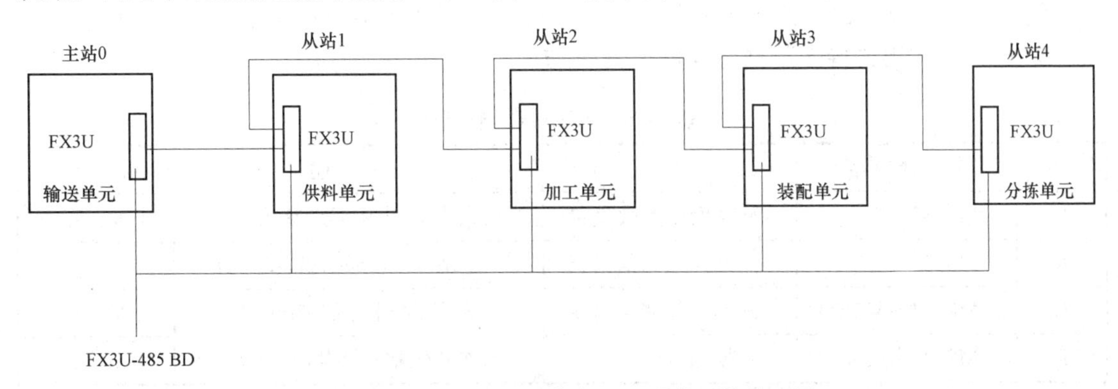

图 7－6　YL－335B 系统中 N:N 通信网络的配置

系统中使用的 RS－485 通信接口板为 FX3U－485BD，最大延伸距离 50 m，网络的站点数为 5 个。

N:N 网络的通信协议是固定的：通信方式采用半双工通信，波特率固定为 38 400 bit/s；数据长度、奇偶校验、停止位、标题字符、终结字符以及和校验等也均是固定的。

N:N 网络是采用广播方式进行通信的：网络中每一站点都指定一个用特殊辅助继电器和特殊数据寄存器组成的链接存储区，各个站点链接存储区地址编号都是相同的。各站点向自己站点链接存储区中规定的数据发送区写入数据。网络上任何 1 台 PLC 中的发送区的状态会反映到网络中的其他 PLC，因此，数据可供通过 PLC 链接连接起来的所有 PLC 共享，且所有单元的数据都能同时完成更新。

2. 安装和连接 N:N 通信网络

网络安装前，应断开电源。各站 PLC 应插上 485BD 通信板，YL－335B 系统的 N:N 链接网络，各站点间用屏蔽双绞线相连，如图 7－7 所示，接线时须注意终端站要选择或接上 110 Ω的终端电阻（485BD 板上）。

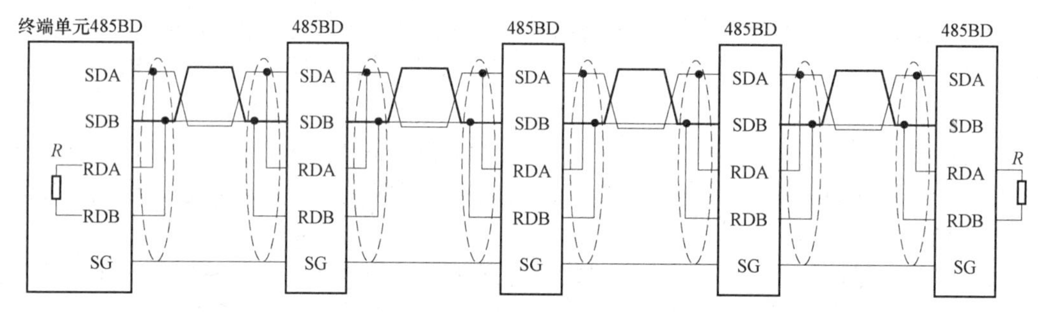

图 7－7　PLC 链接网络连接

进行网络连接时的注意事项和并行链接时相同。如果 RD LED 和 SD LED 指示灯亮灭状态错误，这时须检查站点编号的设置、传输速率（波特率）和从站的总数目等网络参数设置是否正确。

3. 组建 N:N 通信网络

FX 系列 PLC N:N 通信网络的组建主要是对各站点 PLC 用编程方式设置网络参数实现的。

FX 系列 PLC 规定了与 N:N 网络相关的标志位（特殊辅助继电器）和存储网络参数和网络状态的特殊数据寄存器。当 PLC 为 FX 系列时，N:N 网络的相关标志（特殊辅助继电器）见表 7－6，相关特殊数据寄存器见表 7－7。

表 7－6　特殊辅助继电器

特性	辅助继电器	名称	描　述	响应类型
R	M8038	N:N 网络参数设置	用来设置 N:N 网络参数	M，L
R	M8183	主站点的通信错误	当主站点产生通信错误时“ON”	L
R	M8184～M8190	从站点的通信错误	当从站点产生通信错误时“ON”	M，L
R	M8191	数据通信	当与其他站点通信时“ON”	M，L

注：R：只读；W：只写；M：主站点；L：从站点。

在 CPU 错误，程序错误或停止状态下，对每一站点处产生的通信错误数目不能计数。M8184～M8190 是从站点的通信错误标志，第 1 从站用 M8184，……，第 7 从站用 M8190。

表 7－7 特殊数据寄存器

特性	数据寄存器	名称	描　述	响应类型
R	D8173	站点号	存储它自己的站点号	M，L
R	D8174	从站点总数	存储从站点的总数	M，L
R	D8175	刷新范围	存储刷新范围	M，L
W	D8176	站点号设置	设置它自己的站点号	M，L
W	D8177	从站点总数设置	设置从站点总数	M
W	D8178	刷新范围设置	设置刷新范围模式号	M
W/R	D8179	重试次数设置	设置重试次数	M
W/R	D8180	通信超时设置	设置通信超时	M
R	D8201	当前网络扫描时间	存储当前网络扫描时间	M，L
R	D8202	最大网络扫描时间	存储最大网络扫描时间	M，L
R	D8203	主站点通信错误数目	存储主站点通信错误数目	L
R	D8204～D8210	从站点通信错误数目	存储从站点通信错误数目	M，L
R	D8211	主站点通信错误代码	存储主站点通信错误代码	L
R	D8201～D8218	从站点通信错误代码	存储从站点通信错误代码	M，L

注：R：只读；W：只写；M：主站点；L：从站点。

在 CPU 错误、程序错误或停止状态下，对其自身站点处产生的通信错误数目不能计数。D8204～D8210 是从站点的通信错误数目，第 1 从站用 D8204，……，第 7 从站用 D8210。

在表 7－6 中，特殊辅助继电器 M8038（N:N 网络参数设置继电器，只读）用来设置 N:N 网络参数。对于主站点，用编程方法设置网络参数，就是在程序开始的第 0 步（LD M8038），向特殊数据寄存器 D8176～D8180 写入相应的参数，仅此而已。对于从站点，则更为简单，只需在第 0 步（LD M8038）向 D8176 写入站点号即可。

例如，图 7－8 给出了设置主站网络参数的程序。

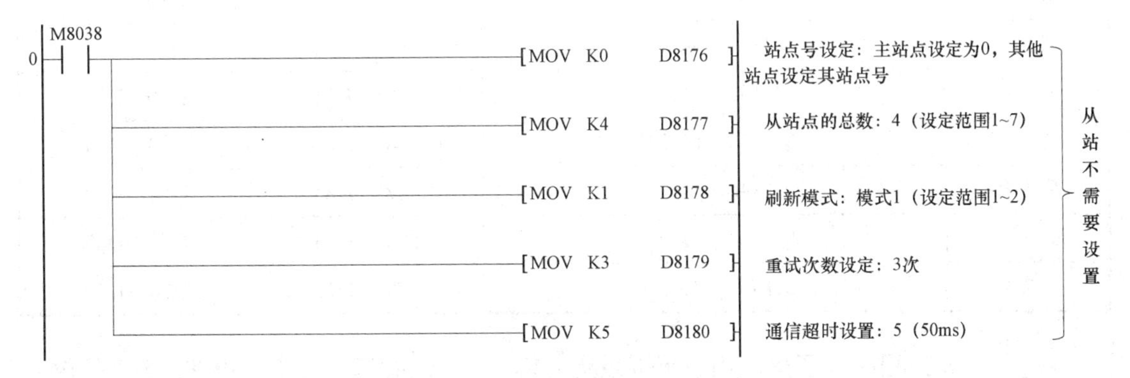

图 7－8 主站点网络参数设置程序

上述程序说明如下:

(1)编程时注意,必须确保把以上程序作为N:N网络参数设定程序从第0步开始写入,在不属于上述程序的任何指令或设备执行时结束。这程序段不需要执行,只需把其编入此位置时,它就会自动变为有效。

(2)特殊数据寄存器D8178用作设置刷新范围,刷新范围指的是各站点的链接存储区。对于从站点,此设定不需要。根据网络中信息交换的数据量不同,可选择表7-8(模式0)、表7-9(模式1)和表7-10(模式2)三种刷新模式,在每种模式下使用的元件被N:N网络所有站点所占用。

表7-8　模式0的站号与字元件对应表

站点号	元　　件	
	位软元件(M)	字软元件(D)
	0点	4点
第0号	—	D0~D3
第1号	—	D10~D13
第2号	—	D20~D23
第3号	—	D30~D33
第4号	—	D40~D43
第5号	—	D50~D53
第6号	—	D60~D63
第7号	—	D70~D73

表7-9　模式1的站号与位、字元件对应表

站点号	元　　件	
	位软元件(M)	字软元件(D)
	32点	4点
第0号	M1000~M1031	D0~D3
第1号	M1064~M1095	D10~D13
第2号	M1128~M1159	D20~D23
第3号	M1192~M1223	D30~D33
第4号	M1256~M1287	D40~D43
第5号	M1320~M1351	D50~D53
第6号	M1384~M1415	D60~D63
第7号	M1448~M1479	D70~D73

表7-10　模式2的站号与位、字元件对应表

站点号	元　　件		
	位软元件(M)	字软元件(D)	
	64点	4点	8点
第0号	M1000~M1063	D0~D3	D0~D7
第1号	M1064~M1127	D10~D13	D10~D17
第2号	M1128~M1191	D20~D23	D20~D27
第3号	M1192~M1255	D30~D33	D30~D37
第4号	M1256~M1319	D40~D43	D40~D47
第5号	M1320~M1383	D50~D53	D50~D57
第6号	M1384~M1447	D60~D63	D60~D67
第7号	M1448~M1511	D70~D73	D70~D77

在图7-8的程序例子里,刷新范围设定为模式1。这时每一站点占用32×8个位软元

件，4×8 个字软元件作为链接存储区。在运行中，对于第 0 号站（主站），希望发送到网络的开关量数据应写入位软元件 M1000～M1063 中，而希望发送到网络的数字量数据应写入字软元件 D0～D3 中，……，对其他各站点如此类推。

（3）特殊数据寄存器 D8179 设定重试次数，设定范围为 0～10（默认 =3），对于从站点，此设定不需要。如果一个主站点试图以此重试次数（或更高）与从站通信，则此站点将发生通信错误。

（4）特殊数据寄存器 D8180 设定通信超时值，设定范围为 5～255（默认 =5），此值乘以 10 ms 就是通信超时的持续驻留时间。

（5）对于从站点，网络参数设置只需设定站点号即可，例如 1 号站的设置，如图 7－9 所示。

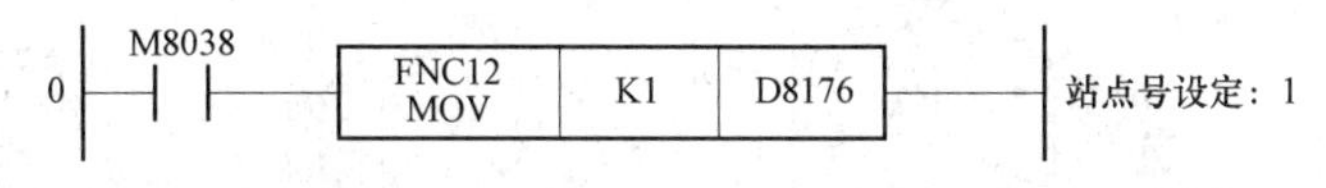

图 7－9　从站点网络参数设置程序示例

如果按上述对主站和各从站编程，完成网络连接后，再接通各 PLC 工作电源，即使在 STOP 状态下，通信也将进行。

N:N 网络是采用广播方式进行通信的，数据在网络上传输需要耗费时间，每完成一次刷新所需用的时间就是通信时间（ms），网络中站点数越多，数据刷新范围越大，通信时间就越长。通信时间与网络中总站点数及通信设备刷新模式的关系见表 7－11。

表 7－11　通信时间与总站点数及通信设备模式的关系

通信设备 / 总的站点数	模式 0 位软元件：0 点 字软元件：4 点	模式 1 位软元件：32 点 字软元件：4 点	模式 2 位软元件：64 点 字软元件：8 点
2	18	22	34
3	26	32	50
4	33	42	66
5	41	52	83
6	49	62	99
7	57	72	115
8	65	82	131

另外，对于 N:N 网络，无论连接站点数多少或采用的通信设备模式，每一个站点 PLC 的扫描时间将增长 10%。为了确保网络通信的及时性，在编写与网络有关的程序时，需要根据网络上通信量的大小，选择合适的刷新模式。在网络编程中，也常须考虑通信时间。

三、任务实施

1. 各工作站的定位

各工作站单站都已安装完成，系统整体调试前，必须确定各工作单元的安装定位，为此首先要确定安装的基准点，即从铝合金桌面右侧边缘算起。图 7－10 指出了各工作站的位置，根据：① 原点位置与供料单元出料台中心沿 *X* 方向重合。② 供料单元出料台中心至加工单元加工台中心距离 350 mm。③ 加工单元加工台中心至装配单元装配台中心距离 450 mm。④ 供料单元出料台中心至分拣单元进料口中心距离 1 340 mm。即可确定各工作单元在 *X* 方向的位置。

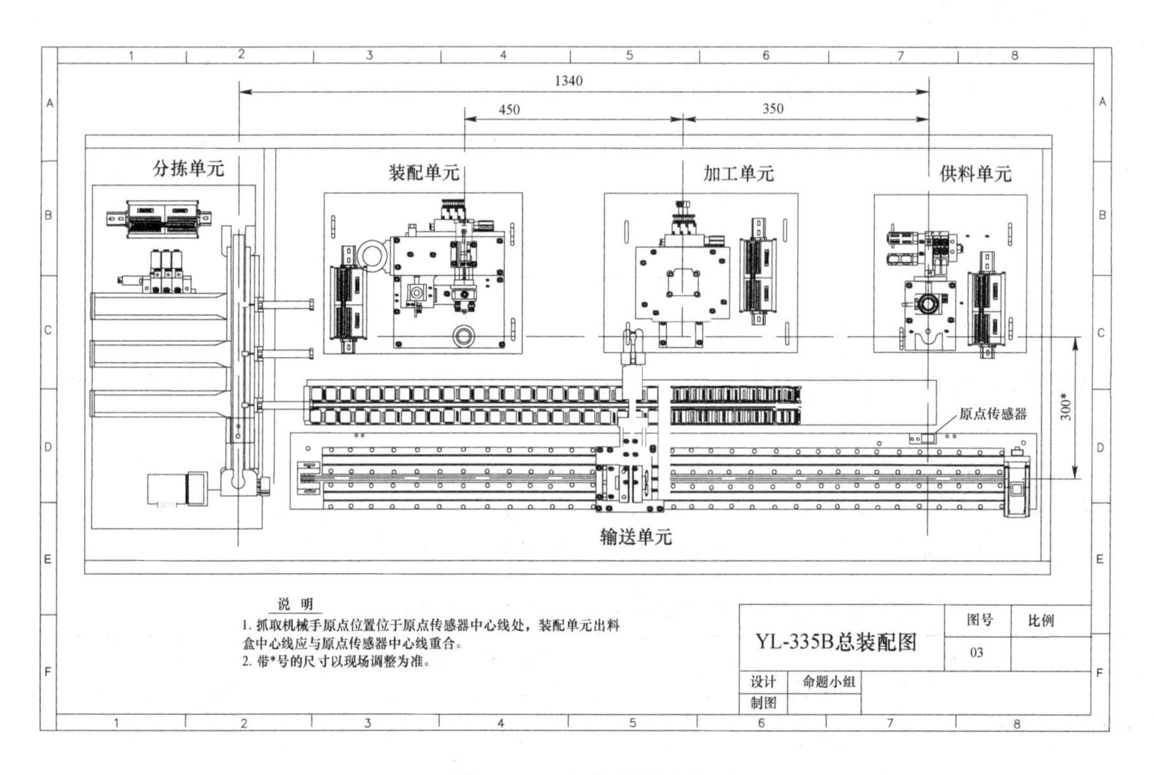

图 7－10 各站布局定位

由于工作台的安装特点，原点位置一旦确定后，输送单元的安装位置也已确定。

2. 网络连接

按照 N:N 网络连接办法，用屏蔽双绞线连接输送、供料、加工、装配、分拣五个工作站的通信线，构成分布式网络，连接采用 1 对子布线方式，双绞线两端都要用冷压端子进行压接，并联部分的线头可使用同一个冷压端子，终端电阻只需要在首站和最后一站进行选择或连接。

3. 有关参数的设置和测试

按工作任务要求规定，变频器采用模拟量控制方式，应进行变频器、伺服驱动器有关参数的设定。上述工作已在前面各项目中作了详细的介绍，这里不再重复。

4. 编写和调试 PLC 控制程序

要构建一个分布式控制的自动生产线，在设计它的整体控制程序时，应首先从它的系统性着手，通过组建网络、规划通信数据，使系统组织起来。然后根据各工作单元的工艺任务，分别编制各工作站的控制程序。

1）规划通信数据

通过任务要求可以看到，网络中各站点需要交换的信息量并不大，可采用模式 1 的刷新方式。各站通信数据的位数据见表 7－12～表 7－16。这些数据位分别由各站 PLC 程序写入，全部数据为 N:N 网络所有站点共享。

表 7－12　输送站（0#站）数据位定义

输送站位地址	数据意义
M1000	各站总原位
M1001	总联机
M1003	网络故障
M1004	网络正常
M1005	联机启动
M1006	总运行
M1007	联机停止
M1008	红色警示灯
M1009	黄色警示灯
M1010	绿色警示灯
M1011	请求供料
M1012	加工启动
M1013	装配启动
M1016	分拣启动
M1030	总复位

表 7－13　供料站（1#站）数据位定义

供料站位地址	数据意义
M1064	供料原位
M1065	供料联机
M1066	供料完成
M1068	供料运行

表 7－14　加工站（2#站）数据位定义

加工站位地址	数据意义
M1128	加工原位
M1129	加工联机
M1130	加工完成
M1132	加工运行

表 7－15　装配站（3#站）数据位定义

供料站位地址	数据意义
M1192	装配原位
M1193	装配联机
M1194	装配完成
M1196	装配运行
M1197	装配完成

表 7－16　分拣站（4#站）数据位定义

供料站位地址	数据意义
M1256	分拣原位
M1257	分拣联机
M1258	分拣完成
M1260	分拣运行

没有用于通信的数值数据，故不用分配。

2）从站控制程序的编制

各工作站在单站运行时的编程思路，在前面各项目中均作了介绍。在联机运行情况下，由工作要求规定的各从站工艺过程是基本固定的，原单站程序中工艺控制程序基本变动不大。在单站程序的基础上修改、编制联机运行程序，实现上并不太困难。下面首先以供料站的联机编程为例说明编程思路。

联机运行情况下的主要变动，一是在运行条件上有所不同，主令信号来自系统通过网络下传的信号；二是各工作站之间通过网络不断交换信号，由此确定各站的程序流向和运行条件。对于前者，首先须明确工作站当前的工作模式，以此确定当前有效的主令信号。工作任务要求明确地规定了工作模式切换的条件，目的是避免误操作的发生，确保系统可靠运行。其他工作与前面单站时类似，即：① 进行初始状态检查，判别工作站是否准备就绪。② 若准备就绪，则收到全线运行信号或本站启动信号后投入运行状态。③ 在运行状态下，不断监视停止命令是否到来，一旦到来即置位停止指令，待工作站的工艺过程完成一个工作周期后，使工作站停止工作。供料站网络程序设计梯形图如图 7－11 所示。

下一步就进入工作站的工艺控制过程，即从初始步 S0 开始的步进顺序控制过程。这一步进程序与前面单站情况基本相同，只是增加了完成信号向系统报告工作状态。

其他从站的编程方法与供料站基本类似，此处不再详述。建议读者对照各工作站单站例程和联机例程，仔细加以比较和分析。

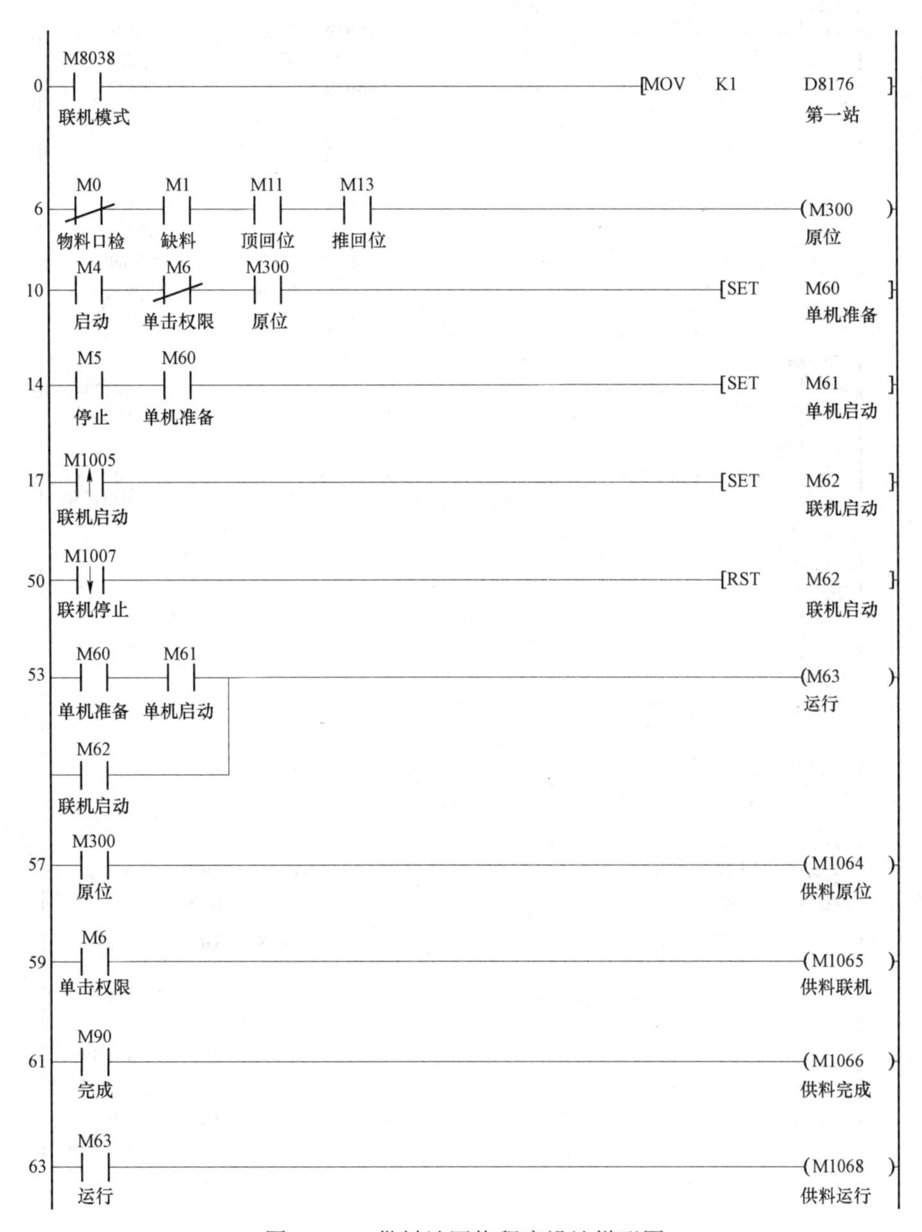

图 7－11　供料站网络程序设计梯形图

3）主站控制程序的编制

本任务以输送单元作为主站，输送站是自动化生产线系统中最为重要同时也是承担任务最为繁重的工作单元。主要体现：

（1）用于向其他单站传送主令信号，同时接收系统状态信息；

（2）作为网络的主站，要进行大量的网络信息处理；

（3）需完成本单元的工作任务，往往联机方式下的工艺生产任务与单站运行时略有差异。

因此，把输送站的单站控制程序修改为联机控制，工作量要大一些。下面着重讨论编程中应予注意的问题和有关编程思路。参考程序如图 7－12 所示。

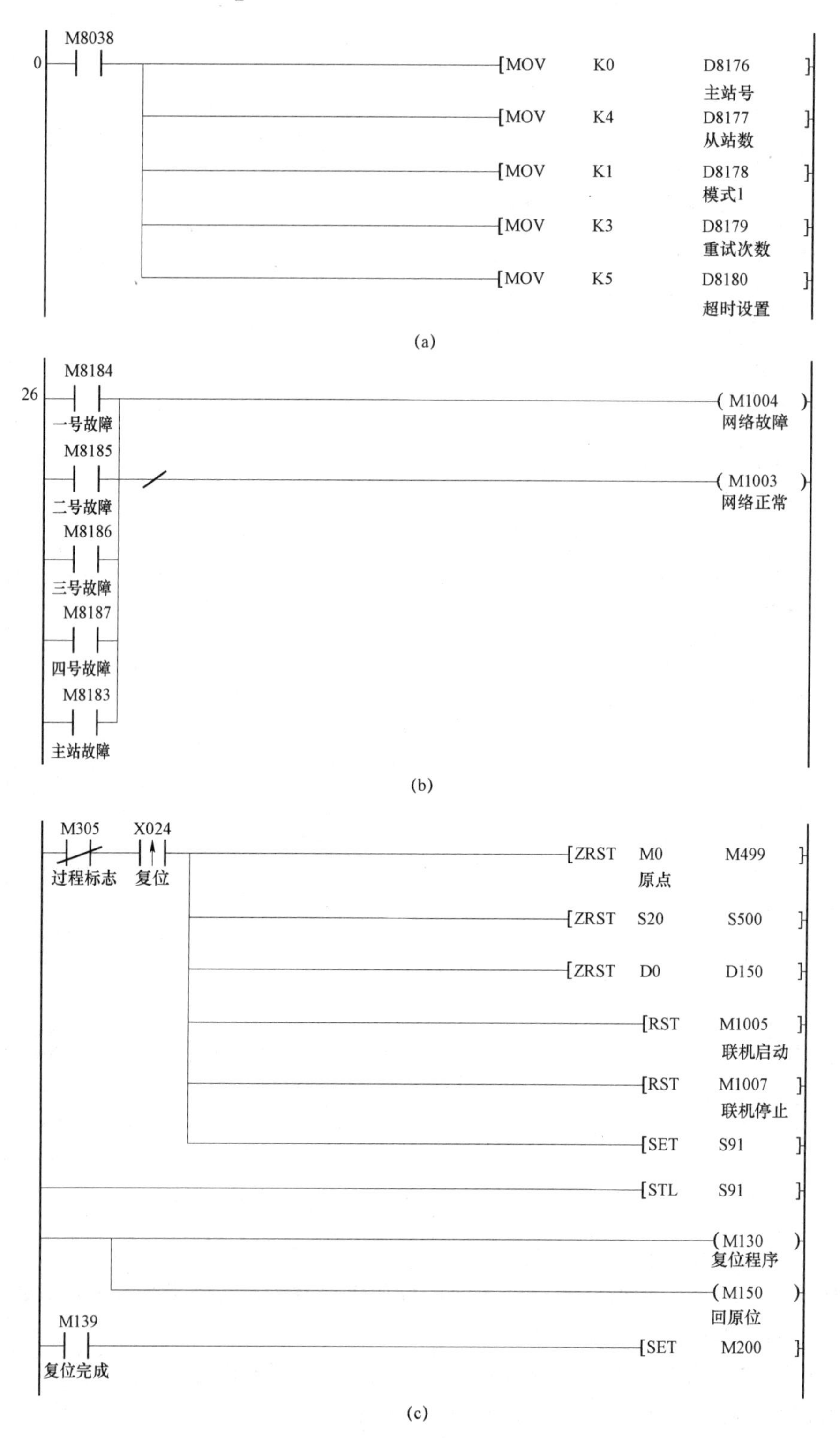

图 7－12　输送站参考程序

（a）通信参数设置；（b）通信诊断；（c）系统复位

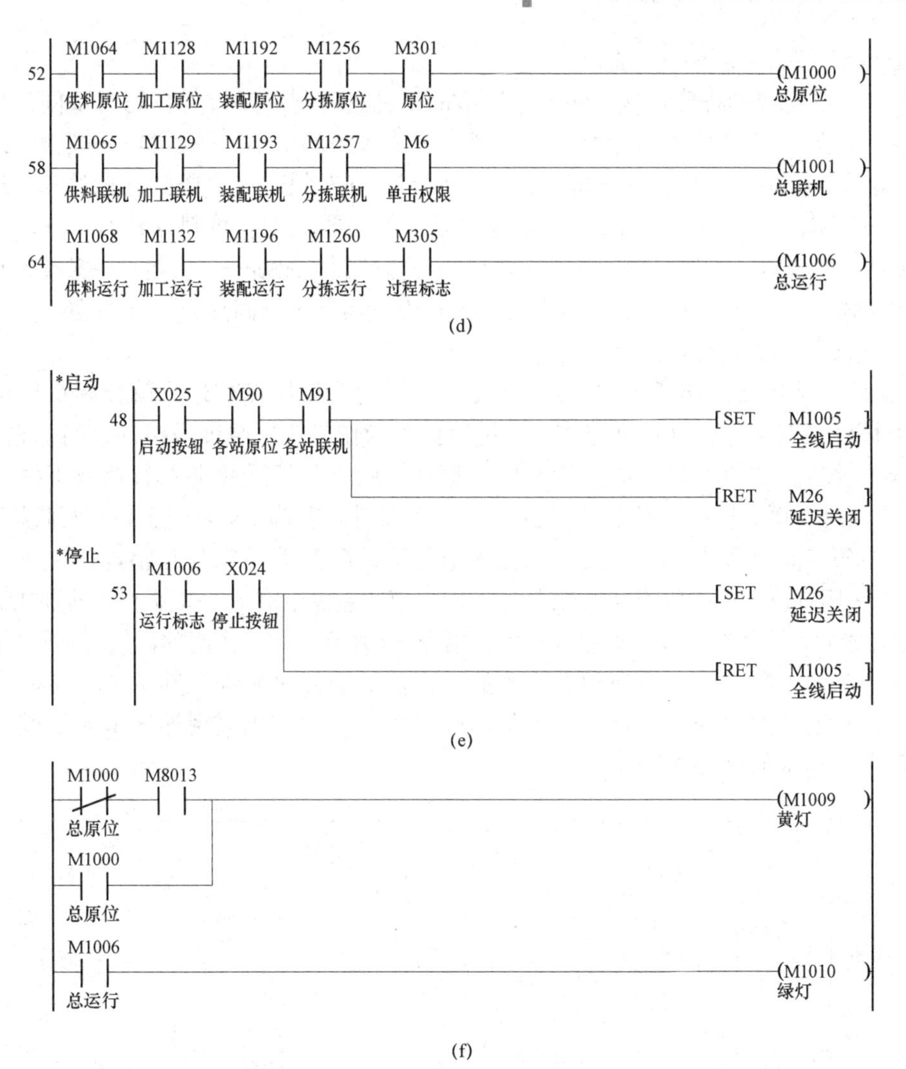

图 7－12　输送站参考程序（续）

（d）初始检测；（e）启停控制；（f）状态警示灯

（1）主程序编程思路。由于输送站承担的任务较多，联机运行时，主程序有较大的变动。

完成系统工作模式的逻辑判断，除了输送站本身要处于联机方式外，必须所有从站都处于联机方式。

联机方式下，系统复位的主令信号由输送站 PLC 侧的按钮/指示灯模块的 SB2 按钮发出。在初始状态检查中，系统准备就绪的条件，除输送站本身要就绪外，所有从站均应准备就绪。因此，初态检查复位子程序中，除了完成输送站本站初始状态检查和复位操作外，还要通过网络读取各从站准备就绪信息。

总的来说，整体运行过程仍是按初态检查⟶准备就绪⟶等待启动⟶投入运行等几个阶段逐步进行，但阶段的开始或结束的条件会发生变化。

程序中使用了站点通信错误标志位（特殊辅助继电器 M8183～M8187）。例如，当某从站发生通信故障时，不允许主站从该从站的网络元件读取数据。使用站点通信错误标志位编程，对于确保通信数据的可靠性是有益的，但应注意，站点不能识别自身的错误，为每一站点编写错误程序是不必要的。

（2）运行过程控制程序结构。输送站联机的工艺过程与单站过程仅略有不同，需修改之处并不多。例如，单站基本功能要求：取料⟶传送到加工站⟶放料⟶延时 2 s⟶取料⟶传送到装配站⟶放料⟶延时 2 s⟶取料⟶左摆⟶传送到分拣站⟶放料⟶延时 2 s⟶回原点⟶右摆。联机时输送站运行工艺要求为：供料站运行⟶取料⟶传送到加工站⟶放料⟶加工站运行⟶取料⟶传送到装配站⟶放料⟶装配站运行⟶取料⟶左摆⟶传送到分拣站⟶放料⟶分拣站运行⟶回原点⟶右摆。

编程注意事项主要有以下几点：

① 在输送站单站工作任务中，传送功能测试子功能模块在初始步就开始执行机械手往供料站出料台抓取工件，而联机方式下，初始步的操作应为：通过网络向供料站请求供料，收到供料站供料完成信号后，如果没有停止指令，则转移下一步即执行抓取工件。

② 单站运行时，机械手往加工站加工台放下工件，等待 2 s 取回工件，而联机方式下，取回工件的条件是收到来自网络的加工完成信号。装配站的情况与此相同。

③ 单站运行时，如果没有停止信号，返回原点 1 s 后开始下一周期。联机方式下，一个工作周期完成后，返回初始步，如果没有停止指令 2 s 开始下一工作周期，供料单元开始工作。

由此，在单站测试程序的基础上修改的运行控制子程序流程，其中子功能模块的入口和完成标志的辅助继电器和数据寄存器与单站时意义相同。仍采用输送单元的模块化编程方法，程序结构示例如图 7－13 所示。

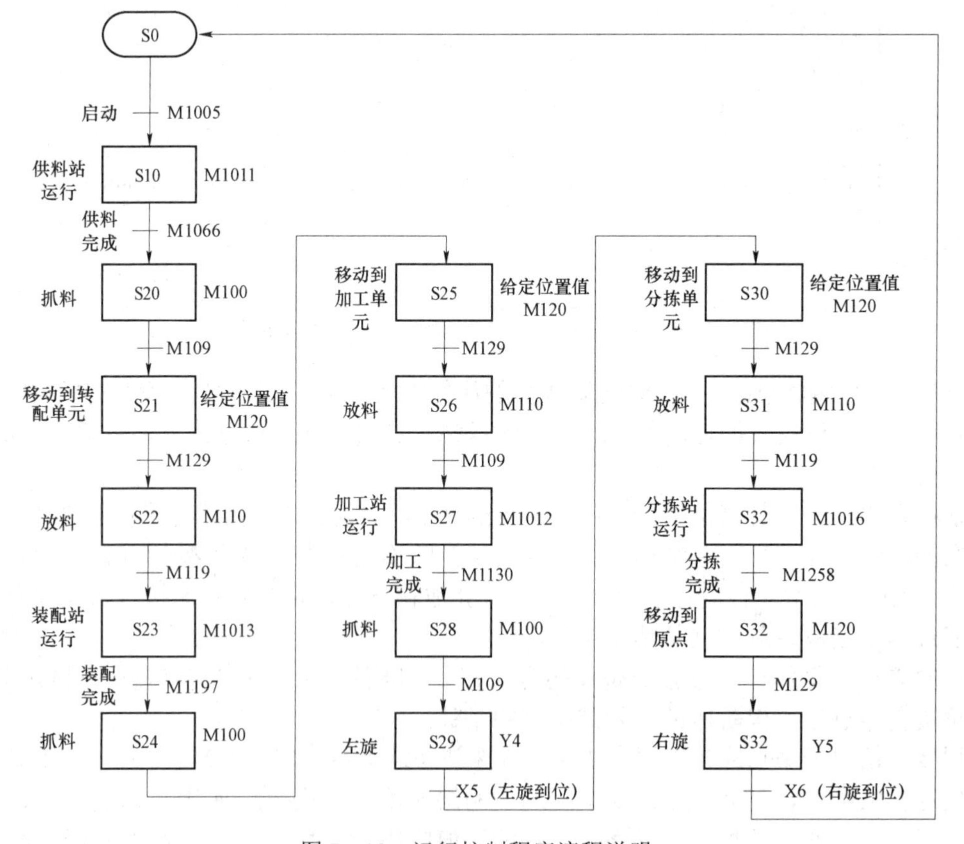

图 7－13　运行控制程序流程说明

5. 系统调试

将编写好的各站PLC程序编译后分别下载到各站PLC中，将各站PLC的RUN/STOP开关置“STOP”位置，按照任务要求进行设备调试，并记录下调试过程中的问题。

表7-17 调试步骤

步骤	动作内容	观察任务		问题与对策
		正确结果	观察结果	
1	各站STOP→RUN，SA转换开关拨到右侧	在原位，黄色警示灯常亮；不在原位，黄色警示灯1 Hz闪烁		
2	按下输送站的SB2	各站复位，黄色警示灯1 Hz闪烁		
3	按下输送站的SB1	系统启动，绿色警示灯常亮		
4	供料站运行			
5	输送站运行1			
6	加工站运行			
7	输送站运行2			
8	装配站运行			
9	输送站运行3			
10	分拣站运行			
11	一个周期结束，2 s后，系统再次运行，重复上述动作			
12	再次按下SB1按钮，设备运行一个周期后停止			

四、任务评价

任务评价表见7-18。

表7-18 任务评价表

评分内容	配分	评分标准	分值	自评	他评
功能	80	各站初始状态检查与显示	5		
		各站联机状态检查与显示	5		
		系统复位过程与显示	10		
		系统启动和停止，状态显示	10		
		供料站运行	10		
		装配站运行	10		
		加工站运行	10		
		分拣站运行	10		
		输送站工作过程	10		

续表

评分内容	配分	评分标准	分值	自评	他评
职业素养	20	材料、工件等不放在系统上	5		
		元件、模块没有损坏、丢失和松动现象	5		
		所有部件整齐摆放在桌上	5		
		工作区域内整洁干净、地面上没有垃圾	5		
综合			100		
完成用时					

项目八　人机界面的应用与调试

人机界面（HMI）是系统与用户之间进行交互和信息交换的媒介，它实现信息的内部形式与人类可以接受形式之间的转换，凡参与人机信息交流的领域都存在人机界面。

人机界面是在操作人员和机器设备之间做双向沟通的桥梁。系统运行的主令信号主要通过触摸屏人机界面给出，使用人机界面能够明确指示并告知操作员机器设备目前的状况，使操作变得简单生动，并且可以减少操作上的失误，即使是新手也可以很轻松地操作整个机器设备。使用人机界面还可以使机器的配线标准化、简单化，同时也能减少 PLC 控制器所需的 I/O 点数，降低生产的成本，同时由于面板控制的小型化及高性能，相对地提高了整套设备的附加价值。

人机界面由触摸屏和组态软件构成，在当今工控领域常用的组态软件有罗克韦尔（Rockwell）、艾默生 DeltaV、组态王（KingView）、MCGS 等，它们处在自动控制系统监控层一级的软件平台和开发环境，使用灵活的组态方式，为用户提供快速构建工业自动控制系统监控功能的、通用层次的软件工具。

任务一　分拣单元的触摸屏监控系统设计与调试

一、任务要求

设计一个物料分拣系统，由触摸屏进行控制。在触摸屏上设置系统的启动和停止按钮，控制系统的启动和停止。可通过触摸屏控制皮带的运行速度，显示分拣的当前状态、皮带的运行速度，并要求有系统的初始状态和运行状态等的指示灯，为了保证皮带的平稳启停，要求启动时间和停止时间均设置成 0.5 s。分拣单元监控界面如图 8－1 所示。具体要求如下：

（1）设备上电和气源接通后，将转换开关拨到“OFF”单机运行状态，单机/全线运行指示灯红色；拨到“ON”全线运行状态，单机/全线运行指示灯绿色。

（2）当转换开关在“OFF”状态时，PLC 程序检查设备是否处于初始状态，若在初始状态，初始状态指示灯绿色，表示设备准备好，否则为红色。

（3）若设备准备好，按下界面上的启动按钮，设备进入运行状态，运行状态指示灯绿色。

（4）当传送带入料口人工放下已装配的工件时，变频器即启动，驱动传动电动机以触摸屏给定的速度，把工件带往分拣区。频率在 20～40 Hz 可调节，触摸屏可以显示变频器输出频率。分拣单元的分拣原则是：白色芯金属件推入 1 号槽；白色芯黑色件推入 2 号槽；黑色芯白色件推入 3 号槽；其余工件落入传送带末端。

（5）各料槽工件累计数据在触摸屏上予以显示，且数据在触摸屏上可以清零。

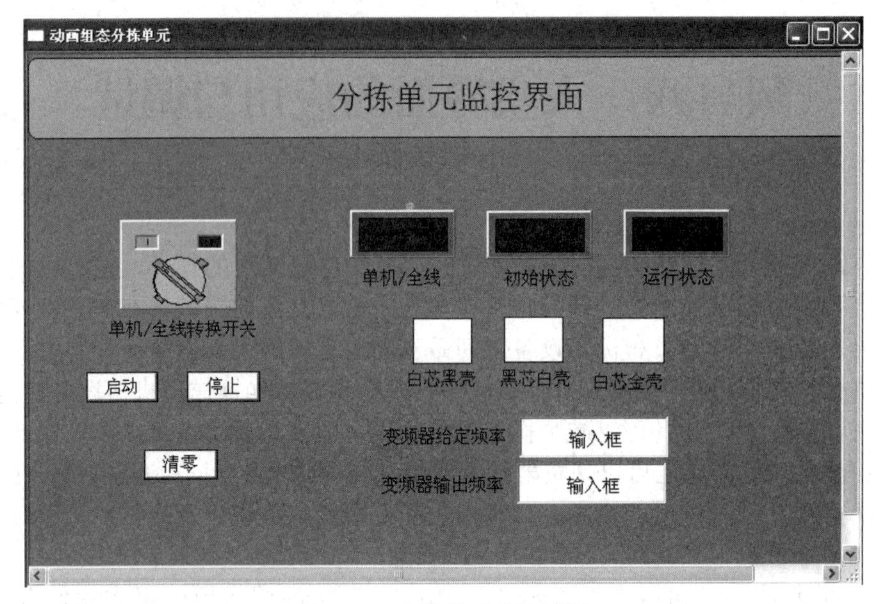

图 8－1　分拣单元监控界面

二、相关知识

1. 认识 MCSG 触摸屏

触摸屏，简称 HMI，主要用作人机交流和控制，简单易用，功能强大，非常适用于工业环境，如生产线的监控、车间的智能管理等。

本设备使用的触摸屏是昆仑通态 TPC7062K 系列电阻式触摸屏，是一款以 ARM 结构嵌入式低功耗 CPU 为核心的高性能嵌入式一体化触摸屏，主频 400 MHz，64 MB 存储空间，7 英寸高亮度 TFT 液晶显示屏（分辨率 800×480），四线电阻式触摸屏（分辨率 4 096×4 096），色彩达 64 K 彩色。

1）触摸屏外部接口

TPC7062K 触摸屏的电源进线、各种通信接口均在其背面进行，触摸屏的接口说明如图 8－2、表 8－1、表 8－2 所示。

图 8－2　MCGS 触摸屏接口示意图

表 8－1 TPC7062K 触摸屏接口功能说明

项 目	TPC7062K
LAN（RJ－45）	以太网接口
串口（DB9）	1×RS－232、1×RS－485
USB1	主口，USB1.1 兼容
USB2	从口，用于下载工程
电源接口	DC（24±4.8）V

表 8－2 串口引脚定义

接口	PIN	引脚定义
COM1	2	RS－232 RXD
	3	RS－232 TXD
	5	GND
COM2	7	RS－485+
	8	RS－485－

使用 COM2 口，当通信距离大于 20 m，且出现通信干扰现象时，考虑设置 RS－485 终端匹配电阻，终端电阻采用跳线设置如图 8－3 所示。

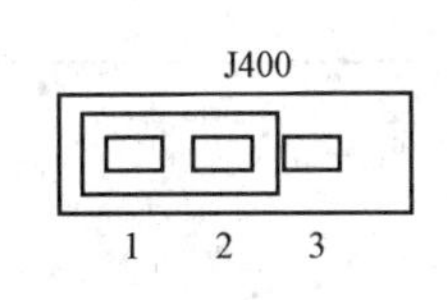

跳线设置	终端匹配电阻
	无
	有

图 8－3 RS－485 终端电阻跳线设置说明

跳线设置步骤如下：

（1）关闭电源，取下产品后盖；

（2）据所需使用的 RS－485 终端电阻的需求设置跳线开关；

（3）盖上后盖；

（4）开机后，相应的设置生效。

2）TPC7062K 产品维护

（1）更换电池。电池在 TPC 产品内部的电路板上，规格是 CR2032 3 V 锂电池，更换示意图如图 8－4 所示。

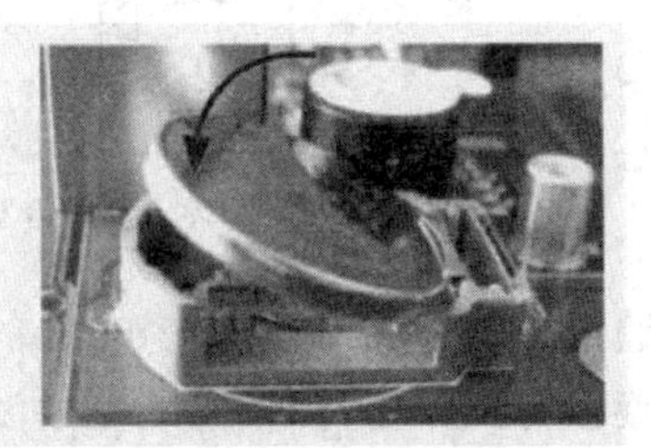

图 8－4 电池更换示意图

（2）触摸屏校准。

① 进入校准程序：TPC 开机启动后，屏幕出现“正在启动”进度条，此时使用触摸笔或用手指轻点屏幕任意位置，进入启动属性界面。等待 30 s，系统将自动运行触摸屏校准程序。

② 触摸屏校准：使用触摸笔或手指轻十字光标中心点不放，当光标移动至下一点后抬起，重复该动作，直至提示“新的校准设置已测定”，轻点屏幕任意位置退出校准程序，其操作界面如图 8-5 所示。

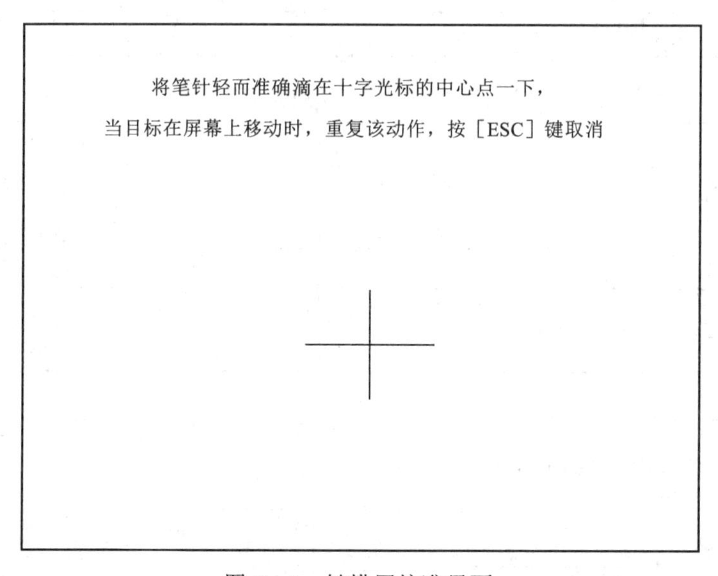

图 8-5　触摸屏校准界面

3）MCGS 触摸屏与 PLC 的通信连接

在前面项目中，使用过 PLC 的通信接口实现与 PLC、变频器等的通信，那么 PLC 与触摸屏又是如何通信的呢。FX 系列 PLC 与触摸屏通过 PLC 的通信接口 232BD 或 485BD 进行通信，图 8-6 所示为 FX 系列 PLC 与变频器、PC 机、触摸屏的通信示意图。

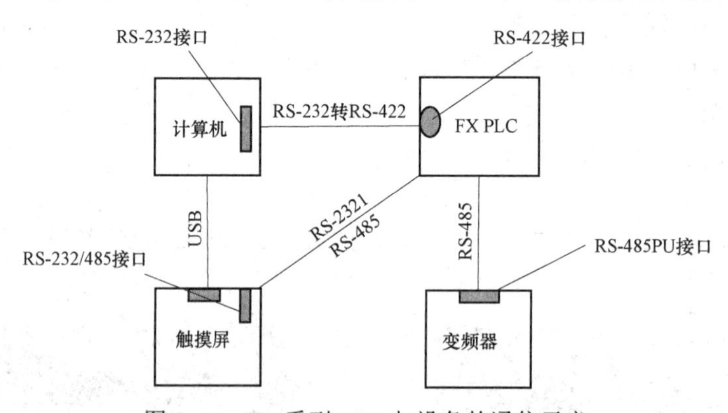

图 8-6　FX 系列 PLC 与设备的通信示意

触摸屏通过 COM 串口直接与 PLC 的编程口或 FX-485 通信板连接，当与 PLC 编程口连接时，连接方式如图 8-7 所示，所使用的通信线采用 SC-09 电缆，SC-09 电缆把 RS-232 转为 RS-422。电缆 9 针母头插在屏侧，圆形 8 针公头插在 PLC 侧。

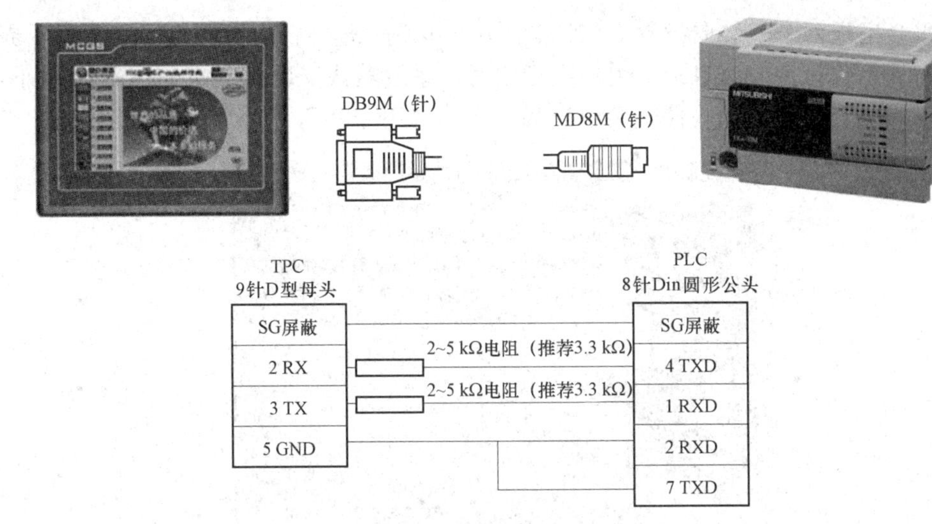

图 8－7 MCGS 与 PLC 的连接

2. MCGS 组态软件

为了实现正常通信，除了正确进行硬件连接外，尚须在组态软件中进行下载和连接配置。本设备使用组态触摸屏用户界面的软件是 MCGS 嵌入式组态软件。MCGS（Monitor and Control Generated System）是一套基于 Windows 平台的，用于快速构造和生成上位机监控系统的组态软件系统，可运行于 Microsoft Windows95、Windows NT 4.0 或以上版本的 32 位操作系统中。

MCGS 为用户提供了解决实际工程问题的完整方案和开发平台，能够完成现场数据采集、实时和历史数据处理、报警和安全机制、流程控制、动画显示、趋势曲线和报表输出以及企业监控网络等功能。

1）MCSG 嵌入版软件的安装

安装 MCGS 组态软件之前，必须安装好中文 Windows 操作系统，详细的安装指导请参见相关软件的软件手册。MCGS 嵌入版只有一张安装光盘，具体安装步骤如下。

启动 Windows，在驱动器中插入光盘，运行光盘中的“AutoRun.exe”文件，MCGS 安装程序窗口如图 8－8 所示。

图 8－8 MCGS 组态软件安装窗口

接下来会出现两个安装向导界面，单击“下一步”按钮，直到出现如图 8－9 所示界面，安装程序将提示你指定安装目录，用户不指定时，系统默认安装到 D：\MCGS 目录下，单击右侧的“浏览”按钮选择软件安装位置后，单击“下一步”，直到开始安装。

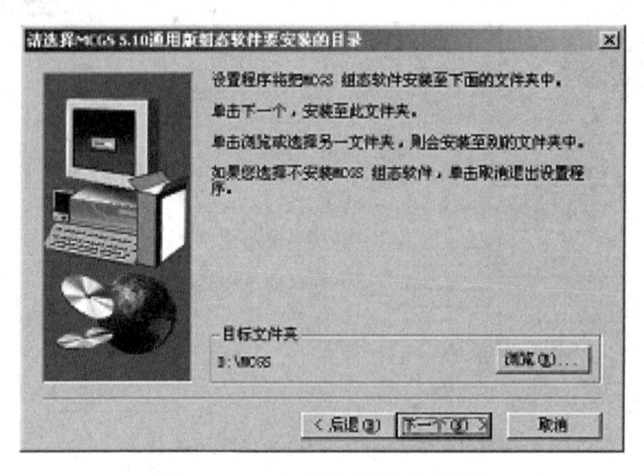

图 8－9　安装位置选择界面

安装过程大约要持续数分钟，MCGS 系统文件安装完成后，将弹出“设置完成”对话框，上面有两个复选框，“是，我现在要重新启动计算机”和“不，我将稍后重新启动计算机”。一般在计算机上初次安装时需要选择重新启动计算机，如图 8－10 所示，按下“结束”按钮，操作系统重新启动，完成安装。如果选择“不，我将稍后重新启动计算机”，单击“结束”，系统将弹出警告提示，提醒“请重新启动计算机后再运行 MCGS 组态软件。”

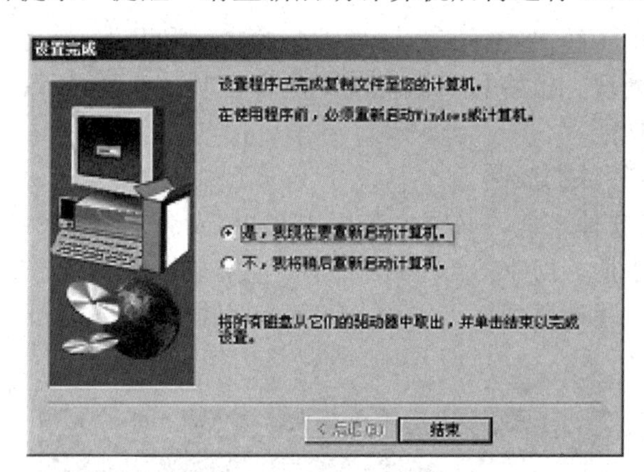

图 8－10　按照结束提醒窗口

安装完成后，Windows 操作系统的桌面上添加了如图 8－11 所示的两个图标，分别用于启动 MCGS 组态环境和运行环境。

图 8－11　MCGS 组态软件在电脑上显示的两个图标

2）MCSG 嵌入版软件的应用

由 MCGS 嵌入版生成的用户应用系统，其结构由主控窗口、设备窗口、用户窗口、实时数据库和运行策略五个部分构成，如图 8－12 所示。

运行 MCGS 嵌入版组态环境软件，在出现的界面上单击菜单中“文件”→“新建工程”，弹出图 8－13 所示界面。MCGS 嵌入版用“工作台”窗口来管理构成用户应用系统的五个部分，工作台上的五个标签：主控窗口、设备窗口、用户窗口、实时数据库和运行策略，对应有五个不同的窗口页面，每一个页面负责管理用户应用系统的一个部分，用鼠标单击不同的标签可选取不同窗口页面，对应用系统的相应部分进行组态操作。

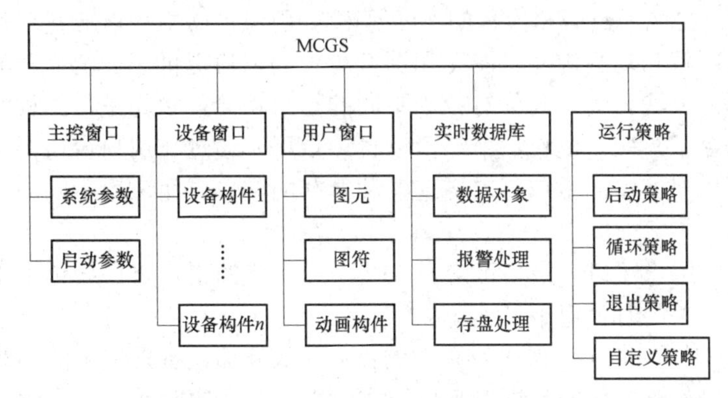

图 8－12 MCGS 用户应用系统构成

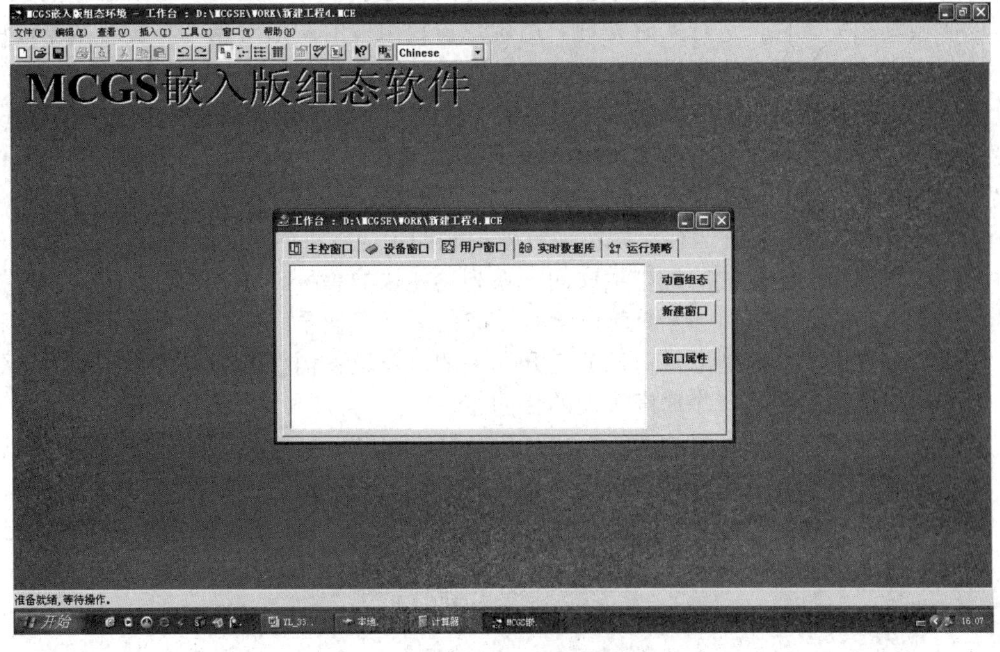

图 8－13 工作台界面

在 MCGS 嵌入版中，每个应用系统只能有一个主控窗口和一个设备窗口，但可以有多个用户窗口和多个运行策略，实时数据库中也可以有多个数据对象。MCGS 嵌入版用主控窗口、设备窗口和用户窗口来构成一个应用系统的人机交互图形界面，组态配置各种不同类型和功能的对象或构件，同时可以对实时数据进行可视化处理。

（1）主控窗口构造了应用系统的主框架。主控窗口确定了工业控制中工程作业的总体轮廓，以及运行流程、特性参数和启动特性等内容，是应用系统的主框架。

（2）设备窗口是 MCGS 嵌入版系统与外部设备联系的媒介。设备窗口专门用来放置不同类型和功能的设备构件，实现对外部设备的操作和控制。设备窗口通过设备构件把外部设备的数据采集进来，送入实时数据库，或把实时数据库中的数据输出到外部设备。一个应用系统只有一个设备窗口，运行时，系统自动打开设备窗口，管理和调度所有设备构件正常工作，并在后台独立运行。注意，对用户来说，设备窗口在运行时是不可见的。

（3）用户窗口实现了数据和流程的“可视化”。用户窗口中可以放置三种不同类型的图形对象：图元、图符和动画构件。图元和图符对象为用户提供了一套完善的设计制作图形画面和定义动画的方法。动画构件对应于不同的动画功能，它们是从工程实践经验中总结出的常用的动画显示与操作模块，用户可以直接使用。通过在用户窗口内放置不同的图形对象，搭制多个用户窗口，用户可以构造各种复杂的图形界面，用不同的方式实现数据和流程的“可视化”。

组态工程中的用户窗口，最多可定义 512 个。所有的用户窗口均位于主控窗口内，其打开时窗口可见，关闭时窗口不可见。

（4）实时数据库是 MCGS 嵌入版系统的核心。从外部设备采集来的实时数据送入实时数据库，系统其他部分操作的数据也来自于实时数据库。实时数据库自动完成对实时数据的报警处理和存盘处理，同时它还根据需要把有关信息以事件的方式发送给系统的其他部分，以便触发相关事件，进行实时处理。由用户窗口组成的图形对象，与实时数据库中的数据对象建立连接关系，以动画形式实现数据的可视化。因此，实时数据库所存储的单元，不单单是变量的数值，还包括变量的特征参数（属性）及对该变量的操作方法（报警属性、报警处理和存盘处理等）。实时数据库采用面向对象的技术，为其他部分提供服务，提供了系统各个功能部件的数据共享。

（5）运行策略是对系统运行流程实现有效控制的手段。所谓“运行策略”，是用户为实现对系统运行流程自由控制所组态生成的一系列功能块的总称。MCGS 嵌入版为用户提供了进行策略组态的专用窗口和工具箱。运行策略的建立，使系统能够按照设定的顺序和条件，操作实时数据库，控制用户窗口的打开、关闭以及设备构件的工作状态，从而达到对系统工作过程精确控制及有序调度管理的目的。

一个应用系统有三个固定的运行策略：启动策略、循环策略和退出策略，同时允许用户创建或定义最多 512 个用户策略。启动策略在应用系统开始运行时调用，退出策略在应用系统退出运行时调用，循环策略由系统在运行过程中定时循环调用，用户策略供系统中的其他部件调用。

三、任务实施

1. 窗口组态画面工程

1）创建工程

双击桌面上的组态环境快捷方式，打开嵌入版组态软件，然后按如下步骤建立通信工程：菜单—文件—新建工程，型号选择 TPC7062KS（参照器件的背面铭牌上的标注），

TPC类型中如果找不到“TPC7062KS”的话，则请选择“TPC7062K”，然后单击“确定”按钮。如图8－14所示。

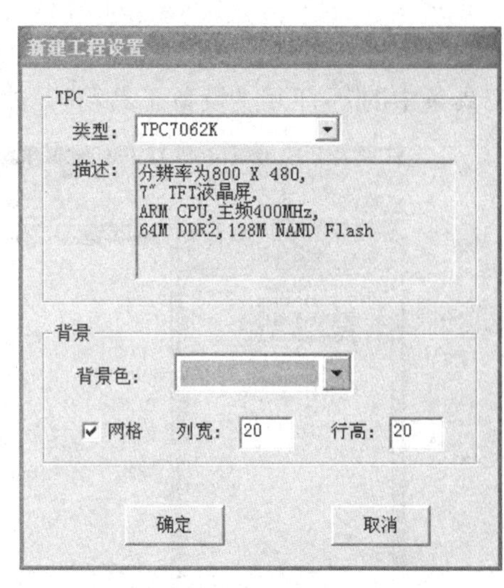

图8－14 创建工程时型号选择窗口

选择文件菜单中的“工程另存为”菜单项，弹出文件保存窗口。在“文件名”一栏中输入“分拣单元人机界面”，然后单击“保存”按钮，工程创建完毕。

2）设备地址分配

画面中包括以下功能：

（1）状态指示：单机/全线、初始状态、运行状态；

（2）切换开关：单机全线切换；

（3）按钮：启动、停止、清零按钮；

（4）数据输入：给定变频器频率设置；

（5）数据输出显示：白芯金属工件累计、白芯黑色工件累计和黑芯白色工件累计。

在触摸屏的实时数据库中新建以上变量，这些变量对应PLC地址，见表8－3。

表8－3 触摸屏组态画面各元件对应PLC地址

元件类别	数据用途	数据类型	PLC输入地址	PLC输出地址	备注
开关	单机/全线	开关量	M11		
按钮	启动按钮	开关量	M12		
	停止按钮	开关量	M13		
	清零按钮	开关量	M14		
指示灯	单机/全线	开关量		M6	
	初始状态	开关量		M0	
	运行状态	开关量		M21	
数值输入元件（输入框）	变频器频率给定	数值量	D0	D0	最小值20 最大值40
数值输出元件（标签）	白芯金属工件累计	数值量		D100	
	白芯塑料工件累计	数值量		D101	
	黑色芯体工件累计	数值量		D102	
	变频器输出频率	数值量		D10	

3）设置触摸屏连接三菱FX系列PLC的参数

为了能够使触摸屏和PLC通信连接上，须把定义好的数据对象和PLC内部变量进行连接，在MCGS嵌入版组态软件中建立同三菱FX系列PLC编程口通信的步骤，实际操作地址是三菱PLC中的M0～M21，D0～D102。

（1）设备组态。在工作台中激活设备窗口，双击“设备窗口”进入设备组态画面单击工具条中的[工具箱图标]打开“设备工具箱”，如图 8－15 所示。

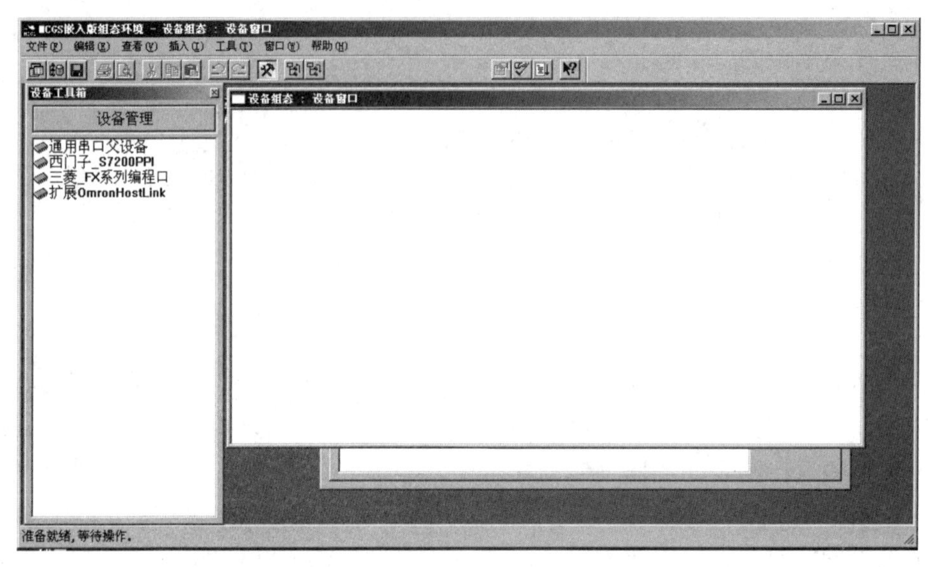

图 8－15　设备工具箱与设备组态窗口

在可选设备列表中，双击“通用串口父设备”，然后双击“三菱_FX 系列编程口”，在右侧出现“通用串口父设备”“三菱_FX 系列编程口”，见图 8－16，然后关闭“设备工具箱”。

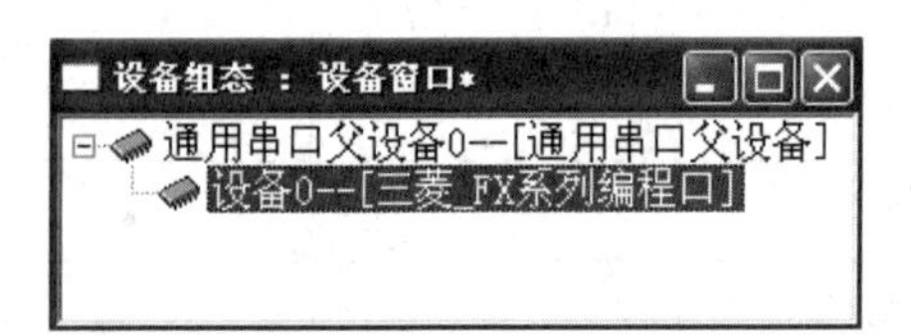

图 8－16　选择连接 PLC 类型及其接口类型

双击“通用串口父设备”，进入通用串口父设备的基本属性设置，见图 8－17，作如下设置：

① 串口端口号（1～255）设置为：0～COM1；

图 8－17　通用串口设置

② 通信波特率设置为：6～9 600 bit/s；

③ 数据校验方式设置为：2～偶校验；

④ 其他设置为默认。

双击“三菱_FX 系列编程口”，进入设备编辑窗口，如图 8－18 所示。左边窗口下方 CPU 类型选择 4－FX3UCPU。默认右窗口自动生成通道名称 X000～X007，可以单击“删除全部通道”按钮予以删除。

图 8－18 设备编辑窗口

然后根据前面给出的表 1，定义数据对象，按照如下步骤建立并连接变量。

单击“增加设备通道”按钮，出现图 8－19 所示窗口。参数设置如下：

① 通道类型：M 寄存器；

② 通道地址：0；

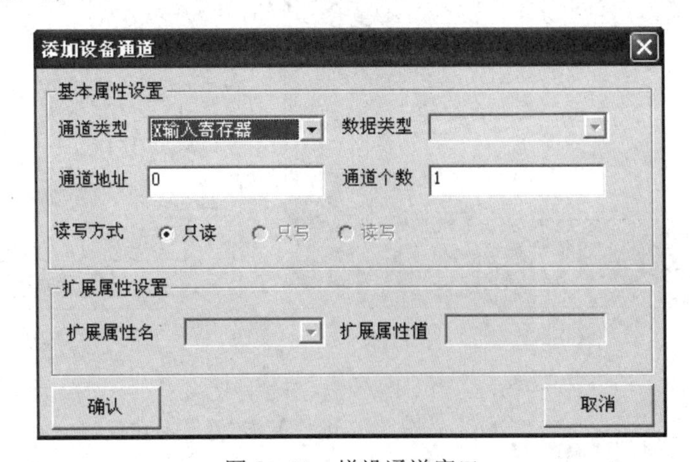

图 8－19 增设通道窗口

③ 通道个数：1；

④ 读写方式：只读。

单击“确认”按钮，完成基本属性设置。

双击“只读 M0000”通道对应的连接变量，双击连接变量处，从数据中心选择变量：“初始状态”。

用同样的方法，增加其他通道，连接变量，如图 8－20 所示，完成，单击“确认”按钮。

索引	连接变量	通道名称	通道处理
0000	设备0_通讯状态	通讯状态	
0001	初始状态	只读M0000	
0002	单机or联机	只读M0006	
0003	单机全线开关	只写M0011	
0004	启动按钮	只写M0012	
0005	停止按钮	只写M0013	
0006	清零按钮	只写M0014	
0007	运行状态	读写M0021	
0008	变频器给定频率	读写DWUB0000	
0009	变频器输出频率	只读DWUB0010	
0010	白芯金壳件	只读DWUB0101	
0011	白芯黑壳件	只读DWUB0102	
0012	黑芯白壳件	只读DWUB0103	

图 8－20　变量连接

（2）窗口组态。在工作台中激活用户窗口，如图 8－21 所示。然后单击“新建窗口”按钮，建立新画面“窗口 0”，选中“窗口 0”，单击“窗口属性”，打开“用户窗口属性设置”对话框，将“窗口名称”改为“分拣单元监控界面”，“窗口标题”改为“分拣单元监控界面”，还可以修改窗口的背景颜色，方法是：单击“窗口背景”，在“其他颜色”中选择所需的颜色。

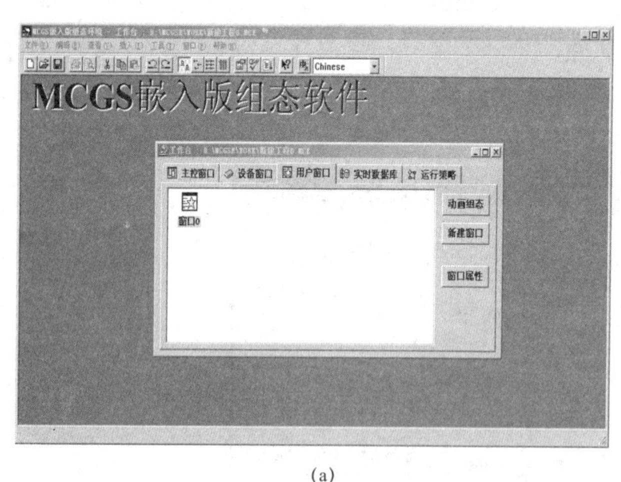

(a)

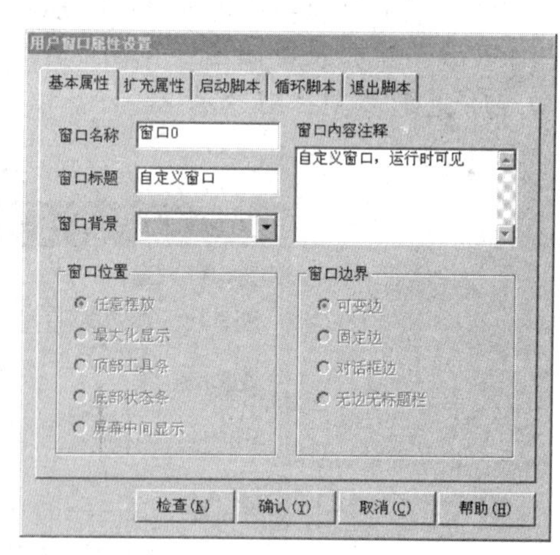

(b)

图 8－21　用户窗口新建与设置

（a）新建窗口界面；（b）用户窗口属性设置对话框

（3）元件建立与变量连接。标签：单击工具条中的“工具箱”按钮，打开绘图工具箱；选择“工具箱”内的“标签”按钮A，鼠标的光标呈“十字”形，在窗口顶端中心位置拖拽鼠标，根据需要拉出一个大小适合的矩形；在光标闪烁位置输入文字“分拣单元监控界面”，按回车键或在窗口任意位置用鼠标单击一下，文字输入完毕。双击文字框，打开“属性设置”对话框，单击字符颜色边上的Aa（字符字体）按钮，设置文字字体为：宋体；字型为：常规；大小为：二号。

按照同样方法绘制另外几个标签，并将标签的内容修改为“单机/全线转换开关”“单机/全线”“初始状态”“运行状态”“白芯黑壳”“黑芯白壳”“白芯金壳”“变频器给定频率”“变频器输出频率”。根据参考修改标签属性，并放置到合适位置。

按照同样方法绘制三个标签，填充颜色设置为白色，并选中显示输出，在“显示输出”页中，关联变量分别为“白芯黑壳件”“黑芯白壳件”“白芯金壳件”。如图 8-22 所示。

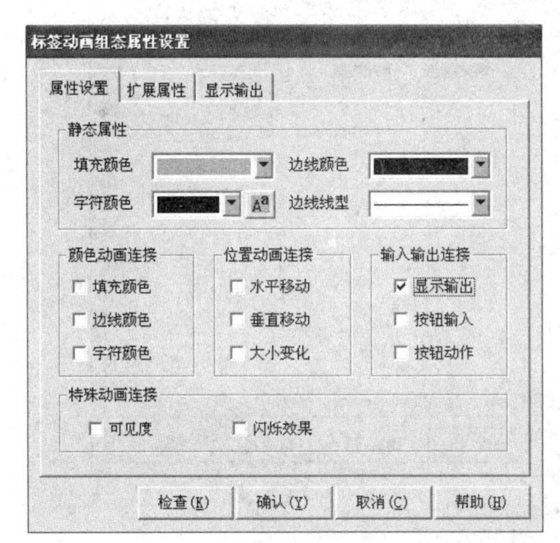

(a)

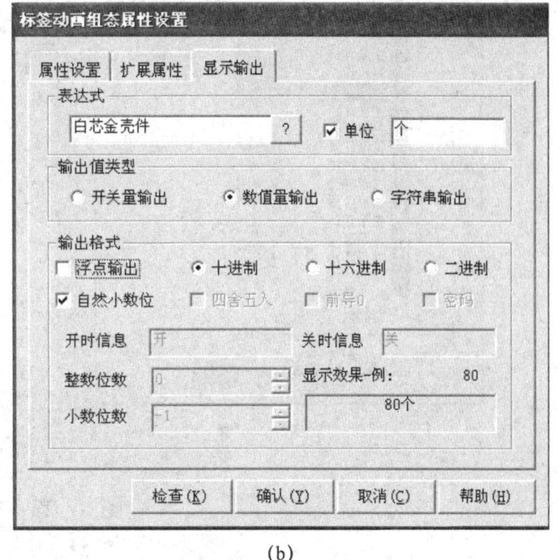

(b)

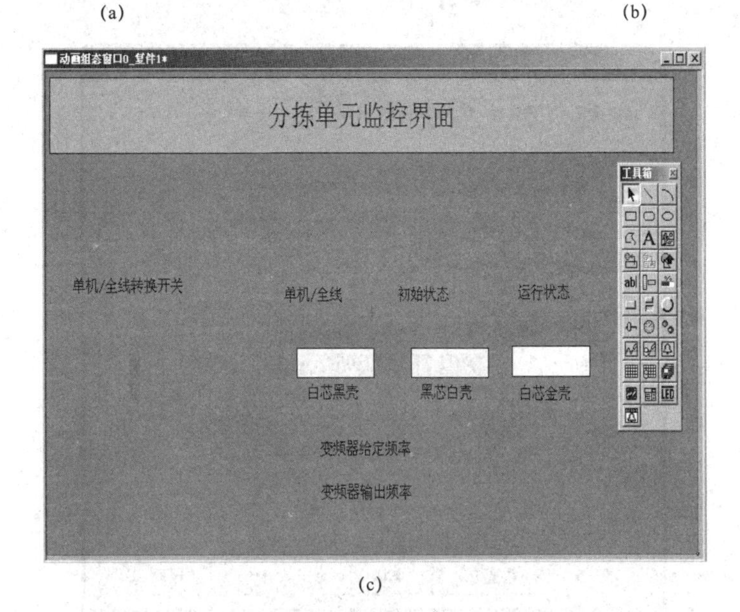

(c)

图 8-22 标签制作界面

（a）标签基本属性设置；（b）标签显示输出关联变量；（c）标签制作完成界面

指示灯：以“运行状态”指示灯为例说明。单击绘图工具箱中的（插入元件）图标，弹出对象元件管理对话框，选择指示灯 6，按“确认”按钮。双击指示灯，弹出的对话框如图 8－23 所示，在“数据对象”页中，单击右角的“？”按钮，从数据中心选择“运行状态”变量。在“动画连接”页中，单击“填充颜色”，右边出现“>”按钮，单击该按钮，设置填充颜色，分段点 0（运行状态 =0）对应颜色：红色；分段点 1（运行状态 =1）对应颜色：浅绿色。如图 8－24 所示，单击“确认”按钮完成。

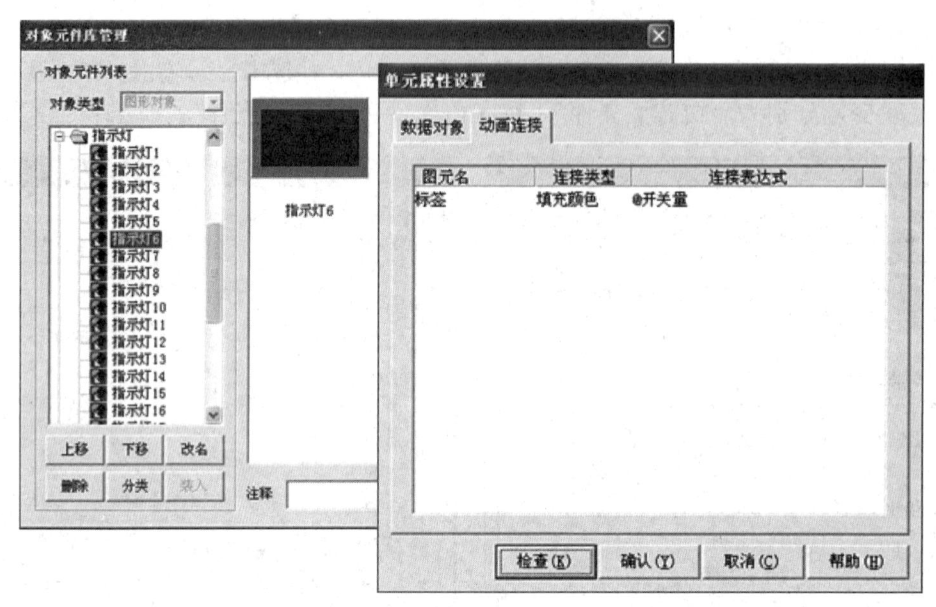

图 8－23　制作指示灯

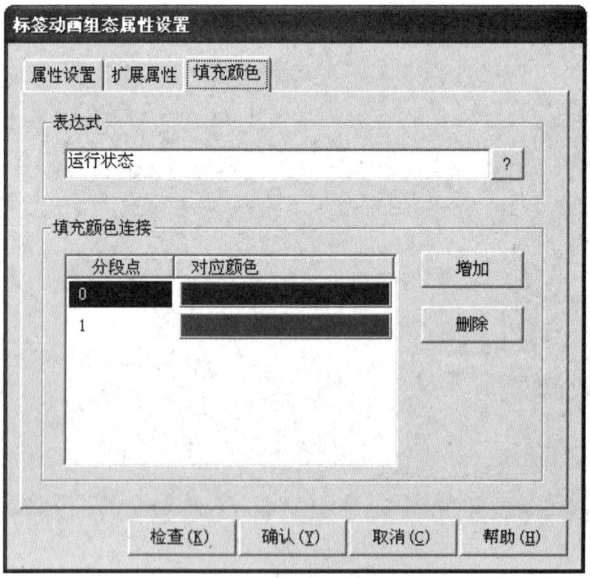

图 8－24　设置指示灯属性

按照同样的方法绘制另外 2 盏指示灯，连接变量分别为“初始状态”“单机 or 联机”，完成界面如图 8-25 所示。

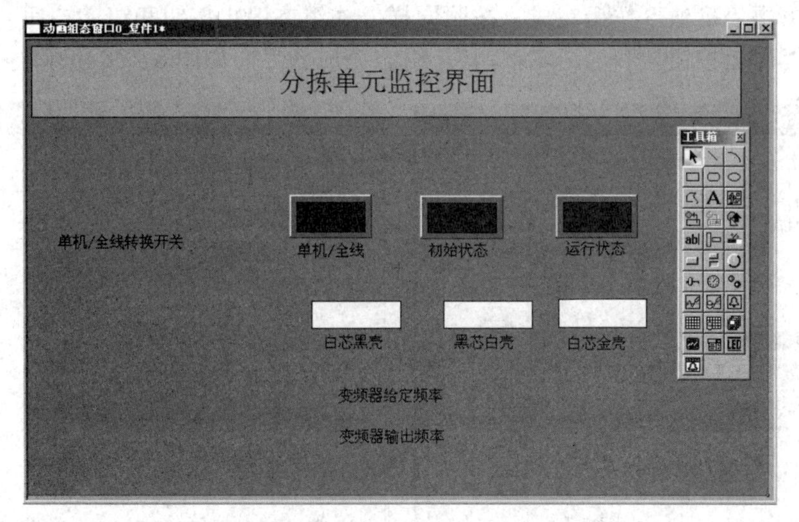

图 8-25　指示灯制作完成界面

制作切换旋钮。单击绘图工具箱中的（插入元件）图标，弹出“对象元件库管理”对话框，选择开关 6，按“确认”按钮。双击旋钮，弹出如图 8-26 所示的对话框，在“数据对象”页的“按钮输入”和“可见度”连接数据对象“单机全线切换”。

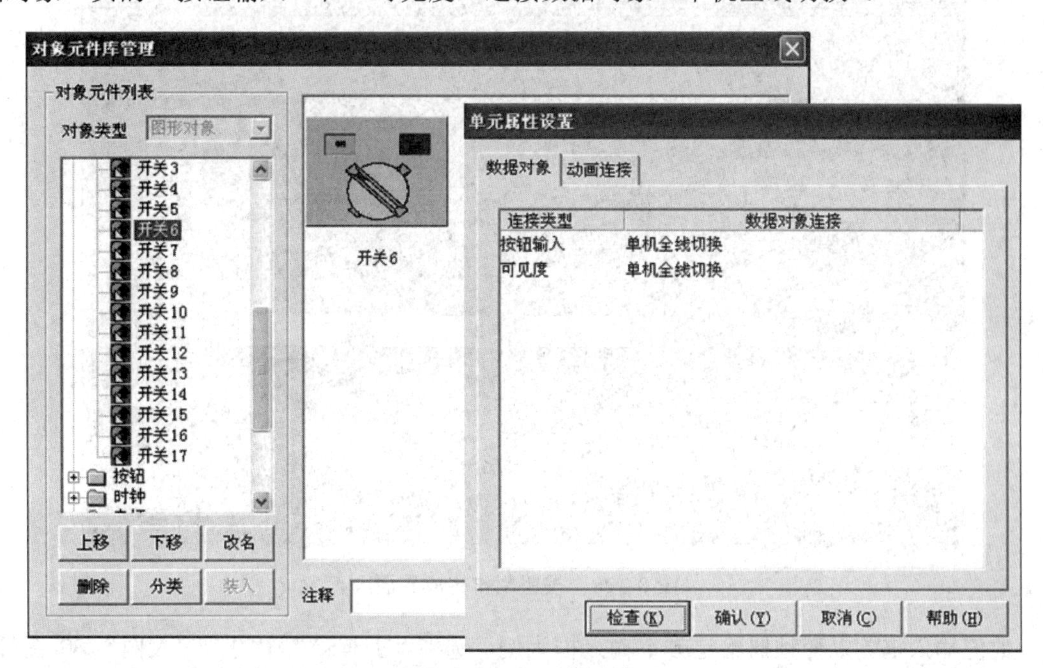

图 8-26　制作转换开关

制作按钮。以启动按钮为例，给以说明：单击绘图工具箱中“ ”图标，在窗口中拖出一个大小合适的按钮，双击按钮，打开按钮属性设置对话框，如图 8-27 所示。在“基本属性”页中，背景色设置为白色，无论是抬起还是按下状态，文本都设置为“启动按钮”。在“操作属性”页中，数据对象操作方式设置为：按 1 松 0，关联数据对象为“启动按钮”。其他默认。单击“确认”按钮完成。按照同样方式组态停止按钮和清零按钮，关联的数据对象分别是“停止按钮”和“清零按钮”，组态完成的界面如图 8－28 所示。

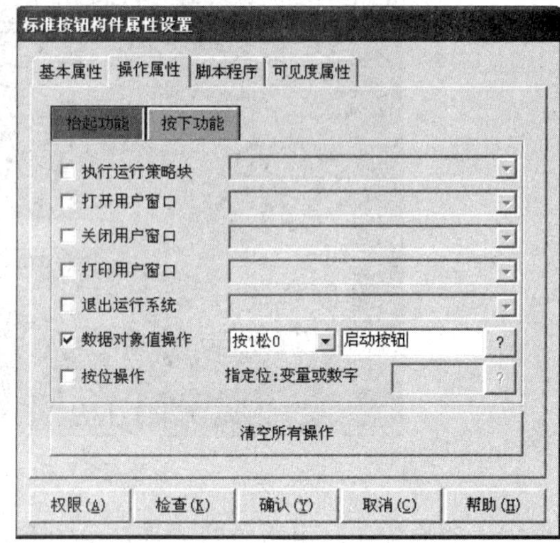

图 8－27　设置按钮属性

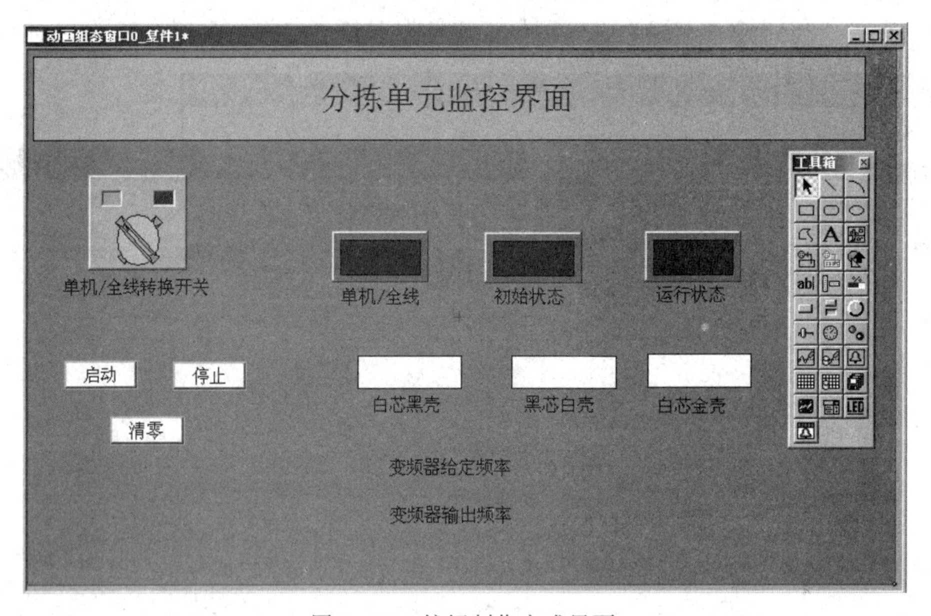

图 8－28　按钮制作完成界面

数值输入框。以变频器给定频率输入框为例，选中“工具箱”中的“输入框” abl 图标，拖动鼠标，绘制 1 个输入框，双击 输入框 图标，进行属性设置。只需要设置操作属性：

① 数据对象名称：变频器给定频率；

② 使用单位：Hz；

③ 最小值：20；

④ 最大值：40；

⑤ 小数点位：0。

输入框构件属性设置界面如图 8－29 所示。

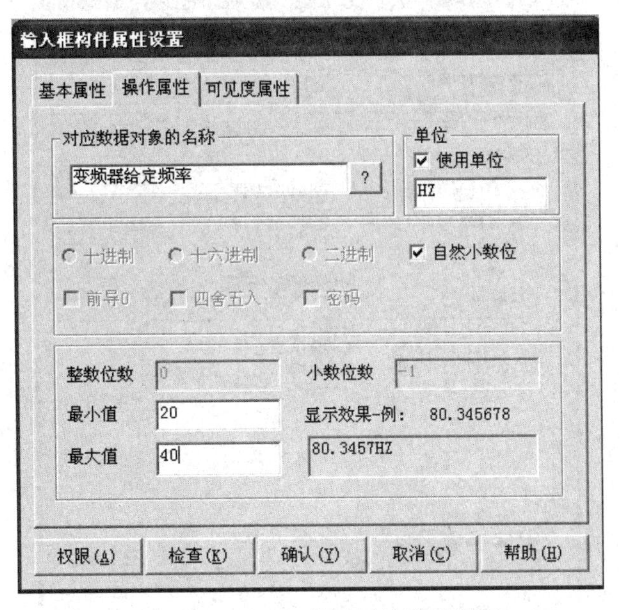

图 8－29 输入框构件属性设置界面

按照同样方法，绘制变频器输出频率文本框，关联变量为“变频器输出频率”。绘制完成的界面如图 8－30 所示。

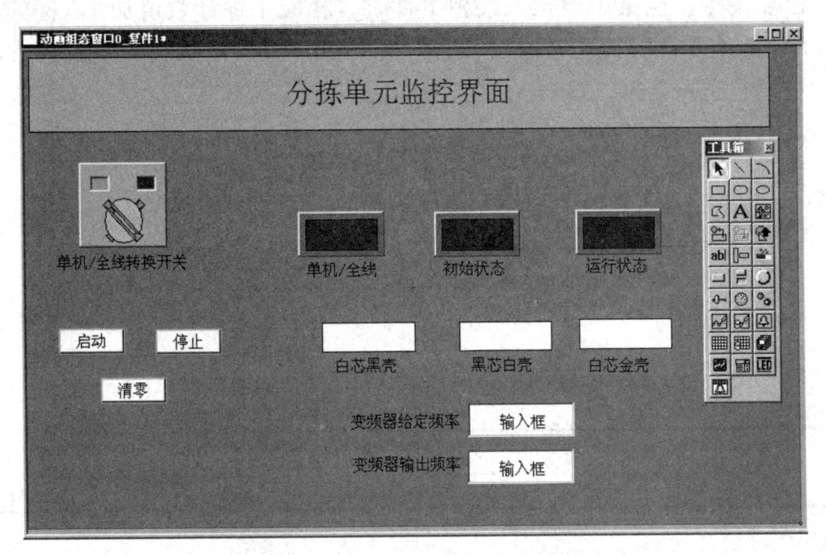

图 8－30 输入框制作完成界面

2. 工程下载调试

下载新工程到下位机时，如果新工程与旧工程不同，将不会删除磁盘中的存盘数据；如果是相同的工程，但同名组对象结构不同，则会删除改组对象的存盘数据。

选择工具栏的[icon]图标，弹出“下载配置”窗口，选择“连机运行”“USB”连接方式，如图 8－31 所示，设置好后进行通信测试和工程下载，并将所建工程下载到下位机中。

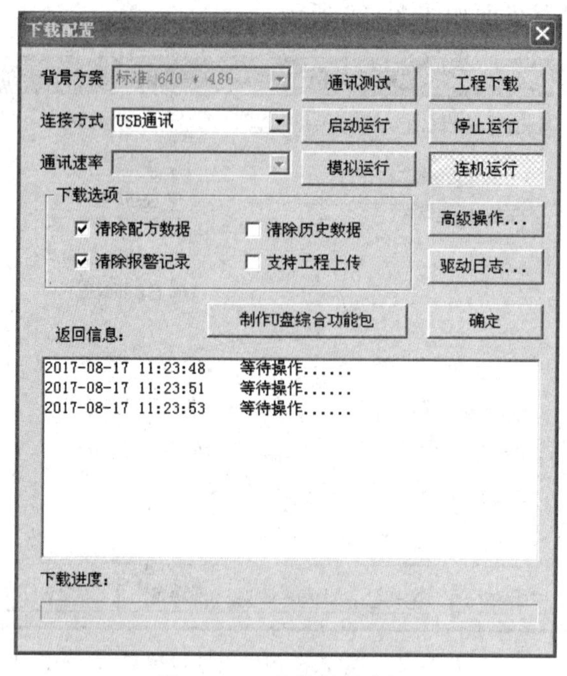

图 8－31　下载配置窗口

3. PLC 程序设计与调试

用 INC 自加指令，当某个槽推入某种工件时，相应工件计数值加 1，例如白芯金壳件的计数如图 8－32 所示。补充完善程序设计，并调试，使其能实现任务控制要求。

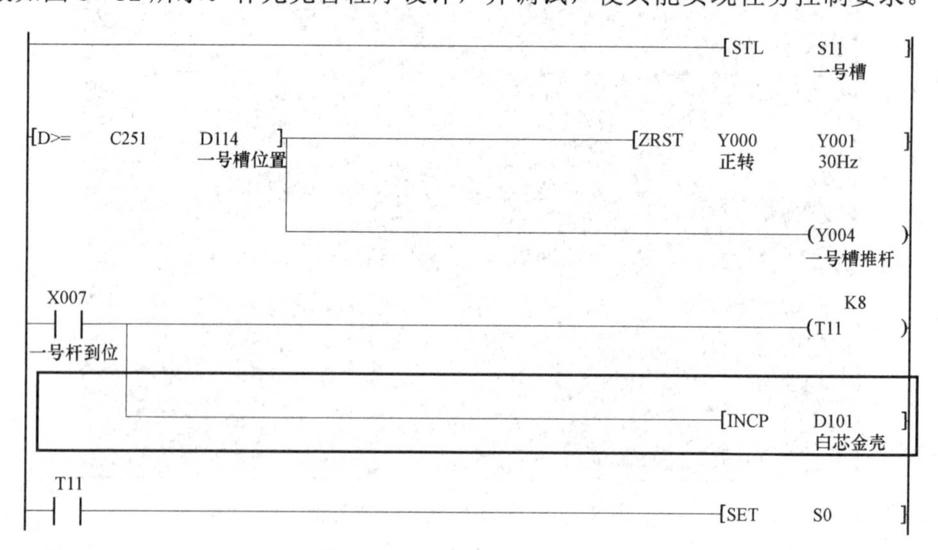

图 8－32　工件计数方式示例

4. 系统整体调试

将编写好的 PLC 程序变换后下载到 PLC 中，调试触摸屏界面上各控件是否能够实现任务要求的功能。按照表 8－4 调试步骤，操作界面上按钮开关等控件，观察设备运行状态和触摸屏的显示状态，并记录下调试过程中的问题。

表 8－4 调试步骤

步骤	动作内容	观察任务		问题与对策
		正确结果	观察结果	
1	STOP→RUN，操作单机/全线转换开关	OFF，单机/全线指示灯灭 ON，单机/全线指示灯亮		
2	操作任意一个气缸，进行初始状态检查	在初始状态，初始状态指示灯亮，否则灭		
3	界面上输入变频器运行频率	20～40 Hz		
4	按下启动按钮	运行状态指示灯亮		
5	在入料口放上白色芯金属件	工件推入 1 号槽，白芯金壳件数量显示 1		
6	在入料口放上白色芯黑色件	工件推入 2 号槽，白芯黑壳件数量显示 1		
7	在入料口放上黑色芯白色工件	工件推入 3 号槽，黑芯白壳件数量显示 1		
8	重复步骤 5～7，观察界面显示数量	推入一个工件，数量加 1		
9	变频器显示实时输出频率	20～40 Hz		
10	按下停止按钮	一个工件分拣完成后，设备自动停止		
11	按下清零按钮	界面显示值清零		
12	重复步骤 4～11			

5. 常见故障及排查

本任务分拣单元人机界面的功能设计与调试，主要是针对触摸屏，要掌握其使用方法，理解其与 PLC 配合工作的原理，因此本任务的主要故障就出现在触摸屏和 PLC 两个方面。

当触摸屏出现故障后，应首先检查控制卡供电是否正常、Windows 驱动是否正常安装，然后检查是否完成了 Windows 下的触屏校准、“Touchscreen Control”中的参数是否正确，还需要检查串口是否正常和串口线是否连接正常。如表 8－5 所示。

表 8－5 设备常见故障及排除办法

常见故障现象	可能原因及排除办法
触摸屏响应时间很长	可能是触摸屏上粘有移动的水滴，只需用一块干的软布进行擦拭即可。还有可能是主机档次太低，如时钟频率过低，如属于这种情况，最好能更换主机
触摸屏局部无响应	可能是触摸屏反射条纹局部被覆盖，可用一块干的软布擦拭干净；也有可能是触摸屏反射条纹局部被硬物刮掉，将无法修复

续表

常见故障现象	可能原因及排除办法
触摸屏正常但计算机不能操作	可能是在主机启动装载触摸屏驱动程序之前，触摸屏控制卡接收到操作信号，只需断电后再重启动计算机即可；也有可能是触摸屏驱动程序版本过低，需要安装最新的驱动程序
安装驱动程序后第一次启动触摸屏无响应	首先确认触摸屏线路连接是否正确，如不正确，应关机后正确地连接所有线路，然后检查主机中是否有设备与串口资源冲突，检查各硬件设备并调整
使用一段时间后触摸无反应	① 某些应用场合，由于接地性能欠佳，会因为控制盒外壳布满了大量的静电，从而影响控制盒内部的工作电场，导致触摸逐渐失效。此时用一根导线将控制盒外壳接地，重新启动即可。 ② 如果是表面声波屏，工作时在触摸屏的表面布满了声波，如果长期不擦触摸屏，导致灰尘积累过多，阻挡了波的反射条纹，会造成触摸屏不能正常工作。对于触摸显示器可用干净的名片或纸币透过显示器前罩与触摸屏的缝隙轻轻将四周反射条纹上的灰尘擦去，然后重新启动计算机。对于触摸一体机可打开显示器的前罩，用干净的毛巾将四周反射条纹上的灰尘擦去，然后再重新启动计算机。 ③ 许多触摸一体机触摸屏控制盒采用从一体机电源取电的方式而非从主机取电，所以还应检查一体机电源 5 V 输出是否正确，有时瞬间电流过大，致使熔丝被烧，此时需更换熔丝
触摸屏点击精度下降	① 如果声波屏在使用一段时间后不准，则可能是屏四周的反射条纹或换能器上面被灰尘覆盖，打开上盖用一块干的软布蘸工业酒精或玻璃清洗液清洁其表面，再重新运行系统，注意左上、右上、右下的换能器不能损坏，然后断电重新启动计算机并重新校准。 ② 触摸屏表面有水滴或其他软的东西粘在表面，触摸屏误判有手触摸造成表面声波屏不准，将其清除即可
触摸屏不能校准	可能原因有： ① 主机内安装的软件与触摸屏驱动冲突，删除该软件进行重新校准。 ② 主机在启动触摸屏之前，触摸屏已接收到操作信号，重新启动计算机，进行重新校准。 ③ 触摸屏驱动安装异常，重新安装。 ④ 如果声波屏在使用一段时间后不准，则可能是屏四周的反射条纹或换能器上面被灰尘覆盖导致不能校准。擦拭后重新启动校准
鼠标一直停留在触摸屏的某一点	电阻屏的触摸屏区域被机壳或机柜壳压住，相当于某一点一直被触摸，调整机壳与触摸区域的距离，重新拧紧固定
工作不稳定	接线是否松动，串口号和终端号是否冲突

1）故障一

故障现象：一台触摸屏不能工作，触摸任何部位都无响应。

故障分析处理：首先检查各接线接口是否出现松动，然后检查串口及中断口是否有冲突，若有冲突，应调整资源，避开冲突。再检查触摸屏表面是否出现裂缝，如有裂缝应及时更换。还需要检查触摸屏表面是否有尘垢，若有，则用软布进行清除。观察检查控制盒上的指示灯是否工作正常，正常时，指示灯为绿色，并且闪烁。

排除办法：用替换法检查触摸屏，先替换控制盒，再替换触摸屏，最后替换主机。

（1）检查触摸屏的连线是否接对，其中一个连接主机键盘口的连线（从键盘口取 5 V

触摸屏工作电压）有没有连接，并检查连线。

（2）观察触摸屏控制盒灯的情况，如果不亮或是亮红灯，则说明控制盒已坏，应更换。

（3）如果确认不是以上情况，则删除触摸屏驱动并重新启动计算机并重新安装驱动，或更换更新更高版本的驱动。

（4）主机中是否有设备与串口资源冲突，检查各硬件设备并调整。

（5）如果触摸屏在使用了较长一段时间（3～4 年）后发现触摸屏有些区域不能触摸，则可能是触摸屏坏了，应更换触摸屏。

故障排除后，填写故障排除记录表。

2）故障二

故障现象：一台表面声波触摸屏，用手指触摸显示器屏幕的部位不能正常地完成对应的操作。

故障分析处理：这种现象可能是声波触摸屏在使用一段时间后，屏四周的反射条纹上面被灰尘覆盖，可用一块干的软布进行擦拭，然后断电，重新启动计算机并重新校准。还有可能是声波屏的反射条纹受到轻微破坏，如果遇到这种情况，则将无法完全修复。

排除办法：重新启动校准程序，校准定位时，尽量用比较细的笔或指尖进行定位，这样比较准。

故障排除后，填写故障排除记录表。

四、任务评价

任务评价表见表 8－6。

表 8－6　任务评价表

评分内容	配分	评分标准	分值	自评	他评
功能	90	人机界面不能与 PLC 通信	10		
		界面组态	20		
		指示灯的显示状态	15		
		开关、按钮的控制功能	20		
		变频器给定变频与显示	10		
		工件计数值显示	15		
职业素养	10	材料、工件等不放在系统上	5		
		元件、模块没有损坏、丢失和松动现象			
		所有部件整齐摆放在桌上	5		
		工作区域内整洁干净、地面上没有垃圾			
综合			100		
完成用时					

任务二　自动化生产线全线运行的人机界面监控

一、任务要求

触摸屏应连接到系统中主站的 PLC 编程口。在 MCGS 触摸屏人机界面上组态画面要求：用户窗口包括主界面和欢迎界面两个窗口，其中，欢迎界面是启动界面，触摸屏上电后运行，屏幕上方的标题文字向右循环移动。

当触摸欢迎界面上任意部位时，都将切换到主窗口界面。主窗口界面组态应具有下列功能：

（1）提供系统工作方式（单站/全线）选择信号和系统复位、启动和停止信号。

（2）在人机界面上设定分拣单元变频器的输入运行频率（20～40 Hz）。

（3）在人机界面上动态显示输送单元机械手装置当前位置（以原点位置为参考点，度量单位为 mm）。

（4）指示网络的运行状态（正常、故障）。

（5）指示各工作单元的运行、故障状态。其中故障状态包括：

① 供料单元的供料不足状态和缺料状态。

② 装配单元的供料不足状态和缺料状态。

③ 输送单元抓取机械手装置越程故障（左或右极限开关动作）。

（6）指示全线运行时系统的紧急停止状态。

欢迎界面和主窗口界面分别如图 8－33 和图 8－34 所示。

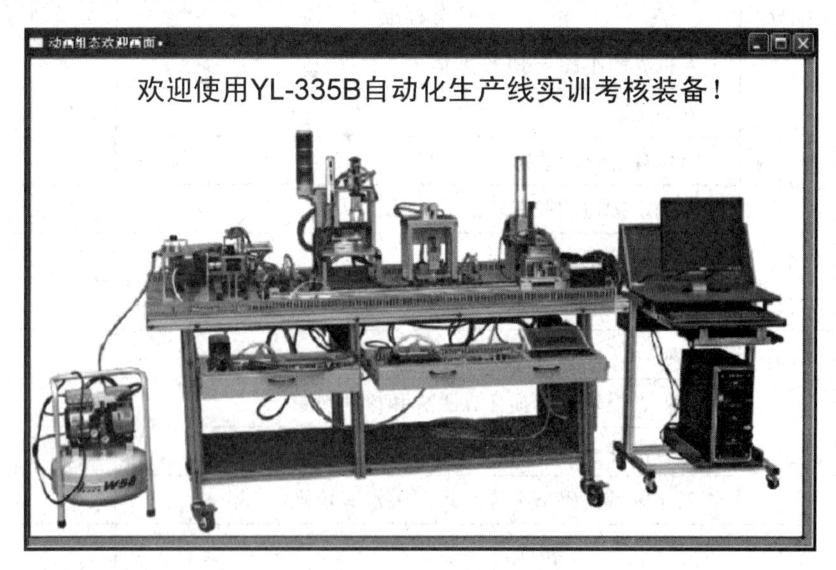

图 8－33　欢迎界面

触摸屏监控全线运行模式下各工作站部件的工作顺序以及对输送站机械手装置运行速度的要求，与单站运行模式一致。

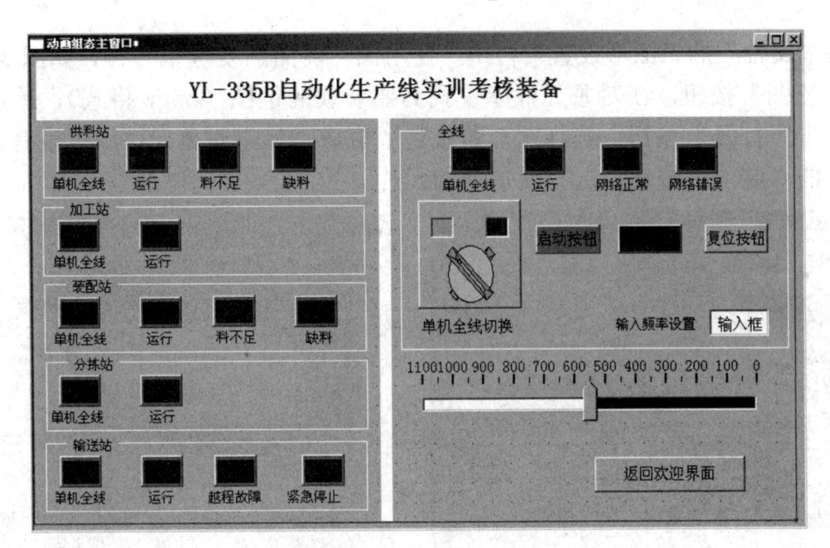

图 8－34　主窗口界面

二、相关知识

（1）工程框架：有 2 个用户窗口，即欢迎界面和主界面，其中欢迎界面是启动界面。

（2）数据对象：各工作站以及全线的工作状态指示灯、单机全线切换旋钮、启动按钮、停止按钮、复位按钮、变频器输入频率设定、机械手当前位置等。

（3）图形制作。欢迎界面窗口：图片通过位图装载实现；文字通过标签实现；按钮由对象元件库引入。

主界面窗口：文字通过标签构件实现；各工作站以及全线的工作状态指示灯、时钟：由对象元件库引入；单机全线切换旋钮、启动、停止、复位按钮：由对象元件库引入；输入频率设置：通过输入框构件实现；机械手当前位置：通过标签构件和滑动输入器实现。

（4）流程控制：通过循环策略中的脚本程序策略块实现。

进行上述规划后，就可以创建工程，然后进行组态。步骤是：在“用户窗口”中单击“新建窗口”按钮，建立“窗口 0”和“窗口 1”，然后分别设置两个窗口的属性。

三、任务实施

1. 用户界面组态

1）创建用户窗口

新建两个窗口，分别为“窗口 0”和“窗口 1”，选中“窗口 0”，将窗口名称和窗口标题都设为“欢迎界面”；选中“窗口 1”，将窗口名称和窗口标题都设为“主界面”。

选中“欢迎界面”，单击右键，选择下拉菜单中的“设置为启动窗口”选项，将该窗口设置为运行时自动加载的窗口。

2）“欢迎界面”动画组态

（1）制作位图按钮。单击绘图工具箱中“ ”图标，在窗口中拖出一个大小合适的按钮，双击该按钮，出现如图 8－35 的属性设置窗口，在“操作属性”页中单击“按下功能”，并在“打开用户窗口”中选择“主界面”。

在“基本属性”的“图形设置”栏中“使用图”前面的复选框打钩，如图 8-36 所示，然后单击“位图”按钮，在对象元件库中找到要装载的位图（bmp 格式），单击选择该位图，然后单击“打开”按钮，选择图片装载到了窗口。如果对象元件库中没有该图片，则单击左下角的“装入”按钮，选择要加载的图片。

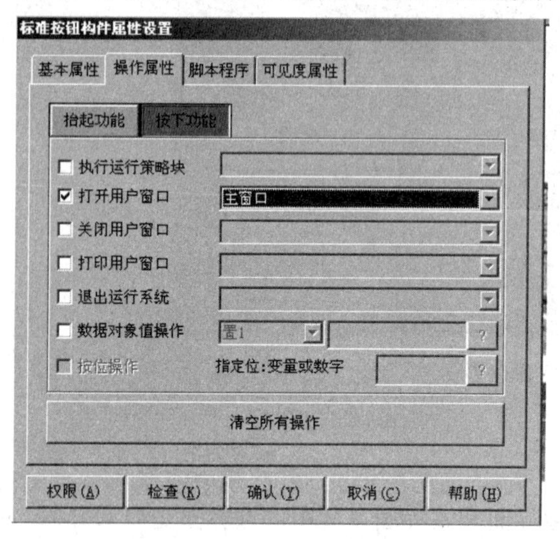

图 8-35　按钮属性设置

图 8-36　按钮位图设置

（2）制作循环移动的文字框图。用工具箱中的“标签”制作“欢迎使用 YL-335B 自动化生产线实训考核装备!”的文字标签，并设置其文本属性，文字框的背景颜色：没有填充；文字框的边线颜色为：没有边线；字符颜色：艳粉色；文字字体：华文细黑；字型：粗体，大小为二号。

为了使文字循环移动，在“位置动画连接”中勾选“水平移动”，这时在对话框上端就增添了“水平移动”窗口标签。水平移动属性页的设置如图 8-37 所示。

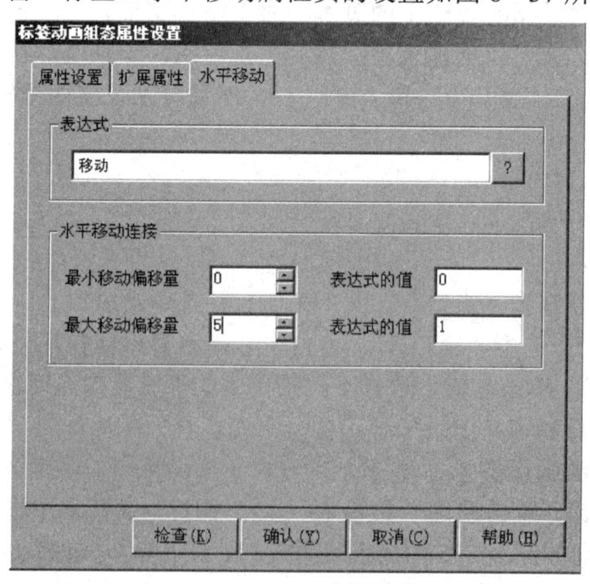

图 8-37　设置水平移动属性

设置说明如下：

① 为了实现“水平移动”动画连接，首先要确定对应连接对象的表达式，然后再定义表达式的值所对应的位置偏移量。在图 8－37 中定义了一个内部数据对象“移动”作为表达式，它是一个与文字对象的位置偏移量成比例的增量值，当表达式“移动”的值为 0 时，文字对象的位置向右移动 0 点（即不动）；当表达式“移动”的值为 1 时，对象的位置向右移动 5 点，这就是说“移动”变量与文字对象的位置之间的关系是一个斜率为 5 的线性关系。

② 触摸屏图形对象所在的水平位置定义为：以左上角为坐标原点，单位为像素点，向左为负方向，向右为正方向。TPC7062KS 分辨率是 800×480，文字串“欢迎使用 YL－335B 自动化生产线实训考核装备！”向右全部移出的偏移量约为 350 像素，故表达式“移动”的值为+70。文字从左侧出现的位置与原始位置偏移约为 350 像素，故表达式“移动”的值为－70，文字循环移动的策略是，如果文字串向右全部移出，则返回左侧。

③ 组态“循环策略”的具体操作如下：

在“运行策略”中，双击“循环策略”进入策略组态窗口。

a. 双击图标进入“策略属性设置”，将循环时间设为：100 ms，单击“确认”按钮。

b. 在策略组态窗口中，单击工具条中的“新增策略行”图标，增加一策略行，如图 8－38 所示。

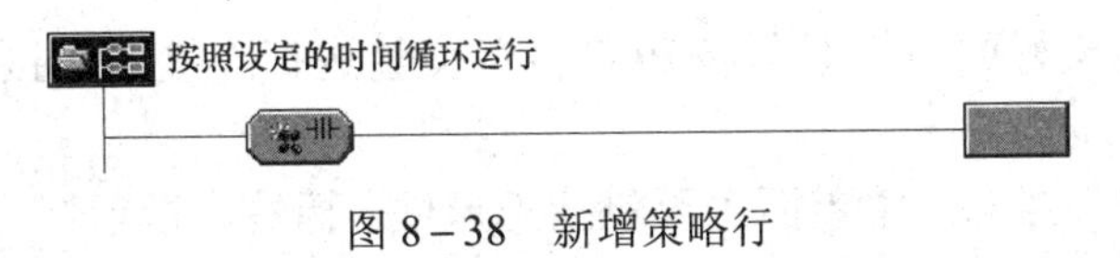

图 8－38　新增策略行

c. 单击“策略工具箱”中的“脚本程序”，将鼠标指针移到策略块图标上，单击鼠标左键，添加脚本程序构件，如图 8－39 所示。

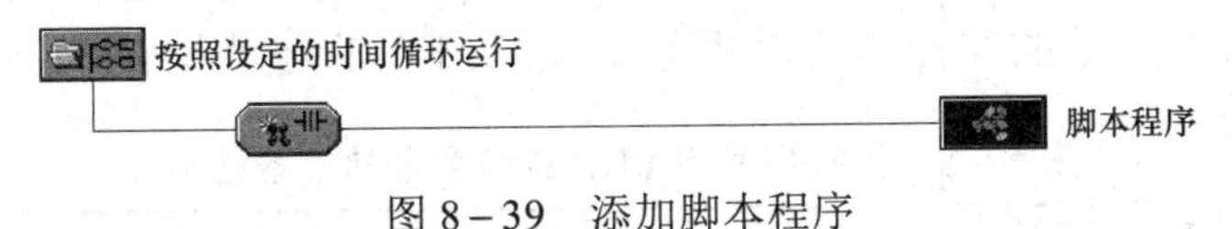

图 8－39　添加脚本程序

d. 双击进入策略条件设置，表达式中输入 1，即始终满足条件。

e. 双击进入脚本程序编辑环境，输入以下程序：

```
if 移动<=70 then
移动=移动+1
else
移动=－70
endif
```

f. 单击“确认”按钮，脚本程序编写完毕。

以上设置可实现文字向右循环移动，一个循环周期大约为 14 s。

3）主界面动画组态

（1）定义数据对象和连接设备。各工作站以及全线的工作状态指示灯、单机全线切换旋钮、启动按钮、停止按钮、复位按钮、变频器输入频率设定、机械手当前位置等，都是需要与 PLC 连接，进行信息交换的数据对象。定义数据对象的方法在前述已经讲过，这里不再介绍。表 8－7 列出了全部与 PLC 连接的数据对象。

表 8－7　主界面数据对象

序号	变量名称	变量类型	序号	变量名称	变量类型
1	供料_单机全线	开关型	14	输送_运行	开关型
2	供料_运行	开关型	15	输送_越程	开关型
3	供料_料不足	开关型	16	输送_急停	开关型
4	供料_缺料	开关型	17	单机全线	开关型
5	加工_单机全线	开关型	18	单机全线_运行	开关型
6	加工_运行	开关型	19	网络正常	开关型
7	装配_单机全线	开关型	20	网络故障	开关型
8	装配_运行	开关型	21	单机全线切换	开关型
9	装配_料不足	开关型	22	复位按钮	开关型
10	装配_缺料	开关型	23	启动按钮	开关型
11	分拣_单机全线	开关型	24	停止按钮	开关型
12	分拣_运行	开关型	25	变频器频率	数值型
13	输送_单机全线	开关型	26	手爪当前位置	数值型

设备连接，使定义好的数据对象和 PLC 内部变量进行连接，连接方法前面已经讲过，这里不再详细介绍。

（2）主界面制作和组态。主界面主要包括矩形框、标签、指示灯、转换开关和滑块等。绘制好界面后，将元件与数据对象进行关联。

2. PLC 程序编制

在编程之前，需要定义人机界面与 PLC 的变量连接关系，并建立连接，这样人机界面的控件才能够实现对系统的监控功能，相关变量在 PLC 的地址见表 8－8。

表 8－8　人机界面与 PLC 连接变量的设备通道

序号	变量名称	变量地址	序号	变量名称	变量地址
1	供料_单机全线	M1065	14	输送_运行	M305
2	供料_运行	M1068	15	输送_越程	M1
3	供料_料不足	M1070	16	输送_急停	M7
4	供料_缺料	M1071	17	单机全线	M1001
5	加工_单机全线	M1129	18	单机全线_运行	M1006
6	加工_运行	M1132	19	网络正常	M1003
7	装配_单机全线	M1193	20	网络故障	M1004
8	装配_运行	M1196	21	单机全线切换	M10
9	装配_料不足	M1198	22	复位按钮	M25
10	装配_缺料	M1199	23	启动按钮	M1005
11	分拣_单机全线	M1257	24	停止按钮	M1007
12	分拣_运行	M1260	25	变频器频率	D0
13	输送_单机全线	M6	26	手爪当前位置	D120

只有在配置了上面所提及的存储器后，才能考虑编程中所需用到的其他中间变量。避免非法访问内部存储器，是编程中必须注意的问题。供料站缺料和无料参考程序如图 8－40 所示。

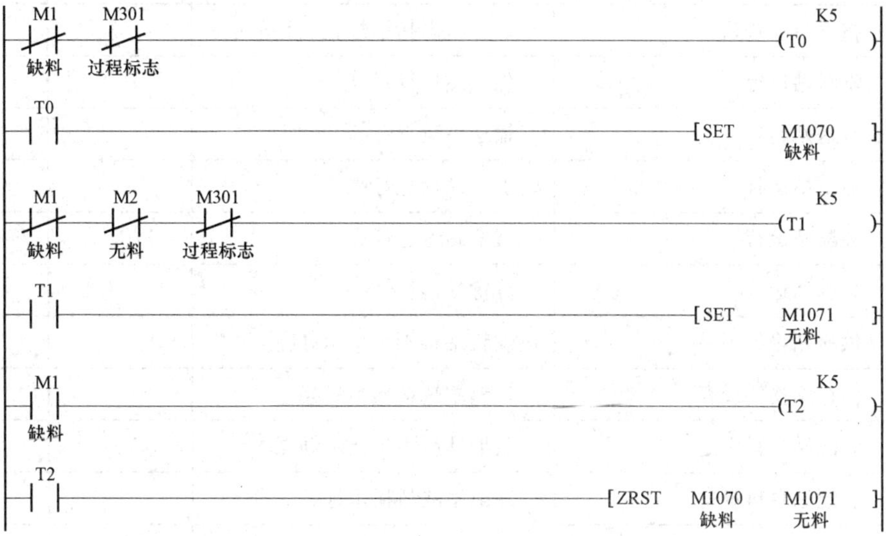

```
M1(缺料)  M301(过程标志)                    (T0  K5)
T0                                           [SET  M1070 缺料]
M1(缺料)  M2(无料)  M301(过程标志)          (T1  K5)
T1                                           [SET  M1071 无料]
M1(缺料)                                     (T2  K5)
T2                                           [ZRST  M1070 缺料  M1071 无料]
```

图 8－40　供料站缺料和无料参考程序

（1）联机运行系统主令信号由连接在输送站的 HMI 发出。

（2）D0 作为主站的网络通信字软元件，用于向分拣发送变频器运行频率。

3. 设备调试

将编写好的 PLC 程序变换后下载到 PLC 中，调试触摸屏界面上各控件是否能够实现任务要求的功能，调试之前在供料站和装配站的料仓内放入足够的工件和零件。按照表 8－9 调试步骤，观察设备运行状态和触摸屏的显示状态，并记录下调试过程中的问题。

表 8－9　调试步骤

步骤	动作内容	观察任务		问题与对策
		正确结果	观察结果	
1	下载工程	人机界面标题滚动显示		
2	触摸任意位置	进入运行监控界面		
3	STOP→RUN，各站 SA 转换开关拨到右侧	各站单机/全线指示灯亮		
4	将界面上的单机/全线转换开关拨到“ON”状态	初始状态指示灯根据系统状态进行显示 网络正常：网络正常指示灯亮 网络错误：网络错误指示灯亮		
5	操作界面上复位按钮	系统复位		
6	界面上输入变频器运行频率	20～40 Hz		

续表

步骤	动作内容	观察任务		问题与对策
		正确结果	观察结果	
7	按下启动按钮	运行状态指示灯亮，系统运行		
8	供料站运行	供料站运行灯亮		
9	输送站运行	输送站运行灯亮		
10	加工站运行	加工站运行灯亮		
11	装配站运行	装配站运行灯亮		
12	分拣站运行	分拣站运行灯亮		
13	供料站物料不足	供料站料不足指示灯亮		
14	供料站物料没有	供料站缺料指示灯亮		
15	装配站物料不足	装配站料不足指示灯亮		
16	装配站物料没有	装配站缺料指示灯亮		
17	操作输送站左右极限开关	越程故障指示灯亮，设备停止		
18	运行过程中，界面显示搬运机械手的位置			
19	按下停止按钮，设备一个周期结束后停止			

四、任务评价

任务评价表见表 8－10。

表 8－10　任务评价表

评分内容	配分	评分标准	分值	自评	他评
功能	80	窗口标题文字动作	10		
		窗口切换	5		
		运行界面组态	10		
		联机状态下初始状态检查与显示	5		
		网络状态显示	5		
		系统复位过程与显示	10		
		系统启动和停止，状态显示	10		
		供料站运行与显示	5		
		装配站运行与显示	5		
		加工站运行与显示	5		

续表

评分内容	配分	评分标准	分值	自评	他评
功能	80	分拣站运行与显示	5		
		输送站运行与显示	5		
职业素养	20	材料、工件等不放在系统上	5		
		元件、模块没有损坏、丢失和松动现象	5		
		所有部件整齐摆放在桌上	5		
		工作区域内整洁干净、地面上没有垃圾	5		
综合			100		
完成用时					

附录一　三菱 FX 常用的内部软元件

在 PLC 编程过程中，经常要用到内部软元件来达到控制要求的目标，附表 1－1～附表 1－5 是 FX3U 系列 PLC 的内部软元件。其中，附表 1－1 是常用的一些特殊辅助继电器。

附表 1－1　常用的特殊辅助继电器

类别	元件号	名称（功能）	动作/功能
PLC 状态	M8000	RUN 监控常开触点	PLC 处于 RUN 状态下，M8000 始终接通
	M8001	RUN 监控常闭触点	PLC 处于 RUN 状态下，M8001 始终断开
	M8002	初始脉冲常开触点	PLC 由 STOP→RUN 状态时，接通一个扫描周期 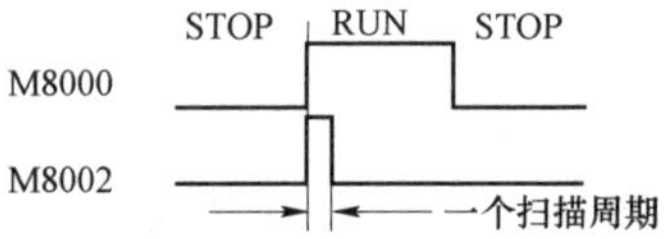 STOP RUN STOP M8000 M8002 一个扫描周期
	M8003	初始脉冲常闭触点	PLC 由 STOP→RUN 状态时，断开一个扫描周期
	M8004	出错	M8060～M8067 中任一个接通时为“ON”
	M8005	电池电压低下	电池电压异常低下时动作
	M8006	电池电压低下锁存	检出低电压后置“ON”，同时将其值锁存
时钟	M8011	10 ms 时钟	每 10 ms 发一个脉冲（ON：5 ms，OFF：5 ms） 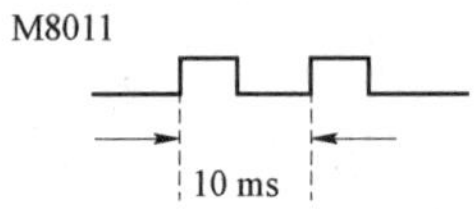 M8011 10 ms
	M8012	100 ms 时钟	每 100 ms 发一脉冲（ON：50 ms，OFF：50 ms） M8012 50 ms 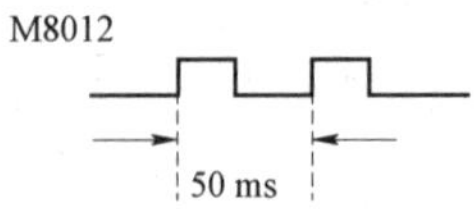
	M8013	1 s 时钟	每 1 s 发一脉冲（ON：500 ms，OFF：500 ms） 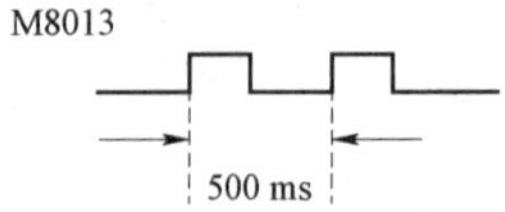 M8013 500 ms
	M8014	1 min 时钟	每 1 min 发一脉冲

续表

类别	元件号	名称（功能）	动作/功能
PLC 方式	M8034	禁止所有输出	M8034 为“ON”时，禁止所有输出继电器输出，所有输出继电器的输出都为“OFF”
	M8038	通信参数设置标志	通信参数设置
	M8039	定时扫描方式	M8039 接通时，PLC 以定时扫描方式运行，扫描时间由 D8039 设定
步进顺控	M8040	禁止状态转移	M8040 接通时禁止状态转移

附表 1-2　三菱 PLC 的状态寄存器

状态	初始化用	10 点 S0～S9
	一般化用	490 点 S10～S499
	保持用（可变）	400 点 S500～S899
	报警用	100 点 S900～S999
	保持用（固定）	3096 点 S1000～S4095

附表 1-3　三菱 FX 系列 PLC 内部定时器

	定时精度/ms	编　　号	定时范围/s
通用定时器	100	T0～T199（其中 T192～T199 为子程序和中断服务程序专用的定时器）	0.1～3 276.7
	10	T200～T245	0.1～327.67
	1	T256～T511	0.001～32.767
积分定时器	1	T246～T249	0.001～32.767
	100	T250～T255	0.1～3 276.7

附表 1-4　三菱 PLC 计数器

内部计数器	16 位加计数用	一般用	100 点（16 bit）C0～C99	
		锁存用	100 点（16 bit）C100～C199	
	32 位加/减计数用	一般用	20 点（32 bit）C200～C219	加/减计数方式选择由 M8200～M8234 确定，例如 M8200 为“OFF”，C200 为加计数；M8200 为“ON”，C200 为减计数
		锁存用	15 点（32 bit）C220～C234	
高速计数器	高速用（与 PLC 的 X0－X7 相关）	一相 60 kHz 4 点，二相 30 kHz 1 点，5 kHz 1 点	C235～C255	

附表 1－5　数据寄存器

	编号范围	使用说明
通用数据寄存器	D0～D199	数据写入后不会变化，直到重新写入。PLC 由运行（RUN）转成（STOP）时全部数据均清零
断电保持数据寄存器	D200～D7999	除非改写，否则数据不会变化，即使断电
特殊数据寄存器	D8000～D8511	用于监视 PLC 内部各种元件的运行方式用，其内容在电源接通（ON）时，写入初始化值
变址寄存器	V0～V7，Z0～Z7	

附录二　三菱 FX3U PLC 的指令列表

FX3U PLC 的指令见附表 2－1～附表 2－3。

附表 2－1　基本指令

助记符	名称	功能	梯形图表现形式	适用对象软元件
LD	取	常开触点运算开始	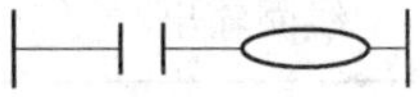	X、Y、M、S、T、C
LDI	取反	常闭触点运算开始	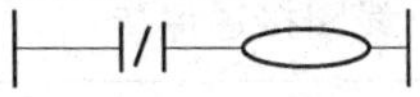	X、Y、M、S、T、C
LDP	取脉冲	上升沿检测运算开始	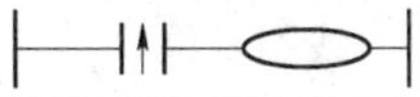	X、Y、M、S、T、C
LDF	取脉冲	下降沿检测运算开始	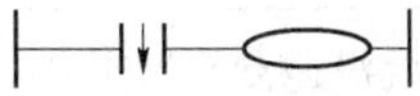	X、Y、M、S、T、C
AND	与	常开触点串联连接	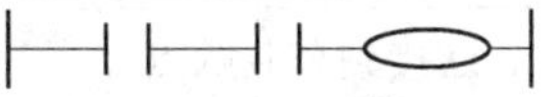	X、Y、M、S、T、C
ANI	与非	常闭触点串联连接	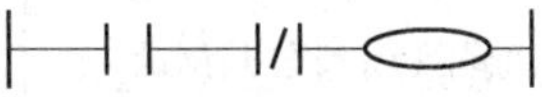	X、Y、M、S、T、C
ANDP	与脉冲	上升沿检测串联连接	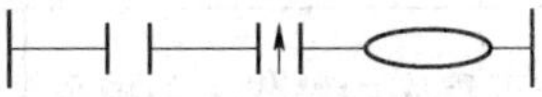	X、Y、M、S、T、C
ANDF	与脉冲	下降沿检测串联连接	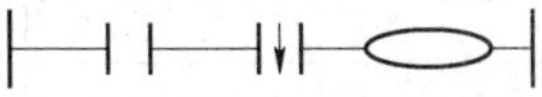	X、Y、M、S、T、C
OR	或	常开触点并联连接	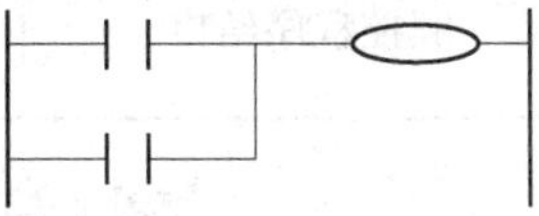	X、Y、M、S、T、C
ORI	或非	常闭触点并联连接	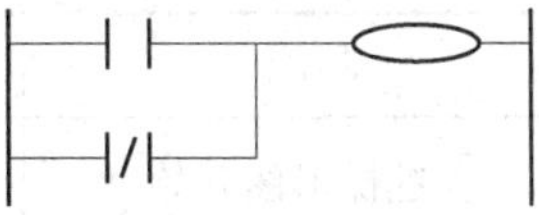	X、Y、M、S、T、C
ORP	或脉冲	上升沿检测并联连接	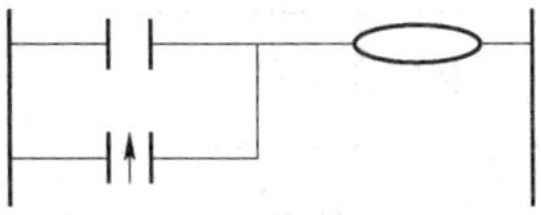	X、Y、M、S、T、C
ORF	或脉冲	下降沿检测并联连接	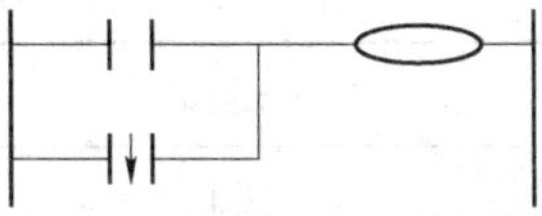	X、Y、M、S、T、C
ANB	电路块与	回路块的串联连接	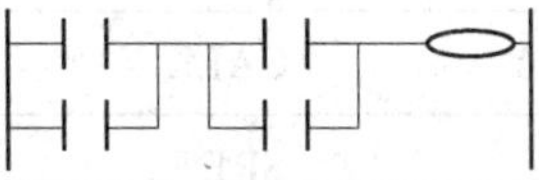	—
ORB	电路块或	回路块的并联连接	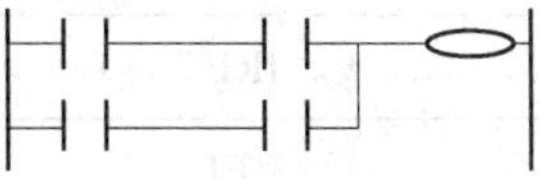	—

续表

助记符	名称	功能	梯形图表现形式	适用对象软元件
MPS	进栈	运算存储	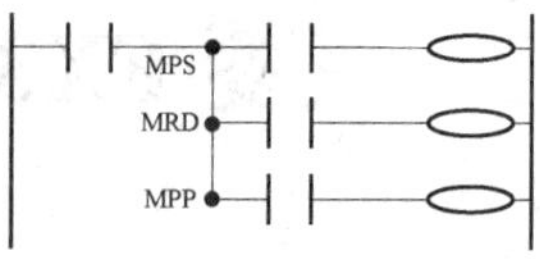 MPS	—
MRD	读栈	存储读出	MRD	—
MPP	出栈	存储读出	MPP	—
INV	取反	运算结果取反	 INV	—
MEP	M.E.P	上升沿时导通		—
MEF	M.E.F	下降沿时导通		—
OUT	输出	线圈输出	 对象软元件	Y、M、S、T、C
SET	置位	线圈接通保持	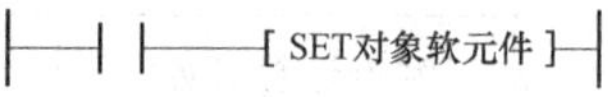 [SET对象软元件]	Y、M、S
RST	复位	线圈复位	 [RST对象软元件]	Y、M、S、T、C、D、R、V、Z
PLS	脉冲检出	上升沿微分检出指令	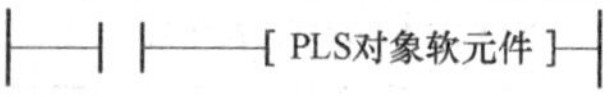 [PLS对象软元件]	Y、M
MC	主控	连接到公共触点	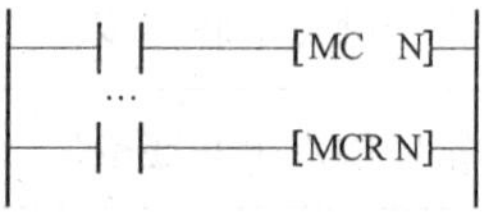 [MC N]	—
MCR	主控复位	解除接到公共触点	[MCR N]	
NOP	空操作	变更程序中替代某些指令	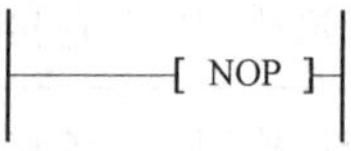 [NOP]	—
END	结束	顺控程序结束	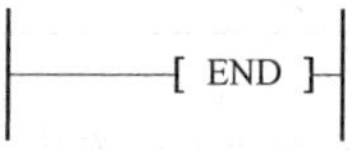 [END]	—

附表 2-2 步进指令

助记符	名称	功能	梯形图表示	适用对象软元件
STL	步进接点	步进梯形图开始	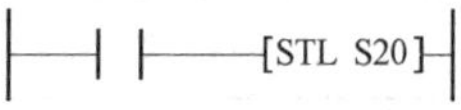 [STL S20]	S
RET	步进返回	步进梯形图结束	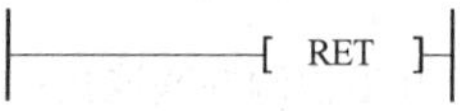 [RET]	—

附表 2-3 FX3U PLC 的功能指令

类别	指令助记符	指令功能说明
程序流程	CJ	条件跳转
	CALL	子程序调用
	SRET	子程序返回
	IRET	中断返回
	EI	允许中断

续表

类别	指令助记符	指令功能说明
程序流程	DI	禁止中断
	FEND	主程序结束
	WDT	看门狗定时器
	FOR	循环范围的开始
	NEXT	循环范围的结束
传送与比较	CMP	比较
	ZCP	区间比较
	MOV	传送
	SMOV	位传送
	CML	取反传送
	BMOV	成批传送
	FMOV	多点传送
	XCH	交换
	BCD	BCD 转换
	BIN	BIN 转换
算术与逻辑运算	ADD	BIN 加法运算
	SUB	BIN 减法运算
	MUL	BIN 乘法运算
	DIV	BIN 除法运算
	INC	BIN 加一
	DEC	BIN 减一
	WAND	逻辑与
	WOR	逻辑或
	WXOR	逻辑异或
	NEG	补码
循环与移位	ROR	循环右移
	ROL	循环左移
	RCR	带进位循环右移
	RCL	带进位循环左移

续表

类别	指令助记符	指令功能说明
循环与移位	SFTR	位右移
	SFTL	位左移
	WSFR	字右移
	WSFL	字左移
	SFWR	移位写入（先入先出/先入后出控制用）
	SFRD	移位读出（先入先出控制用）
数据处理	ZRST	成批复位
	DECO	译码
	ENCO	编码
	SUM	ON 位数
	BON	ON 位的判定
	MEAN	平均值
	ANS	信号报警器置位
	ANR	信号报警器复位
	SQR	BIN 开方运算
	FLT	BIN 整数→二进制浮点数转换
高速处理	REF	输入输出刷新
	REFF	输入刷新（带滤波器设定）
	MTR	矩阵输入
	HSCS	比较置位（高速计算器用）
	HSZ	区间比较（高速计算器用）
	SPD	脉冲密度
	PLSY	脉冲输出
	PWM	脉宽调制
	PLSR	带加减速的脉冲输出
方便指令	IST	初始化状态
	SER	数据检索
	ABSD	凸轮控制绝对方式
	INCD	凸轮控制相对方式

续表

类别	指令助记符	指令功能说明
方便指令	TTMR	示教定时器
	STMR	特殊定时器
	ALT	交替输出
	RAMP	斜坡信号
	ROTC	旋转工作台控制
	SORT	数据排序
外部 I/O 设备	TKY	10 键输入
	HKY	16 键输入
	DSW	BCD 数字开关输入
	SEGD	七段码译码
	SEGL	七段码分时显示
	ARWS	方向开关
	ASC	ASCII 码转换
	PR	ASCII 码打印输出
	FROM	BFM 读出
	TO	BFM 写入
外围设备	RS	串行数据传送
	PRUN	八进制位传送（#）
	ASCI	16 进制数转换成 ASCII 码
	HEX	ASCII 码转换成 16 进制数
	CCD	校验
	VRRD	电位器变量输入
	VRSC	电位器变量区间
	PID	PID 运算
浮点数运算	ECMP	二进制浮点数比较
	EZCP	二进制浮点数区间比较
	EBCD	二进制浮点数→十进制浮点数
	EBIN	十进制浮点数→二进制浮点数
	EADD	二进制浮点数加法

续表

类别	指令助记符	指令功能说明
浮点数运算	EUSB	二进制浮点数减法
	EMUL	二进制浮点数乘法
	EDIV	二进制浮点数除法
	ESQR	二进制浮点数开平方
	INT	二进制浮点数→二进制整数
	SIN	二进制浮点数 sin 运算
	COS	二进制浮点数 cos 运算
	TAN	二进制浮点数 tan 运算
	SWAP	高低字节交换
定位	ABS	ABS 当前值读取
	ZRN	原点回归
	PLSY	可变速的脉冲输出
	DRVI	相对位置控制
	DRVA	绝对位置控制
时钟运算	TCMP	时钟数据比较
	TZCP	时钟数据区间比较
	TADD	时钟数据加法
	TSUB	时钟数据减法
	TRD	时钟数据读出
	TWR	时钟数据写入
	HOUR	计时仪
	GRY	二进制数→格雷码
	GBIN	格雷码→二进制数
	RD3A	模拟量模块（FXON－3A）读出
	WR3A	模拟量模块（FXON－3A）写入
替换指令	COMRD	读出软元件的注释数据
	RND	产生随机数
	DUTY	产生定时脉冲
	CRC	CRC 运算
	HCMOV	高速计数器传送

续表

类别	指令助记符	指令功能说明
数据块处理指令	BK+	数据块的加法运算
	BK−	数据块的减法运算
	BKCMP=，＞，＜，＜＞，＜=，＞=	数据块比较
字符串控制指令	STR/BIN	BIN→字符串的转换
	VAL	字符串→BIN 的转换
	$+	字符串的结合
	LEN	检测出字符串的长度
	RIGHT	从字符串的右侧开始取出
	LEFT	从字符串的左侧开始取出
	MIDR	从字符串的任意取出
	MIDW	从字符串的任意替换
	INSTR	字符串的检索
	$MOV	字符串的传送
数据处理指令	FDEL	数据表的数据删除
	FINS	数据表的数据插入
	POP	读取后入的数据［先后入出控制用］
	SFR	16 位数据 *n* 位右移（带进位）
	SFL	16 位数据 *n* 位左移（带进位）
触点比较指令	LD=	（S1）＝（S2）时起始触点接通
	LD＞	（S1）＞（S2）时起始触点接通
	LD＜	（S1）＜（S2）时起始触点接通
	LD＜＞	（S1）＜＞（S2）时起始触点接通
	LD≦	（S1）≦（S2）时串联触点接通
	LD≧	（S1）≧（S2）时串联触点接通
	ADN=	（S1）≦（S2）时串联触点接通
	AND＞	（S1）≦（S2）时串联触点接通
	AND＜	（S1）≦（S2）时串联触点接通
	AND＜＞	（S1）≦（S2）时串联触点接通
	AND≦	（S1）≦（S2）时串联触点接通

续表

类别	指令助记符	指令功能说明
触点比较指令	AND≧	（S1）≧（S2）时串联触点接通
	OR＝	（S1）≦（S2）时并联触点接通
	OR＞	（S1）≦（S2）时并联触点接通
	OR＜	（S1）≦（S2）时并联触点接通
	OR＜＞	（S1）≦（S2）时并联触点接通
	OR≦	（S1）≦（S2）时并联触点接通
	OR≧	（S1）≧（S2）时并联触点接通
数据表处理指令	LIMIT	上下限限位控制
	BAND	死区控制
	ZONE	区域控制
	SCL	定坐标（点坐标数据）
	DABIN	10 进制 ASCLL→BIN 的转换
	BINDA	BIN→10 进制 ASCLL 的转换
	SCL2	定坐标 2（*X*/*Y* 坐标数据）
变频器通信专用指令	IVCK	变频器的运行监视
	IVDR	变频器的运行控制
	IVRD	读取变频器的参数
	IVWR	写入变频器的参数
	IVBWR	成批写入变频器的参数
	IVMC	变频器的多个命令
数据传送指令	RBFM	BFM 分割读出
	RBFM（FNC278）	WBFM（FNC279）命令的通用事项
	WBFM	BFM 分割写入
高速处理指令	HSCT	高速计数器表比较
扩展文件寄存器控制指令	LOADR	读出扩展文件寄存器
	SAVER	成批写入拓展文件寄存器
	INITR	扩展寄存器的初始化
	LOGR	登录到扩展寄存器
	RWER	扩展寄存器的删除•写入
	INITER	扩展文件的寄存器的初始化

附录三　自动线设备安装与调试常用图形符号

组装和调试机电一体化设备过程中，设备涉及的元件和器件的图形符号，统一使用中华人民共和国国家标准中规定的图形符号。国家标准中没有而竞赛又需要的图形符号，使用大赛指定的图形符号。竞赛试题中的电气图、气动系统图等，按印发的图形符号绘制；选手制图，也应按印发的图形符号绘制。

一、电气元件图形符号

电气元件图形符号见附表 3－1。

附表 3－1　电气元件图形符号

引用标准及序号	图形符号	说　明	备注
GB/T 4728.6—2008	*	电机的一般符号，符号内的星号用下述字母之一代替：C 为旋转变流机，G 为发电机，M 为电动机，MG 为能作为发电机或电动机使用的电机，MS 为同步电动机	
GB/T 4728.6—2008	M	直流串励电动机	
GB/T 4728.6—2008	M	直流并励电动机	
GB/T 4728.6—2008	M 3～	三相鼠笼式感应电动机	
GB/T 4728.6—2008	M 1～	单相鼠笼式感应电动机	
GB/T 4728.7—2008		动合（常开）触点 本符号也可用作开关的一般符号	
GB/T 4728.7—2008		动合（常开）触点 本符号也可用作开关的一般符号	

续表

引用标准及序号	图形符号	说　　明	备注
GB/T 4728.7—2008		动断（常闭）触点	
GB/T 4728.7—2008		有自动返回的动合触点	
GB/T 4728.7—2008		无自动返回的动合触点	
GB/T 4728.7—2008		有自动返回的动断触点	
GB/T 4728.7—2008	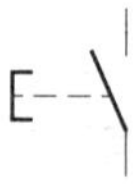	具有动合触点且自动复位的按钮开关	
GB/T 4728.7—2008		具有动合触点不能自动复位的按钮开关	技能竞赛组委会指定
GB/T 4728.7—2008	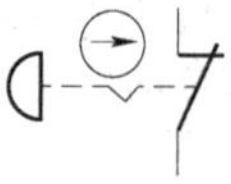	具有正向操作的动断触点且有保持功能的紧急停车开关（操作蘑菇头）	
GB/T 4728.7—2008	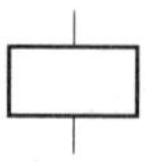	操作器件一般符号 继电器线圈一般符号	
GB/T 4728.7—2008	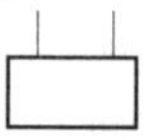	操作器件一般符号 继电器线圈一般符号	
GB/T 4728.7—2008		接近传感器	
GB/T 4728.7—2008	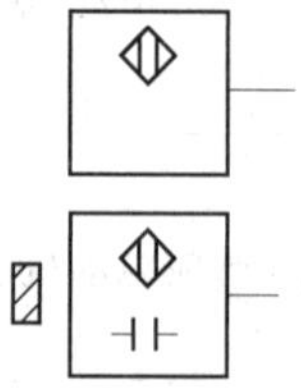	接近传感器器件方框符号 操作方法可以表示出来 示例：固体材料接近时操作的电容的接近检测器	
GB/T 4728.7—2008		接触传感器	
GB/T 4728.7—2008		接触敏感开关合触点	

续表

引用标准及序号	图形符号	说　　明	备注
GB/T 4728.7—2008	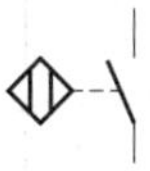	接近开关动合触点	
GB/T 4728.7—2008		磁铁接近动作的接近开关，动合触点	
GB/T 4728.7—2008	Fe	磁铁接近动作的接近开关，动合触点	
GB/T 4728.7—2008	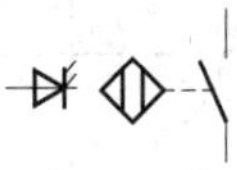	光电开关动合触点	光纤传感器借用此符号组委会指定
GB/T 4728.8—2008		灯，一般符号；信号灯，一般符号。 如果要求指示颜色，则在靠近符号处标出下列代码：RD—红；YE—黄；GN—绿；BU—蓝；WH—白	
GB/T4728.8－2008	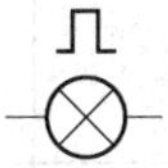	闪光型信号灯	
GB/T 4728.8—2008	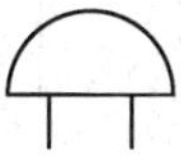	电铃	
GB/T 4728.8—2008	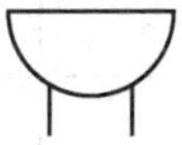	蜂鸣器	
GB/T 4728.8—2008	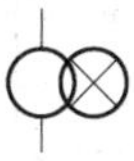	由内置变压器供电的指示灯	

二、气动元件图形符号

气动元件图形符号见附表 3－2。

附表 3－2　气动元件图形符号（节选自 GB 786.1—2009）

名称	图形符号	说　　明
压力表		

续表

名称	图形符号	说　　明
过滤器	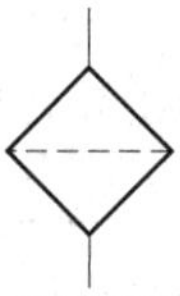	
手动排水过滤器	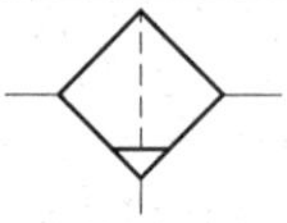	
干燥器	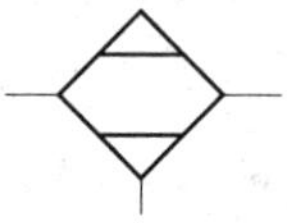	
油雾器	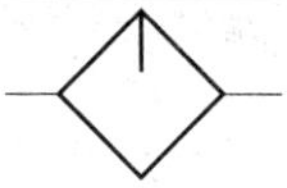	
单向阀		
流量控制阀		
单向节流阀	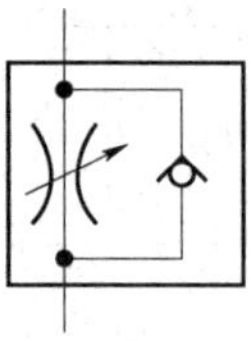	带单向阀的流量控制阀
溢流阀	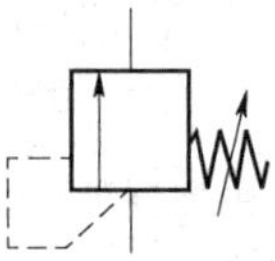	弹簧调节开启压力的直动式溢流阀
顺序控制阀	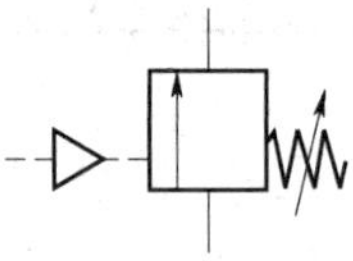	外部控制
调压阀	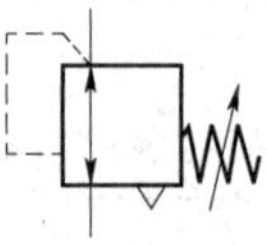	内部流向可逆
二位五通单线圈电磁方向控制阀	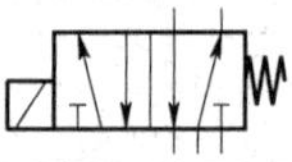	弹簧复位
二位五通双线圈电磁方向控制阀	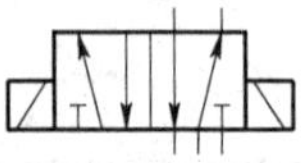	

续表

名称	图形符号	说　　明
双作用单杆缸	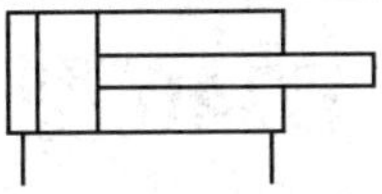	
永磁双作用夹具	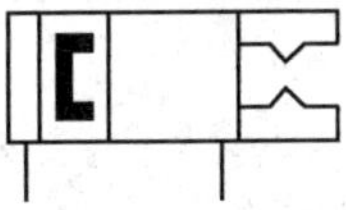	
摆动气缸	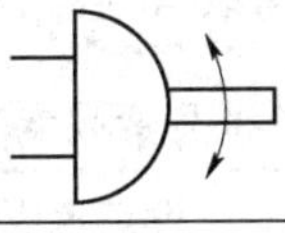	
单作用摆缸	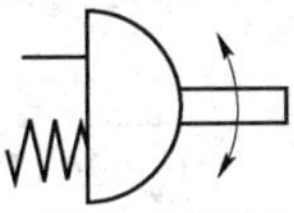	
空气压缩机	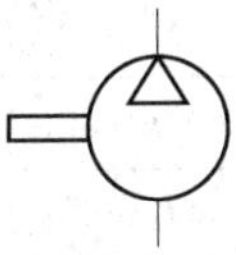	
马达	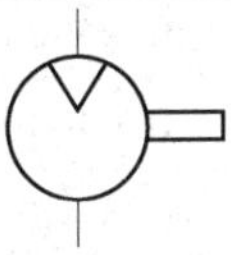	
双向马达	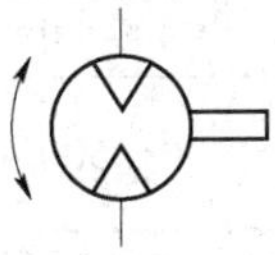	
组合元件	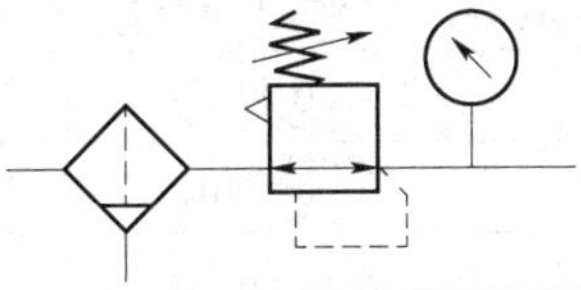	由手动空气过滤器、减压阀和压力表组成的器件

附录四　三菱 FR－E740 型变频器的参数

三菱 FR－E740 型变频器的参数设定见附表 4－1。

附表 4－1　三菱 FR－E740 型变频器的参数设定表

功能	参数号	名称	设定范围	最小设定单位	出厂设定
基本功能	0	转速提升	0～30%	0.1%	6%
	1	上限频率	0～120 Hz	0.01 Hz	120 Hz
	2	下限频率	0～120 Hz	0.01 Hz	0 Hz
	3	基准频率	0～400 Hz	0.01 Hz	50 Hz
	4	三速设定（高速）	0～400 Hz	0.01 Hz	50 Hz
	5	三速设定（中速）	0～400 Hz	0.01 Hz	30 Hz
	6	三速设定（低速）	0～400 Hz	0.01 Hz	10 Hz
	7	加速时间	0～3 600 s/0～360 s	0.1 s/0.01 s	5 s
	8	减速时间	0～3 600 s/0～360 s	0.1 s/0.01 s	5 s
	9	电子过电流保护	0～500 A	0.01 A	稳定输出电流
运行功能	10	直流动作频率	0～120 Hz	0.01 Hz	3 Hz
	11	直流制动动作时间	0～10 s	0.1 s	0.5 s
	12	直流制动电压	0～30%	0.1%	6%
	13	启动频率	0～60 Hz	0.01 Hz	0.5 Hz
	14	适用负荷选择	0～3	1	0
	15	点动频率	0～400 Hz	0.01 Hz	5 Hz
	16	点动加速时间	0～3 600 s/0～360 s	0.1 s/0.01 s	0.5 s
	17	MRS 输入选择	0、2、4	1	0
	18	高速上限频率	120～400 Hz	0.01 Hz	120 Hz
	19	基准频率电压	0～1 000 V，8888，9999	0.1 V	9999
	20	加速基准频率	1～400 Hz	0.01 Hz	50 Hz
	21	加减速时间单位	0，1	1	0
	22	失速防止动作水平	0～200%	0.1%	150%
	23	倍速时失速防止动作水平补正系数	0～200%，9999	0.1%	9999

续表

功能	参数号	名称	设定范围	最小设定单位	出厂设定
运行功能	24	多段速设定（速度 4）	0～400 Hz，9999	0.01 Hz	9999
	25	多段速设定（速度 5）	0～400 Hz，9999	0.01 Hz	9999
	26	多段速设定（速度 6）	0～400 Hz，9999	0.01 Hz	9999
	27	多段速设定（速度 7）	0～400 Hz，9999	0.01 Hz	9999
	232	多段速设定（速度 8）	0～400 Hz，9999	0.01 Hz	9999
	233	多段速设定（速度 9）	0～400 Hz，9999	0.01 Hz	9999
	234	多段速设定（速度 10）	0～400 Hz，9999	0.01 Hz	9999
	235	多段速设定（速度 11）	0～400 Hz，9999	0.01 Hz	9999
	236	多段速设定（速度 12）	0～400 Hz，9999	0.01 Hz	9999
	237	多段速设定（速度 13）	0～400 Hz，9999	0.01 Hz	9999
	238	多段速设定（速度 14）	0～400 Hz，9999	0.01 Hz	9999
	239	多段速设定（速度 15）	0～400 Hz，9999	0.01 Hz	9999
	29	加减速曲线	0，1，2	1	0
	30	再生制动功能选择	0，1，2	1	0
	31	频率跳变 1A	0～400 Hz，9999	0.01 Hz	9999
	32	频率跳变 1B	0～400 Hz，9999	0.01 Hz	9999
	33	频率跳变 2A	0～400 Hz，9999	0.01 Hz	9999
	34	频率跳变 2B	0～400 Hz，9999	0.01 Hz	9999
	35	频率跳变 3A	0～400 Hz，9999	0.01 Hz	9999
	36	频率跳变 3B	0～400 Hz，9999	0.01 Hz	9999
	37	转速显示	0，0.01～9998	0.001 r/min	0
	40	RUN 键旋转方向选择	0，1	1	0
	41	频率达到动作范围	0～100%	0.1%	10%
	42	输出频率检测	0～400 H	0.01 Hz	6 Hz
	43	反转时输出频率检测	0～400 Hz，9999	0.01 Hz	9999
第二功能	44	第二加减速时间	0～3 600 s/0～360 s	0.1 s/0.01 s	5 s
	45	第二减速时间	0～3 600 s/0～360，9999	0.1 s/0.01 s	9999
	46	第二转矩提升	0～30%，9999	0.1%	9999
	47	第二 V/F（基准频率）	0～400 Hz，9999	0.01 Hz	9999
	48	第二失速防止动作水平	0，0.1～200%，9999	0.1%	9999
	51	第二电子过流保护	0～500 A，9999	0.01 A	9999

续表

功能	参数号	名称	设定范围	最小设定单位	出厂设定
监视功能	52	操作面板/PU 主显示数据选择	0，5，7～12，14，20，23～25，52～57，61，62，100	1	0
	55	频率监视基准	0～400 Hz	0.01 Hz	50 Hz
	56	电流监视基准	0～500 A	0.01 A	变频器额定电流
	158	AM 端子功能选择	1～3，5，7～12，14，21，24，52，53，61，62	1	1
	170	累计电度表清零	0，10，9999	1	9999
	171	实际运行时间清零	0，9999	1	9999
	268	监视器小数位选择	0，1，9999	1	9999
	563	累计通电时间次数	（0～65535）	1	0
	564	累计运转时间次数	（0～65535）	1	0
瞬时停电再启动功能	57	再启动惯性运行时间	0，0.1～5 s，9999	0.1 S	9999
	58	再启动上升时间	0～60 s	0.1 s	1 s
自动加减速	61	基准电流	0～500 A，9999	0.01 A	9999
	62	加速时电流基准值	0～200%，9999	1%	9999
	63	减速时电流基准值	0～200%，9999	1%	9999
报警再试功能	65	再试选择	0～5	1	0
	67	报警发生时再试次数	0，0～10，101～110	1	0
	68	再试等待时间	0.1～360 s	0.1 s	1 s
	69	再试次数显示和消除	0	1	0
适用电机选择	71	适用电机	0，1，40，50，3，13，23，43，53，4，14，24，44，54，5，15，6，16	1	0
	450	第 2 适用电机	0，1，9999	1	9999
PWM 选择	72	PWM 频率选择	0～15	1	1
	240	Soft～PWM 动作选择	0，1	1	1
模拟量输入选择	73	模拟量输入选择	0，1，10，11	1	1
	74	模拟量输入响应	0～8	1	1
	125	端子 2 频率设定增益频率	0～400 Hz	0.01 Hz	50 Hz
	126	端子 4 频率设定增益频率	0～400 Hz	0.01 Hz	50 Hz
	240	模拟量输入显示单位	0，1	1	0
	267	端子 4 输入选择	0，1，2	1	0

续表

功能	参数号	名称	设定范围	最小设定单位	出厂设定
防止参数被意外改写	77	参数写入选择	0，1，2	1	0
运行模式选择	79	运行模式选择	0，1，2，3，4，5，6，7	1	0
	340	通信启动模式选择	0，1，10	1	0
通信设定	117	PU 通信站号	0～31（0～247）	1	0
	118	PU 通信速率	48，96，192，384	1	192
	119	PU 通信停止位长	0，1，10，11	1	1
	120	PU 通信奇偶校验	0，1，2	1	2
	121	PU 通信再试次数	0～10，9999	1	1
	122	PU 通信校验时间间隔	0，0.1～999.8 s，9999	0.1 s	0
	123	PU 通信等待时间设定	0～150 ms，9999	1	9999
	124	PU 通信有无 CR/LF 选择	0，1，2	1	1
	342	通信 EEROM 写入	0，1	1	0
	343	通信错误计数	～	1	0
	502	通信异常时停止模式选择	0、3，1. 2	1	0
	549	协议选择	0，1	1	0
PID 控制功能	127	PID 控制自动切换频率	0～400 Hz，9999	0.01 Hz	9999
	128	PID 动作选择	00，20，21，40～43，50，51，60，61	1	0
	129	PID 比例带	0.1～1000%	0.1%	100%
	130	PID 积分时间	0.1～3 600 s，9999	0.1 s	1 s
	131	PID 上限	0～100%，9999	0.1%	9999
	132	PID 下限	0～100%，9999	0.1%	9999
	133	PID 动作目标值	0～100%，9999	0.1%	9999
	134	PID 微分时间	0.01～10 s，9999	0.01 s	9999
电流检测	150	输出电流检测水平	0～200%	0.1%	150%
	151	输出电流检测信号延迟实践	0～10 s	0.1 s	0 s
	152	零电流检测水平	0～200%	0.1%	5%
	153	零电流检测时间	0～1 s	0.01 s	0.5 s

续表

功能	参数号	名称	设定范围	最小设定单位	出厂设定
用户参数组功能	160	用户参数组读取选择	0，1，9999	1	0
	172	用户参数组注册数显示/一次性删除	（0～16），9999	1	0
	173	用户参数组注册	0～999，9999	1	9999
	174	用户参数组删除	0～999，9999	1	9999
操作面板动作选择	161	频率设定/键盘锁定	0，1，10，11	1	0
输入端子功能选择	178	STF 端子功能选择	0～5，7，8，10，12，14～16，18，24，25，60，～62，65～67，9999	1	60
	179	STR 端子功能选择		1	61
	180	RL 端子功能选择		1	0
	181	RM 端子功能选择		1	1
	182	RH 端子功能选择		1	2
	183	MRS 端子功能选择		1	24
	184	RES 端子功能选择		1	62
输出端子功能选择	190	RUN 端子功能选择	0，1，3，4，7，8，11～16，20，25，26，46，47，64，90，91，93，95，96，98～101，103，104，107，108，111～116，120，125，126，146，147，164，，190，191，193，195，196，198，199，9999	1	0
	191	FU 端子功能选择		1	4
	192	ABC 端子功能选择		1	99

注：其他参数请参阅三菱通用变频器 FR－E740 使用手册。

参 考 文 献

[1] 邵泽强，万伟军. 机电设备装调技能训练与考级［M］. 北京：北京理工大学出版社，2013.
[2] 邵泽强，滕士雷. 机电设备 PLC 控制技术［M］. 北京：机械工业出版社，2012.
[3] 滕士雷，胡芳. 机电设备装调技术训练［M］. 北京：清华大学出版社，2016.
[4] 乡碧云. 自动化生产线组件与调试［M］. 北京：机械工业出版社，2014.
[5] 周建清，吴仁玉. 典型机电设备安装与调试［M］. 北京：机械工业出版社，2015.
[6] 吴启红. 可编程序控制系统设计技术（FX 系列）［M］. 北京：机械工业出版社，2012.
[7] 张同苏，李志梅. 自动化生产线安装与调试实训和备赛指导［M］. 北京：高等教育出版社，2016.